Jetzt helfe ich mir selbst

Start-Schwierigkeiten

Dieser Wegweiser soll Ihnen helfen, bei streikendem Motor den Fehler einzukreisen. In Frage kommen fast immer nur zwei Störungsursachen: Zünd- oder Kraftstoffanlage. Der aussichtsreichste Weg: Von beiden Gruppen die Anfangsfrage beantworten und falls diese bejaht werden können, mit dem Wegweiser für die Zündanlage beginnen. Entsprechend unserer Tabelle läßt

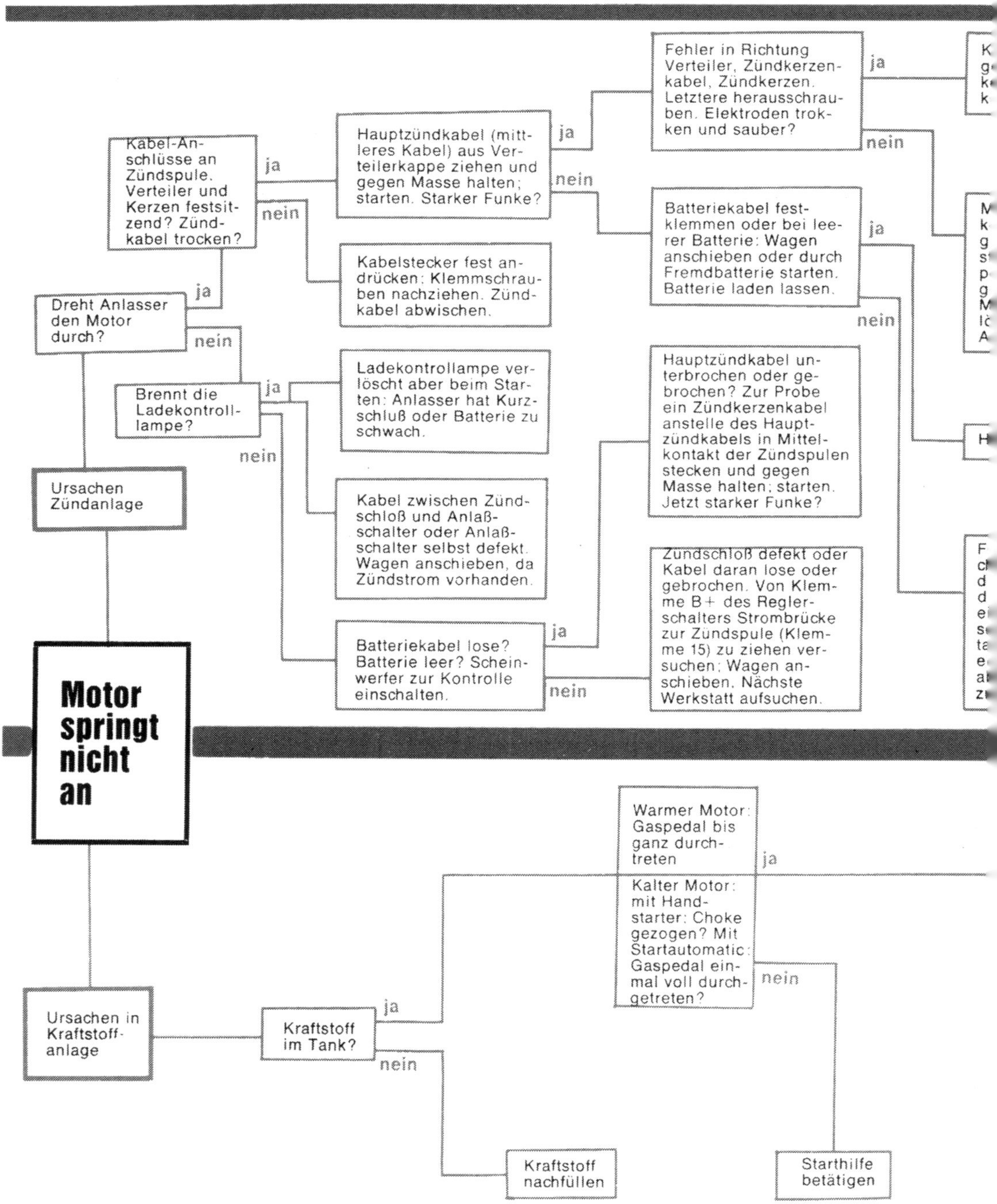

sich der Motor auch bei Störungen, die während einer Fahrt auftreten, durchprüfen. Man beachte auch die näheren Ausführungen zu den einzelnen Kapiteln und die damit verbundenen speziellen Störungshilfen, die auf den rechts unten angegebenen Seiten zu finden sind. Dieses Schema gilt auch für die meisten anderen Automobilfabrikate.

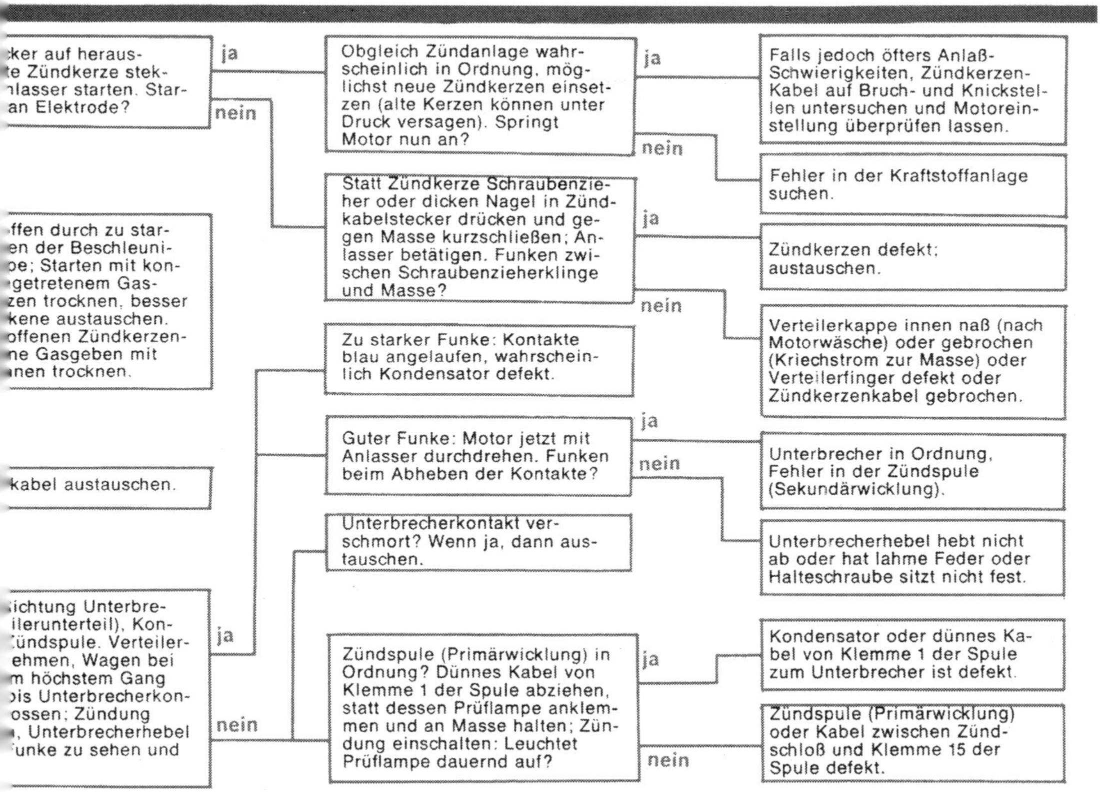

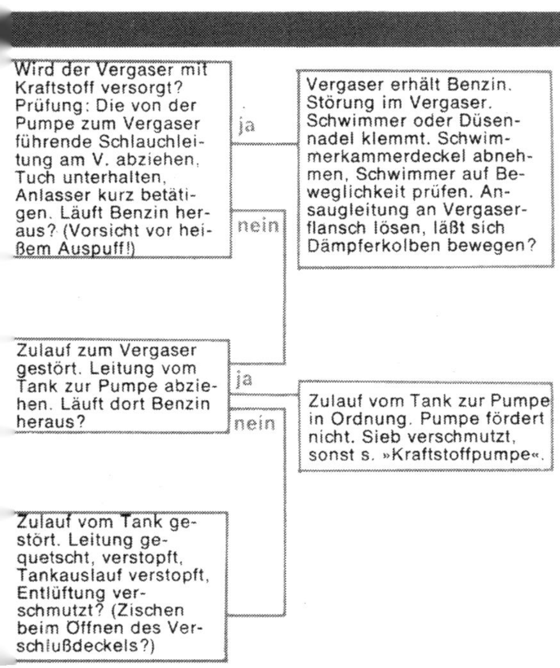

Eingehende Störungstabellen finden Sie auf den Seiten

Dieter Korp

Mercedes-Benz
200 / 220 / 230 4

Vierzylinder 1968–1976

Jetzt helfe ich mir selbst

Unter Mitarbeit von
Hans-Peter Lange
Feliciano Cruz
und
Thomas Haeberle

Motorbuch Verlag Stuttgart

Umschlagentwurf und Buchgestaltung: Peter Werner/Siegfried Horn
Titelbild: Wolfgang Schmarbeck

ISBN 3-87943-308-9

Auflage Nr. 104 777

Idee und Gestaltung des Störungsfahrplanes in der Buchklappe: Verfasser.
Fotos: Daimler-Benz 12, Lange 48, Michelin 1, Schmarbeck 2, Thaer 86, Veith-Pirelli 4, Archiv Verfasser 1.
Zeichnungen: Cruz 1, Daimler-Benz 14, Deutsche Vergaser-Gesellschaft 4, Archiv Verfasser 4.
Den Schaltplan in der hinteren Buchklappe zeichnete Feliciano Cruz nach Werksunterlagen.
Satz: studiodruck, Raidwangen.
Druck: KN Digital Printforce GmbH, Schockenriedstraße 37, 70565 Stuttgart
Printed in Germany.

Sie finden in diesem Buch

Antrieb und Fahrwerk

Die Karosserie

Und ferner

Vorher gesagt

Ein Mercedes-Benz steht nicht nur im Ruf guter Verarbeitung, sondern auch hoher Zuverlässigkeit und langer Lebensdauer. Doch von nichts kommt nichts, auch dieser Wagen braucht seine regelmäßige Pflege und Wartung. Wie diese zu erfolgen hat, ist den Werksempfehlungen zu entnehmen – sie sind in diesem Buch zu finden.

Natürlich können diese nicht alle Anforderungen unterschiedlicher Betriebsbedingungen und Beanspruchung berücksichtigen. Sie stellen nur einen durchschnittlichen Erfahrungswert dar, und aus diesem Grund kann es keinesfalls schaden, wenn man auch vor Erreichen der nächsten Inspektions-Kilometerzahl einmal nach dem Rechten schaut. Überhaupt macht sich Selbsthilfe schon nach relativ kurzer Zeit bezahlt, sofern sie fachgerecht und sorgfältig durchgeführt wird. Hierzu soll Ihnen dieses Buch als Anleitung dienen.

Die Erhöhung von Löhnen und Gehältern in Industrie und Gewerbe, die Verteuerung der Haftpflichtprämien von Jahr zu Jahr, die Anhebung der Benzinpreise und manches andere mehr verteuern das Autofahren laufend, so daß auch aus diesem Grund die gewissenhafte Selbsthilfe dem kostenbewußten Autofahrer ermöglicht, manche Mark zu sparen. Ganz abgesehen davon, kann auch in dem nie auszuschließenden Fall einer Panne unterwegs das »Gewußt wie« eine saftige Abschleppkosten-Rechnung ersparen. Auch fern der Heimat, wo kein Kundendienst-Stützpunkt am Wege liegt, ist es besser, wenn man Bescheid weiß. Denn trotz noch so großer Sorgfalt kann es zu einem Defekt kommen, gegen den Sie sich mit diesem Buch wappnen können.

Weibliche Autofahrer meinen übrigens, ihre technische Ader sei so wenig ausgeprägt, daß es wenig Sinn habe, sich mit dem Innenleben ihres Autos zu befassen. Gelegentlich sind sie dann bei der Entgegennahme von Werkstattrechnungen ernüchtert. Wir meinen, daß eine Frau, die sich in einem immer mehr technisierten Haushalt auskennt, auch mit ihrem Auto vertrauter werden kann. Auch dafür bietet sich dieses Buch mit vielen allgemeinverständlichen Teilen an.

Das vorliegende Handbuch ist den Mercedes-Modellen 200/8 und 220/8 und dem 230 4 (ab August 1973) gewidmet, also der »Neuen Generation«. Die werksinterne Bezeichnung »/8« besagt, daß diese Modellreihe seit Anfang 1968 gebaut wird.

Dank sei allen jenen gesagt, die uns bei diesem Buche halfen!

Die Verfasser

Auf dem Dach wird allerhand transportiert, man sieht es jeden Tag. Aber hier war nicht etwa der Kofferraum zu klein, sondern bei Daimler-Benz wird die Stabilität des Daches untersucht, um Aufschlüsse über das Verhalten des Wagens bei einem Überschlag zu gewinnen. Ein Päckchen von 10 Tonnen hat sich auf den Mercedes gesenkt, der schon einen Aufpralltest hinter sich hat. Die Sicherheit spielt eine immer größere Rolle. Wer sich pflegend um sein Auto kümmert, sollte darauf achten, daß sie nicht beeinträchtigt wird. In diesem Buch wird noch spezieller darauf hingewiesen. Man kann aber durch vorsorgliche Prüfungen selbst zur Erhöhung der Fahrsicherheit beitragen. Auch das ist – neben der Werterhaltung – ein Motiv, sich näher mit seinem Wagen zu beschäftigen.

Meister fallen nicht vom Himmel

Der Mensch ist bekanntlich ein Gewohnheitstier. So fallen ihm im Laufe der Zeit nicht nur die Fehler seiner Mitmenschen, sondern auch die seines fahrbaren Untersatzes nicht mehr auf, was bei den Mitmenschen sicher ganz angenehm, beim Auto dagegen unter Umständen äußerst unangenehm, wenn nicht sogar gefährlich sein kann. Die Menschen gegenüber gezeigte Toleranz — die man durchaus als positiven Charakterzug bezeichnen kann — ist beim Auto absolut unangebracht, zumindest dann, wenn sie sich auf Unzulänglichkeiten bezieht, die zu ändern wären. Fehler, die man sofort abstellt, sind bekanntlich die billigsten, vor allem dann, wenn man sie selbst beheben kann. Hierbei muß man allerdings etwas Selbstkritik walten lassen. Absolut leichtsinnig wäre es beispielsweise, wollte man eine defekte Lenkung sozusagen in Heimarbeit wieder in Ordnung bringen, ohne über die notwendigen Fachkenntnisse einerseits und die erforderlichen Spezialwerkzeuge andererseits zu verfügen.

Kontrolle auf Verkehrssicherheit

Eine Probefahrt gehört zum turnusmäßigen Inspektionsdienst, allerdings läßt sie sich wegen des dichten Verkehrs nicht immer wunschgemäß durchführen. Hierbei läßt sich (wenigstens zum Teil) feststellen, ob ein Fahrzeug verkehrssicher ist. Natürlich sollte man bei jeder Probefahrt auf den übrigen Verkehr die notwendige Rücksicht nehmen, was vor allem für Bremsproben auf öffentlichen Straßen gilt! Sofern die Möglichkeit dazu besteht, wird man abseits gelegene und möglichst verkehrsarme Straßen vorziehen. Eine schleifende Bremse kann man nur dann erkennen, wenn es wirklich still ist und man den eigenen Motor abgeschaltet hat und den Wagen frei rollen läßt.
Die Reihenfolge der Prüfung sollte am besten nach folgendem Schema geschehen: Bremsen — Lenkung — Motor — Kupplung — Getriebe — Beleuchtung.

■ Bremsen: Siehe »Bremsen prüfen« im Kapitel »Die Bremsen«.

■ Lenkung: Wagen mit und ohne Gas fahren und rollen lassen. Hände vom Lenkrad nehmen. Das Fahrzeug darf nicht einseitig wegziehen (dazu muß allerdings die Straße völlig eben, also nicht gewölbt sein; das gilt auch für den Bremsversuch; der Luftdruck in allen Reifen muß den Vorschriften entsprechen). Lenkung kurz anreißen und loslassen: Kommt das Lenkrad von allein wieder in seine Mittellage zurück? Läßt es sich leicht drehen? Arbeitet die Lenkung spielfrei?

■ Rollt der Wagen leicht (Motor im Leerlauf, Schalthebel in Neutralstellung) weiter? Sonst schwergängige Räder.

■ Läuft der Motor im Leerlauf gleichmäßig rund? Sauberer Übergang und ruckfreies Beschleunigen beim Gasgeben? Gaswegnehmen bei höherem Tempo: Anormale Geräusche vom Motor, Getriebe, Auspuff? Weiter: Trennt die Kupplung beim Schalten (kein Kratzen im Getriebe)? Rutscht sie vielleicht bei scharfem Gasgeben durch (Motor dreht hoch, ohne daß sich die Fahrgeschwindigkeit vergrößert)?

- Prüfen im Stand: Alle Lichter in Ordnung? Bremslicht beobachten lassen oder abends vor einer hellen Garagenwand oder an einem dicht aufgefahrenen Hintermann oder in einem Schaufenster beobachten.
- Reifen in Ordnung (Reifendruck, Profilzustand, Reifenflanken, Ventilkappen)? Reserverad nicht vergessen!
- Rostansatz am Unterboden, besonders an den Bremsleitungen?
- Stoßdämpfer ölfeucht? Motor, Getriebe, Achsantrieb unten ölfeucht?
- Schwergängige Räder? Geräusche in den Radlagern beim Drehen?
- Auspuff oder seine Halterung beschädigt?

Die Inspektion von unten muß nicht unbedingt durch »Auf-den-Boden-Legen« geschehen. Gelegentlich eines Ölwechsels an der Stammtankstelle, wenn also Ihr Mercedes auf der Hebebühne alle Viere von sich streckt, läßt sich bequem ein Blick auf den Wagenbauch tun und etwa vorhandene Rostspuren lassen sich lokalisieren.

Messen des Kraftstoffverbrauchs

Eines der beliebtesten Themen ist der Verbrauch. Und selten wird so gelogen wie hier! Um es gleich vorweg zu sagen: Glauben Sie keinem, der Ihnen erzählen will, er käme mit einem Durchschnittsverbrauch von unter 10 Litern auf 100 km aus! Solch einen Verbrauch gibt es allenfalls dort, wo die Straße immer bergab geht (und die ist bis heute noch nirgends gebaut). Werkstätten wissen andererseits ein Lied davon zu singen, daß der Benzinverbrauch viel zu hoch ist. Die angeblich so sparsam fahrenden Fahrer erzählen ihre Märchen am Stammtisch anderen, und die nehmen es für bare Münze und erwarten nun von ihrer Werkstatt Wunder, die diese nicht vollbringen kann.

Stets volltanken

Hierbei, das Wort sagt es, wird der Tank wirklich bis zum Rande gefüllt. Hierbei sind zwei Dinge zu beachten: Einmal sollte das Fahrzeug möglichst eben stehen (also nicht etwa bergauf) und dann sollte man dafür sorgen, daß wirklich alle Luftblasen aus dem Tank Zeit zum Entweichen haben (und das bedarf beim Mercedes einiger Geduld). Steht der Wagen bergauf, so läßt sich der Tank nicht wirklich voll füllen, wartet man das Entweichen der Luft nicht ab, so verschenkt man Platz für 2 bis 3 Liter, die die Rechnung nachher völlig anders aussehen lasssen. Übrigens sollte man diese Regeln natürlich immer beachten und nicht nur einmal!

Auf der Tankquittung notiert man sich dann den genauen Kilometerstand (außerdem stellt man den Tageskilometerzähler im Tachometer auf Null) und vergleicht ihn bei der nächsten Tankung mit dem dann vorhandenen. Beispielsweise beträgt die zwischen zwei Tankungen gefahrene Kilometerzahl 387, die getankte Literzahl 43,9. Man teilt Liter durch Kilometer, also 4390 : 387 und erhält die Zahl 11,3 (Liter) als Verbrauch für 100 km gefahrene Strecke.

Fingerzeig: *Nach längeren Überlandstrecken sieht man stets auch nach dem Stand des Kühlwassers und des Motoröls! Ist der Wasserstand auffallend tief, kann Verdacht auf eine defekte Zylinderkopfdichtung bestehen!*

Verbrauch zu hoch

Prospekte enthalten unter vielen anderen schönen Zahlen auch den sogenannten Normverbrauch, der für den Mercedes 200 10,9 Liter/100 km, für den Mercedes 220 11,1 Liter/100 km und für den Mercedes 230 11,4 Liter/100 km beträgt. Dieser Normverbrauch stellt keinen Praxiswert dar, sondern lediglich einen Vergleichsfaktor nach der DIN-Norm 70 030. Diese soll es ermög-

Die hier gezeigte Art der Luftdruckprüfung ohne Werkzeug ist keine Prüfung. Ohne genau anzeigenden Luftdruckmesser (siehe Kapitel »Die Reifen«) geht es nicht. Schon Luftdruckunterschiede von wenigen Zehntel atü, die man mit der Schuhspitze auf gar keinen Fall spüren kann, wirken sich auf die Straßenlage eines Autos ungünstig aus.

lichen, verschiedene Fahrzeuge untereinander zu vergleichen, die der Messung zugrunde liegenden Bedingungen sind optimal und in der Praxis kaum nachzuvollziehen: Es wird mit halber Nutzlast und gleichbleibend $^3/_4$ der Höchstgeschwindigkeit auf völlig ebener Straße und mit vorgeschriebenem Reifendruck gefahren. Hinzu kommt ein 10prozentiger Zuschlag für erschwerte Umstände.

Zu hoher Verbrauch deutet auf Abweichungen vom Normalzustand hin, die Frage ist heute nur, welches der Normalzustand ist! Für Großstadtbewohner kann beispielsweise eine Durchschnittsgeschwindigkeit von 12 Stundenkilometer in der Stoßzeit durchaus »normal« sein. Daß der dabei herauskommende Verbrauch hoch ist, dürfte klar sein. Und so wundert sich mancher Stadtfahrer auch nicht, wenn er mit seinem 200er auf 16 Liter pro 100 Kilometer kommt. Andere wieder, die sich mehr in ländlichen Bezirken bewegen oder die dank gleitender Arbeitszeit nicht während der Stoßzeit zu fahren gezwungen sind, kommen vielleicht mit lediglich 11 Litern aus. Man sieht, die Spanne des Normalen ist relativ groß! Keinesfalls sollte man eine einmalige Verbrauchsmessung zur Grundlage irgendwelcher Reklamationen machen, nur die Beobachtung des Verbrauchs über einen längeren Zeitraum kann zu einem objektiven Maßstab führen.

Ungünstige Fahrbedingungen

■ Überwiegender Stadtverkehr: Der Motor wird schwer warm, die Startautomatik bleibt deswegen länger als üblich eingeschaltet, die Gemischbildung ist nicht optimal, sondern zu fett.
■ Niedrige Außentemperaturen kühlen den Motor stark ab, er wird erst nach längerer Fahrt richtig warm, in kalten Wintermonaten oft überhaupt nicht. Das Getriebe- und Hinterachsöl bleibt lange steif, der innere Reibungswiderstand bedingt einen höheren Kraftstoffverbrauch.
■ Kurvenreiches und bergiges Gelände führen zu höherem Verbrauch.
■ M+S-Reifen erhöhen den Rollwiderstand und damit den Benzinverbrauch.

Wagenursachen

■ Hohe Belastung des Fahrzeugs, vor allem, wenn etwa mit Anhänger gefahren wird, ergibt einen Mehrverbrauch.
■ Zu niedriger Reifendruck erhöht den Rollwiderstand.
■ Schwergängige Räder: Radlagerspiel zu knapp, Bremsbeläge schleifen.
■ Radeinstellung (Vorspur) stimmt nicht.
■ Viel Schmutz oder Eisklumpen (im Winter) erhöhen das Wagengewicht.

Motorursachen

■ Die meisten Motoren brauchen bis zu 5000 km und mehr (beispielsweise unter den ungünstigen Stadtverkehrsbedingungen), bis sie richtig »frei« sind, also als eingefahren bezeichnet werden können und damit ihre günstigsten Verbrauchswerte erreichen.

■ Großserien-Motoren streuen in ihrer Leistung und im Verbrauch um bis zu 5 Prozent nach oben oder unten.

■ Verschmutztes Luftfilter, die Ansaugwege für die Luft sind behindert, der Luftanteil im Verbrennungsgemisch ist geringer als normal, der Kraftstoffanteil höher als normal.

■ Fortgeschrittener Motorenverschleiß: Ventile schließen nicht mehr dicht, Ventilführungen sind ausgeschlagen, die Kompression ist mangelhaft, die Kolbenringe kleben oder sind abgenutzt, Kolben und Zylinder verschlissen.

Nach unseren Erfahrungen kann man bei den Modellen 200/220/230 4 mit einem Verbrauch zwischen 10,5 und 16 Litern pro hundert Kilometer rechnen (mit Automatik ca. 2 Liter mehr), wobei unter besonders ungünstigen Umständen (winterlicher Kurzstrecken-Stadtverkehr bei Schneematsch) auch ein Verbrauch von 18 Litern noch durchaus »normal« sein kann.

Die Höchstgeschwindigkeit

Zu den beliebtesten Autofahrergesprächen gehört jenes über die erreichte Höchstgeschwindigkeit und — so wenig das in das heutige Verkehrsgeschehen passen mag — jeder versucht, den anderen Gesprächspartner mit noch eindrucksvolleren Zahlen zu übertrumpfen. Da hört man dann von Schnitten von 160 km/h, von einer Spitze von mehr als 180 km/h usw.

Solche Angaben lassen sich zweifellos auf dem Tachometer ablesen, nur stimmen sie nicht hundertprozentig. Die meisten Tachos haben es eiliger als der Wagen, sie übertreiben und das zum Teil gewaltig. Obwohl das vom Gesetzgeber nur in gewissen Grenzen erlaubt ist, nämlich bis zu 7 Prozent innerhalb der oberen zwei Drittel des Anzeigebereiches. Statt echter 120 Stundenkilometer mogelt einem der Tacho also beispielsweise 130 vor! Aus diesem Grund sollten Sie darüber Bescheid wissen, wie es um die Anzeigegenauigkeit bei Ihrem Tacho bestellt ist.

Zunächst die Höchstgeschwindigkeit: Es empfiehlt sich, zu deren Feststellung einen trockenen und windstillen Tag zu wählen und dazu einen Autobahnabschnitt, der möglichst völlig eben ist. Der Beifahrer ist mit einer Stoppuhr ausgerüstet oder zumindest mit einer Uhr, die über einen Sekundenzeiger verfügt. Dann werden alle Fenster und Lüftungsklappen sowie ein eventuell vorhandenes Schiebedach geschlossen und es wird mit Vollgas gefahren, bis sich die Tachonadel nicht mehr vorwärts bewegt, bis also die Höchstgeschwindigkeit erreicht ist. Nun mißt man die Fahrzeit zwischen zwei Kilometermarkierungen neben der Autobahn. Die Geschwindigkeit wird ermittelt, indem man 3600 (Sekunden = 1 Stunde) durch die gemessene Zeit (in Sekunden) teilt (dividiert).

So kann man auch den Tachometer eichen: 3600 geteilt durch die zwischen zwei km-Markierungen gestoppte Zeit, während man nach Tacho genau ein bestimmtes Tempo fuhr. Beispiel: 3600 : 38 = 95 km/h. Zeigt der Tacho 100 an, so eilt er also 5 km/h (oder 5 Prozent) vor.

Übrigens zeigen nicht nur Tachometer, sondern auch Kilometerzähler im allgemeinen zuviel an. Auch das sollte man einmal gelegentlich einer Autobahnfahrt messen: Zu Beginn der Fahrt km-Markierung der Autobahn und Stand des km-Zählers notieren. Bevor man die Autobahn verläßt, wiederum beides notieren und miteinander vergleichen. Eine Mehranzeige des eigenen km-Zählers täuscht natürlich auch einen günstigeren Benzinverbrauch vor!

Seid nett zueinander

Für jedes Auto kommt einmal die Stunde, daß irgend etwas nicht mehr in Ordnung ist, zu dessen Instandsetzung Spezialwerkzeuge und fachliches Können der Werkstatt in Anspruch genommen werden müssen. Dabei stellen sich zwei Fragen, die das schöne Autofahren plötzlich ein wenig überschatten: Was wird das wohl kosten? Und: Wie kommt man mit der Werkstatt am besten zurecht?

Umgang mit der Werkstatt

Wer klug war, hat sich schon vor dem Kauf nach dem Ruf der erreichbaren Mercedes-Vertretungen erkundigt und sein Fahrzeug dort erworben, wo er auch nach dem Kauf gerne gesehen und solide bedient wird. Gute Werkstätten sind aber manchmal überlastet, und selbst der hilfsbereiteste Werkstattchef kann einem Kunden nicht immer so schnell dienlich sein, wie dieser sich das wünscht. Deshalb einige Ratschläge:

■ Wartungsdienste und voraussehbare Reparaturen möglichst früh persönlich oder telefonisch anmelden und Termin vereinbaren.

■ Möglichst morgens zwischen 7 und 8 Uhr vorfahren; da werden die Arbeiten für den Tag eingeteilt. Besser den Wagen am Vorabend hinbringen.

■ Vor dem Werkstattaufenthalt sollten Sie Handschuhfach und Kofferraum einschließlich Werkzeug, Reservekanister und Abschleppseil ausräumen. Die Werkstatt übernimmt keine Haftung, wenn solche Dinge abhanden kommen.

■ Ganz klaren Reparaturauftrag geben (dieses Buch soll dazu helfen). Defektes Teil reparieren oder durch neues ersetzen? Ölwechsel ja oder nein?

■ Eigene Telefonnummer hinterlassen. Wichtig für Rückfragen wegen zusätzlicher Arbeiten, die der Werkstatt empfehlenswert erscheinen.

■ Ausgebaute oder ersetzte Teile wandern auf den Schrotthaufen. (Rückgabe-Austauschteile natürlich ausgenommen.) Lassen Sie auf dem Auftrag vermerken, daß man die defekten Teile in den Kofferraum legt oder zur Hand hält. Dadurch haben Sie eine gewisse Kontrolle der Werkstattarbeit.

■ Wenn Sie anderer Meinung als die Leute von der Werkstatt sind, toben Sie nicht durch die Werkhalle — Sie erheitern dadurch nur die Lehrlinge —, sondern sprechen Sie sachlich und ruhig mit dem Chef. Lassen Sie sich seine Gründe so erklären, daß Sie sie als Laie verstehen können.

■ Auch bei Reparaturen haben Sie Garantieansprüche, wenn die Arbeit unsachgemäß erledigt wurde oder sich ein Materialfehler herausstellt. Branchenüblich für die Werkstätten ist eine Reparatur-Garantie von 6 Monaten ohne Kilometerbegrenzung. Wußten Sie das? Bei der Nachreparatur haben Sie in diesem Falle allenfalls das zu bezahlen, was sich als zusätzlich erforderliche Instandsetzung herausstellt.

Bei grober Fahrlässigkeit der Werkstatt haben Sie sogar Anspruch auf Schadenersatz, falls Ihnen etwa kurz nach Verlassen der Werkstatt z. B. ein nachlässig montiertes Rad verloren geht und dadurch ein Unfall passiert.

■ Bei schwerwiegenden Meinungsverschiedenheiten mit der Werkstatt können Sie sich auch an die nächstgelegene Schiedsstelle des Kraftfahrzeughandwerks wenden. Die Adresse erhalten Sie vom Zentralverband des Kraftfahrzeughandwerks, 53 Bonn 1, Franz-Lohe-Straße 21, von der Kfz-Innung, von den Automobilclubs, vom TÜV und von der DAT.

■ Unterwegs sollten Sie einen kleinen Block und Bleistift mit sich führen, damit Sie nicht vergessen, was Sie dem Werkstattmann mitteilen wollten.

■ Bei Abnahme des reparierten Wagens sollten Sie noch auf dem Werkstatthof möglichst viele Funktionen Ihres Wagens prüfen und auch versuchen, ein kleines Stück hin und her zu fahren. Solange Sie noch im Bereich der Werkstatt sind, lassen sich Beanstandungen aller Art besser und überzeugender anbringen — einschließlich des eventuell notwendigen Hinweises, daß ein nachlässiger Monteur Ihnen die Polster mit Fett verschmiert habe —, als an einem der folgenden Tage, wenn der Werkstattmann sich auf den Standpunkt stellen kann, das sei erst nach Verlassen der Werkstatt passiert.

Mercedes-Benz Notdienst

Mercedes-Benz hat einen Reparatur-Notdienst eingerichtet, der an Werktagen bis 22 Uhr und an Sonnabenden, Sonn- und Feiertagen von 7.30 bis 22 Uhr in Notfällen Hilfe leistet. Über die »Zentrale Leitstelle für den Reparatur-Notdienst« in Stuttgart-Untertürkheim erfahren Sie von 7.30 bis 22 Uhr unter der Rufnummer 07 11/54 11 54, welche Werkstatt in der Nähe Bereitschaftsdienst hat.

Was wird das wohl kosten?

Die größte Scheu haben Autofahrer, wie wir immer wieder beobachteten, vor der Frage nach den Kosten. Man will seine Unkenntnis nicht zugeben (obwohl unmöglich ein Mensch erwarten kann, daß man etwa als Bankbeamter die Ersatzteilpreise für einen Kotflügel und die zugehörigen Montagekosten kennt), läßt sich etwas Unverständliches erzählen, erteilt dementsprechend verschwommene Reparaturaufträge und wartet dann mit banger Sorge auf die Höhe der Rechnung, wenn die Finanzreserven knapp sind. Jene Leute, die mit fröhlicher Unbekümmertheit erklären, daß sie rein gar nichts vom Auto verstehen (obwohl sie vielleicht recht gut Bescheid wissen) und daher keine Ahnung hätten, wieviel Geld sie zum Abholen des Wagens in die Tasche stecken müßten (Reparaturen nur gegen bar! Wer kennt das Schild nicht), sind da viel besser dran. Machen Sie es wie letztere. Sie werden manche Mark sparen, weil Sie diese oder jene eifrig angebotene Arbeit abweisen können, bevor sie auf Ihrer Rechnung erscheint.

Bei größeren Reparaturen sollte man grundsätzlich einen schriftlichen Kostenvoranschlag verlangen. Dabei genügt durchaus eine Durchschrift des Reparatur-Auftragzettels mit jeweils dahinter geschriebenen Preisen. Ein solcher Kostenvoranschlag darf nach Brauch der Branche bei Beträgen unter 500 DM um nicht mehr als 20 Prozent und bei Aufträgen über 500 DM um höchstens 15 Prozent überschritten werden, ohne daß man Sie deshalb um Erlaubnis fragen muß. Was aber darüber ist, darf nur nach Rückfrage bei Ihnen ausgeführt werden und auf der Rechnung erscheinen! Deshalb ist die Angabe der eigenen Telefonnummer oder Anschrift so wichtig.

Allerdings können Sie zusätzliche Arbeiten nicht ablehnen, die sich während der Reparatur als notwendig für die Verkehrssicherheit des Wagens herausgestellt haben (fragen muß man Sie trotzdem). Verweigern Sie jedoch solche Arbeiten, müßte der Werkstattbesitzer eigentlich Ihren Wagen der Polizei als nicht mehr verkehrssicher melden. Bis das jedoch geschieht — da muß in der Regel erfahrungsgemäß erst ein recht gepflegter Krach zwischen Kunden und Werkstattchef vorausgegangen sein, so daß letzterer sowieso auf weitere Geschäftsverbindungen verzichten möchte. Allerdings darf der Werkstattchef auch nicht, wie es bei solchen Streitereien schon passiert ist, einfach das Fahrzeug des Kunden zurückbehalten (obgleich die in Auftrag gegebene Reparatur bezahlt worden ist). Aber, so empfiehlt es Daimler-Benz seinen Werkstattleuten, man kann den Kunden auffordern, vor Zeugen eindeutig zu bestätigen, daß er von der Werkstatt auf die Verkehrsunsicherheit seines Fahrzeugs unmißverständlich aufmerksam gemacht wurde. Oder die Werkstatt vermerkt die beispielsweise fehlende Bremswirkung auf der Rechnung und weist den Kunden vor Zeugen auf diese Anmerkung hin. Aber all das kann einem Leser dieses Buches ja nicht passieren — er zählt, so meinen wir, schon durch diese Lektüre zu den verantwortungsbewußten Verkehrsteilnehmern, nicht wahr?

Die Rechnung muß stimmen

Gelegentlich hört man von Rechnungen, deren sparsamer Text sich in dem Satz »Wagen instandgesetzt 217,58 DM« erschöpft. Solch eine Rechnung ist keine Rechnung. Man darf sie sich nicht gefallen lassen, denn es ist das gute Recht des Kunden, genau zu erfahren, was ihm da alles berechnet wurde. Und nicht zuletzt gilt eine genaue Rechnung auch als eventuelles Beweismittel bei Reklamationen. So ist es für eine gut geführte Werkstatt selbstverständlicher Brauch, daß die Rechnung genau beschreibt, wie und was eigentlich repariert wurde, welche Teile und zu jeweils welchem Preis dazu nötig waren und wie hoch der Preis für die eigentliche Arbeitszeit war.
Gerade diese letzte Position bringt manchen unkundigen Autobesitzer zum erschreckten Luftanhalten, denn in sehr vielen Fällen sind die Kosten der Montage wesentlich höher als der Preis des eigentlichen Ersatzteils. Wenn man sein defektes Auto zur Werkstatt bringt, genügt es also keineswegs, nur nach dem Preis der notwendigen Ersatzteile zu fragen. Auch die Montagekosten — der sogenannte »Arbeitspreis« — müssen erfragt werden, wenn man sich ein Bild machen will, wie tief man in die Tasche greifen soll.
Auch ein Kostenvoranschlag über den »Arbeitspreis« ist für eine gut geführte Mercedes-Werkstatt kein Problem. (Ausnahme: Ein defektes Teil, etwa der Motor, das Hinterachsgetriebe oder dergleichen, muß vorher auseinandergenommen werden, um den Umfang des Schadens genau feststellen zu können.) Denn Daimler-Benz hat für seine Werkstätten ein »Arbeits-Positionsbuch« zusammengestellt. Darin kann man aus stichwortartigen Beschreibungen von mehreren hundert Reparaturarbeiten die Kosten für die jeweilige Arbeit berechnen. Das sind nun keine Einheitskosten, die in jeder Mercedes-

Wenn Ihr Mercedes in Werkstatt oder Tankstelle auf einen sogenannten Kreuzheber genommen wird, sollten Sie darauf achten, daß auf die Hebearme genügend hohe »Pilze« (schwarze Pfeile) aufgeschoben werden, damit das unter dem Wagen längs laufende Auspuffrohr nicht gequetscht wird. Vorne (auf dem Bild rechts) wird der Mercedes unter den kräftigen Längsträgern und hinten (auf dem Bild links) unter den vorderen Lagern des Hinterachsträgers abgestützt. Soll der Wagen mit einem sogenannten Rangierheber (Steinbockheber) nur vorne oder nur hinten angehoben werden — beispielsweise zum Radwechsel — soll vorne eine druckausgleichende Gummiplatte zwischen die Wagenheberpfanne und die Mitte des Vorderachsträgers gelegt werden. Auf keinen Fall darf der Mercedes am schwachen Querträger unterhalb des Kühlers aufgebockt werden. Hinten ist der Rangierheber unter der Mitte des Ausgleichsgetriebes anzusetzen.

Werkstatt gleich hoch sind, denn in diesem Arbeits-Positionsbuch sind keine festen Preise vermerkt, sondern die vielen hundert verschiedenartigen, jedoch in sich jeweils gleichartigen Reparaturarbeiten sind mit sogenannten »Arbeitswerten« (Kurzbezeichnen: AW) klassifiziert.

Berechnung nach »Arbeitswerten«

Unter solch einem Arbeitswert (AW) können Sie sich nicht viel vorstellen, aber die Sache ist einfach: Ein ordentlicher Monteur einer ordentlichen Mercedes-Werkstatt soll in der Stunde 10 AW schaffen, ein Arbeitswert entspricht also etwa 6 Minuten Arbeitszeit. In einer sehr gut durchorganisierten Werkstatt schafft der sorgsam ausgewählte und eingesetzte Monteur vielleicht auch 12 AW oder sogar mehr. Diese Werkstatt kann also billiger sein. Ob sie es aber ist, liegt bei deren Chef.

Von größerem Unterschied ist aber der Preis, den der Kunde pro Arbeitswert hier oder dort zu zahlen hat. Etwas knapper sind die Preisdifferenzen bei den werkseigenen Niederlassungen (etwa 38 im Bundesgebiet), wo Daimler-Benz ja selbst auf die Kalkulation Einfluß nimmt.

Aber man darf heutige Stundenlöhne nicht mit dem »Gesellen-Stundenlohn« früherer Handwerkergenerationen verwechseln oder vergleichen. Denn in diesem »Stunden-Arbeitspreis« — das ist die korrekte Bezeichnung — muß der Werkstattinhaber seine gesamten Unkosten (Löhne, Gehälter, Gebäude- und Geräteamortisation, allgemeine Betriebskosten, Steuern und dergleichen) unterbringen. Da ist es natürlich, daß der Werkstattinhaber auf ererbtem Grundstück in der Kleinstadt und bei niedrigeren Löhnen billiger sein kann als der Chef einer aufwendigen Großstadt-»Reparatur-Fabrik« auf sündteurem Grund und Boden.

Tatsächlich lohnt es sich bei größeren Reparaturen unter Umständen, irgendwo auf dem Lande eine zuverlässige Mercedes-Werkstatt aufzuspüren, wo man Sie billiger bedienen kann. Geheimtip: Mit einer nicht so dringenden Reparatur warten, bis man im Urlaub weit weg von der Großstadt ist und auch Zeit hat, ein paar Tage auf den Wagen zu warten. Voraussetzung: Die Finanzen reichen für Urlaub und Reparatur gleichzeitig. Aber: In einem feudalen Kurort ist man auch nicht immer genügend weit weg von teuren Preisen.

Man bezahlt also bei Mercedes-Werkstätten in der Regel nicht die Arbeitsstunden (es gibt allerdings auch Mercedes-Werkstätten, die einen vergleichsweisen Stundenpreis verrechnen, denn Daimler-Benz kann die Werkstätten nicht zu dieser Arbeitswert-Verrechnung zwingen), sondern man bezahlt »Arbeitswerte«. Eine Ausnahme bilden allerdings die routinemäßigen Wartungsdienste, für die Daimler-Benz keine Arbeitswerte festgesetzt, sondern den Werkstätten Richtpreise bekanntgegeben hat. An diese Richtpreise kann sich die Mercedes-Werkstatt halten — oder es bleiben lassen.

Ersatz- oder Austauschteile

Es müssen nicht in jedem Fall neue Teile sein, die Sie bei fälligen Reparaturen in Ihren Mercedes einbauen lassen. Denn Daimler-Benz hat für verschiedene Teile, die erfahrungsgemäß nicht das ganze Autoleben aushalten, aber vom Werk wieder »generalüberholt« werden können, ein besonderes Austauschteile-Programm bereit. Dazu gehören beispielsweise Motoren, Getriebe, Lichtmaschinen, Anlasser oder Gelenkwellen. Auch bei weiteren Teilen sollten Sie als preisbewußter Mercedes-Fahrer sich in Ihrer Werkstatt nach einer etwaigen Austauschmöglichkeit erkundigen (Blechteile und Auspuffanlagen gibt es natürlich nicht im Austausch).

Mit Austauschteilen lassen sich einige D-Mark sparen, vorausgesetzt, daß das Alt-Teil abgegeben wird und überholt werden kann. Bei einem durch Frost

geplatzten Motorblock ist also ein Austausch nicht möglich. Oder der Preis eines nicht mehr reparierbaren Motorteils wird zum Austauschteilpreis hinzugerechnet.
Mit dem Austauschmotor erhält man bei Daimler-Benz übrigens ein komplettes Stück, an dem auch alle Zusatzaggregate, wie Wasserpumpe, Lichtmaschine, Anlasser, Vergaser usw., überholt bzw. erneuert wurden. Das ist nicht bei allen Automarken üblich. Dort müssen entweder die alten Anbauteile des seitherigen Motors »umgerüstet« werden, was entsprechendes Geld kostet, oder diese sind ebenfalls durch Austauschteile zu ersetzen, was noch mehr Geld kostet.

Auch Spezialisten können helfen

Es muß nicht immer die Vertragswerkstatt sein, sondern man kann auch in eine Spezialwerkstatt gehen, die sich mit einem Sonderteil der Autoreparatur befaßt. Auf ihrem Fachgebiet sind solche Werkstätten mit jedem Automodell vertraut und Sonderwünsche lassen sich dort zumeist leichter erfüllen. Schließlich schicken auch viele Vertragswerkstätten die Wagen ihrer Kunden ohne viel Aufhebens in solche Spezialbetriebe – diesen Weg können Sie abkürzen und gleich selbst hinfahren.

Autoelektrik, Vergaser und Instrumente

An der Spitze der Spezialwerkstätten stehen Autoelektrik-Betriebe, von denen die meisten die Firma Bosch vertreten, die auch wesentliche Elektroteile zum Entstehen Ihres Mercedes beigetragen hat. Man beschränkt sich in gut ausgestatteten Bosch-Werkstätten keineswegs nur auf Batterie, Zündanlage und Scheinwerfer, sondern besitzt außerdem moderne Motortestgeräte, die etwa zur Prüfung des Zündverteilers oder der Vergasereinstellung geeignet sind. Im Telefonbuch sind die umliegenden Bosch-Dienste verzeichnet; ein komplettes Verzeichnis erhält man auf Anfrage von der Kundendienstabteilung der Robert Bosch GmbH, Postfach 50, 7000 Stuttgart 1.
Vergaser-Spezialwerkstätten sind hierzulande zumeist mit der Deutschen Vergaser-Gesellschaft vertraglich verbunden, die die Stromberg-Vergaser für unsere Mercedes-Modelle liefert. Solche Vergaserdienste sind vorwiegend in größeren Städten zu finden. Die Anschriften erhalten Sie von der Deutschen Vergaser-Gesellschaft, Kundendienstabteilung, Leuschstraße 1, 4040 Neuss am Rhein.
Auf die Instrumente und verschiedene sonstige Geräte des Autos haben sich die VDO-Tachometerdienste spezialisiert, deren Anschriften man von der Kundendienstabteilung der VDO Adolf Schindling AG, Postfach 6140, 6231 Schwalbach, bekommen kann. Bei diesen VDO-Diensten kann man beispielsweise das Tachometer reparieren lassen, wenn es nicht mehr richtig funktioniert, und man weiß dort auch von der Scheibenwascherpumpe bis zur Zeituhr im Armaturenbrett Rat.

Karosserie, Lack und Innenausstattung

Schäden an Lack und Karosserie kann man selbst wieder ausbügeln (das ist z. B. ganz ausführlich im Sonderband Nr. 45 dieser Buchreihe beschrieben). Wenn aber an der Karosserie geschweißt werden muß oder eine große Fläche einwandfrei lackiert werden soll, geht es kaum ohne Spezialwerkstatt. Karosserieblechnerei und Lackiererei sind oft unter einem Dach vereint. Die Anschriften finden Sie im (Branchen-)Telefonbuch. Karosserie- und Lackarbeiten sind nahezu die letzten handwerklichen Kunstfertigkeiten bei der Autoreparatur und es lohnt sich daher, einmal umherzufragen, in welcher Karosseriewerkstatt oder Lackiererei ein in Fachkreisen besonders an-

erkannter Mann arbeitet (nicht immer ist das der Werkstattinhaber!) und im Bedarfsfall diesen Mann aufzusuchen.
Auto-Sattlereien sind heutzutage leider eine Seltenheit geworden. Wenn Sie aber eine finden, werden Sie erstaunt sein, was die Reparatur eines verschlissenen Sitzpolsters weniger kostet als ein neuer Sitz aus der Werkstatt. Dazu haben Sie eine interessante Polsterstoffauswahl oder können den entsprechenden Stoff gleich mitbringen. Ebenso ist die Innenraumverkleidung Spezialsache der Autopolsterei, vor allem die Deckenbespannung, landläufig auch »Himmel« genannt (siehe Seite 220).

Reifen

Daß sich um die Reifen spezielle Reifendienste bemühen, dürfte allgemein bekannt sein. Man hat dort in der Regel eine größere Auswahl als bei der Vertragswerkstatt, und da der Umgang mit Reifen dort einzige Beschäftigung ist, kann man damit rechnen, daß das Reifenauswuchten sorgfältiger (und auf besseren Maschinen) vorgenommen wird.

Prüfen vor der TÜV-Kontrolle

Wie Sie wissen, muß man nach § 29 der Straßen-Verkehrs- und -Zulassungsordnung alle 2 Jahre bei irgendeinem Technischen Überwachungs-Verein (TÜV) vorfahren, um den Wagen auf Verkehrssicherheit überprüfen zu lassen. Anhand des in diesem Buch Gesagten wird man selbst schon vorher eine ganze Reihe von Funktionen durchprüfen können, damit es keine Beanstandungen gibt. Dennoch ist es nicht ausgeschlossen, daß der Prüfer etwas Negatives findet, z. B. unrichtige Scheinwerfereinstellung, unzureichende einseitige Bremsverzögerung oder zu großes Lenkungsspiel. Um das zu vermeiden ist es aber nicht unbedingt zu empfehlen, eine Werkstatt aufzusuchen, um dort zu erklären: »Ich muß zum TÜV, bitte schauen Sie doch nach, ob alles in Ordnung ist!« Damit hat man nämlich der Werkstatt einen Blanko-Auftrag gegeben und man darf sich hinterher nicht wundern, wenn man eine entsprechend große Rechnung bekommt! Denn irgend etwas findet man bekanntlich immer, was nicht ganz in Ordnung ist. Besser ist es unserer Meinung nach, wenn man es getrost darauf ankommen läßt, daß der Prüfer des TÜV etwas Beanstandenswertes findet. Die Punkte kreuzt er auf seinem Berichtsbogen an und genau diese Punkte läßt man dann in der Werkstatt beheben. Dann fährt man eben zur Nachprüfung ein zweites Mal zum TÜV. In der Regel wird man mit dieser Methode billiger davonkommen. Unter Umständen kann man dem Prüfer gleich von vornherein sagen, daß man auf Grund des oben Gesagten vorher nicht zur Werkstatt gegangen ist. Das wird kaum auf Unverständnis stoßen.
Übrigens raten wir Ihnen, vor der Durchsicht dem Fahrzeug eine Ober- und Unterwäsche zu gönnen, denn der Prüfer stochert nicht gern unter Schmutzkrusten nach Fahrwerksteilen.
Und noch einige Hinweise: Die Untersuchung braucht nicht bei einer TÜV-Stelle am Wohnort zu erfolgen (man kann sich also eine solche aussuchen, bei der man sich mehr Entgegenkommen verspricht). Ungünstige Prüfzeiten sind die Tage vor den Ferien und vor Feiertagen, allgemein jedoch das Frühjahr. Eine Anmeldung ist nicht immer möglich, doch kann man mit einzelnen Prüfstellen Termine vereinbaren. Man muß nicht persönlich mit seinem Wagen vorfahren, sondern kann einen anderen zu dieser Vorführung beauftragen.

Handgreiflichkeiten

Es gab einmal eine Zeit, da waren die Autos werksseitig mit einer großen Kiste auf dem Trittbrett ausgerüstet, in der sich wohlsortiert alles befand, was man zur Reparatur eines Automobils oder zum Flicken eines geplatzten Reifens brauchte. Motor- und Reifenpannen gehörten damals zum Autofahren, wie der Dreizackstern zum Mercedes.
Inzwischen hat die Technik Fortschritte gemacht, Pannen am Motor sind selten und Reifenpannen treffen einen Autofahrer — so haben es Statistiker errechnet — angeblich einmal alle sieben Jahre. Kein Wunder also, daß das serienmäßig mitglieferte Werkzeug an Umfang wesentlich eingebüßt hat. Trotzdem ist das, was einem Mercedes wohlverpackt mitgegeben wird, etwas umfangreicher als das, was heute leider üblich geworden ist.
Trotzdem reichen die Schlüssel und Schraubenzieher des Bordwerkzeuges nur für den ausgesprochenen Notfall, umfangreichere Wartungs- und Pflegemaßnahmen lassen sich damit kaum durchführen. Wer sich um seinen Mercedes 200/220 intensiver kümmern will, der wird nicht umhin kommen, sich mit dem Werkzeugangebot der entsprechenden Hersteller näher zu befassen.

Empfehlenswerte Grundausrüstung

Vorbedingung für gute Arbeit ist zunächst einmal gutes Werkzeug. Wenn Sie also daran denken, sich eine zusätzliche Grundausrüstung anzuschaffen, sollten Sie unbedingt auf gute Qualität achten! Ein Werkmeister kann im äußersten Notfall vielleicht auch einmal mit schlechterem Werkzeug auskommen — er weiß sich zu helfen. Ein Heimwerker hingegen, der den Umgang mit Werkzeug nur nebenbei und ungelernt betreibt, ist mit schlechten Schraubenschlüsseln schnell am Ende seiner Kunst. Gutes Werkzeug ist aber nicht billig. Um so wichtiger ist es, daß man sein gutes Geld zweckmäßig anlegt und nicht einfach aufs Geratewohl ganze Werkzeugsätze kauft, denn manches Teil des so in Bausch und Bogen gekauften Werkzeuges wird dann gar nicht benötigt. Dagegen können Sie für Ihren Mercedes verschiedene Spezial-Werkzeuge recht gut gebrauchen, sie sind aber in allgemeinen Werkzeugsätzen nicht enthalten. Aus diesem Grunde erscheinen uns auch fertige Werkzeugsätze »für den Herrenfahrer« gar nicht empfehlenswert, denn ihre Zusammensetzung ist viel zu allgemein gehalten. Aus der nachfolgenden Liste ist erkennbar, was als schon recht vielseitig verwendbare Grundausrüstung für den heimischen Werkzeugschrank empfehlenswert erscheint. Leider muß das für einen Mercedes vorgesehene Werkzeugsortiment reichhaltiger sein, als es bei vielen gängigen Wagen heutzutage notwendig ist. Während nämlich beispielsweise Fiat, Ford und Opel die an ihren Fahrzeugen vorkommenden Schrauben und Muttern auf einige wenige Normgrößen zusammengefaßt haben, behielt man bei Daimler-Benz vielerlei Schrauben und Muttern bei. Trotzdem muß man sich nicht gleich alles kaufen, was in der nachstehenden

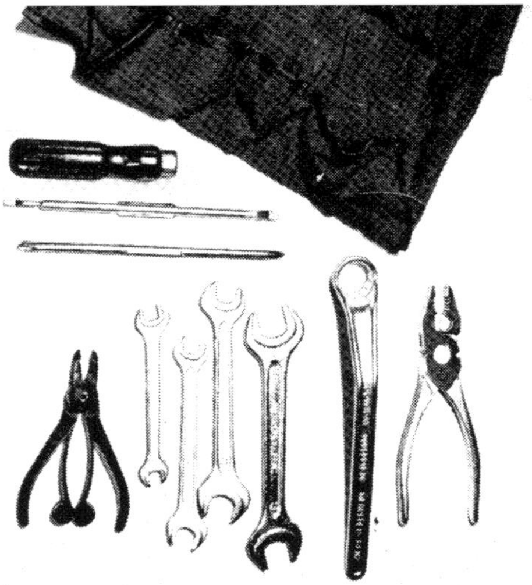

Die vier Doppel-Gabelschlüssel des Mercedes-Bordwerkzeugs zeigen zwar die an Ihrem Fahrzeug zumeist verwendeten Schraubengrößen, wer sich jedoch mehr mit seinem Fahrzeug selbst beschäftigen möchte, kommt damit nicht aus. Der Bordwerzeug-Schraubenzieher ist mit seiner vierfachen Umsteckmöglichkeit recht zu loben, auch die Kombizange ist tatsächlich brauchbar – das ist bei Auto-Bordwerkzeug keine Selbstverständlichkeit! Eine Mercedes-Spezialität war die Kunststoff-Zange (links) für Sicherungen, deren Gebrauch auf Seite 110 gezeigt ist.

Liste aufgeführt ist, vor allem, wenn ein noch gut intakter Bordwerkzeugsatz die Basis bilden kann. Es kommt ja wesentlich darauf an, welche Arbeiten man selbst vornehmen will, und bei den Arbeitsbeschreibungen in diesem Buch ist in der Regel erwähnt, welches Werkzeug dazu benötigt wird.

1 Satz Doppel-Gabelschlüssel 6x7, 8x9, 10x13, 12x14, 14x17, 17x19, 22x24
2 Ringschlüssel 10 x 14, 17 x 19, hoch gekröpft
1 Ringschlüssel 14 x 17, flach gekröpft
1 Rohrsteckschlüssel 13 x 17
1 Innensechskant-Steckschlüssel SW 14
1 Radmutternschlüssel SW 17
3 Schraubenzieher, Breite 3, 5, 7 mm für Querschlitzschrauben
3 Schraubenzieher für Kreuzschlitzschrauben
1 Winkel-Schraubenzieher, 5 mm
1 Rohrzange, 240 mm lang
1 Spezialquetschzange (von Hella; siehe Seite 109)
1 Seitenschneider
1 Schlosserhammer, 300 Gramm
1 Fühlerblattlehre, 0,10 bis 0,60 mm
1 Flachmeißel und 1 Kreuzmeißel
1 Körner
1 Durchschläger, 3 mm
1 Satz Schlüsselfeilen, flach, dreikant, rund

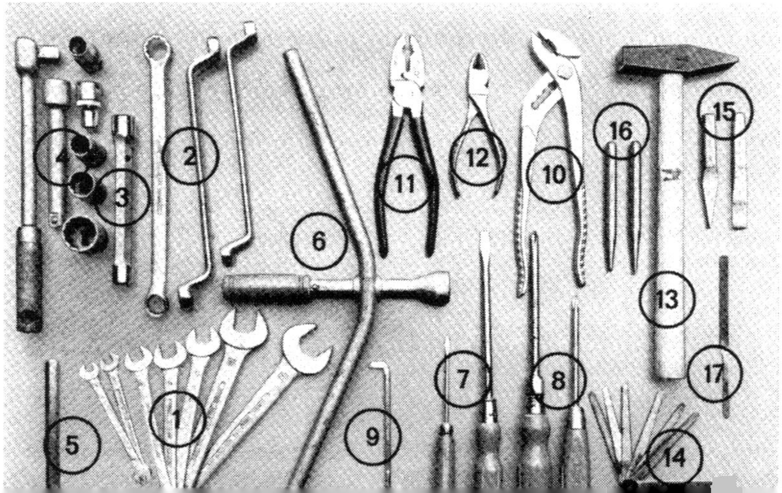

Werkzeuge, die wir dem Heimwerker speziell für die Mercedes-Modelle empfehlen:
1 – Doppel-Gabel-Schraubenschlüssel;
2 – Ringschlüssel, gekröpft;
3 – Rohrsteckschlüssel;
4 – Steckschlüssel (»Stecknüsse«) mit Gelenkhandgriff und Verlängerungsstück;
5 – Inbus-Sechskant-Steckschlüssel SW 14;
6 – Radschraubenschlüssel SW 17;
7 – Querschlitzschraubenzieher;
8 – Kreuzschlitzschraubenzieher;
9 – Winkelschraubenzieher für Querschlitzschrauben;
10 – Rohrzange;
11 – Quetsch-Kombizange von Brunsmeier;
12 – Seitenschneider;
13 – Schlosserhammer;
14 – Fühlerblattlehre;
15 – Flachmeißel und Kreuzmeißel;
16 – Körner und Durchschläger;
17 – Flachfeile

Was die Größenangaben bedeuten

Bei der Aufzählung der Schraubenschlüssel ist beispielsweise von SW 13 oder 17 x 19 die Rede. Natürlich müssen Sie wissen, was das bedeutet; es ist schnell erklärt: Bei uns in Deutschland wie in Frankreich und vielen anderen Ländern werden Maschinenteile und Werkzeuge in der Regel nach dem metrischen Maß-System gemessen. In manchen Fällen ist jedoch auch noch das amerikanische oder englische Maß-System üblich. Im metrischen System werden alle Größen natürlich in Zentimeter und Millimeter angegeben, im amerikanischen Maß-System in Zoll. Das Kennzeichen für Zoll ist ein oben an der betreffenden Zahl stehendes Gänsefüßchen (″). 1 Zoll (1″) entspricht 25,4 mm. Zumeist kann man schon an den Zahlen selbst erkennen, welchem Maß-System sie zuzuordnen sind, denn Zollangaben werden in der Regel mit Bruchstrichen gemacht, also 1/2″ (= 12,7 mm) oder etwa 2 1/4″ (= 37,5 mm), während metrische Angaben entweder ein Komma haben oder vollständig in Millimetern geschrieben werden. Bei Schraubenmuttern mißt man den Abstand der einander gegenüberliegenden Flanken in mm oder Zoll und schreibt auf den jeweils dafür passenden Schraubenschlüssel die entsprechende Schlüssel-Weite (Kurzbezeichnung SW). Ein Doppel-Gabelschlüssel (man nennt den Gabelschlüssel vielfach auch Maulschlüssel) mit der Bezeichnung 10 x 13 hat also auf der einen Seite eine Gabel oder ein Maul für eine 10 mm breite und auf der anderen Seite für eine 13 mm breite Schraube. Da an unserem Mercedes alle Schrauben in Millimeter gemessen werden, kommen Schraubenschlüssel mit Zoll-Angaben nicht in Frage. Auch geschenkte Schraubenschlüssel mit Zoll-Angaben soll man nicht benutzen. Sie passen nicht genau, so daß man sich nur die Flanken der Schrauben damit beschädigt.

Welches Werkzeug für welchen Zweck

Besonders oft sind an Ihrem Mercedes die Schlüsselweiten 8, 10, 13, 14, 17 und 19 vertreten. Man kauft sie deshalb am besten mehrmals, auch in unterschiedlicher Ausführung als Gabel-, Ring- und Steckschlüssel, wie sie unser Bild zeigt. Den zweiten Schlüssel gleicher SW braucht man gelegentlich zum Gegenhalten, wenn zwei Muttern gleicher Weite miteinander verschraubt sind. Ringschlüssel kauft man am besten in der flach bzw. hoch gekröpften Form, wie sie unser Werkzeugbild zeigt. Die Ringe sind dabei seitlich zum Halteschaft versetzt, so daß man damit auch an Schrauben und Muttern kommt, die sich mit einem Gabelschlüssel nicht greifen lassen. Ring- und Steckschlüssel sind auch allgemein besser und intensiver zu handhaben, denn ihre Zwölfkant-Form übt auf alle 6 Kanten der Schraube gleichzeitig Druck aus, während der Gabel- oder Maulschlüssel, wie man diese Sorte auch nennt, eine Schraube nur an zwei einander gegenüberliegenden Flanken angreifen kann, somit bei festgerosteten Teilen eher abgleitet.
Seltener benötigt werden die Schlüsselweiten 7 (Elektrik) und 11 (an Bremsleitungen, die sowieso Werkstattsache sind), den Innensechskant-Steckschlüssel SW 14 braucht man nur zur Ölkontrolle und zum Ölwechsel in Getriebe und Hinterachse (es gibt für den Mercedes-Öldienst den Spezialschlüssel Hazet Nr. 2760 mit Innensechskant SW 14 und Ringschlüssel SW 17), ein Steckschlüssel SW 22 wird zum Lösen der Lenksäulenmutter (grundsätzlich auch Werkstattangelegenheit) gebraucht. Wer an solchen Fahrzeugteilen nicht herumbasteln mag, kann also auch auf die Anschaffung der entsprechenden Werkzeuge verzichten.
Unser Werkzeug-Sortiment nennt je 3 Querschlitz- und Kreuzschlitz-Schraubenzieher und einen Winkel-Schraubenzieher. Sie sind bei den zahlreichen Schrauben mit Querschlitz- oder Kreuzschlitzkopf in unterschiedlichster Größe auch tatsächlich am Mercedes notwendig. Man kann sich aber statt dessen

auch einen Einsteck-Werkzeugsatz mit entsprechend verschiedenen Einsteckklingen für Querschlitz- und Kreuzschlitz-Schrauben kaufen. Der Winkel-Schraubenzieher wird dort gebraucht, wo sich eine gerade Schraubenzieherklinge nicht ansetzen läßt.

Hilfsmittel für die Wagenpflege

Zum eigentlichen Werkzeug der Grundausrüstung gehören noch einige Hilfsgeräte, die nicht vergessen werden sollen. Wir nennen davon

- Ölspritzkanne
- Reifendruckprüfer
- Prüflampe
- Fensterleder, erste Qualität
- Benzinwaschpinsel ohne Metallfassung
- Autoschwamm oder Waschhandschuh
- Waschbürste mit Stiel

Wie diese Hilfsgeräte benützt werden, ist in den diesbezüglichen Kapiteln beschrieben.

Ergänzung nach Bedarf

Wer seine Werkzeugausrüstung für den Mercedes weiter ergänzen will, sollte sich in erster Linie weitere Ringschlüssel sowie Steckschlüssel mit 12kant-Einsätzen anschaffen. Sie sind leichter und wirksamer zu handhaben als die einfachen Gabelschlüssel. Als Steckschlüssel sind die sogenannten 12kant-Nüsse besonders praktisch, denn sie lassen sich auf der 6kantigen Schraube besonders vielseitig umsetzen, so daß auch bei geringem Bewegungsraum für den zugehörigen Gelenkgriff eine Schraube gut angezogen werden kann. Die Einsätze haben auf der »Werkseite« (das ist die Seite zur Schraube) die jeweils angegebene Schlüsselweite, auf der Halteseite ein Vierkantloch von $1/2''$ Kantenlänge zum Einstecken der Betätigungswerkzeuge. Man braucht also einen Gelenkgriff zu ca. 20 DM. Dazu muß man sich für den Mercedes die Steckeinsätze jener Schlüsselweiten kaufen, die in unserer Werkzeugliste bei den Gabel- und Ringschlüsseln genannt sind. Weiteres Betätigungswerkzeug für die Stecknüsse, wie Verlängerungsstücke, Knarre, Kardangelenk usw., sind gut, aber nicht unbedingt notwendig.

Gelegentlich wird man bei Bekannten oder in einer Werkstatt weiteres Werkzeug sehen, das man sich auch kaufen möchte. Überhaupt hat ein eifriger Heimwerker mit der Zeit Lieblingswerkzeug, mit dem er besonders gerne arbeitet, und bis zur Anschaffung eines Drehmomentschlüssels zu rund 130,— DM, einer Bohrmaschine, Gewindeschneidern und einem bestens ausgestat-

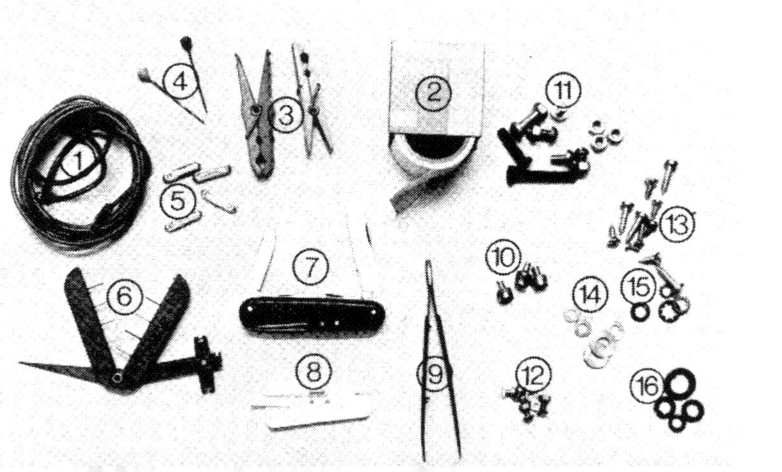

Unscheinbare, aber äußerst nützliche Kleinigkeiten, die unterwegs bei Pannen oder bei der Eigenwartung manchmal sozusagen nicht mit Gold aufzuwiegen sind: 1 – isoliertes Kabel; 2 – wetterfestes Klebeband, breit; 3 – Kunststoff-Wäscheklammern; 4 – Nadeln mit Kunststoffköpfen (Dekorationsnadeln); 5 – Sicherungen verschiedener Stärke; 6 – Zündkerzen-Lehre zum Reinigen und Einstellen des Elektrodenabstandes; 7 – kräftiges Taschenmesser; 8 – Profiltiefenmesser für Reifen; 9 – schlanke Pinzette; 10 – Reifenventilkappen; 11, 12 – Schrauben und Muttern; 13 – Blechschrauben; 14 – Beilegscheibchen; 15 – Zahnkranz-Unterlegscheibchen; 16 – Sprengring-Unterlegscheibchen (15 und 16 nicht mehrmals verwenden, da dann wirkungslos).

teten Werkzeugschrank, der selbst einen Werkstattbesitzer vor Neid erblassen läßt, sind da keine Grenzen gesetzt. Wir wollen in dieser Richtung keine Vorschläge machen, denn solch ein Hobby entwickelt sich individuell. Nur vor einer Werkzeugsorte wollen wir warnen: Vor sogenanntem Universal-Werkzeug, mit dem man beispielsweise — wir übertreiben nur wenig — zugleich Schrauben anziehen, Draht abkneifen, die Gartenhecke scheren, Nägel einklopfen und vielleicht noch Butterbrot schmieren können soll. Solches Werkzeug nützt keinem seiner Zwecke wirklich richtig.

Umgang mit Werkzeug

Wenn Sie es zusammenrechnen, kostet ordentliches Werkzeug eine hübsche Stange Geld. Dieses Kapital sollten Sie zweckdienlich ausnutzen und sorgsam pflegen. Das bedeutet, daß grundsätzlich das Werkzeug nur zu jenem Zweck verwendet wird, für den es entwickelt ist. Einen Schraubenzieher etwa als Meißel zu benutzen ist genau so schädlich wie etwa das Lösen oder Anziehen einer Schraubenmutter mit der Zange. Eine Zange ist nur ein Haltewerkzeug, und mit der Rohrzange darf, wie ihr Name sagt, nur an Rohren und Wellen herumgedreht werden, aber nicht an Schrauben. An den Schraubenziehern soll die Klingenspitze immer sauber gerade geschliffen sein, aber sie darf keine scharfe Schneide bilden, sondern muß flach wie ein Messerrücken sein. Eine scharf zugeschliffene Klingenspitze dreht sich nämlich leicht aus dem Schraubenschlitz, da ihre Flanken schräg sind.
Zum Aufbewahren des Werkzeuges genügen zu Anfang Holzkiste oder Tischschubladen, die am besten durch einige eingebaute Brettchen aufgeteilt werden, damit der ganze Inhalt nicht durcheinanderfällt und umgerührt werden muß, bis das gesuchte Stück endlich gefunden ist. Für unterwegs ist eine Werkzeugtasche (aus starkem Leinen oder Kunstleder) praktisch. Später kann man sich einen Werkzeugkasten aus Blech kaufen, wobei der fünfteilige mit Tragegriff, wie ihn die Schlosser haben, besonders praktisch zum schnellen Greifen der einzelnen Werkzeuge ist (in Kaufhäusern erhältlich).

Flüssige Hilfen

Im Regal an der Garagenwand, in welchem das Selbsthilfewerkzeug untergebracht ist, nehmen sich einige der modernen Sprühdosen ganz gut aus. Mit dem Rechenstift beurteilt, ist ihr Inhalt durch die aufwendige Aufmachung zwar recht teuer, da man aber als Selbstpfleger sowieso nur geringe Mengen braucht und auch die Handhabung der Spraydosen manche Arbeit sehr erleichtert, sind sie doch ganz praktisch.

Rostlöser und Rostschutz

Als Lösemittel für starken Rost und festsitzende Schrauben haben sich beispielsweise »Caramba Super« und »Multigliss« von Molykote sehr bewährt. Man muß nur ein wenig Geduld haben und die Flüssigkeiten lange genug einwirken lassen (Frühstückspause derweilen machen), bevor man dann den Ringschraubenschlüssel ansetzt. Damit die solcherart locker gemachten Schrauben nicht wieder anrosten, diese mit einem graphitierten Öl (z. B. von BP, Aral, Rex, Pingo) bzw. Molybdän-Öl (z. B. »MoS2-Spray« von Pingo oder »Liqui-Multi« von Liqui-Moly) einsprühen.
Als Rostschutz für Teile, die man immer wieder benutzt, also vor allem für Werkzeuge, ist auch ein Hauch dieser graphitierten Öle oder Molybdän-Öle besser als Motoröl. Ebensogut ist ein Sprüher Chromschutzwachs bzw. Lackpflegewachs (beides von zahlreichen Herstellern) oder als Spezialmittel mit zusätzlicher Rostlösewirkung »Omnigliss« von Molykote. Länger haltbaren Rostschutz bietet an Teilen, die man nicht so bald wieder handhabt (z. B. Gewindeschneidern oder Fahrzeugteilen) wachsartiges Unterbodenschutzmittel

Eine rührige Industrie sorgt für Erleichterung bei der Wagenpflege, das Angebot ist gewaltig und auch für den Fachmann kaum noch zu übersehen. Trotzdem: Wer von den Möglichkeiten Gebrauch macht, erhält sich Glanz und Wert seines Mercedes über einen langen Zeitraum.

z. B. von Aral oder »Tectyl« von Valvoline. Diese wachsartigen Rostschutzmittel gibt es ebenfalls in Sprühflaschen, aber die damit behandelten Gegenstände sind natürlich klebrig.

Rostumwandler

Für angerostete Fahrwerksteile, Fahrzeugböden usw. werden im Fachhandel eine Vielzahl von sogenannten Rostumwandlern angeboten. Wie Tests und eigene Erfahrungen zeigten, machen sie nicht alle ihrem Namen Ehre; bisweilen zeigt sich schon wenige Wochen nach der Behandlung erneuter Rostbefall. Die besten Ergebnisse erzielten wir mit Rostumwandlern auf Tanninsäurebasis, die den Rost (Eisenoxyd) in eine Tanninsäure-Eisenverbindung umwandeln und so weiteres Rosten verhindern. Schon nach etwa einer Stunde kann der blauschwarz gefärbte Untergrund mit Grundierung und Decklack oder Unterbodenschutz weiterbehandelt werden.
Vorläufig sind uns nur zwei derartige Erzeugnisse bekannt, und zwar das »Pingo-Roststop« (Bezugsquellennachweis: Pingo-Erzeugnisse, 8042 Oberschleißheim, Freisinger Straße 26) und das relativ teure »Rostsiegel«, bestehend aus dem eigentlichen Rostumwandler und einem Überzugslack (Vertrieb: Heim + Sport, 7065 Winterbach, Schorndorfer Straße 18).

Motorreiniger

Sollen fettverschmierte Motorteile, die Innenseite der Felgen oder der ganze Motorraum gereinigt werden, dann gibt es hierzu, ebenfalls in Sprühdosen, spezielle Motor-Reiniger (besonders wirksam fanden wir den von Aral). Damit wird das betreffende Teil eingesprüht und nach wenigen Minuten mit Wasser abgespritzt oder mit dem Pinsel abgewaschen. Selbst die dicksten Fettkrusten lösen die »Motor-Reiniger« und geben dazu den Teilen noch Glanz. Fahrbenzin ist demgegenüber zur Motorreinigung gar nicht zu empfehlen. Nicht nur, weil nach dem Trocknen die Teile grau und unansehnlich sind, sondern vor allem, weil das Fahrbenzin Bleiverbindungen enthält, die giftig sind.

Isolierspray

Die zahlreichen Lackpflegemittel, Scheibenwaschwasserzusätze, Chromschutzmittel, Plastik-Reiniger usw. gehören eigentlich auch zu den »Flüssigen Hilfen«. Ihnen sind die Kapitel »Lackpflege« und »Winterschutz« besonders gewidmet. Wegen ihrer Bedeutung sollen hier jedoch noch die sogenannten »Isolier-Sprays« genannt werden, die bei Feuchtigkeitsstörungen in der Zündanlage so wirkungsvoll helfen, was aber unter den Autofahrern noch immer weithin unbekannt ist. Als Beispiele wären zu nennen »Aral Intact«, »4 X Silikon-Spray« von Molykote, »CRC 5-56« und »LM Liqui Multi« von Liqui Moly oder »Zündspray« von Pingo. Ihre Wirkung: Das Isolierspray unterwandert auch die feinsten Feuchtigkeitströpfchen und unterbricht den durch die Feuchtigkeit bewirkten Kurzschluß, vor allem bei dem hochgespannten Zündstrom im Zündverteiler. Die hier genannten »4 X Silikon-Spray« und »LM Liqui Multi« sind übrigens noch vielseitiger als Pflegemittel für Gummiteile (Türdichtungen) und alle Isoliersprays verhindern auch nachhaltig das Einfrieren der Türschlösser.

Hilfe unterwegs

Es gibt Autofahrer, die so sorglos drauflosfahren, daß in ihrem Wagen weder ein Reservekanister noch ein Abschleppseil zu finden ist, und im Ersatzreifen ist auch keine Luft. Andere dagegen führen aus Furcht vor Pannen ein ganzes Arsenal von Werkzeugen und Ersatzteilen mit sich. Hier ist, wie zumeist, der Mittelweg goldene Richtigkeit. Wir wollen aufführen, was man mitführen sollte, auch wenn es nur dazu dient, anderen hilflosen und zu sorglosen Autofahrern unterwegs damit auszuhelfen. Wir nennen davon besonders:

- Reservekanister
- Abschleppseil
- Rolle Draht, Tesa-Film
- Ersatzglühlampen
- Sicherungen
- 2 m kraftstoffeste Schläuche
- 2 m Elektrokabel
- Auto-Apotheke
- Warndreieck, Warnlampe
- Alleskleber

Ersatzteile bei Auslandsreisen

Falls eine längere Reise in fremde Länder geplant ist, wird man auch dort das Mercedes-Schild antreffen, selbst in Ostblockländern hat Daimler-Benz, oft zusammen mit VW, Vertragswerkstätten. Trotzdem wird es beruhigend sein, wenn im Kofferraum, sorgsam in Lappen eingewickelt, nicht nur eine bewährte Auswahl des heimischen Werkzeugs mitreist, sondern auch ein Ersatz zur Hand ist für Teile, die unvermutet den Geist aufgeben und die Weiterfahrt empfindlich hemmen können. Neben den bereits oben erwähnten Stükken (Glühlampen, Sicherungen) denken wir beim Mercedes dabei an:

- Zündkerzen (Typenangabe Seite 125)
- 1 Stück des oder der benötigten Keilriemen
- Kühlwasserschlauchstücke verschiedener Stärke, Schlauchbinder
- Flasche mit destilliertem Wasser für Batterie (in Ostblockstaaten eine Rarität)
- Motoröl, je 1 Liter/1000 km geplante Fahrtstrecke
- Reifenventileinsätze
- Fuß-Luftpumpe
- Reifenflickzeug (Seite 190)
- 2 Reifen-Montierhebel
- Weitere Ersatzreifen (nicht montiert)

Bei Fahrten in unwegsame Länder lassen sich überdies größere Reifen auf 15-Zoll-Felgen montieren (die im allgemeinen hierzulande nicht zugelassen werden), die dem Wagen mehr Bodenfreiheit geben, aber nur in Verbindung mit härteren Stoßdämpfern montiert werden sollen. Auch sonstige Sonderausstattungen (Stoßdämpfer, Bodenschutzplatten usw.), die man sich bei einer größeren Daimler-Benz-Niederlassung erfragen kann, machen den Wagen für unebenes Gelände und die Tropen widerstandsfähiger.

Was ist was im Motorraum

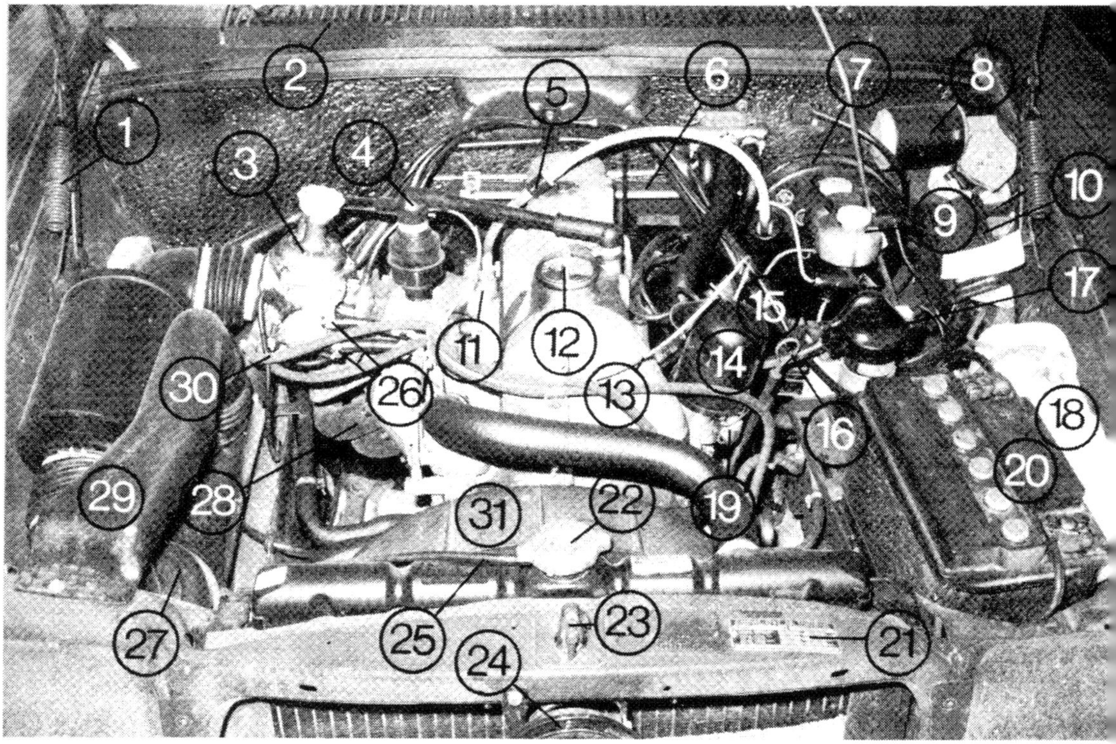

1) Zugfeder für Motorhaube
2) Lufteinlaß für Innenraumbelüftung
3) Strombergvergaser
4) Motorgehäuseentlüftung (Bypass)
5) Unterdruckleitung zum Bremsservogerät mit Rückschlagventil
6) Welle Gaspedal – Vergaser
7) Bremsservogerät
8) Scheibenwischermotor
9) Behälter für Brems- und Kupplungshydraulikflüssigkeit
10) Sicherungskasten
11) Stutzen für Unterdruckleitung Bremsservo
12) Einfüllstutzen Motoröl
13) Unterdruckleitung Zündverstellung am Verteiler
14) Zündverteiler
15) Hydraulikleitungen Zweikreisbremse
16) Ölmeßstab
17) Zündspule
18) Behälter Scheibenwaschwasser
19) Kondensator der Zündspule
20) 12-Volt-Batterie
21) Typenschild
22) Kühlerverschlußdeckel
23) Motorhaubenverschluß
24) Signalhorn
25) Überlaufleitung Kühler
26) Schlauchleitungen Vergaserbeheizung (Kühlwasser)
27) Gehäuse des Luftfilters
28) Auspuff
29) Luftansaugstutzen
30) Schlauchleitung von Kraftstoffpumpe zum Vergaser (und Rücklauf)
31) Kühlerzarge

Schwäbischer Fahrplan

Die zahlreichen Einzelteile, aus denen Ihr Mercedes zusammengebaut ist, besitzen eine unterschiedlich hohe Lebensdauer. Um deren Funktion auf lange Zeit zu gewährleisten, müssen in bestimmten Abständen Kontrollen und Pflegearbeiten durchgeführt werden, und bisweilen sind auch Verschleißteile (z. B. Zündkerzen) zu ersetzen. Ein unachtsam benutzter Wagen leidet weit eher unter Störungen als ein sorgfältig und regelmäßig gepflegter. Sie sollten deshalb in Ihrem eigenen Interesse die Wartungsarbeiten nicht vernachlässigen.

Alle Automobil-Werke stellen zu diesem Zweck einen ausführlichen Fahrplan darüber auf, wie oft was wann gepflegt und gewartet werden muß. Nun kann natürlich ein Werk nur durchschnittliche Erfahrungswerte an den Kunden weitergeben, d. h. es kann sagen, bei einem Mercedes sollte man alle 7500 Kilometer das Motoröl wechseln und alle 15 000 km möchten wir gern einen Wartungsdienst durchführen. Wie gesagt, das sind durchschnittliche Erfahrungswerte. In der Praxis kann das aber auch so aussehen, daß ein Motorölwechsel schon nach 3000 km viel besser wäre (die »Bedienungsanleitung« gibt deshalb auch einen Hinweis dafür), weil nämlich das betreffende Fahrzeug überwiegend in der Großstadt und damit im Kurzstreckenverkehr bewegt wird, der besonders hohe Forderungen an das Schmieröl stellt und es viel schneller altern läßt.

Ein anderes Fahrzeug gleichen Typs hingegen wird von einem Reisevertreter ausschließlich im Überland- und Autobahnverkehr benutzt, die Motortemperaturen sind immer optimal und damit auch die Schmierungsverhältnisse, das Öl altert weitaus weniger und kann vielleicht deswegen auch einmal länger als 7500 km im Motor bleiben. Man sieht also, daß man etwas elastisch sein muß, wenn man seinem Motor beste Pflege angedeihen lassen will. Was in gar keinem Fall schaden kann (wenn man den Geldbeutel mal aus dem Spiele läßt) ist häufigerer Ölwechsel, zumindest ist er besser als ein Sparen an dieser Stelle!

Bei ausreichender Erfahrung und richtiger Überlegung kann man die Wartung des Wagens seinen eigenen Fahrverhältnissen anpassen, ohne an der Verkehrssicherheit etwas zu versäumen. Man muß sich nicht ängstlich an die im Kundendienstheft genannten Kilometerabstände halten, vor allem, wenn es sich nicht um besonders strapazierte Teile handelt. Andererseits gibt es aber auch einige Pflegepunkte, die nicht nur hin und wieder berücksichtigt werden dürfen, sondern um die man sich öfter einmal selbst kümmern muß.

Wir denken da an die Überprüfung des Motorölstandes (erfahrungsgemäß bei jedem Tanken), Prüfen des Reifendrucks (etwa alle 14 Tage), Kontrolle der Beleuchtung und der Signaleinrichtungen (etwa jede Woche) und die Überprüfung der Luftfilterpatrone, sofern der Wagen viel in staubreichen Gegenden (etwa auf dem Lande) benutzt wird.

Auch das Stehen läßt ein Auto altern

Nun altert ein Auto nicht nur beim Fahren, sondern auch die Standzeit nagt an der Lebensdauer. Aus diesem Grunde wird von Daimler-Benz beispielsweise ein Ölwechsel »mindestens zweimal im Jahr« vorgeschrieben. Auch andere Teile, wie das Fahrgestell, sind dankbar, wenn man ihnen nach Ende bzw. vor Beginn des Winters einen Blick gönnt und entsprechende Maßnahmen ergreift, die der Fahrsicherheit und der Werterhaltung dienen. Diese Jahreszeit-Wartungen sind im Kapitel »Winterschutz« näher erläutert.

Sparen mit Verstand

Seit September 1971 wurde das Mercedes-Service-System umgestellt; es wird unterschieden in:

- »Wartungsdienst I = Pflegedienst« (Motorölwechsel, Filterpflege, Dichtheits- und Zustandsprüfung, Prüfen der Flüssigkeiten sowie Schmierung bestimmter Teile);
- »Wartungsdienst II = Elektronik« (mit elektronischer Motorprüfung und mechanischen Einstellarbeiten am Motor);
- »Wartungsdienst III = Sicherheit« (Prüfung von Bremsen, Lenkung, Reifen, dazu eine Funktions- und Fahrzeugkontrolle).

Der Motorölwechsel findet also im Schnitt nur noch alle 7500 km statt (unter erschwerten Umständen aber natürlich besser früher), alle 15 000 km sollen dann Wartungsarbeiten erledigt werden. Für den Mercedes-Fahrer stellt diese Intervallverlängerung eine sicher willkommene Zeitersparnis dar, denn wenn man weniger oft in die Werkstatt muß, spart man nicht unerheblich Zeit (und damit Geld). Andererseits verpflichten die relativ langen Zeiträume zwischen den Inspektionen den Fahrer auch, selbst einmal Hand anzulegen und gewisse Kontrollen durchzuführen. Das trifft vor allem dann zu, wenn ein Fahrzeug wenig benutzt wird, so daß ein Jahr oder mehr vergeht, ehe die 15 000 »Wartungskilometer« um sind.

Am Anfang wird man die Fachwerkstatt ohnehin regelmäßig aufsuchen, denn Garantieansprüche lassen sich nur dann geltend machen, wenn das Fahrzeug regelmäßig dem Kundendienst vorgeführt wurde und das im Scheckheft nachweisbar ist. Danach kann man durchaus manche Mark sparen, ohne seinen Mercedes zu vernachlässigen. So gibt es nicht wenige gewissenhafte Autobesitzer, die sich zwar während der Garantiezeit gewissenhaft an die Werksempfehlungen halten, danach aber alles, was sie sich an Wartungsarbeiten selbst zutrauen, in unterhaltsamen Hobbystunden regelmäßig selbst erledigen und die Fachwerkstatt nur noch aus zwei Gründen aufsuchen: Wenn wirklich etwas kaputt ist oder wenn spezielle Werkstatthilfsmittel notwendig sind, über die man meist selber nicht verfügt.

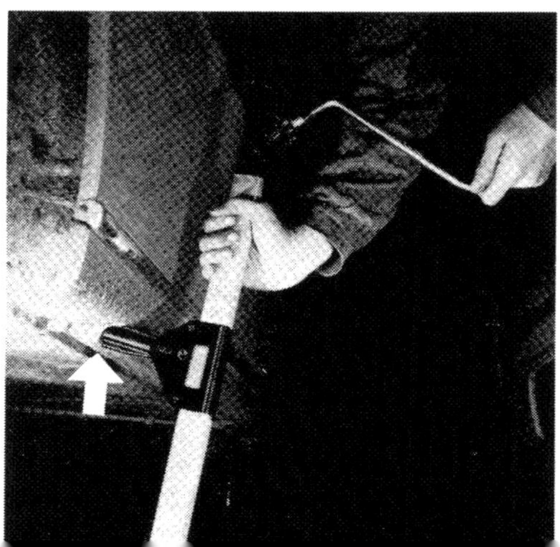

Für den Bord-Wagenheber findet sich an den Seiten des Fahrzeugs vorne und hinten am Rahmenboden je ein Einsteckrohr. Beim Ansetzen muß der Heber, von der Seite betrachtet, genau senkrecht, in Längsrichtung des Wagens gesehen jedoch etwas schräg gestellt werden, da er beim Hochheben des Wagens sich nach innen neigt. Wichtiges Zubehör ist ein Unterlegbrettchen, damit sich der Wagenheberfuß nicht in weichen Boden drückt, anstatt das Fahrzeug anzuheben.

Was kann man selbst machen?

Unser Pflegeplan ist gekennzeichnet durch bestimmte Buchstaben. Ein »W« bedeutet, daß hier ein Werkstattbesuch empfohlen wird, weil eine Eigenhilfe aus bestimmten Gründen (Fehlen der Fachkenntnisse oder spezieller Werkzeuge) nicht möglich ist und die Arbeit für sich allein durchgeführt, wesentlich billiger als ein kompletter Kundendienst wird, in dessen Rahmen die spezielle Arbeit vielleicht sonst mit erledigt würde.
Ein »S« zeigt an, daß diese Arbeit auch selbst erledigt werden kann, weil weder spezielle Fachkenntnisse, noch besondere Werkzeuge vorausgesetzt werden müssen. »T« bedeutet Tankstelle und gilt als Hinweis auf die Möglichkeit, diesen Punkt auch seiner Stammtankstelle überlassen zu können, die an Tagen ohne großen Andrang durch Tankkunden vielleicht gern bereit ist, kleinere Arbeiten zu erledigen.

Was muß wann und wo gemacht werden?

Da wir anfangs schon die Empfehlung gaben, während der Garantiezeit (also während der ersten 10 000 km oder während des ersten halben Jahres nach Zulassung) die Wartung der Mercedes-Werkstatt zu überlassen, um nicht etwa fälliger Garantieansprüche verlustig zu gehen, erwähnen wir hier die bei einem Kilometerstand zwischen 300–1000 und bei 7500 km vorzunehmenden Arbeiten nicht extra. Sie sind außerdem in Ihrem »Wartungsheft« auf den Seiten 39–42 angegeben.
Was danach fällig wird, geben wir nach dem in diesem Wartungsheft angegebenen Schema in der folgenden Tabelle unter Hinweis auf eigene Pflegemöglichkeiten oder solche der Tankstelle wieder.

Wartung alle 7500 km

		Probefahrt	Nähere Hinweise Seite
1.	S/T	Reifendruck prüfen	187
2.	S	Kupplungsgängigkeit prüfen	156
3.	S	Fußbremse auf Wirksamkeit prüfen	173
4.	S	Fußfeststellbremse auf Wirksamkeit prüfen, ggf. nachstellen	180
5.	S	Automatik-Getriebe auf Gängigkeit prüfen	162
6.	S	Blink- und Warnblinkanlage auf Funktion prüfen	142
7.	S	Signalhorn prüfen	140
8.	S	Beleuchtungsanlage prüfen (Bremsleuchten nicht vergessen)	127, 139
9.	S	Scheibenwischer und -wascher prüfen	149
		Unter dem Fahrzeug	
10.	T	Motorölwechsel	32
11.	T	Ölfilterpatrone ersetzen	34
12.	T	Ölstand der Hinterachse prüfen	42
13.	T	Getriebeölstand prüfen	40
14.	S/T	Bremsleitungen und -schläuche auf Dichtheit prüfen	175
15.	S/T	Teile der Fußfeststellbremse schmieren	44
		Unter der Motorhaube	
16.	S	Luftfilter-Patrone reinigen	91
17.	S	Ölstand Stromberg-Vergaser prüfen	81
18.	S/W	Motorleerlauf korrigieren	88
19.	S	Flüssigkeitsstand der Getriebeautomatik prüfen	42
20.	S	Flüssigkeitsstand im Behälter für Brems- und Kupplungshydraulik prüfen	156, 174
21.	S	Ölvorrat Servolenkung prüfen	43
22.	S	Scheibenwaschanlage auffüllen	153
23.	S	Stand des Kühlwassers prüfen	62
24.	S	Spannung der Keilriemen prüfen	66, 103
25.	S	Stand der Batteriesäure prüfen	95

		Rund um das Fahrzeug	Nähere Hinweise Seite
26.	S/T	Türscharniere abschmieren, Türschlösser und Haubenscharniere ölen	45
27.	S/W	Scheibenbremsen Belagstärke prüfen	177
28.	S	Radmuttern nachziehen	191
29.	S	Reifenzustand prüfen	188
30.	S	Abdichtgummis der Türen pflegen	216

Alle 15 000 km zusätzlich

		Unter dem Fahrzeug	
31.	S/T	Motorblock auf Dichtheit prüfen	59
32.	S/T	Getriebegehäuse auf Dichtheit und Schadstellen prüfen	159
33.	S/T	Hinterachse auf Dichtheit prüfen	43
34.	S/T	Kraftstoffanlage auf Dichtheit prüfen	72
35.	S/T	Stoßdämpfer auf Dichtheit prüfen	167
36.	S/T	Lenkungsteile auf evtl. Verschleiß prüfen (Lenkungsspiel)	170
37.	S/T	Seilübertragung der Fußfeststellbremse prüfen	180
38.	W	Schrauben und Muttern am Fahrwerk auf festen Sitz prüfen	169
39.	S/W	Bremsscheiben kontrollieren	176
40.	S/W	Fußfeststellbremse nachstellen, Belagstärke prüfen	180
41.	S/T/W	Bremsleitungen, Bremszangen, Druckkolben auf Dichtheit prüfen	175
		Unter der Motorhaube	
42.	S/W	Ölstand im Vorratsbehälter der Normallenkung prüfen	43
43.	W	Teile der Servolenkung prüfen	43. 172
44.	S/W	Kühlsystem und Wasserpumpe auf Dichtheit prüfen	65
45.	W	Ventilspiel prüfen bzw. einstellen	54
46.	W	Unterbrecherkontakte prüfen bzw. erneuern	118
47.	W	Kompressionsdruck prüfen	54
48.	W	Schließwinkel prüfen	120
49.	W	Zündzeitpunkt einstellen	121
50.	W	Leerlaufeinstellung prüfen, Abgasmessung (CO-Meßgerät)	88
51.	S/T/W	Zündkerzen reinigen, prüfen bzw. ersetzen	125
52.	W	Kupplungshydraulik prüfen	156
53.	S	Heizungsanlage auf Funktion prüfen	68
54.	S	Gelenke und Lagerstellen des Gasgestänges ölen	45
55.	S	Drahtzüge und Hebel ölen	45
		Rund um das Fahrzeug	
56.	S	Kofferraumhaubenschloß und -scharniere pflegen	45
57.	S	Scharniere der Tankklappe ölen	45

Alle 45 000 km zusätzlich

58.	S/T	Luftfilterpatrone ersetzen	91
59.	W	Wechsel der ATF im Automatikgetriebe	42
60.	W	Filterwechsel im automatischen Getriebe	42
61.	W	Filtereinsatz im Ölvorratsbehälter der Servolenkung erneuern	44
62.	S/W	Sieb der Kraftstoffpumpe säubern	73
63.	S/W	Schrauben und Muttern am Vergaserflansch nachziehen	60
64.	S/W	Schrauben und Muttern an Saugrohr und Auspuffkrümmer nachziehen	60
65.	W	Belagstärke der Kupplung prüfen	156
66.	W	Vorspur der Vorderräder prüfen	166
67.	W	Vorderradlager fetten	46
68.	W	Gelenkwelle auf Verschleiß prüfen	161

Zusätzlich

69.	W	Bremsflüssigkeit wechseln (alle Jahre)	175
70.	S/T	Kühlflüssigkeit wechseln (alle zwei Jahre)	63

Der Pflegeplatz

Garagen, in denen man wirklich arbeiten kann, werden immer seltener, entweder sind sie gerade so breit, daß man sich eben aus dem Wagen winden kann, oder — soweit es sich um moderne Bauten in Großstädten handelt — es sind Tiefgaragen mit Dutzenden von Abstellplätzen, also Orte, an denen sich's mangels Beleuchtung und Frischluft nicht gut werkeln läßt. Meist wird man also als Selbstpfleger Zuflucht zur Mutter Natur suchen müssen.

Doch eignet sich nicht jeder Platz für Pflege und Wartung des Wagens. Wiesen oder Rasenplätze lassen nicht nur unerwünschte Spuren zurück, sie lassen die Suche nach einer herabgefallenen Schraube oder einem Dichtring zur zeitraubenden und deshalb unerwünschten Beschäftigung werden. Fester Untergrund, wie beispielsweise ein asphaltierter Hof o. ä., ist da schon vorzuziehen, nur sollte man sich vor der Nähe von Gullis und anderen Entwässerungseinrichtungen hüten, sie haben meist eine magische Anziehungskraft auf Kleinteile, die einem versehentlich aus der Hand rutschen und oft unauffindbar bleiben. Zunächst wird man die Arbeitsfläche gründlich mit einem Besen säubern, einmal, um entglittene Dinge leicht wiederzufinden, zum anderen, um ein Arbeiten unter dem Wagen für die Kleidung etwas ungefährlicher zu machen. Ein altes Kunststoff-Tischtuch, eine Plane oder alte Decke sind die gegebene Unterlage.

Wagen richtig aufbocken

Für Arbeiten unter dem Wagen empfehlen sich Unterstellböcke, wie man sie im Zubehörhandel und in Kaufhäusern jederzeit bekommen kann. Auf gar keinen Fall sollte man sich die Leute zum Vorbild nehmen, die man manchmal unter einem lediglich durch den Wagenheber angehobenen Wagen liegend arbeiten sieht oder die ihr gutes Stück auf einen Stapel übereinandergeschichteter Ziegelsteine postiert haben. So eine wacklige Angelegenheit kann allein schon dadurch zum Verhängnis werden, daß man eine festgerostete Schraube mit erhöhtem Kraftaufwand zu lockern versucht und damit den aufgebockten Wagen seiner Stützen beraubt, weil er von Wagenheber oder Steinhaufen abrutscht.

Deshalb müssen die auf dem Boden verbleibenden Räder sicher blockiert werden. Auch eine selbstgebastelte Auffahrtrampe ist nicht der Weisheit letzter Schluß, zumal für manche Arbeiten die Räder frei hängen müssen.

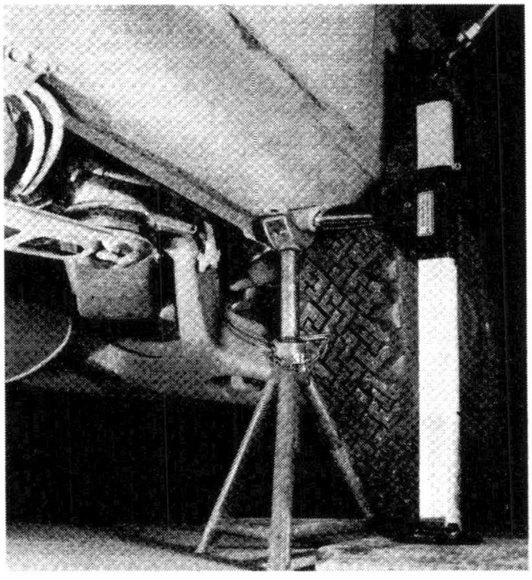

Links: Mehr Stabilität als ein Stapel Ziegelsteine bietet solch ein Hohlblockstein. Zum Druckausgleich zwischen Stein und Wagen ein Holzbrett legen. Rechts: Sehr praktisch ist auch ein in der Höhe verstellbarer Dreibock, der hinten unter das Einsteckloch des Wagenhebers gesetzt wird.

Schmierig aber nicht schwierig

Wo bewegliche Teile aufeinander gleiten gibt es Reibung. Reibung erzeugt einerseits Widerstand, andererseits Wärme. Beides kostet Kraft und nutzt Material ab. Reibung ist also zumeist unerwünscht, von Bremse und Kupplung einmal abgesehen.
Um Kraftverschwendung und unerwünschte Hitzeentwicklung zu vermeiden, müssen demnach bewegliche metallische Teile möglichst leicht aufeinander gleiten. Dazu bringt man eine Schicht, die sich ihren Bewegungen und ihrer Oberfläche anpaßt und die Teile trennt, zwischen diese. Die Schicht besteht zumeist aus Schmierstoffen, aus Öl oder Fett. Ob man Fett oder Öl nimmt und welche spezielle Sorte es jedesmal sein muß — denn es gibt hunderterlei Sorten Fette und Öle zum Schmieren —, das hängt weitgehend ab von der Geschwindigkeit der gleitenden Teile, von den dort auftretenden Temperaturen und Drücken, sowie von den äußeren Einwirkungen, etwa Wasser oder Schmutz. Außerdem haben die Schmierstoffe an manchen Stellen noch besondere Aufgaben, zum Beispiel Kühlung heiß werdender Teile, Abdichtung gegen Gas, Wasser oder Staub, Beseitigung von Abriebteilchen u. a. m.
Es ist klar, daß bei diesen vielfältigen Aufgaben, die an den verschiedenen Schmierstellen ganz unterschiedlich zu bewältigen sind, mit einer x-beliebigen Schmiere nicht auszukommen ist. Motoröl im Getriebe würde dieses genauso zerstören wie Getriebeöl den Motor. Auch mit feinstem Salatöl oder bester holländischer Butter wäre, weil es kein mineralisches Öl oder Fett ist, Ihrem Mercedes kaum gedient.

Motoröl wechseln

Pflegearbeit Nr. 10

Mit der Umstellung des Wartungsplanes 1971 wurden auch die Ölwechsel-Intervalle verlängert. Das Motoröl und die Ölfilterpatrone sollen alle 7500 km oder spätestens nach 6 Monaten gewechselt werden. Diese Empfehlungen gelten auch rückwirkend für Fahrzeuge, die vor Herbst 1971 gebaut wurden.

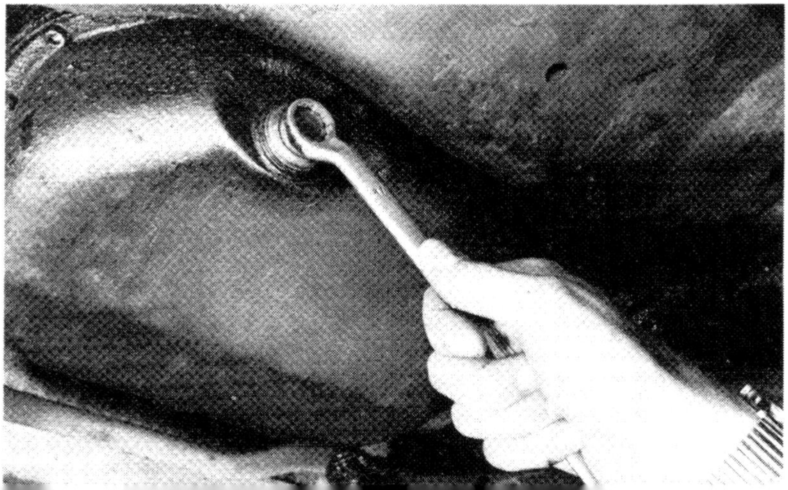

Die Öl-Ablaßschraube des Motors liegt, in Fahrtrichtung gesehen, an der Rückseite der Ölwanne. Sie wird mit einem Ringschlüssel SW 17 (seit Oktober 1971 Inbusschlüssel SW 14) heraus- und hineingedreht. Beim Wiedereinsetzen darf die Ablaßschraube nicht mit Gewalt festgedreht werden, denn ihr leicht konisches Gewinde (vorne schmaler als hinten) könnte dadurch die Gewindebohrung ausreißen.

Man kann den Motorölwechsel in der Mercedes-Werkstatt, an der Tankstelle oder zu Hause machen. Wir ziehen die Tankstelle vor:

Ölwechsel, wo und wie?

1. Das Motoröl soll warm gewechselt werden, damit aller Schmutz gut ausläuft. An Werkstätten muß der Wagen oft lange warten, bis er dran kommt. Inzwischen ist das Motoröl kalt geworden und schwemmt nicht allen Schmutz heraus. An Tankstellen hat man oft schon nach wenigen Minuten Zeit.
2. Beim Ölwechsel fällt Altöl an. Wohin damit? In die Kanalisation schütten oder im Garten vergraben darf man es nicht, das kostet wegen des Grundwasserschutzes Strafen.
3. An den Tankstellen wird die eigentliche Arbeit des Ölwechsels nicht besonders berechnet. Man findet sich dort durch die Verdienstspanne am Ölpreis bezahlt. In Werkstätten — allerdings nicht in allen — wird diese Arbeit besonders berechnet. Das kann man sparen.

Wer jedoch den Ehrgeiz oder die technischen Einrichtungen hat, es selbst zu machen und eine günstige Bezugsquelle für Motoröl weiß (aber auch diese Ölsorte muß von Daimler-Benz »freigegeben« sein!), braucht dazu:

- Motoröl (Füllmenge für die einzelnen Modelle siehe Technische Daten, Seite 233; verwendbare Ölsorten, siehe Seite 35).
- Ölfilterpatrone vom vorgeschriebenen Typ (siehe nachfolgende Seiten),
- Gefäße zum Auffangen des Altöls,
- 1 Inbusschlüssel SW 14 zum Heraus- und iHneindrehen der Ölablaßschraube, eventuell weiterer Inbus-Steckschlüssel SW 8 für Ölfilter.

Die Arbeit läuft so ab: Wagen allseitig aufbocken oder über Grube fahren, daß Ölwanne waagrecht steht. Die beiden Gefäße zum Auffangen des Altöls unter die Ölablaßschraube und das Ölfiltergehäuse schieben. (**Wichtig:** Beim 220 und 230 muß eine weitere Ölablaßschraube an der Unterseite des Ölkühlers neben dem Wasserkühler herausschraubt werden, eventuell weiteres Gefäß für das ablaufende Altöl notwendig.) Nun die Ölablaßschraube an der Unterseite der Motorölwanne herausdrehen und Ölfiltergehäuse lösen.

Wenn alles Altöl ausgelaufen und das Ölfilter gereinigt bzw. die Ölfilterpatrone ausgetauscht ist, Ölablaßschraube und Filtergehäuse (mit neuem Dichtring) wieder festdrehen, aber nicht mit Gewalt, sonst werden die Gewinde beschädigt. Anschließend wird das frische Motoröl in den Einfüllstutzen oben auf dem Zylinderkopfdeckel eingefüllt. Ganz zum Schluß muß nach einem kurzen Motorlauf — damit sich das Ölfiltergehäuse wieder füllt — noch einmal der Ölpeilstab gezogen werden, um den Ölstand zu prüfen, denn sicher ist sicher. Es soll nämlich schon vorgekommen sein, daß oben das Öl eingefüllt wurde und unten die Ablaßschraube noch gar nicht drin war.

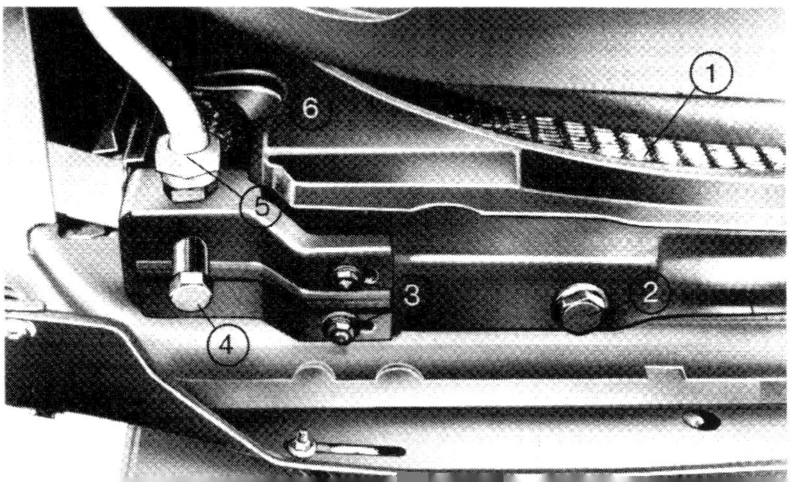

Der Mercedes 220 und 230 ist mit einem Luftölkühler ausgerüstet, der hier von unten zu sehen ist. Beim Wechsel des Motoröls ist neben der Ablaßschraube an der Kurbelwelle auch die Schraube (4) am Luftölkühler herauszudrehen. Luftölkühler (6) und Wasserkühler (1) befinden sich nebeneinander und sind miteinander durch die Schrauben (3) verbunden. 2 - Ablaßschraube für den Wasserkühler, 5 - Anschlußleitung vom Ölfilter.

Fingerzeig: *Wird wegen erschwerter Betriebsbedingungen oder bei nur geringer Fahrstrecke im halben Jahr ein zwischenzeitlicher Ölwechsel in das 7500-km-Intervall eingeschoben, braucht das Ölfilter, falls nicht außergewöhnliche Verschmutzung zu vermuten ist, nicht besonders gewartet zu werden. Dann verringert sich, entsprechend dem Inhalt des Ölfiltergehäuses, die einzufüllende Motoröl-Menge um einen halben Liter. In diesem Falle genügen also 4,0, 4,5 bzw. 5,0 Liter Motoröl.*

Ölfilterpflege

Pflegearbeit Nr. 11

Nach dem Pflegeplan für die Mercedes-Typen 200/220 ist ein Ölwechsel alle 7500 km vorgesehen, soweit normale Betriebsbedingungen vorliegen. Häufiger oder ausschließlicher Stadtverkehr oder sonstige erschwerte Bedingungen erfordern im Interesse der Motorlebensdauer eine Verkürzung der Wechsel-Intervalle.

Natürlich ist es nicht allein mit dem Wechsel des Schmieröls getan. Da sich im sogenannten Hauptstrom des Ölkreislaufs ein Papierfilter befindet, dessen Aufgabe es ist, Verunreinigungen des Schmieröls zurückzuhalten (auszufiltern), ist es klar, daß auch die Filterpatrone von Zeit zu Zeit auszuwechseln ist. Grundsätzlich schreibt Mercedes den Filterwechsel bei jedem Ölwechsel vor, also alle 7500 km. Dagegen braucht man bei einer Intervallverkürzung, also bei Vorliegen erschwerter Betriebsbedingungen, nicht schon nach 3500—4000 km zusammen mit dem Öl auch die Filterpatrone zu erneuern; hier bleibt es also beim Filterwechsel alle 7500 km.

Das Ölfilter sitzt an der linken vorderen Seite des Motors in einer Glocke, die sich mit einem Ringschlüssel SW 17 abschrauben läßt. Bei jedem Filterwechsel (s. die freigegebenen Patronen-Typen im nächsten Abschnitt) sind auch die Dichtungen zu erneuern.

Mercedes-Benz hat folgende Typen von Filterpatronen freigegeben:

- Fram CH-962 PL
- Mann H 720
- Knecht EH 256/1
- Purolator PM 205

Diese Filter bekommt man außer bei den Mercedes-Werkstätten auch bei großen Tankstellen.

Nach dem Einbau des neuen Filters, dem Befestigen der Filterglocke und dem Einfüllen frischen Öls in den Motor sollte man diesen kurz laufen lassen

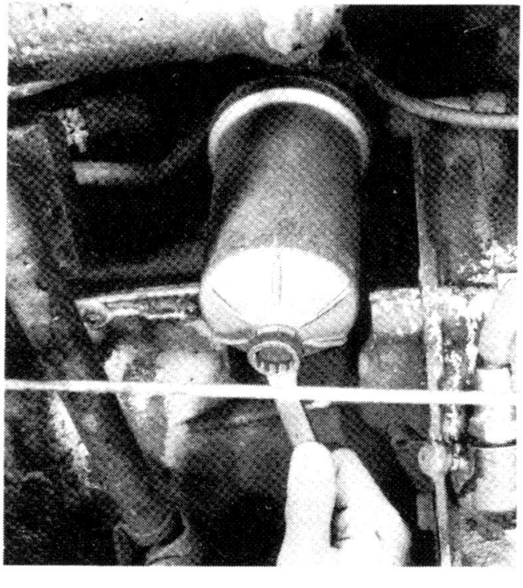

Das Ölfilter sitzt links unten am Motorblock. Nach Lösen der unten sitzenden Sechskantschraube SW 17 kann der Filtertopf abgenommen und das Filter herausgenommen werden.

und eine Dichtheitsprüfung vornehmen, damit nicht durch nachlässig angezogene Schrauben ein unkontrollierter Ölverlust eintritt.

Fingerzeige: *Bei werksneuen und grundüberholten Motoren sitzt im Filtertopf ein gemeinsames Erstbetriebsfilter. Das ist ein Papierfilter mit feiner Porengröße. Beim ersten Ölwechsel zwischen km-Stand 300 bis 1000 wird dieses Erstbetriebsfilter herausgenommen und durch das obengenannte Filter im Hauptstrom ersetzt.*
Wenn sich beim Ausbau des Ölfiltertopfes starke Schlammbildung in diesem zeigt, ist zu vermuten, daß beispielsweise durch eine beschädigte Zylinderkopfdichtung oder auf andere Weise Kühlwasser in die Motorölwanne gelangt ist. Der Motor muß untersucht und die Undichtheit beseitigt werden.
Der Mindestöldruck soll im Leerlauf (etwa 750 U/min) bei betriebswarmem Motor (etwa 80 °C Öltemperatur) mindestens 0,6 kp/cm² betragen. Wird dieser Mindestdruck auf dem Öldruckmesser nicht angezeigt, ist vor größeren Maßnahmen zuerst die Meßgenauigkeit des Öldruckmessers mit einem geeichten Gerät nachzuprüfen. Stimmt die zu geringe Ödruckangabe, kann außer einem Motordefekt auch ein undichtes oder verschmutztes Ölüberdruckventil schuld sein. Es gibt dann schon bei geringstem Druck nach, so daß sich der normale Druck von 2 bis 6 kp/cm² nicht aufbauen kann.

Welches Motorenöl nehmen?

Mercedes gehört zu den Firmen, die eine eigene Abteilung damit beschäftigen, die auf dem Markt angebotenen Schmieröle einer strengen Eignungsprüfung zu unterziehen. Früher gab es deshalb als Anhang zu den Betriebsanleitungen lange Listen der vom Werk freigegebenen Ölsorten bzw. -marken. Hiervon ist man abgegangen, denn die Zahl der verwendbaren Qualitäten nahm im Laufe der Jahre zu, die Liste wurde immer länger. Andererseits konnte sie nicht immer auf dem aktuellsten Stand gehalten werden.
Grundsätzlich sind Öle der »S-1-Qualität« vorgeschrieben. Weiterhin ist beachtenswert die Viskosität, also die Zähflüssigkeit.
Bei den sogenannten Einbereichsölen ist die Klasse SAE 30 für die Sommermonate von April—September verwendbar. Diese Einbereichsöle sind zwar billiger, sie decken aber eben nur einen relativ engen Viskositätsbereich ab, müssen also in der kälteren Jahreszeit durch ein dünnerfließendes Öl einer niedrigeren Viskositätsklasse ersetzt werden. Praktischer, weil ganzjährig verwendbar (dafür jedoch auch teurer) sind die sogenannten Mehrbereichsöle, die man sowohl im Sommer bei hohen, als auch im Winter bei niedrigen Temperaturen verwenden kann.

HD-Motoröl

An sich ist die Bezeichnung »HD-Motoröl« eine veraltete amerikanische Klassifizierung, die international nicht mehr allgemein verwendet wird, aber hierzulande gehört sie zum geläufigen »Auto-Deutsch«, auch wenn »HD« gut amerikanisch »heavy Duty« (= schwere Beanspruchung) bedeutet. Auf der Öldose, die Sie erwerben, oder auf dem Faß, aus dem Sie Motoröl für Ihren Mercedes abfüllen lassen, muß also irgendwo deutlich HD eingeprägt oder aufgemalt sein. Diese HD-Öle sind sogenannte »legierte Öle«, d. h. dem eigentlichen Öl sind spezielle Zusätze beigemischt, die unter anderem Schmutzteilchen, die sich aus Verbrennungsrückständen und Abrieb im Motor bilden, in der Schwebe halten, an der Krustenbildung hindern und sie beim Ölwechsel mit abfließen lassen. Aber das »HD« auf einer Öldose genügt noch nicht für Ihren Mercedes. Und wo es gar nicht zu finden ist, haben Sie zweifellos ein unlegiertes Öl, das überhaupt nicht brauchbar ist.

Ölqualität S 1

Motorenöle haben es heutzutage wesentlich schwerer als früher. Der immer stärker werdende Stotterverkehr mit dauernden Stopps an Verkehrsampeln, die daraus resultierende ungenügende Erwärmung des Motorenöls, die erhöhte Bildung unverbrannter Rückstände und aggressiver Säuren, alle diese Dinge zehren gewissermaßen an der Lebensdauer des Öls (und damit oft auch an der des Motors).

Andererseits werden von unseren modernen Autos jedoch wesentliche höhere Dauergeschwindigkeiten auf weniger befahrenen Autobahnabschnitten erreicht; Motor und Schmieröl sollen nach monatelangem Schleichverkehr in der Großstadt plötzlich im Urlaub bei 30 und mehr Grad Celsius im Schatten auf der italienischen Autostrada das ganze Feriengepäck und die vielköpfige Familie mit Höchstgeschwindigkeit ans Urlaubsziel bringen.

Kein Wunder, daß man an die Qualitäten des Schmieröls entsprechend hohe Forderungen stellen muß. Diese erhöhten Aufgaben schaffen jedoch nicht alle HD-Öle. Welches Motorenöl diese nach bestimmten Normen festgelegten Bedingungen erfüllt, wird in einem Motortest nach »Supplement 1« geprüft, den man in den USA entwickelt hat. Die erfolgreichen »S-1-Öle« müssen also bestimmte Bedingungen erfüllen, die auch das Haus Daimler-Benz voraussetzt. Neben der Bezeichnung HD (heavy duty) muß sich auf der Öldose auch noch die Kennzeichnung »S 1-Oil« oder »Supplement 1« finden.

Hier nun eine Auswahl der für die Mercedes-Modelle 200/220/230 freigegebenen Einbereichs-Ölsorten (über die vollständige Liste verfügt jede DB-Werkstatt bzw. -Niederlassung):

- Autol-HD
- BP-Vanellus
- BP-Energol HD
- Caltex Five Star Motoroil
- Castrol HD
- Chevron Delo 200 Motoroil
- Deaplus
- Fuchs Pena Pura HD Super
- Kraftin Motorenöl HD
- Marathon HD-Motorenöl
- Minol HD-Motorenöl
- Oest Gigant HD
- Pam Super HD-Motoroil
- Pentolub Forte B HD
- Speedwell Super HD
- Spezial HD
- Start Motorenöl
- Stinnes Fanal HD-Motorenöl
- Südöl HD-Motorenöl
- SVG-Motorenöl Grün HD Superex
- 1000 Meilen-Oel HD
- Terranol-Hochleistungs-Motorenöl HD
- Valvoline Super HPO HDM
- Veedol HD B

(Diese Aufstellung erhebt keinen Anspruch auf Vollständigkeit.)

SAE-Klassen je nach Temperatur

Je nach Temperatur und Jahreszeit schreibt Daimler-Benz unterschiedliche, durch Zahlen gekennzeichnete Motoröle vor. Diese Zahlen, z. B. »10 W«, »20 W/20« oder »30«, geben die Viskosität, die Zähflüssigkeit des Öles, an, d. h. durch Zahlenwerte wird erläutert, ob ein Motoröl dick- oder dünnflüssiger ist. Diese Frage ist international von der amerikanischen »**S**ociety of **A**utomotive **E**ngineers« genormt und ihr zu Ehren werden die Zähflüssigkeitsklassen mit SAE-Klassen und einer Zahl dahinter bezeichnet. Je kleiner die Zahl ist, um so dünnflüssiger ist das Öl. Dünnflüssiges Öl ist für den Winter bestimmt, deshalb SAE 5 W oder SAE 10 W (das »W« bedeutet zusätzlich »Winter«). Etwas dickflüssigeres Öl ist für den Sommer bestimmt, deshalb SAE 30 oder SAE 20 W/20.

Daimler-Benz hat festgelegt, daß in unseren Breitengraden bei Temperaturen über 0 °C, also praktisch ab Anfang April, das Einbereichsöl SAE 30 gefahren werden kann. Wer keine sportlichen Ambitionen hegt, ist mit dem preiswerten Einbereichsöl im Sommerhalbjahr gut bedient, denn beim Start ist es nicht zu dickflüssig und bei Betriebstemperatur besteht auch kein Grund zur Sorge. Wenn man mit dem »Sommeröl« in die regelrechte Frostperiode gerät, wird es allerdings ärgerlich, da dann dieses Öl so zähflüssig ist, daß der Anlasser den Motor kaum noch durchzudrehen vermag. In der

Übergangszeit kann man sich aber beim etwa notwendigen Nachfüllen mit dünnflüssigerem Öl helfen, um die Einbereichsöl-Füllung den Außentemperaturen anzupassen. Dann nimmt man statt SAE 30 ein Öl der SAE-Klasse 10 W oder 20 W/20. Verschiedene SAE-Klassen lassen sich nämlich ohne weiteres miteinander mischen.

Mehrbereichs-HD-Öle

Bei den genannten Ölsorten handelt es sich um Einbereichsöle, da ihre Zähflüssigkeit nur einer SAE-Klasse entspricht. Die Mehrbereichsöle dagegen umspannen gleichzeitig mehrere SAE-Klassen und es werden heute solche mit der Bezeichnung SAE 10 W-30, SAE 10 W-40, SAE 10 W-50, SAE 20 W-40 oder SAE 20 W-50 angeboten.
Solche Mehrbereichsöle sind für Temperaturen zwischen +10 °C und – 20 °C vorgeschrieben. Im Winterhalbjahr ist Mehrbereichsöl besser, denn es kann leichter die großen Temperaturunterschiede vom Frost bis zur Betriebstemperatur (die bei gesunder Kühlung im Sommer wie im Winter gleich hoch ist) überbrücken. Mehrbereichsöl SAE 10 W – 30 soll nur im Winter verwendet werden, die Viskositätsklassen SAE 10 W – 40 und SAE 10 W – 50 können das ganze Jahr über den Motor schmieren, während die Öle SAE 20 W – 40 und 20 W – 50 nur für das Sommerhalbjahr bestimmt sind. Bei Dauertemperaturen unter – 10 °C sind die Mehrbereichsöle SAE 5 W – 20 oder 5 W – 30 vorgeschrieben.
An sich handelt es sich bei Mehrbereichsölen um dünnflüssige Grundöle der Klasse 10 W bzw. 20 W, denen spezielle Zusätze beigegeben wurden, die bei höheren Temperaturen zu »quellen« beginnen und gewissermaßen eine Verdickung des Öls hervorrufen. Hingegen wird der Start bei kaltem Motor durch das dünnflüssige Grundöl erleichtert und die erste Schmierung sichergestellt.
Folgende Qualitäten von Mehrbereichsölen sind unter anderen von Mercedes zur Verwendung in den Modellen 200/220/230 freigegeben (auch hier handelt es sich nur um eine Auswahl, die vollständige Liste kann man bei Mercedes-Werkstätten erfragen):

- Agip F.1 Woom supermotoroil HD
- Amoco-Super-Permalube
- Caltex Custom Five Star
- Chevron Supreme Motoroil
- Dea Record
- Elf Multi Perfomance
- Esso Extra Motoroil
- Fina Multigrade Motoroil
- Kraftin Mehrbereichsöl
- Novatol Super HD
- Optimol Non plus ultra HD
- Pentolub Super Motoroil
- Südöl Motorenöl HD Multigrade
- Unitol Sonderklasse HD

Fingerzeige: *Entgegen vielfachen Meinungen wird das Motoröl nicht durch rasante Autobahnfahrt besonders stark strapaziert, sondern vor allem macht der sogenannte Kurzstreckenverkehr dem Motoröl das Leben sauer. Der tägliche kurze Weg zur Arbeitsstelle, die Benutzung des Wagens als Botenfahrzeug oder Taxi in der Großstadt, häufiger Kaltstart, winterlicher Stadtverkehr, staubige Feldwege und dergleichen, das sind die »erschwerten Bedingungen«, die das Motoröl wirklich abnutzen und den pünktlichen Ölwechsel nach einem halben Jahr erfordern, auch wenn die nächste 7500-Kilometer-Marke noch nicht auf dem Tacho erschienen ist. Selbst wenn bei dieser Art der Fahrzeugbenutzung in den letzten 6 Monaten nur etwas mehr als 3000 km zusammengekommen sind, sollte man doch nicht zögern, das Geld für den Ölwechsel auszugeben.*
Ist trotzdem auf guten Straßen und mit längeren Fahrten in flotter Bewegung im Halbjahr nur eine Fahrstrecke unter 7500 km zusammengekommen, kann man mit dem nächsten Ölwechsel auch etwas länger als 6 Monate warten. Selbst 9 Monate zwischen zwei Ölwechseln sind in diesem Falle kein Grund

zur Sorge, wenn nicht der inzwischen eingetretene starke Temperaturwechsel zum Ölwechsel veranlaßt, weil für die Außentemperaturen gerade das »falsche« Öl im Motor ist. Sieht man diese Situation aber voraus, kann man sich durch Mehrbereichsöl oder durch notwendiges Nachfüllen der »passenden« Ölsorte helfen.
Auch ein Überschreiten des 7500-km-Intervalls um einige hundert oder gar tausend Kilometer ist »kein Beinbruch«, wenn das Fahrzeug zügig und zumeist auf längeren Strecken gefahren werden konnte. In den heutigen Motorölen der von Daimler-Benz überprüften Sorten stecken beträchtliche Leistungsreserven, die das ohne weiteres aushalten. Überdies kommt durch das Nachfüllen immer etwas frisches Öl mit unverbrauchten Leistungseigenschaften hinzu. Aber gänzlich vergessen sollte man den Ölwechsel auch nicht.
Dem Motoröl des Mercedes-Motors sollen keine Zusatzmittel beigegeben werden. Die von Daimler-Benz überprüften und freigegebenen Motoröle erfüllen alle notwendigen Aufgaben im Mercedes-Motor. Irgendwelche Zusatzmittel können da nichts verbessern, sondern höchstens stören und Schäden bewirken.

Ölstand kontrollieren und Öl nachfüllen

Mercedes-Motoren haben einen gesunden Öldurst. Er ist mit einer gewissen Absicht in den Motor »hineinkonstruiert«, um wirklich überall die Schmierung zu sichern. Ein Ölverbrauch von 1,5 bis 2 Liter auf 1000 km, der beispielsweise einen VW-Fahrer fürchterlich erschrecken und zur nächsten VW-Werkstatt jagen würde, ist beim Mercedes nicht außergewöhnlich.
Aber es hat nicht viel Sinn, den Ölpeilstab bei jeder Tankung, wenige Sekunden nach dem Abstellen des Motors, zu ziehen. Dann ist das Öl noch nicht wieder in der Ölwanne zusammengelaufen und der Peilstab zeigt zu wenig an. Deshalb kontrolliert man am besten den Ölstand selbst morgens — oder mittags —, bevor man den Motor zum erstenmal startet.
Noch einfacher notiert man sich eine Zeitlang genau den Ölverbrauch des Motors und merkt sich, nach jeweils wieviel hundert Kilometern der Ölstand der unteren Peilstabmarke nahekommt. Wenn kein besonderer Hinweis auf Ölverlust besteht (Ölflecken unter dem abgestellten Wagen, keine Öldruckanzeige, ölverschmierter Motorraum usw.), braucht man also nur alle 500 oder 750 Kilometer den Ölpeilstab zu ziehen, um bei Bedarf nachzufüllen.

Fingerzeig: *Wenn Ihr Mercedes, vielleicht nur im Winter, gar kein Öl oder auffallend wenig Öl verbraucht, sollten Sie nicht etwa Ihren sparsamen Motor loben, sondern nach der Ursache forschen (lassen), denn mangelnder Ölverbrauch ist ein schlechtes Zeichen. Entweder dringt Kühlwasser (müssen Sie öfter Wasser nachfüllen?) oder Kraftstoff-Kondensat in die Ölwanne. Das setzt natürlich die Schmierfähigkeit des Ölwannen-Inhalts bis zum Nullpunkt herab und es kann teuer werden!*

Nicht ständig Öl nachfüllen

Im Ölpeilstab sind zwei Marken eingeschlagen. Die obere zeigt, daß der Motor mit der vorgeschriebenen Ölmenge von 4,0, 4,5 bzw. 5 Litern befüllt ist. Die untere weist darauf hin, daß nur noch die Mindestmenge von 2,5 bzw. 3,0 oder 3,5 (je nach Modell und Baujahr) Litern im Motor ist. Erst wenn der Ölstand bis zu dieser Minimum-Marke abgesunken ist, muß Öl nachgefüllt werden. Die Differenz bis zur oberen Peilstabmarke beträgt 1,5 Liter. Aber diese Menge braucht man nicht nachzufüllen, es genügt 1 Liter durchaus, denn erfahrungsgemäß verbrauchen Motoren mehr Öl, wenn der Ölstand bis zur oberen Peilstabmarke reicht. Und ganz besonders steigt der Ölverbrauch

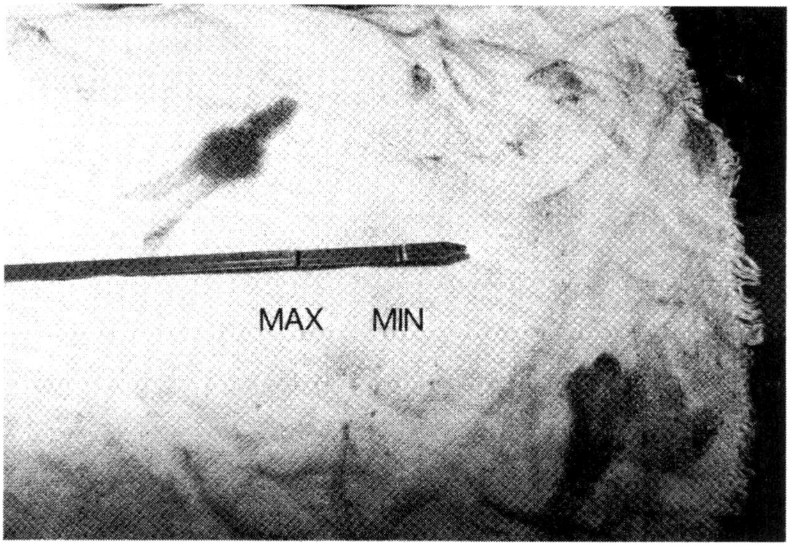

Das Prüfen des Motorölstandes geschieht am besten vor Antritt der Fahrt, also wenn alles Öl in der Ölwanne zusammengelaufen ist. Wenig Sinn hat es dagegen, wenige Sekunden nach dem Abstellen des Motors an der Tankstelle den Ölpegel messen zu wollen. Da muß man schon einige Minuten warten, um nicht ein falsches Bild zu erhalten.
Die Mengendifferenz zwischen Minimum und Maximum beträgt etwa 1,5 Liter.

an, wenn der Motor über die obere Marke hinaus befüllt wird. Dieses zu viel eingefüllte Öl wird nutzlos verbrannt, es kann sich sogar durch Ölkohleansatz schädlich auswirken.
Ist der Ölstand noch nicht ganz bis zur unteren Strichmarke abgesunken und man will gerade an seiner Stamm-Tankstelle Öl der bevorzugten Marke nachfüllen, genügt sogar ein halber Liter vollkommen. Es hat also keinen Sinn, den Ölstand ständig bis zur oberen Peilstabmarke zu ergänzen — das erhöht nur den Ölverbrauch.
Und den nächsten Ölwechsel legt man sich so, daß der Ölstand bis zur unteren Peilstabmarke abgesunken ist und Öl nachgefüllt werden müßte.

Fingerzeig: *Im Frühjahr 1970 sowie im August 1973 wurde die frühere Ölfüllmenge um jeweils einen halben Liter erhöht, weil ab diesem Zeitpunkt Ölwannen mit tiefer herabgezogenem Unterteil eingebaut werden. Die Differenz zwischen MIN und MAX am Ölmeßstab blieb die gleiche wie früher, zu beachten ist lediglich, daß bei einem Umbau älterer Fahrzeuge nicht nur die Ölwanne ausgetauscht werden muß, sondern auch das Sieb im Saugkorb der Ölpumpe. Außerdem muß ein Ausgleichsstück am Ölpumpen-Saugkorb montiert und das Führungsrohr für den Meßstab höher gesetzt werden.*
Bei älteren Fahrzeugen, an denen diese Änderungen nicht vorgenommen wurden, darf die Füllmenge nicht erhöht werden!

Mischung verschiedener Ölsorten verboten?

Wenn Sie unterwegs Motoröl nachfüllen müssen, nehmen Sie am besten das Öl jener Marke, die Sie zum Ölwechsel gewählt haben. Sie haben dann das beruhigende Gefühl, bei einem überraschenden Motorschaden bei der treu beanspruchten Ölfirma anklopfen zu können, um feststellen zu lassen, ob vielleicht mit der Motorschmierung oder gar dem Öl irgend etwas nicht stimmte. Das ist allerdings nur wirklich sehr selten der Fall, und in diesen seltenen Fällen zeigen die Mineralölfirmen auch zweifellos Kulanz. Diese Vorsorge für den Ausnahmefall ist aber auch der einzige Grund, die Mischung verschiedener Ölsorten möglichst zu vermeiden. Werkstätten und Tankstellen erklären zwar gelegentlich, verschiedene Ölsorten würden sich nicht miteinander vertragen und es könne sogar Schäden geben, wenn man ihrem Öl nicht treu bleibe. An diesem Gerede ist aber kein Wort wahr. Denn alle wirklichen HD-Ölsorten und HD-Ölmarken lassen sich fröhlich durcheinander mischen.

Diese Mischbarkeit ohne schädliche chemische oder sonstige Folgen ist nämlich eine Grundforderung der internationalen Öl-Normen. Die innerhalb dieser Normen liegenden »Eigenschaften« können zwar durch Mischung ein bißchen hierhin oder dorthin abgewandelt werden, aber Schaden gibt es nicht. So bremst man etwa die Mehrbereichsfähigkeit enies Mehrbereichs-Öles, wenn man Einbereichs-Öl zufüllt, aber die überwiegende Viskosität ist immer noch gegeben. Allerdings ist es wenig sinnvoll, das teure Mehrbereichsöl durch billigeres Einbereichsöl, etwa HD-Öl SAE 20 W/20, zu »strecken«. Es sei nur als extremster Fall erwähnt. Demgegenüber ist es aber empfehlenswert, im Spätherbst das dünnere »Winteröl« SAE 10 W oder SAE 20 W/20 nachzufüllen, auch wenn noch SAE 30 vom Sommer her im Motor ist. Mehrbereichsöl erhält man dadurch zwar nicht, aber die Ölfüllung ist doch besser den Start-Temperaturen angepaßt.

Ganz verfehlt wäre es aber, das notwendige Ölnachfüllen hinauszuzögern, weil man gerade nicht das »eigene« Motoröl erhalten kann. Das kann Motorschaden geben, der nur durch das Nachfüllen des nächstbesten Marken-HD-Öles zu vermeiden ist, selbst wenn es in diesem Notfall keines der für den 200/220 freigegebenen Motoröle ist. In der Regel muß es natürlich ebenfalls ein Motoröl sein, das von Daimler-Benz freigegeben wurde.

Getriebeölstand prüfen
Pflegearbeit Nr. 13

Im Wartungsplan von Daimler-Benz ist die Prüfung des Ölstands im Getriebe nicht vorgesehen (anders bei der Getriebe-Automatik, siehe Seite 42), aber es ist ja kein Problem, beim Motorölwechsel auch einmal nach dem Getriebe zu sehen und den nur ebenfalls alle 15 000 km vorgesehenen Wartungspunkt (bei uns Nr. 31) »Getriebegehäuse auf Dichtheit und Schaden prüfen« öfter vorzunehmen. Wenn das Getriebegehäuse außen keine Ölspuren zeigt, dürfte es dicht und kein Ölmangel eingetreten sein. Zur Sicherheit kann man am Getriebegehäuse in der Mitte rechts (in Fahrtrichtung gesehen) oben die »hohle« Kontroll- und Öleinfüllschraube mit einem Inbus-Steckschlüssel SW 14 herausdrehen und sehen, ob ein wenig Getriebeöl heraus-

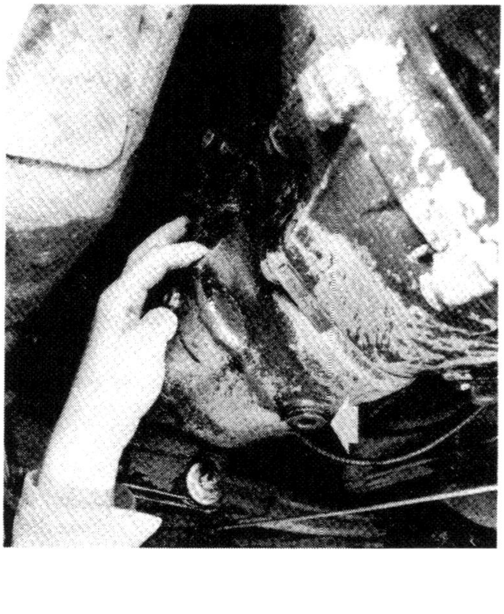

Der Getriebeölstand wird an der Einfüll- und Kontrollöffnung – am Getriebegehäuse in der Mitte oben rechts, in Fahrtrichtung gesehen – mit dem Zeigefinger geprüft. Mit dem Inbus-Steckschlüssel SW 14 die »hohle« Schraube herausdrehen und mit dem Zeigefinger nachprüfen, ob das Öl bis zur Unterkante der Kontrollöffnung steht. Unten am Getriebegehäuse ist die Öl-Ablaßschraube (weißer Pfeil) zu sehen.

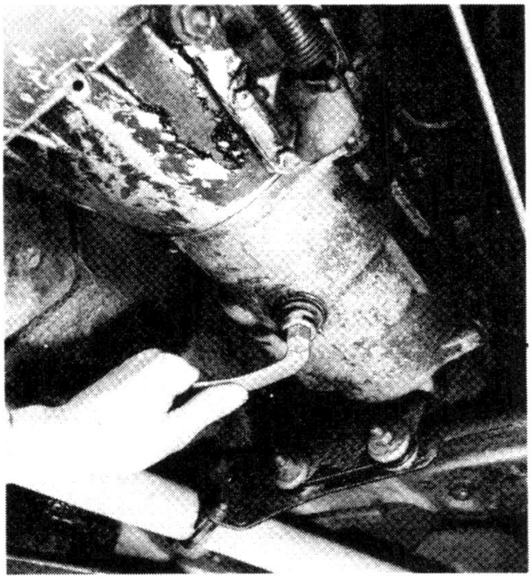

Wer das Getriebeöl selbst wechseln will (was nur bei Kilometerstand 1000 und 7500 vorgeschrieben ist), muß die Öl-Ablaßschraube an der Gehäuseunterseite mit einem Inbus-Steckschlüssel SW 14 herausdrehen. Hier ist das an Tankstellen gebräuchliche Spezialwerkzeug für den Mercedes-Getriebeölwechsel in Aktion. Es genügt aber auch ein einfacher Sechskant-Steckschlüssel, wie ihn unser Werkzeugbild Seite 20 unten zeigt.

läuft. Oder man steckt den Zeigefinger in die Öffnung und prüft mit Gefühl, ob das Öl bis zur Öffnungsunterkante steht. Dann ist alles in Ordnung. Andernfalls etwas Getriebeöl (vorgeschriebene Sorte, nächster Abschnitt) einfüllen oder bei einem außen ölverschmierten (und daher undichten) Getriebegehäuse zur Werkstatt.

Kein Getriebeöl-wechsel notwendig

Ein regelmäßiger Getriebeölwechsel ist bei unseren Mercedes-Modellen nicht notwendig. Das Öl im Getriebe wird das erste Mal zwischen Kilometerstand 300 und 1000 und dann noch einmal bei 7500 km gewechselt. Da diese Intervalle noch in die Garantiezeit fallen, während der Ihr Mercedes von der Werkstatt gewartet werden muß, haben Sie als Heimwerker keine Arbeit mit diesem Ölwechsel.

Vorgeschriebene Ölsorte beachten

Sehr genau muß beim Nachfüllen oder beim Ölwechsel darauf geachtet werden, daß auch die vorgeschriebene Flüssigkeit in das Schaltgetriebe kommt. Denn Daimler-Benz schreibt hier, entgegen allgemeinem Brauch, kein eigentliches Getriebeöl oder Hypoidgetriebeöl vor, sondern eine besondere Flüssigkeit, die bei anderen Kraftfahrzeugherstellern zumeist nur für automatische Getriebe verwendet wird. Dementsprechend ist auch die Bezeichnung Flüssigkeitsgetriebeöl ATF zu verstehen, denn ATF bedeutet »Automatic Transmission Fluid« (Automatik-Getriebe-Flüssigkeit). Diese ATF hat unter anderem den großen Vorteil, daß sie bei allen Temperaturen in ihrer Viskosität (Zähflüssigkeit) ziemlich gleich bleibt, also sommers und winters verwendet werden kann. Wenn unterwegs an einer Tankstelle aus irgendeinem Grund etwas ATF nachgefüllt werden muß, sollten Sie sich aus der Sortenliste der Tankstelle genau zeigen lassen, daß die vom Tankwart hergebrachte Flüssigkeit auch wirklich von Daimler-Benz freigegeben ist. Wir nennen einige freigegebene Flüssigkeitsgetriebeöle, wobei Sie haargenau auf die Bezeichnung achten müssen, damit mit einem ähnlich lautenden Saft keine schrecklichen Dinge passieren:

- Aral Getriebeöl SGF AQ 1841 A
- Autol Fluid-Getriebeöl ATF Type A 10
- Avia Fluid ATF 66 M (1020 A)
- BP Automatic Transmission Fluid Type A Suffix A AQ-Nr. 1020 A
- Castrol TQ-ATF-84 A/737 A/2418 A
- Shell Donax T 6 AQ 844 A/2415 A/2420 A
- Veedol ATF Type A Suffix A 1407 A

Ölstand im automatischen Getriebe prüfen
Pflegearbeit Nr. 19

Bei jedem Wartungsdienst, alle 7500 km, soll der Flüssigkeitsstand im Automatik-Getriebe geprüft werden. Während bei der Motorölkontrolle der Motor bereits längere Zeit stehen soll, damit alles Öl in der Ölwanne zusammengelaufen ist, muß bei der Ölstandskontrolle im Automatik-Getriebe der Motor im Leerlauf bereits einige Minuten drehen, damit die Ölpumpe auch arbeitet. Dabei ist der Wählhebel in Parkstellung »P« zu schalten und zu aller Sicherheit die Feststellbremse anzuziehen. Dann erst wird der Ölpeilstab im Motorraum rechts hinten (in Fahrtrichtung gesehen) neben der Zylinderkopfhaube (zugleich Einfüllrohr) gezogen. Die beiden Kerbmarkierungen für den Mindest- und Höchststand sind für den betriebswarmen Motor mit einer Getriebetemperatur von 80 ° C geeicht. Ist der Motor jedoch nicht betriebswarm und hat das Öl nur eine Temperatur von 20—30 ° C, so gilt die untere Kerbmarkierung als Höchststandmarke. Denn der Ölstand ändert sich mit der Temperatur merklich. Falls bei dieser Ölstandskontrolle, die man also am besten nach einer längeren Fahrt bei betriebswarmen Motor vornimmt, Öl fehlt, können bei Ölstand an der unteren Marke insgesamt 0,3 Liter ATF nachgefüllt werden.
Für die Automatik-Getriebe der Modelle 200/8 und 220/8 (3 Planeten-Radsätze) und die Automatik mit Drehmomentwandler (ab August 1973) darf nur ein sogenanntes »Dexron«-Öl verwendet werden, wie z. B.:

- Aral Getriebeöl ATF Dexron B 10.546
- Autol-Getriebeöl Dexron B 10 812
- BP Autran DX (Dexron B-11 026)
- Castrol TQ (Dexron) B-10.658/11.020
- Esso Automatic Transmission Fluid Dexron B-10 102/11 276
- Shell Automatic Transmission Fluid Dexron B 10 378/10 391/10 492

Beim Einfüllen, wie auch beim Abwischen des Ölpeilstabes muß auf größte Sauberkeit geachtet werden, denn bereits kleine Textilfasern oder Schmutzteilchen können die empfindliche Getriebe-Automatik aus dem Gleichschritt bringen.
Wurde versehentlich zu viel Flüssigkeit eingefüllt, so daß beim Nachprüfen der Ölstand über der oberen Peilstabmarke steht, muß dieser Überschuß wieder abgesaugt werden, da sonst der Getriebesatz die Flüssigkeit aufschäumt, die Temperatur im Getriebe zu hoch steigt und dadurch Schäden am Getriebe auftreten können.

ATF des automatischen Getriebes wechseln
Pflegearbeit Nr. 59/60

Den Ölwechsel am automatischen Getriebe haben wir in unserem Wartungsplan bewußt mit dem Zeichen »W« für »Werkstatt« versehen. Es hat keinen Sinn, die ATF selbst wechseln zu wollen, denn dabei muß ein Spezialfilter getauscht und insgesamt auf peinlichste Sauberkeit geachtet werden.
Achten Sie aber darauf, daß die Werkstatt diesen Wechsel nur bei wirklich betriebswarmem Getriebe ausführt, da sonst nicht alle Rückstände einwandfrei abfließen. Bei Öl- und Filterwechsel werden beim Mercedes 200/8 und 220/8 4,5 Liter benötigt. Nach dem Wechsel soll der Wagen mit geringer Motordrehzahl etwa 200 m gefahren und dann der Ölstand nachgeprüft werden.

Ölstandsprüfung Hinterachse
Pflegearbeit Nr. 12

Alle 7500 km muß der Ölstand in der Hinterachse geprüft werden (obere Inbusschraube SW 14), ein Ölwechsel ist nur bei eventuellen Reparaturen notwendig.
Das Ausgleichgetriebe in der Mercedes-Hinterachse benötigt wieder eine andere Ölsorte. Es ist ganzjährig Hypoidgetriebeöl SAE 90. Normales Getriebeöl darf nicht verwendet werden, sondern nur das für schrägverzahnte Getriebe bestimmte Hypoidgetriebeöl, das von manchen Mineralölfirmen auch als EP-Getriebeöl bezeichnet wird (EP = extreme pressure = Höchstdruck).

Damit in die Hinterachse Ihres Mercedes die richtige, von Daimler-Benz freigegebene Ölsorte eingefüllt wird, sollten Sie das Nachfüllen von der Werkstatt besorgen lassen oder — bei Heimwerker-Ehrgeiz — dort das erforderliche Öl erwerben.
Damit dieses Öl auch nicht zu dünnflüssig für die Mercedes-Hinterachse ist, darf auch kein Hypoidgetriebeöl SAE 80, sondern nur solches der SAE-Klasse 90 verwendet werden.

Hinterachse auf Schadensstellen prüfen

Pflegearbeit Nr. 33

Muß der Mercedes anläßlich eines Ölwechsels im Motor auf die Hebebühne, so ist die beste Gelegenheit, die Hinterachse auf Dichtheit und eventuelle Schäden an den Faltenbälgen der Antriebswellen zu untersuchen. Brüchige oder rissige Manschetten sind schnellstens auswechseln zu lassen, denn Staub und Feuchtigkeit lassen die Gelenke schnell verschleißen.

Ölstand im Lenkgehäuse prüfen

Pflegearbeit Nr. 42

Alle 15 000 km soll im Getriebegehäuse der serienmäßigen Lenkung der Ölstand überprüft werden. Dazu ist die oben auf dem Gehäusedeckel sitzende Kontroll- und Einfüllschraube (siehe Bild unten) herauszuschrauben und nachzusehen, ob der Ölstand bis zur Unterkante der Öffnung reicht. Wenn ja, Kontrollschraube wieder festdrehen, wenn nein, muß ein wenig Hypoidgetriebeöl SAE 90 (gleiche Sorte wie für Hinterachse) eingefüllt werden. Da das Lenkgetriebe nur etwa $^{1}/_{3}$ Liter faßt, kann es sich beim Nachfüllen nur um geringe Mengen handeln, andernfalls muß das Lenkgetriebe undicht sein (Werkstatt).

Ölstand der Servo-Lenkung prüfen

Pflegearbeit Nr. 21 und 43

Ist in Ihrem Mercedes eine Servo-Lenkung eingebaut, soll der Flüssigkeitsstand im zuständigen Ölbehälter alle 15 000 km nachgeprüft werden. Zu diesem Zweck die Flügelmutter oben auf dem Ölbehälter (siehe Bild nächste Seite oben) abdrehen, den Deckel abnehmen, nachsehen, ob der Ölpegel bis zu der im Behälter eingepreßten Markierung reicht. Dabei soll der Motor im Leerlauf drehen (wegen der Hochdruckölpumpe dieser Anlage) und betriebswarm sein, so daß das Öl etwa 80 ° C warm ist. Bei abgekühltem und gerade gestartetem Fahrzeug soll der Ölpegel etwa 10 mm unter der Markierung liegen. Diese Ölstandkontrolle kann man ohne weiteres selbst machen und bei Nachfüllbedarf zur nächsten Mercedes-Werkstatt fahren, um sich das genau vorgeschriebene Flüssigkeitsgetriebeöl ATF (genau gleiche Sorte wie für das Schaltgetriebe, siehe Seite 41) einfüllen zu lassen.
Zeigt sich stärkerer Ölverlust, muß die Servo-Lenkung in der Werkstatt auf Dichtheit überprüft werden.

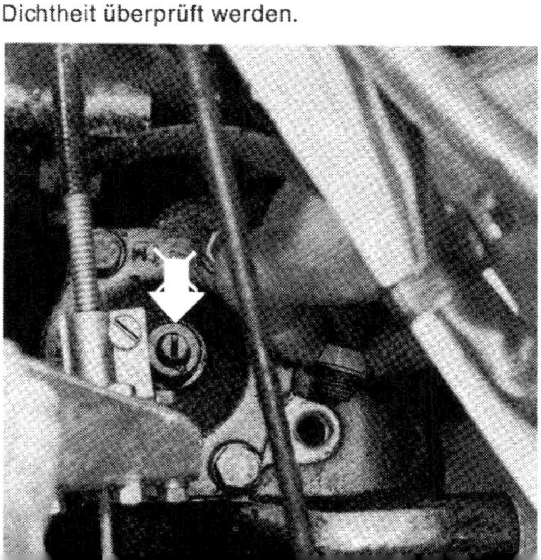

Wenn Sie den Ölstand im Lenkgetriebe prüfen wollen, dürfen Sie auf keinen Fall die Einfüll- und Kontrollschraube mit der Einstellschraube des Lenkschneckenspiels auf der Mitte des Lenkgetriebegehäuses (durchstrichener weißer Pfeil) verwechseln. Der Ölstand ist bei geöffneter Kontrollschraube im Lenkgetriebe sichtbar.

Bei eingebauter Servo-Lenkung muß regelmäßig (alle 7500 km) der Flüssigkeitsstand im Ölbehälter überprüft werden. Der Behälterdeckel ist mit einer Flügelmutter befestigt. Nach jeweils 45 000 km soll der im Behälter unten sitzende Filtereinsatz ausgetauscht werden. Man kann das seiner Mercedes-Werkstatt überlassen, die bei dieser Gelegenheit die sowieso fällige Überprüfung (Wartungspunkt 44) der gesamten Servo-Lenkung auf Verschleiß vornimmt.

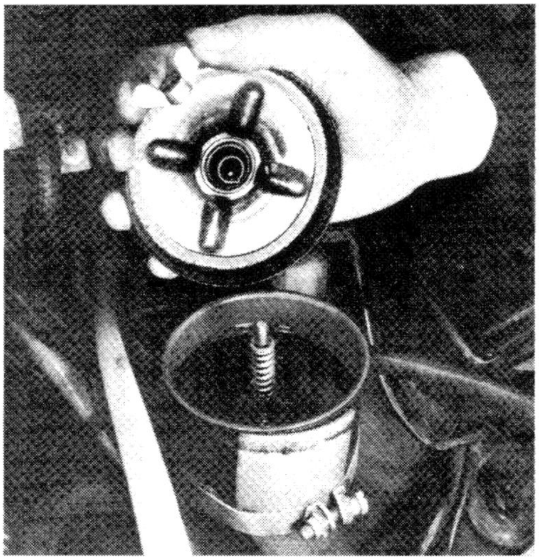

Teile der Feststellbremse schmieren

Pflegearbeit Nr. 15

Bei der Feststellbremsanlage ist außer dem Ausgleich nur der Zwischenhebel zwischen dem Auslöseknopf im Armaturenbrett und dem Fußpedal in seiner Führung gängig zu halten. Es genügt, den Auslöseknopf ganz herauszuziehen und einige Tropfen Öl in die Führungshülse laufen zu lassen.

Fingerzeige: *So genau man es beim Mercedes mit der vorgeschriebenen Schmierstoffsorte beispielsweise bei Motor, Getriebe usw. nehmen muß, so anspruchslos sind beim Mercedes, wie bei anderen Fahrzeugen, jene Schmierstellen, für die »einige Tropfen Motoröl« oder »einfetten« vorgeschrieben ist. Vor allem braucht man sich dazu kein teures legiertes HD-Öl zu kaufen, denn die ganzen HD-Zusätze sind an diesen Schmierstellen völlig witzlos. Es genügt also, wenn man sich an der Tankstelle ein Viertelchen »offenes« Öl zu rund 60 Pfennig aus dem Ölkabinett kauft und in ein Ölkännchen füllt. Aber ebenso gut geht es mit einem fertig abgefüllten Spritzkännchen mit »Haushaltsöl« (beispielsweise von Texaco oder BP) oder noch besser mit einer Spraydose Graphitöl (z. B. von Aral oder BP), wobei uns die BP-Graphitöl-Sprühdose besonders gut gefällt, denn mit ihrem Sprühkopf läßt sich ein nadelfeiner Ölstrahl fast einen Meter weit selbst auf eine versteckte und schwer zugängliche Schmierstelle spritzen. Das im Öl enthaltene Graphit ist an solchen Schmierstellen ein wirklich vorteilhafter Zusatz. Aber ebenso kann man eine Fingerspitze Fett (Abschmierfett, Mehrzweckfett, aber kein Wälzlagerfett! Letzteres nimmt Wasser auf und ist deshalb hier unbrauchbar) verteilen, nachdem man mit einem Lappen das darin sitzende*

Die Türscharniere haben je einen Schmiernippel, zusammen also 8 Nippel. Wenn es Hohlnippel, wie der hier gezeigte, sind, hat eine eigene Fettpresse keinen Sinn, denn man braucht dazu ein spezielles Spitzmundstück auf der Fettpresse. Es werden aber auch Kugelkopfnippel an den Türscharnieren eingebaut, die man selbst mit einer kleinen Handpresse versorgen kann. Es hat aber wenig Sinn, nur für diese Nippel eine Fettpresse zu kaufen.

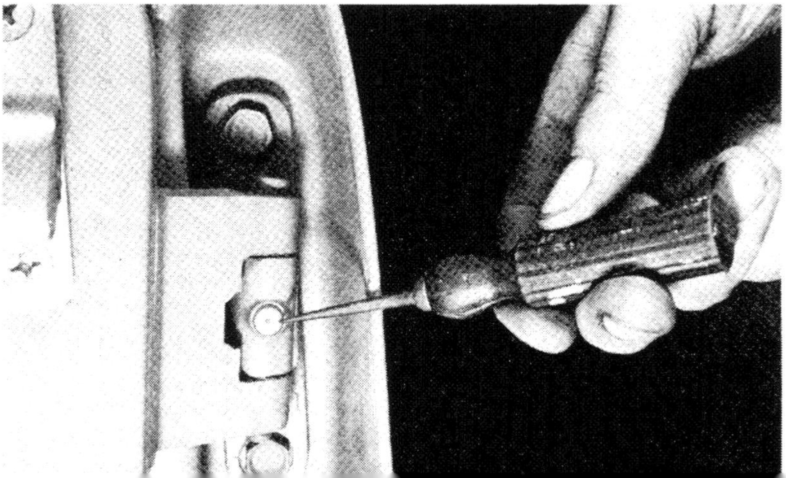

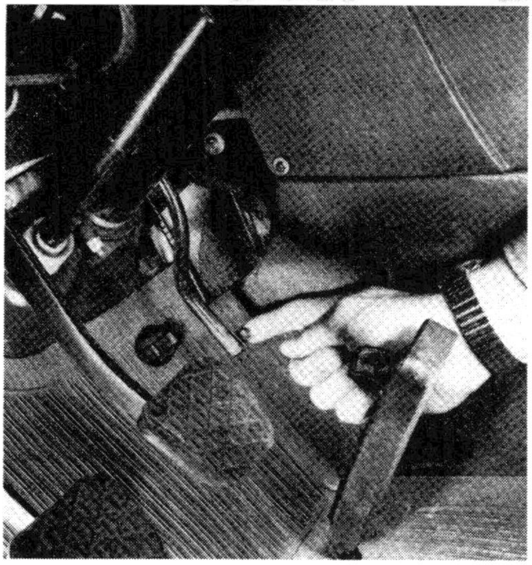

Besonders im Winter, wenn eingeschlepptes Salz-Schnee-Schmelzwasser alle Metallteile rosten läßt und schwergängig macht, muß das Gaspedal durch ein wenig Fett an den gleitenden Teilen, am Pedalhebel (linker schwarzer Pfeil) und am Gelenkstück (rechter schwarzer Pfeil), leichtgängig gehalten werden, sonst hat die auf der Gegenseite im Motorraum sitzende Rückholfeder nicht genügend Kraft, um das getretene Gaspedal wieder in Leerlaufstellung zurückzuziehen.

verschmutzte Fett oder Öl abgewischt hat. Entscheidend ist allenfalls dabei, ob man sich bei Fett an dieser Schmierstelle (z. B. Türschloß) gelegentlich die Bekleidung verschmiert. Dann ist dort Öl selbstverständlich besser. Schließlich gibt es noch eine Schmiermethode, die man in Schottland erfunden haben soll: Den Ölpeilstab des Motors ziehen und den jedesmal daran hängenden Tropfen auf die nächste Schmierstelle tropfen lassen.

Gelenke, Scharniere und Schlösser schmieren

Pflegearbeiten Nr. 26, 54, 55, 56 und 57

Grundsätzlich kann man als Heimpfleger davon ausgehen, daß überall da, wo sich zwei Teile in einem Gelenk, in einem Scharnier, in einer Führungsöse, oder -hülse aneinander reiben, von Zeit zu Zeit mit einigen Tropfen Öl oder einer Fingerspitze Fett geschmiert werden soll. Man braucht damit nicht zu warten, bis die nächsten 7500 oder 15 000 km auf dem Tachometer erscheinen, sondern sollte zwischendurch einmal nachsehen, ob da entsprechende Teile trocken reiben, schwergängig sind, quietschen oder von einer dicken Schmutzkruste eingehüllt sind. Dazu gehören:

- Gelenke und Lagerstellen der Vergaserbetätigung
- Lager und Gelenk des Gaspedals
- Lager des Getriebeschalthebels
- Schlösser und Scharniere an Motorhaube, Kofferraumhaube und Betankungsklappe
- Bolzen der Türhaltebänder
- Scharniere und Drahtzüge an Belüftungsklappen und Heizung
- Türschlösser

Die Türhaltebänder verhindern, daß die Türen bis über das zulässige Maß aufschlagen. Die Bolzen der Haltebänder erhalten, wie hier gezeigt, regelmäßig einige wenige Tropfen Öl beliebiger Art.

Das Schmieren der Vorderradlager alle 45 000 km überläßt man am besten der Werkstatt, da hierbei auch das Radlagerspiel geprüft werden muß und der Kauf des Spezialfettes wegen der geringen Menge nicht lohnt. Die Teile:
1 – Befestigungsflansch für die Felge;
2 – Abdeckscheibe unter der auf der Achse sitzenden Klemmutter;
3 – Radnabenkontakt zur Weiterleitung statischer Elektrizität (verhütet Radiostörungen);
4 – Fettkappe, die mit kräftigem Schraubenzieher von der Radnabe abgehebelt werden kann.

Ein besonderer Hinweis zum Gängighalten der Türschlösser und des Kofferraumhaubenschlosses: Es hat natürlich keinen Sinn, Fett in die Schließzylinder zu schmieren und auch Motoröl ist dort nicht am Platz, denn diese Schmiere bleibt dann am hineingesteckten Schlüssel hängen und damit verschmiert man sich dann die Jacken- oder Hosentasche. Man gibt deshalb nur einen einzigen Tropfen ganz dünnes Nähmaschinenöl in den Schlüsselschlitz des Schließzylinders, den man an einem dünnen Draht oder einer langen Nadel dort hineinlaufen läßt oder mit einer ausgebrauchten Injektionsspritze einbringt, während ein schmaler Schraubenzieher die Schlüsselschlitzklappe beiseite drückt. Bei Aral gibt es für diesen Zweck auch ein spezielles Miniatur-Sprühfläschchen »Türschloß-Baby«, das gleichzeitig gegen Vereisen des Schlosses im Winter schützt. Gar nicht zweckmäßig ist hier auch das schwarze Graphitöl. Dagegen ist ein Tropfen unverdünntes Frostschutzmittel ein ebenfalls brauchbares Schmiermittel für die Türschlösser.

Vorderradlager fetten

Pflegearbeit Nr. 67

Diesen Wartungspunkt sollten Sie getrost der Werkstatt überlassen, denn diese ist sowieso dort alle 45 000 km beschäftigt, wenn an der Vorderachse Sturz und Vorspur vermessen, die Scheibenbremsen gereinigt und überprüft werden. Außerdem muß der Werkstattmann bei dieser Gelegenheit prüfen, ob das Radlager kein außergewöhnliches Spiel hat, es geht also gewissermaßen alles in einem Aufwaschen in der Mercedes-Werkstatt hin, zumal man dort auch die richtige Fettmenge (es darf nicht zu viel und nicht zu wenig sein) im Handgriff hat und es sich gar nicht lohnt, wegen dieser beiden Radlager ein Kilo spezielles Wälzlagerfett (wieder eine genau vorgeschriebene und zu beachtende Fettsorte) zu kaufen.

Bulle im Frack

Das Geburtsjahr der Mercedes-Baureihe der »Neuen Generation«, die vom 200 inzwischen bis zum 280 E mit Sechszylinder-Doppelnockenwellenmotor reicht, war 1968. Die hier beschriebenen Vierzylinder hatten, was ihre Typbezeichnung anbelangt, natürlich Vorgänger. Der alte 200 in der sogenannten Einheitskarosserie besaß praktisch den gleichen Motor; der alte 220 war ein Sechszylinder, der dann in überarbeiteter Form in den 230 Sechszylinder eingebaut wurde.

Beide Vierzylinder-Motoren besitzen eine gemeinsame Basis, sie unterscheiden sich hauptsächlich in der Leistung und im Hubraum. Sie haben die gleiche Zylinderbohrung, aber unterschiedlichen Hub. Der 95 PS starke Zweiliter — der 200 — ist ein Kurzhub-, der 105 PS starke 220 ein Langhubmotor. Anders dagegen basiert der im August 1973 neu eingeführte 230 Vierzylinder-Motor auf dem 200. Dies geschah nicht zuletzt aus Rationalisierungsgründen, denn bei gleichem Hub konnte die Kurbelwelle des 200 übernommen werden. Der vergrößerte Hubraum wurde durch eine größere Bohrung gewonnen; die Leistung stieg auf 110 PS.

Allen drei Motoren ist neben ihrer Zuverlässigkeit und wartungsmäßigen Anspruchslosigkeit ein kräftiger Durchzug schon bei relativ niedrigen Drehzahlen zu eigen, man muß sie nicht hochjubeln lassen, um ihnen Leistung zu entlocken. Andererseits liegen die zulässigen Höchstdrehzahlen mit 6000 U/min nicht gerade niedrig.

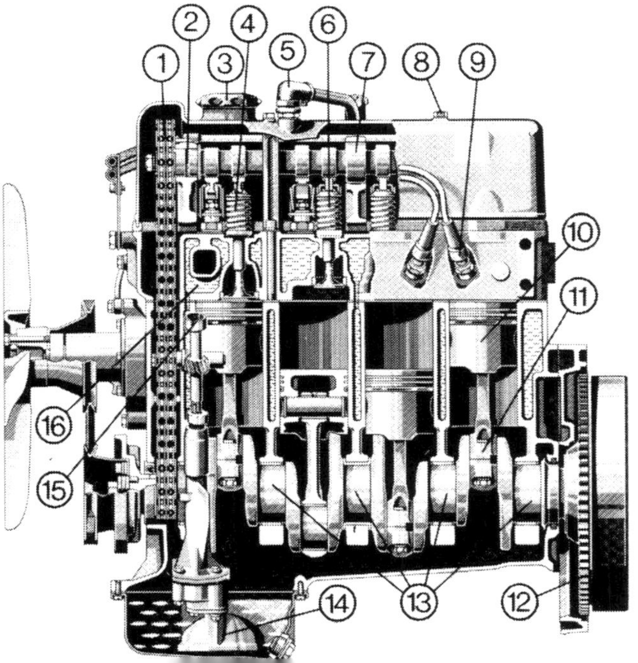

Um einen Blick ins Motorinnere werfen zu können, wurde hier der Motor der Länge nach aufgeschnitten. Die einzelnen Teile bedeuten:
1 - Doppelrollenkette (Nockenwellenantrieb); 2 - obenliegende Nockenwelle; 3 - Öleinfüllstutzen; 4/6 - Ventilfedern; 5 - Motorgehäuseentlüftung; 7 - Nockenwellenlager; 8 - Halteschraube Ventilhaube; 9 - Zündkerze; 10 - Kolben; 11 - Pleuellager; 12 - Anlasserzahnkranz an Schwungscheibe; 13 - Vier der fünf Kurbelwellenlager (das vordere ist im Bild nicht sichtbar); 14 - Ölpumpe in der Ölwanne; 15 - Antriebswelle für Zündverteiler (oben) und Ölpumpe (unten); 16 - Kühlwasser.

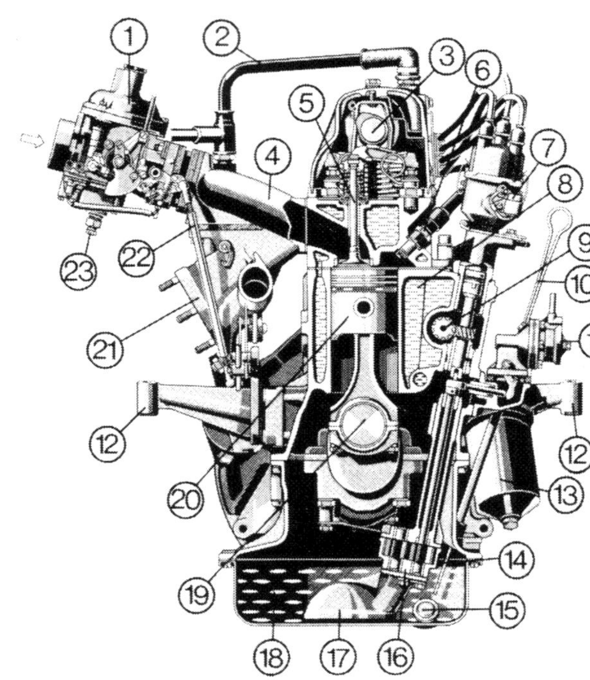

Dieses Bild zeigt den Motor von vorn im Schnitt. Es bedeuten: 1 - Stromberg-Vergaser; 2 - Motorgehäuseentlüftung; 3 - obenliegende Nockenwelle; 4 - Ansaugleitung; 5 - Ventil; 6 - Zündkerze; 7 - Zündverteiler mit Kondensator; 8 -Kühlwasser; 9 - Schraubenantrieb für Zündverteiler und Ölpumpe; 10 - Ölmeßstab; 11 - Kraftstoffpumpe; 12 - Motorlagerung; 13 - Ölfiltergehäuse; 14 - Ölmeßstab (Maximum-Marke); 15 - Ölablaßschraube; 16 - Ölpumpe; 17 - Ansaugglocke Ölpumpe; 18 - Schmieröl; 19 - Kurbelwelle; 20 - Kolben; 21 - Auspufflansch; 22 - Gasgestänge (für Drosselklappenbetätigung); 23 - Leerlaufkraftstoff-Regulierschraube am Vergaser.

Superbenzin ist für die mit 9:1 verdichteten Motoren obligatorisch, Mercedes-Kenner haben jedoch die für bestimmte Exportmärkte produzierten niederverdichteten Motoren entdeckt, die mit Normalbenzin betrieben werden können, allerdings unter einer leichten Leistungseinbuße. Trotzdem stellen diese offiziell nicht im Verkaufsprogramm angebotenen Fahrzeuge für manche Leute eine Alternative zum Diesel dar, dessen Behäbigkeit nicht überall geschätzt, dessen niedrige Kraftstoffkosten jedoch gefragt sind.

Trotzdem es sich bei diesen Mercedes-Motoren mit der internen Bezeichnung »M 115« keineswegs um allerjüngste Konstruktionen handelt (der Motor dieser Bauart wurde erstmals 1956 im Mercedes 190 vorgestellt), findet man eine obenliegende Nockenwelle, die für das Werk schon zu Zeiten obligatorisch war, als anderswo noch mit untenliegenden Nockenwellen und ellenlangen Stoßstangen zur Steuerung der Ventile gearbeitet wurde.

Mit 95 PS aus 2 Liter, 105 PS aus 2,2 Liter bzw. 110 PS aus 2,3 Liter Hubraum sind die Motoren aus Untertürkheim nach heutigen Begriffen keine ausgesprochenen Hochleistungstriebwerke, Literleistungen von 47,5 bzw. 47,8 PS deuten vielmehr auf das Bestreben der Konstrukteure hin, weniger Leistung

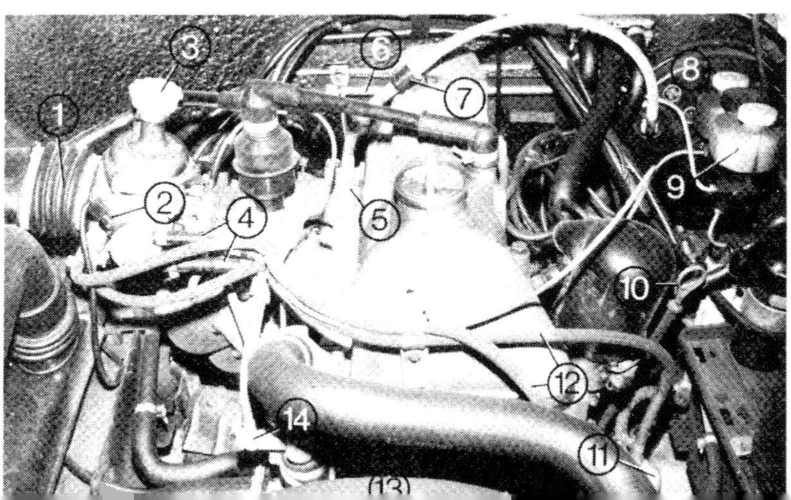

1) Luftansaugstutzen
2) El. Anschluß für Vergaser-Startautomatic
3) Ölvorratsbehälter des Vergasers
4) Schlauchleitungen für Warmwasserbeheizung Startautomatic
5) Anschlußstutzen Unterdruckleitung für Bremsservo
6) Welle der Drosselklappenbetätigung (vom Gaspedal zum Vergaser)
7) Rückschlagventil Unterdruckleitung
8) Bremsservogerät
9) Behälter für Brems- und Kupplungshydraulik-Flüssigkeit
10) Ölmeßstab
11) Kraftstoffpumpe
12) Kraftstoffleitung von der Pumpe zum Vergaser und Rücklauf
13) Kühlerzarge
14) Anschlußstutzen für Warmwasserbeheizung der Startautomatik

als vielmehr Haltbarkeit und Zuverlässigkeit zu erreichen. Jedenfalls kennt man in den Werkstätten mit dem Stern kaum Schwierigkeiten irgendwelcher Art mit den bewährten Motoren, vielleicht mit Ausnahme anfänglicher Schwierigkeiten mit dem weniger stark verbleiten Benzin, das die Motoren nach dem Abstellen noch einige Takte »nachdieseln« ließ.

Der Motor M 115 verfügt über eine fünffach gelagerte Kurbelwelle, zwischen je zwei Kurbelwellenkröpfungen befindet sich also jeweils ein Lager. Hierdurch läuft die geschmiedete Kurbelwelle schwingungsfreier, was nicht nur der Laufruhe, sondern auch der Lebensdauer zugute kommt.

Die Mercedes-Modelle 200/220/230 animieren nicht zu scharfem Fahren, sie fordern den Fahrer nicht so. Man gewöhnt sich sehr schnell daran, die Gänge nicht voll auszufahren, sondern schon relativ früh in den nächsthöheren Gang zu schalten, wobei einem das kräftige Durchzugsvermögen des Motors entgegenkommt. Auch in puncto Motor-Elastizität bei niedrigeren Drehzahlen sind diese Mercedes nicht schlecht. Man kann ausgesprochen schaltfaul fahren und notfalls mit 50 km/h im 4. Gang durch die Gegend rollen, ohne den Motor dadurch zum Stottern (Ruckeln) zu veranlassen.

Richtiges Einfahren wichtig

Das Einfahren eines neuen Motors (auch eines Tauschmotors) gehört zu den wichtigsten Kapiteln im Leben eines Autos. Früher legte man die Vorschriften für den Fahrer von seiten der Werke etwas engherzig aus, heute gibt man allgemeinere Empfehlungen.

Trotzdem sollte man sich von der manchmal vertretenen Vorstellung frei machen, heutzutage brauche man ein Auto nicht mehr einzufahren, die moderne Technik mache es möglich, vom ersten Kilometer an voll zu fahren. Auch Werke, die das manchmal behaupteten, gestanden in der Betriebsanleitung ein, es sei empfehlenswert, sich während der ersten Kilometer Zügel anzulegen.

Schon im Interesse etwaiger Garantieansprüche ist es also empfehlenswert, während der ersten 1500 Kilometer etwas verhalten mit Drehzahlen und Höchstgeschwindigkeiten umzugehen. Wenn auch im heutigen Motorenbau mit großer Präzision gearbeitet wird, so besitzen doch sämtliche Einzelteile des Motors und der Kraftübertragung (Getriebe, Gelenke von Kardan- und Antriebswellen, Radlager usw.) mikroskopisch kleine Rauhigkeiten und Unebenheiten, die sich während des sogenannten Einlaufprozesses glätten und ebnen müssen. Hohe Drehzahlen gleich von Anfang an würden u. U. zu hoher örtlicher Reibung und damit Wärmebildung führen, sie könnten den Schmierfilm hier und dort abreißen lassen und Trockenreibung und damit großen Verschleiß hervorrufen.

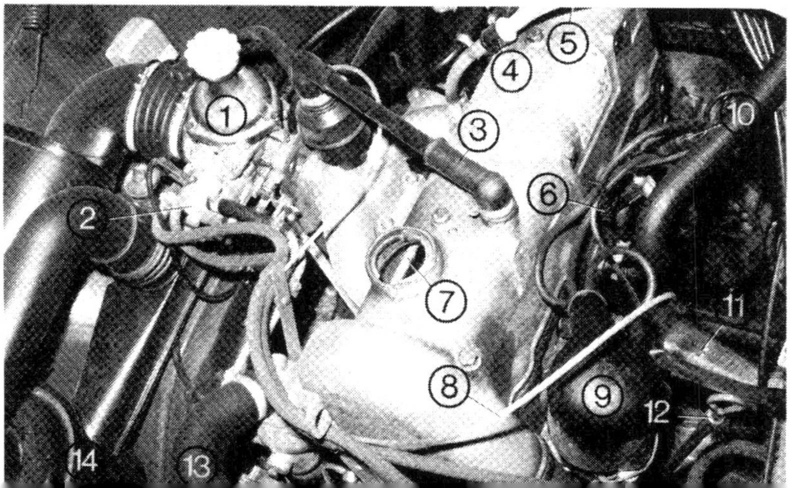

1) Stromberg-vergaser
2) Gehäuse der Startautomatik
3) Motorgehäuseentlüftung
4) Rückschlagventil der Unterdruckleitung (5) zum Bremsservo
6) Plastikrechen für Zündkabel (10)
7) Öleinfüllstutzen
8) Unterdruckleitung für Zündverstellung im Verteiler (9)
11) Linkes Motorlager
12) Ölmeßstab
13) Kühlerschlauch (vom Kühler zum Thermostaten)
14) Gehäuse des Ansaugluftfilters

Ein erfahrener Autofahrer hat es im Gefühl, was seinem Motor zumutbar ist, er spürt, in welchen Bereichen sich das Triebwerk am wohlsten fühlt. Weder sind hohe, noch zu niedrige Drehzahlen günstig, und so empfiehlt die Bedienungsanleitung Ihres Wagens auf Seite 36 etwa ²/₃ der Höchstgeschwindigkeit in den einzelnen Gängen. Konkret ausgedrückt bedeutet das folgende Geschwindigkeiten:

	200	220	230
1. Gang bis km/h	30	30	30
2. Gang bis km/h	55	55	55
3. Gang bis km/h	85	85	90
4. Gang bis km/h	100	100	125

In der Praxis wird man sich natürlich nicht immer sklavisch an diese Werte halten, wichtig ist letzten Endes ja auch nur, daß man anfangs hohe Dauerbelastungen vermeidet, daß man das Fahrzeug allmählich an eine etwas schärfere Gangart gewöhnt.
Zwischen 300 und 1000 km ist der erste Wartungsdienst fällig, bei dem verschiedene Arbeiten von Ihrer Kundendienst-Werkstatt erledigt werden und der erste Ölwechsel stattfindet. In der Folgezeit — also etwa beim Kilometerstand 1000—1500 — geht man dann allmählich mit Drehzahlen und Geschwindigkeiten etwas höher, fährt kurzzeitig auch schon mal die Höchstgeschwindigkeit, nimmt zwischendurch auch mal den Fuß vom Gaspedal, um durch den stärkeren Ansaugdruck bei hohen Drehzahlen zusätzlich kühlendes und schmierendes Öl an die Kolbenlaufbahnen zu »pumpen«. Bergauf quält man die Maschine nicht im großen Gang, man schaltet rechtzeitig zurück und erleichtert ihr dadurch ihre Arbeit. Man trainiert den Motor also gewissermaßen, ohne ihm auf einmal zuviel abverlangen zu wollen. Seine volle Leistung erreicht ein Mercedes-Motor ohnehin erst nach einigen tausend Kilometern, dann also, wenn der Einlaufprozeß beendet ist und sich alle rotierenden und gleitenden Teile geglättet haben.
Günstig ist es zweifellos, wenn man den Einfahrprozeß auf Bundesstraßen und Autobahnen absolvieren kann und nicht versucht, im städtischen Kurzstreckenverkehr die ersten 1500 Kilometer hinter sich zu bringen. Optimale Wasser- und Öltemperaturen stellen für den Motor das günstigste Betriebsklima dar, Temperaturen, die im Stadtverkehr heute meistens nur schwer oder gar nicht erreicht werden. Wenn man also dem Kauf des neuen Wagens gleich eine kurze Reise oder eine Urlaubsfahrt anschließen kann, ist das ideal. Natürlich sollte sich am Zielort eine Mercedes-Werkstatt befinden, die in der Lage ist, den ersten Wartungsdienst ordnungsgemäß durchzuführen.
Wie wir schon erwähnten, gelten alle diese Hinweise auch für Tauschmotoren und Aggregate (wie Getriebe, Hinterachsen usw.).

Überdrehzahlen

Jeder Motor hat seinen eigenen Charakter und der des Mercedes hat mehr die Eigenschaften eines Zehnkämpfers als die eines Sprinters. Zwar liegt die erlaubte Höchstdrehzahl bei 6000 Umdrehungen pro Minute, aber das soll nicht heißen, daß man diese nun dauernd fahren sollte, wenn man das Fahrzeug beschleunigen will. Neben erhöhtem Verschleiß steigt der Kraftstoffverbrauch steil an und der Zeitgewinn steht in keinerlei Verhältnis zu den verursachten Kosten. Im 4. Gang wird man die 6000 U/min ohnehin normalerweise nicht erreichen, es sei denn, man führe ein längeres Gefälle mit Vollgas.

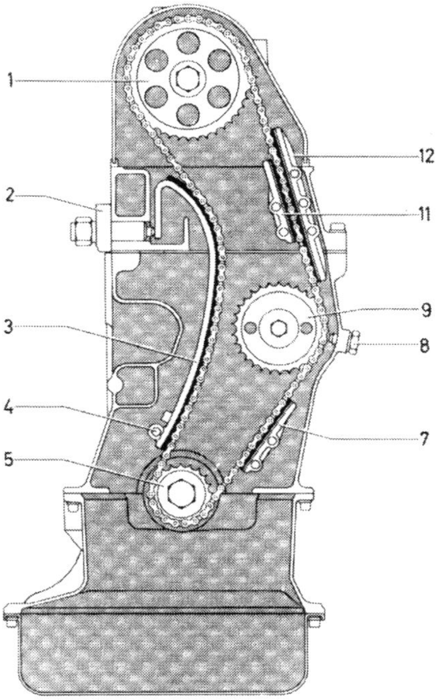

Diese Zeichnung zeigt den Antrieb der obenliegenden Nockenwelle: 1 - Nockenwellenrad, 2 - Kettenspanner, 3 - Spannschiene, 4 - Lagerbolzen, 5 - Kurbelwellenrad, 7 - Gleitschiene (bei den Dieselmotoren befindet sich 7 gegenüber noch eine innere Gleitschiene 6), 8 - Sicherungsschraube, 9 - Antrieb für Ölpumpe und Zündverteiler, 11 - Gleitschiene außen. Der Kettenspanner (2) arbeitet hydraulisch (also wird die Kette durch Öldruck gespannt). Da sich der Öldruck erst kurz nach dem Anlassen des Motors aufbaut, kann es direkt nach dem Starten des Motors zu einem kurzen schlagenden Geräusch kommen, weil die Kette etwas durchhängt oder peitscht. Verschwindet dieses Geräusch sofort wieder, so ist es harmlos, anderenfalls sollte man die Werkstatt aufsuchen und die Funktion des Spanners prüfen lassen.

Generell kann man sagen, daß Überdrehzahlen leistungsmäßig nichts bringen. Die Leistungskurve fällt wieder ab, sobald die Drehzahl der Nennleistung überschritten ist. Außerdem mag der Ventiltrieb Überdrehzahlen nicht besonders, denn die Ventilfedern bzw. die Ventile beginnen zu flattern, ein geregeltes Öffnen und Schließen ist nicht mehr möglich, der normale Ablauf des Gaswechsels (Ansaugen, Verdichten, Verbrennen, Ausstoßen des Abgases) findet nicht mehr statt. Im ungünstigsten Fall könnten die Ventilfedern brechen, die Ventile abreißen und in den Verbrennungsraum bzw. auf den betreffenden Kolben fallen, was u. U. eine nachhaltige Zerstörung zur Folge hätte.

Wir wollen bei dieser Gelegenheit noch ein paar Worte zur Autobahnfahrt sagen. Lief das Fahrzeug Wochen oder gar Monate im Stadtverkehr mit allen seinen nachteiligen Folgen (ungenügende Motortemperatur und erhöhte Bildung unverbrannter Rückstände), so sollte man bei der ersten längeren Autobahnfahrt nicht gleich »volles Rohr« fahren, um nun alle im Motor befindlichen Rückstände wegzubrennen und zum Auspuff hinauszujagen. Man sollte vielmehr den Motor allmählich aufheizen, die Geschwindigkeiten allmählich steigern und erst nach einigen Dutzend Kilometern an die Höchstgeschwindigkeit herangehen (soweit sie sich bei den heutigen Verkehrsverhältnissen überhaupt erreichen läßt). Vernünftigen Umgang dankt die Maschine mit hoher Laufleistung, es gibt Taxifahrer, die mit dem 200 rund 200 000 Kilometer erreichten; allerdings sollte man solche Laufstrecken nicht als Standard hinnehmen, es sind schon außergewöhnliche Fälle; trotzdem sieht man, was auch heutzutage noch möglich ist.

Die wichtigsten Teile

Der wassergekühlte Vierzylinder-Reihenmotor hat einen stabilen Graugußblock. An ihn ist das Gehäuse von Kupplung und Getriebe angeflanscht. An der rechten oberen Seite des Motors befinden sich Vergaser, Ansaugrohre und Auspuffleitungen. Die Kraftstoffpumpe, der Zündverteiler, Ölmeßstab und das Ölfiltergehäuse sitzen an der linken Motorseite, ebenso die Zündkerzen mit ihren Kabeln.

Hier kann man sehr gut den Antrieb der obenliegenden Nockenwelle durch das Nokkenwellenrad (1) erkennen, das über eine Doppelrollenkette mit der Kurbelwelle (3) verbunden ist. Bei (2) befindet sich der Antrieb von Zündverteiler und Ölpumpe.
4 - Wasserpumpe, 5 - Thermostat. Ein hydraulischer Kettenspanner zwischen 4 und 5 sorgt für die richtige Spannung der Kette.

Der Kurbeltrieb

Seine Einzelteile bestehen aus Kurbelwelle, Pleuel und Kolben. Die auf- und abgehende Bewegung der Kolben wird mit den Pleueln in eine rotierende Bewegung der Kurbelwelle umgesetzt. Pleuel und Kurbelwelle sind geschmiedet.
Die fünffach gelagerte Kurbelwelle ist bei den hier beschriebenen Mercedes-Typen in Bezug auf den Hub unterschiedlich. Entsprechend dem Hub von 83,6 mm beim 200 und 230 4 bzw. von 92,4 mm beim 220 ist die Länge der Kröpfungen verschieden. Am Ende der Kurbelwelle sitzt das große Schwungrad mit dem Anlasserzahnkranz und auf der Vorderseite das Kettenrad für den Nockenwellenantrieb bzw. die Riemenscheibe.

Der Ventiltrieb

Der Antrieb der obenliegenden Nockenwelle erfolgt über eine Doppelrollenkette, die, von der Kurbelwelle aus angetrieben, nach oben läuft und gleichzeitig auch noch den Antrieb von Ölpumpe und Zündverteiler mit übernimmt. Das Spannen der Kette erfolgt über eine sogenannte Spannschiene, die durch Öldruck gegen die Kette gedrückt wird. Beim Anlassen des kalten Motors kann man manchmal ganz kurz ein schlagendes Geräusch hören, das von der noch nicht voll gespannten Kette herrührt. Da sich der volle Öldruck im Motor erst ganz kurz nach dem Anlassen (und dem Einsetzen der Ölpumpe) aufbaut, kann die »entspannte« Antriebskette kurz peitschen und das besagte Geräusch hervorrufen. Das ist kein Grund zur Besorgnis, solange es nur beim Anlassen des kalten Motors und dann nur kurz hörbar ist. Gefahr ist aber im Verzug, falls sich die Kette länger durch Geräusche bemerkbar macht: Dann stimmt etwas mit dem Kettenspanner bzw. mit dem Öldruck dort nicht. Hier ist ein Werkstattbesuch angezeigt.
Für die weitere Führung der Nockenwellenantriebskette sorgen noch drei Gleitschienen ober- und unterhalb des Ölpumpen- und Zündverteiler-Antriebsrades.
Die Ventile sind parallel hängend im Zylinderkopf angebracht, ihr Antrieb erfolgt nicht direkt durch die Nockenwelle, sondern unter Zwischenschaltung

von Schwinghebeln, deren Aufgabe es auch noch ist, die Ventilschäfte (bzw. Ventilführungen) von seitlich einwirkenden Kräften durch die sich drehende Nockenwelle freizuhalten.
Aufgabe der Ventile ist das Öffnen und Schließen der Ein- und Auslaßöffnungen im Zylinderkopf für das Frisch- oder Auspuffgas (Einlaß- und Auslaßventile). Ihre Befehle zum Öffnen und Schließen erhalten sie von der Nockenwelle.
Nur wenn das Zusammenspiel von auf- und abgehenden Kolben und sich öffnenden bzw. schließenden Ventilen einwandfrei funktioniert, ist es dem Motor möglich, seine volle Leistung zu entfalten. Das Öffnen der Ventile geschieht durch die Nockenwelle, das Schließen durch die Ventilfedern, gegen deren Druck vorher die Ventile geöffnet wurden. Wichtig für die richtige Füllung der Zylinder mit frischem Gemisch ist nicht nur die Größe der Ventile, sondern auch die Zeit ihrer Öffnung, die von der Form der Nocken abhängt.

Das Ventilspiel

Spiel heißt in der Technik so viel wie Zwischenraum, Abstand oder »Luft«. Dieses Spiel zwischen den Teilen des Ventiltriebs (Ventilschaft und Schwinghebel) ist notwendig, um die unterschiedliche Wärmedehnung zwischen Zylinderblock, Zylinderkopf, Ventilschaft und Schwinghebel auszugleichen. Das Prüfen und Neueinstellen des vorgeschriebenen Spiels (Einlaß = 0,08 mm, Auslaß = 0,2 mm) ist eine der wichtigsten Arbeiten am Motor. Man darf sich dabei nicht auf sein Ohr verlassen, um etwa größeres Spiel an den lauteren Geräuschen zu erkennen. Was man nicht hört und was viel kritischer ist, ist nämlich zu kleines Spiel!
Zu großes Ventilspiel bedeutet schlechtere Zylinderfüllung, also geringere Leistung, Veränderung der Steuerzeiten, ungleichmäßigen Lauf, höheren Verschleiß, lauteres Geräusch.
Zu kleines Spiel bedeutet Gefahr, daß Ventile und Ventilsitze verbrennen, weil die Ventile nicht satt auf ihrem Sitzring aufliegen und dadurch ihre Kühlung ungenügend ist. Die Ventile können sich verziehen, die Leistung der Maschine ist schlecht, weil die Kompression verringert ist und die Steuerzeiten nicht genau stimmen.

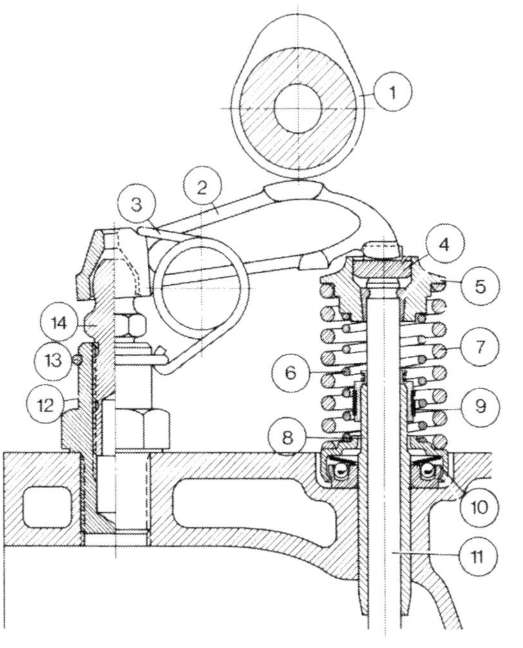

Die Zeichnung verdeutlicht die Ventilbetätigung durch die obenliegende Nockenwelle (1).
Die Zahlen bedeuten:
2 - Schwinghebel, 3 - Spannfeder,
4 - Druckstück, 5 - Federteller, 6 - innere Ventilfeder, 7 - äußere Ventilfeder, 8 - Ventilführung, 9 - Abdichtring, 10 - Ventildrehvorrichtung, 11 - Ventil. Gemessen wird das Spiel zwischen Nockengrundkreis der Nockenwelle und Gleitfläche des Schwinghebels. Die Nockenspitze muß beim Messen nach oben zeigen wie im Bild. Muß das Spiel korrigiert werden, so wird das Kugelbolzenoberteil (14) mit einem Schlüssel SW 14 entsprechend verdreht. (Hineinschrauben vergrößert das Spiel, Herausschrauben verringert es. Drehmoment = 2,0-3,5 mkp).
12 - Kugelbolzenunterteil, 13 - Ringfeder.
Zum Einstellen des Spiels sind ein Drehmomentschlüssel und ein Zwischenstück (Nummer 111 589 00 01 00) notwendig, weshalb man diese Arbeit dem Kundendienst überlassen wird.

Zum Einstellen des Ventilspiels benötigt man beim Mercedes einen Drehmomentschlüssel (2) und ein Zwischenstück (1). Gemessen wird mit einer Lehre (3) zwischen Nockengrundkreis und Gleitfläche des Schwinghebels.

Einstellen des Ventilspiels
Pflegearbeit Nr. 45

Das Überprüfen bzw. Einstellen des Ventilspiels geschah früher grundsätzlich bei kaltem Motor. Ab September 1972 ist es zur Erleichterung des Arbeitsablaufs in den Werkstätten (Fortfall der Abkühlungszeit) nun auch bei warmem Motor erlaubt, wodurch die Angaben für das zulässige Spiel bei warmen bzw. kalten Motoren unterschiedlich sind.

Nach dem Abnehmen der Ventilhaube wird folgendermaßen vorgegangen: Gemessen wird mit einer Fühlerlehre, die zwischen Gleitfläche des Schwinghebels und dem Nockengrundkreis eingeführt wird, nachdem die Zündkerzen herausgeschraubt und die Kurbelwelle mit einem Steckeinsatz SW 22 und einer Ratsche an der Befestigungsschraube der Riemenscheibe (in Drehrichtung des Motors, also rechtsherum) soweit gedreht wurde, daß der Kolben des betreffenden Zylinders etwa im oberen Totpunkt steht. Das Ventilspiel stimmt, wenn sich die Lehre ohne Widerstand zwischen Schwinghebel und Nockengrundkreis hindurchziehen läßt. Das Spiel muß bei **kaltem** Motor folgende Maße haben: Einlaß = 0,10 mm, Auslaß = 0,20 mm. Bei **warmem** Motor: Einlaß = 0,15 mm, Auslaß = 0,25 mm. Vorzuziehen ist die Messung bei **kaltem** Motor.

Ist eine Korrektur des Spiels notwendig, dann wird mit einem Drehmomentschlüssel und einem Zwischenstück (Spezialwerkzeuge von Daimler-Benz) das Kugelbolzenoberteil am Sechskant (SW 14) verdreht und das richtige Maß eingestellt. Hineinschrauben des Kugelbolzenoberteils vergrößert das Spiel, Herausschrauben verringert es. Das Einstelldrehmoment beträgt 2,0—3,5 mkg (20—35 Nm).

Nach dem Einstellen aller Ventile wird die Ventil-(Zylinderkopf-)haube wieder aufgesetzt, wobei auf die Dichtung zu achten ist, und die Befestigungsschrauben werden wieder angezogen. Dann befestigt man die Entlüftungsleitung, läßt den Motor zur Probe laufen und prüft die Ventilhaube auf Dichtigkeit an den Trennflächen.

Wie man sieht, verwendet man bei Daimler-Benz zum Prüfen und Einstellen des Ventilspiels Spezialwerkzeuge, so daß es sich empfiehlt, diese Arbeiten der Werkstatt zu überlassen.

Kompressionsdruck prüfen
Pflegearbeit Nr. 47

Vom Kompressionsdruck hängt die Leistung des Motors ab, ältere Motoren verlieren durch Verschleiß an Kompression und damit an Leistung. Die Höhe des Drucks ist also eine gute Anzeige für den Zustand der Maschine. Bei Leistungsbeanstandungen wird deshalb in den Werkstätten u. a. auch die Kompression gemessen. Schließen Kolben bzw. Kolbenringe und Ventile gut

ab, so wird sich die Kompression in den vorgegebenen Grenzen halten, Voraussetzung für eine Messung muß also zunächst immer die Kontrolle des Ventilspiels sein, das ist klar.
Zuerst wird der Motor auf seine normale Betriebstemperatur gebracht (Kühlwassertemperatur 70—80 Grad C). Dann werden die Zündkerzen herausgeschraubt und der Motor wird mit dem Anlasser einige Male durchgedreht, um etwaige Verbrennungsrückstände herauszubefördern (sie könnten sich sonst vor den Druckschreiber setzen und das Bild verfälschen). Dann setzt man den Druckschreiber mit seinem Gummikonus in die Zündkerzenbohrung des zu messenden Zylinders und läßt den Motor durch einen Helfer mit dem Anlasser etwa achtmal durchdrehen. Hierbei wird Vollgas gegeben. Nun wird das Gleiche an den restlichen drei Zylindern wiederholt.
Unterschiede zwischen den einzelnen Zylindern sind unerheblich, soweit sie maximal 1,5 kg/cm^2 (15 N/cm^2) nicht überschreiten. Was darüber liegt, sollte zur Rücksprache mit der Werkstatt Veranlassung sein. Hier kann man nämlich dann eine Prüfung der Zylinderdichtheit durchführen und feststellen, wo etwa eine Undichtheit vorliegt und was dann zu tun ist. Liegen die Werte der Zylinder bei 10—12 (100—120), so ist der Motor einwandfrei in Ordnung, der Mindestwert sollte bei etwa 8,5 (85) liegen. Was darunter liegt, zeigt schlechten Motorzustand.
Zu niedriger Kompressionsdruck kann bedeuten: Schäden an den Ventilen, z. B. durch verbranntes Auslaßventil (Ursache zu knappen Ventilspiels) oder klebendes Ventil, durch zuviel Rückstände am Ventilschaft und dessen Führung, nicht einwandfrei funktionierende Ventildrehvorrichtung (Rotocap) und dadurch übermäßige Ablagerungen am Ventilsitz mit folgender Undichtheit, ferner Kolbenring- oder Kolbenverschleiß, unrunde, riefige Zylinder, Folgen von Kolbenklemmern.
Das Einschleifen von Ventilen bzw. deren Befreien von Verbrennungsrückständen (die sich heute bei überwiegendem Stadtverkehr leicht bilden) bringt Abhilfe, wenn sich nicht wegen hoher Kilometerleistung ein Tauschmotor empfiehlt. Am besten läßt man sich das Meßkärtchen geben, notiert auf der Rückseite den Kilometerstand und hat damit einen guten Vergleich zu früheren oder folgenden Messungen. Auch ist es ein guter Qualitätsbeweis beim Verkauf des gebrauchten Wagens.

Ventile einschleifen

Diese Arbeit wird man kaum selbst vornehmen, wir wollen sie trotzdem kurz beschreiben. Das einfachste Werkzeug zum Einschleifen ist ein Gummisauger mit Holzstiel. Der Sauger wird gegen den Ventilteller gepreßt (das Ventil bleibt in seiner Führung). Dann dreht man den Holzstiel zwischen den flachen Händen. Das Ventil wird — unter Beifügung einer im Zubehörhandel erhältlichen Schleifpaste — auf seinem Sitz hin- und hergedreht bis die Sitzfläche wieder blank ist. Werkstätten machen das mit einer Schleifmaschine, wobei Ventile und Ventilsitze nach genauen Winkelmaßen einzeln geschliffen werden.

Zylinderkopfschrauben nachziehen

Der Ausbau des Zylinderkopfes ist Werkstattsache. Für den Amateurtechniker — und sei er auch noch so geschickt — besteht immer die Gefahr, dabei etwas falsch zu machen, vor allem beim Wiedereinbau des Zylinderkopfes. Der mögliche Schaden ist dann weit größer als der erhoffte Nutzen. In jedem Fall muß die Dichtung erneuert werden, außerdem muß das Anziehen der Schrauben in einer ganz bestimmten, vom Werk vorgeschriebenen Reihenfolge mit einem Drehmomentschlüssel geschehen.

Die Zylinderkopfschrauben werden in der Reihenfolge wie in unserem Schema angegeben nachgezogen; das geschieht mit einem Drehmomentschlüssel in vier Etappen: 1. mit 4 mkp, in der 2. Stufe mit 6 mkp, in der dritten mit 8 mkp, jeweils bei kaltem Motor. Zur Kontrolle dann nochmals bei warmem Motor (80 ° C) mit einem Drehmoment von 9 mkp.

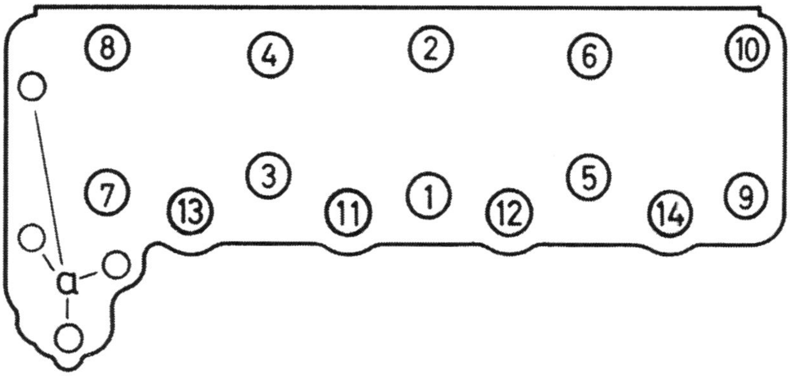

Auch das Nachziehen geht in mehreren Stufen vor sich:
In der 1. Stufe nach dem oben gezeigten Schema mit einem Drehmoment von 4 mkg (40 Nm) und die M 10-Schrauben Nr. 11—14 mit 2 mkg (20 Nm).
2. Stufe: 6 mkg bzw. 4 mkg (60 bzw. 40 Nm).
3. Stufe: 8 mkg bzw. 5 mkg (80 bzw. 50 Nm).
Schließlich nach dem Warmlaufenlassen des Motors bei 80 ° Kühlwassertemperatur zur Kontrolle noch einmal mit 9 mkg bzw. 6 mkg (90 bzw. 60 Nm). Der jeweils niedrigere Wert bezieht sich auf die oben erwähnten M 10-Schrauben 11—14.

Die Auspuffanlage

Die Auspuffanlage ist einem relativ hohen Verschleiß ausgesetzt, der von zwei Seiten angreift: Von außen ist es Spritzwasser, Steinschlag, Schneematsch und Tausalz, von innen ist es Kondenswasser und heißes Abgas, was an der Lebensdauer nagt. Besonders bei überwiegendem Kurzstreckenverkehr (Großstadt) mit ungenügender Verbrennung und Erwärmung der Auspuffanlage geht der Verschleiß ziemlich schnell vonstatten. Ein undichter Auspuff macht sich durch Knallen bei schiebendem Wagen (bergab ohne Gas) bemerkbar, wenn also Luft zu nicht ganz verbrannten Auspuffgasen kommt und diese wieder zünden, oder auch durch knatterndes Auspuffgeräusch.
Aus den Auspuffgasen kann man einige Schlüsse ziehen:

■ Schwärzliche Gase bedeuten unvollständige Verbrennung durch Luftmangel oder Kraftstoffüberschuß. Oder der Leerlauf ist zu fett eingestellt. Ein innen schwarz gefärbter Auspuffstutzen deutet auf die gleichen Ursachen hin.

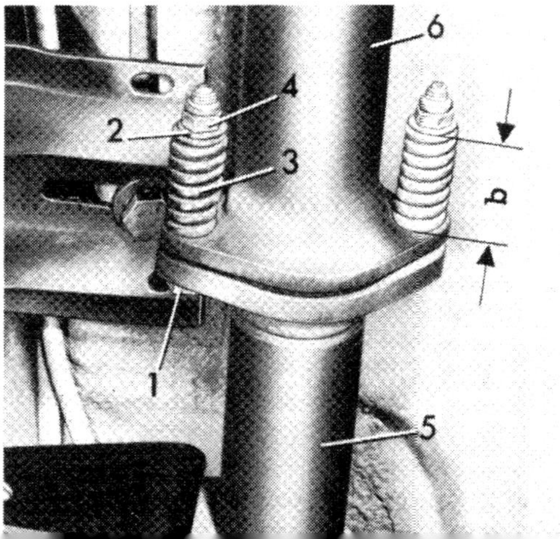

Beim Zusammenbau der Auspuffanlage ist darauf zu achten, daß die selbstsichernden Muttern (4) an der Flanschverbindung zwischen vorderer und hinterer Auspuffleitung so weit angezogen werden, bis die Druckfedern (3) auf 36 mm Länge (»b«) vorgespannt sind. 1 - Sechskantschraube, 2 - Scheibe, 5 - vorderes und 6 - hinteres Auspuffrohr. Die Auspuffanlage muß absolut spannungsfrei montiert werden, damit beim Fahren nicht Dröhn- oder Brummgeräusche auftreten.

Nach einer längeren Autobahnfahrt soll der Stutzen innen weißgrau oder hellbraun sein.

■ Bläuliche Gase zeigen an, daß Öl verbrannt wurde, das durch mangelhafte Kolbenringabdichtung (schlecht eingesetzte, verschlissene, klebende Ringe) in den Brennraum gelangte. Öl kann auch durch zu weite oder ausgeschlagene Ventilführungen in die Brennräume gelangen.

■ Weiße Gase deuten auf Wasserdampf hin, der ein chemisches Verbrennungsprodukt darstellt, das bei Zusammentreffen mit kalter Luft kondensiert (Kondensstreifen von Flugzeugen am Himmel). Dieser Fall ist normal, er kann allerdings im Extremfall (bei gleichzeitigem Kühlwasserverbrauch) auch einen Defekt an der Zylinderkopfdichtung hindeuten (Werkstatt!).

■ Gase die man nicht sieht sind am gefährlichsten, vor allem in geschlossenen Räumen oder wenn man (was man nur im Notfall tun sollte) bei laufendem Motor unterm Wagen liegt.

Wenn sich an der Auspuffanlage praktisch auch nichts pflegen läßt, so wird man doch gelegentlich eines Ölwechsels über einer Grube oder auf einer Hebebühne einmal einen Blick von unten auf die Anlage werfen. Sitzen alle Anschlüsse fest, lassen sich irgendwelche Verbindungsschrauben nachziehen, ist irgendwo ein Loch erkennbar oder besonders starker Rostansatz, neigen irgendwelche Teile zum Scheuern oder Klappern? Es gibt zwar auf dem rührigen Zubehörmarkt sogenannte Konservierungsmittel für Auspuffanlagen, Erfahrungen zeigen jedoch, daß sie ihren Herstellern mehr Nutzen bringen als dem Verbraucher. Man wird also irgendwann in die Lage versetzt werden, die ganze Anlage oder einen Teil davon zu ersetzen. Die genannten aggressiven Säuren (von innen) und Salze (von außen) lassen Halteschellen und Schraubverbindungen eine so innig rostige Verbindung miteinander eingehen, daß eine Trennung der einzelnen Teile nur mit viel Geduld (und unter Verwendung reichlich angewandter Rostlöser über einen längeren Zeitraum) oder mit Gewalt möglich ist.

Muß die ganze Anlage demontiert werden, so sind zunächst unter der Motorhaube drei Schrauben zwischen Auspuffkrümmer und vorderem Auspuffrohr zu lösen (SW 12/13), wobei darauf zu achten ist, daß die Druckfedern nicht verloren gehen. Dann wird unter dem Wagen der Klemmbügel in Höhe des Kupplungsgehäuses entfernt (SW 13), sowie etwas weiter hinten die Flanschverschraubung. Die Steckverbindung Rohr-Hauptschalldämpfer ist durch eine Klemmschelle gesichert, ebenso die Verbindung Hauptschalldämpfer-hinteres Auspuffrohr. Hinten ist die Anlage in Gummischlaufen aufgehängt, die sich relativ einfach aushängen lassen.

Der Einbau erfolgt in umgekehrter Reihenfolge, zu beachten ist, daß die selbstsichernden Muttern an der Flanschverbindung zwischen vorderer und hinterer Auspuffleitung soweit angezogen werden, bis die Druckfedern auf 36 mm Länge vorgespannt sind. Spannungen an der Auspuffanlage dürfen nicht auftreten, sonst kann es zu Brumm- oder Dröhngeräuschen kommen. Keinesfalls dürfen die Druckfedern bis zum Anschlag der Federwindungen vorgespannt werden!

Fingerzeig: *Vielleicht ist Ihnen an Ihrem Mercedes aufgefallen, daß die linke Heckleuchte meist dunkler ist als die rechte. Daran sind die Auspuff-Abgase schuld, die sich auf dem Kunststoffglas der Heckleuchte recht hartnäckig festsetzen. Seit August 73 werden deshalb neue Auspuff-Blenden eingebaut, die man auch nachträglich nach Kürzung des Endrohres um 75 mm montieren kann (Ersatzteil-Nr.: 115 492 06 14).*

Das Schmiersystem

Schmieröl ist für den Motor von lebenswichtiger Bedeutung, denn nur wenn für einwandfreie Schmierung aller gleitenden und sich drehenden Teile gesorgt ist, funktioniert der Motor. Ein Ausfall der Schmierung führt in Bruchteilen von Sekunden zu schweren Schäden und zum Ausfall des Motors.
Natürlich besitzt das Schmieröl neben seinen reinen Schmieraufgaben auch noch andere Funktionen. Das Öl soll feine und feinste Schmutzteilchen (die aus Abrieb von Metall, aber auch aus Asche und anderen Rückständen unvollständiger Verbrennung bestehen) in Schwebe halten und dorthin transportieren, wo man sie gesammelt entfernen kann: An das Ölfilter.
Öl, das seine schwere Aufgabe eine gewisse Zeit lang erfüllt hat (auch die Kühlung sich erhitzender Motorteile gehört dazu), unterliegt einem gewissen Alterungsprozeß, es kann seine Aufgaben nur noch in mehr oder weniger unvollkommener Weise erfüllen und muß deshalb gewechselt werden.
Normalerweise genügt zur Kühlung des sich beim Fahren erhitzenden Schmieröls die frei im Luftstrom liegende Ölwanne unter dem Motor. Dorthin fließt ja das Öl in seinem durch die Ölpumpe erzeugten Kreislauf immer wieder, die Pumpe — sie sitzt unten in der Ölwanne und saugt kühles Öl an — befördert es dann durch Kanäle und Leitungen an alle schmierbedürftigen Stellen des Motors.
Beim 220 und 230, der häufig als Zugfahrzeug benutzt wird, hat man sich mit der Ölkühlung durch die im Fahrtwind liegende Ölwanne nicht begnügt. Diese Modelle besitzen (wie auch der 220 D und die Sechszylinder) einen besonderen Ölkühler, der praktisch mit dem Wasserkühler zusammengebaut ist. Man sieht ihn in Fahrtrichtung links als Teil des Wasserkühlers. Hier findet eine mehr oder weniger intensive Kühlung des Schmieröls statt, ein Kugelventil (gesteuert durch den bei kaltem bzw. warmem Öl unterschiedlichen Druck) gibt den Weg durch den Kühler frei oder sperrt ihn, je nach Notwendigkeit. Beim Ölwechsel ist es notwendig, außer der Ölablaßschraube unten an der Ölwanne auch noch die Verschlußschraube am Unterteil des Ölkühlers herauszudrehen, damit auch hier das Altöl abfließen kann.

Kurbelgehäuse-Entlüftung

Auch in einem einwandfrei eingestellten Motor ist die Verbrennung leider nicht so vollkommen, daß sich keinerlei Gase und Öldämpfe im Kurbelgehäuse bilden könnten. Ein Teil der Verbrennungsgase gelangt nämlich an den Kolbenringen vorbei in das Kurbelgehäuse. Würde man hier nicht für eine Entlüftung (oder einen Druckausgleich) sorgen, könnte es dort zu einem Überdruck kommen, der gefährlich werden könnte. Deshalb gibt es eine Kurbelgehäuseentlüftung, die früher durch ein offenes Rohr nach außen führte.

An der linken Motorseite zwischen Ölpeilstab und linkem Motorträger befindet sich das Gehäuse für die Ölfilterpatrone.

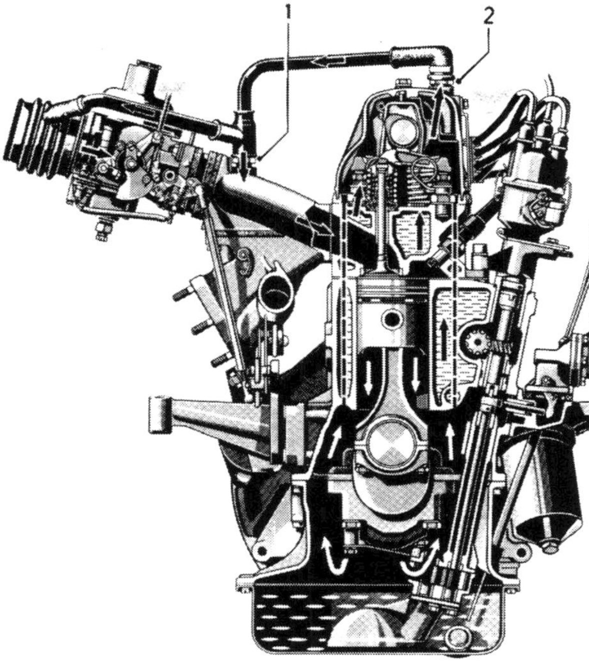

Die sich im Motor bildenden Verbrennungsgase dürfen aus Gründen des Umweltschutzes nicht einfach nach außen abgeführt werden, sondern werden einer nochmaligen Verbrennung zugeführt. Die weißen Pfeile unterhalb des Kolbens und die schwarzen darüber zeigen den Weg aus dem Kurbelgehäuse durch den Anschlußstutzen in der Ventilhaube (2) zur Bypaßdüse (1), durch die eine gewisse Menge direkt in den Ansaugkrümmer geführt wird. Ab einer bestimmten Menge gelangen die Gase über den Abzweig am Wasserabscheider zur Manschette vor dem Vergaser und von dort aus (zusammen mit dem Frischgas) wieder in die Brennräume.

Inzwischen ist man wesentlich umweltbewußter geworden, man versucht, schädliche und die Umwelt belästigende Stoffe möglichst einwandfrei zu beseitigen. Aus diesem Grund ist es seit Jahren üblich, eine sogenannte »geschlossene Entlüftung« zu verwenden. Hierbei werden die in die Ventilhaube aufgestiegenen Gase und Dämpfe durch den auf dieser Haube erkennbaren Stutzen und die Rohrleitungen zu einem Wasserabscheider neben dem Vergaser geführt. Ein bestimmter Teil der Gase und des Kondensates strömt durch eine Bypass-Düse unter Umgehung des Vergasers in den Ansaugkrümmer. Von einer bestimmten Menge an reicht die Bypass-Düse nicht mehr aus, so daß die Gase über einen Abzweig am Wasserabscheider zur Gummimanschette vor dem Vergaser geführt werden und mit der Ansaugluft zusammen in die Brennräume gelangen, wo sie mit verbrannt werden.

Motorblock auf Dichtheit prüfen

Pflegearbeit Nr. 31

Rund alle 15 000 km prüft man den Motorblock auf etwaige Undichtheiten und Ölspuren. Ein aufmerksamer Fahrer wird — soweit sein Wagen in einer Garage untergebracht ist — ohnehin merken, ob sich unter dem geparkten Fahrzeug an irgendeiner Stelle des Garagenbodens Öltropfen oder gar kleine Pfützen bilden. Aber auch anläßlich eines Ölwechsels oder wenn aus anderen Gründen das Fahrzeug auf der Hebebühne steht, wird man nach verräterischen Spuren am Motor (an der Hinterachse und am Getriebe) Ausschau halten. Vor allem kontrolliert man die Ölwanne und das Ölfiltergehäuse und zieht gegebenenfalls die entsprechenden Schrauben nach. Hilft das nicht, so muß man die entsprechenden Dichtungen erneuern lassen.

Ölverbrauch

Es gibt Autos, die wenig Öl, aber keine, die überhaupt kein Öl verbrauchen. Allerdings gibt es Fahrer, die letzteres behaupten. Solchen Äußerungen sollte man skeptisch gegenübertreten, denn vielleicht ersetzt der Motor das, was er an Öl verbraucht hat, durch Benzin oder Wasser. Gerade bei häufi-

1) Betätigung der Drosselklappe (vom Gaspedal)
2) Auspuffkrümmer
3) Anschlüsse zur Warmwasserheizung der Startautomatik
4) Kühlwasser-Thermostat
5) Kühlerschlauch (vom Kühler zum Thermostat)
6) Keilriemen (Kühlerventilator — Lichtmaschine)

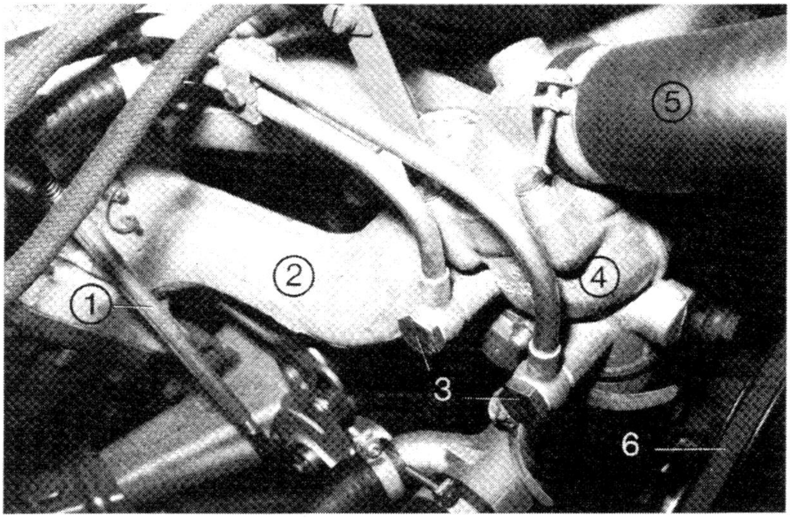

gem Kurzstreckenverkehr, bei dem der Motor nicht auf die gewünschte Betriebstemperatur kommt und der Kraftstoff ungenügend vergast, kann Benzin in Tröpfchenform (als Kondensat) in die Ölwanne gelangen und am Ölmeßstab einen normalen Ölstand vortäuschen. Das ist gefährlich, denn mit Kraftstoff vermischtes Öl hat an Schmierfähigkeit verloren, es kann dem Motor schaden. Ebenso ist es mit Wassertröpfchen im Öl, entstanden als Kondensat durch ungenügende Erwärmung (Kurzstrecke) oder durch eine defekte Zylinderkopfdichtung, bei der Kühlwasser ins Öl gelangt.

Normalerweise wird der Motor also Öl brauchen. Solange der Ölverbrauch 1,5—2 Liter pro 1000 km bei scharfer Fahrweise nicht überschreitet, besteht zu Sorge kein Anlaß. Wird diese Menge überschritten, so sollte man die Werkstatt um Rat fragen.

Öl schmiert sozusagen unter Aufopferung seiner selbst. Das an den Zylinderwänden haftende Öl muß beim Kontakt mit den Brenngasen zwangsläufig verdampfen oder verbrennen. Bei hohen Temperaturen verdampft außerdem ohnehin immer etwas und entweicht über die Kurbelgehäuseentlüftung. Scharfe Fahrweise mit hohen Drehzahlen und entsprechenden Öltemperaturen läßt den Verbrauch natürlich steigen.

Weitere Ursachen für den Ölverbrauch über das normale Maß hinaus: Einlaufvorgang noch nicht abgeschlossen, Kolbenringe falsch eingebaut oder verschlissen, Ventilführungen haben Luft, Abdichtung der Ventilführungen oder Abdichtung am oberen Federteller schadhaft, zu dünnflüssiges Schmieröl (vorgeschriebene Viskosität beachten!).

Vor Klagen in der Werkstatt über zu hohen Ölverbrauch muß man sich also sicher sein, daß nicht irgendwelche Undichtigkeiten vorhanden sind. Neben der Ölwanne und dem Filtergehäuse achte man auch auf die Dichtung am Steuerdeckel vorn, an der Zylinderkopfhaube, am Verteilerantriebsgehäuse, am Öldruckschalter und der Benzinpumpe.

Schrauben am Motor auf festen Sitz prüfen

Pflegearbeiten
Nr. 63 und 64

Alle 45 000 km schreibt Daimler-Benz die Kontrolle der Schrauben und Muttern am Vergaserflansch, am Saugrohr und am Auspuffkrümmer vor. Diese Arbeiten sollten Sie der Werkstatt überlassen, da hierzu bestimmte Drehmomente vorgeschrieben sind. Übermäßiges Anziehen der selbstsichernden Muttern macht diese unbrauchbar.

Wässrige Angelegenheit

Bei der Verbrennung im Zylinder wird nur ein geringer Teil der Heizkraft des Benzins in Arbeit umgewandelt, dafür entsteht sehr viel Wärme (über 75 %). Um diese Verbrennungswärme abzuleiten, wird beim Mercedes Wasser zur Kühlung verwendet. Gewisse Leistungsverluste müssen dabei in Kauf genommen werden, gleichzeitig kann aber bei der Wasserkühlung die aufgenommene Wärme sinnvoll in Heizungswärme umgewandelt werden. Wie dieses System »Kühlung — Heizung« in Ihrem Mercedes funktioniert, wird auf den folgenden Seiten erläutert.

So funktioniert die Kühlung

Moderne, wassergekühlte Motoren besitzen Kühlsysteme, bei denen mit Überdruck gearbeitet wird. Das hat den Vorzug, daß kleinere Kühler verwendet werden können und der Siedepunkt des Kühlmittels auf mehr als 100° heraufgesetzt wird. Dadurch findet eine bessere Kraftstoffausnützung statt. Nicht die höheren Temperaturen sind für den Motor schädlich, sondern die zu niedrigen, also alles, was unter etwa 70 °C liegt. Einen wesentlichen Bestandteil des Kühlsystems stellt infolgedessen der unscheinbare Kühlerverschlußdeckel dar, der nicht lediglich den Kühler verschließt, sondern der durch eingebaute Ventile für die richtigen Druck- und damit Temperaturverhältnisse im ganzen System sorgt.
Anhand der in den Deckel eingeprägten Kennzahl (100) kann man sich darüber orientieren, welche Werte ein eventueller Ersatzverschlußdeckel aufweisen muß. Keinesfalls ist jeder x-beliebige Deckel verwendbar.
Der zweite wesentliche Bestandteil ist der Thermostat, dessen Aufgabe darin besteht, den Kühlwasserdurchfluß durch den Kühler so lange zu unterbinden, bis das in Motor und Heizsystem befindliche Kühlmittel eine bestimmte Temperatur erreicht hat, die sowohl für optimale Kraftstoffausnutzung als auch für geringsten Verschleiß von größter Bedeutung ist.

Der Kühler steht bei warmgefahrener Maschine unter Überdruck. Im so harmlos aussehenden Verschlußdeckel befindet sich ein Überdruckventil, das notfalls den Weg durch die Überlaufleitung (links vom Verschlußdeckel) ins Freie öffnet. Beim Ersatz des Deckels ist auf die eingeprägte Kennzahl »100« zu achten!

Der so einfach aussehende Kühlerverschlußdeckel hat wichtige Funktionen zu erfüllen. Seine große Feder drückt die Verschlußplatte auf den Stutzen, so daß sich im Kühlsystem ein Überdruck aufbauen kann. Wird der Druck zu hoch, so wird Dampf oder zu viel eingefülltes Wasser durch das Ausgleichsrohr »abgeblasen«. Umgekehrt strömt bei Abkühlung Luft über Ausgleichsrohr und Ausgleichsventil in den Kühler nach.

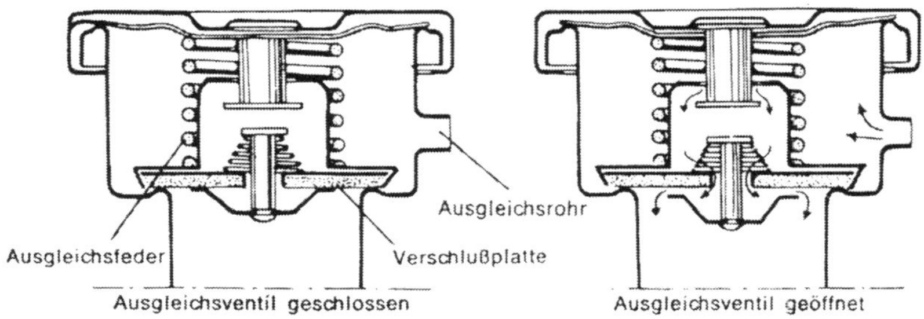

Der Kreislauf des Kühlmittels im gesamten Kühlungs- und Heizungssystem wird durch die Wasserpumpe ermöglicht, die vom Keilriemen angetrieben wird. Der im Fahrtwind liegende Kühler erhält bei langsamer Fahrt durch den Ventilator, der auf der Wasserpumpenwelle sitzt, zusätzlich kühlenden Luftdurchsatz.

Stand der Kühlflüssigkeit prüfen

Pflegearbeit Nr. 23

Ein Verlust an Kühlflüssigkeit wird normalerweise nicht eintreten, wenn sämtliche Verbindungsstellen, Dichtungen und Schlauchanschlüsse in Ordnung sind. Bei Fahrten mit vollbelastetem Wagen unter hochsommerlichen Temperaturverhältnissen, oder auch bei Anhängerbetrieb unter gleichen Bedingungen, kann natürlich die Kühlmittel-Temperatur soweit ansteigen, daß das Überdruckventil im Kühlerverschlußdeckel etwas öffnet und Dampf abläßt. Dieser Dampf ist ja bekanntlich nichts anderes als Wasser in anderer Form.
Mit dem Öffnen des Überdruckventils und dem Entweichen von Dampf aus dem Überlaufschlauch (vom Einfüllstutzen an der Schmalseite des Kühlers entlang nach unten ins Freie) tritt also ein Wasserverlust ein. Deswegen ist es notwendig, regelmäßig, vor allem nach Fahrten unter den oben geschilderten hochsommerlichen Verhältnissen, den Kühlmittelstand zu kontrollieren und gegebenenfalls Wasser bzw. Frostschutzlösung, nachzufüllen. Dabei ist es falsch, den Wasserkasten des Kühlers randvoll zu gießen, denn bei der Erwärmung dehnt sich das Wasser aus und hierdurch würde wieder ein Teil durch den Überlauf verloren gehen. Das wäre vor allem unrentabel, wenn das Kühlwasser mit dem teuren Frostschutz versetzt ist! Eine Auffüllung bis zur Markierung unterhalb des Randes genügt vollkommen.

Das Kühlmittel

Im allgemeinen spricht man immer vom Kühlwasser, und Ihnen ist sicher aufgefallen, daß wir hier vom Kühlmittel sprechen. Wasser gefriert bekanntlich

Zur Kontrolle des Kühlwassers bei warmem Motor darf der Verschlußdeckel nur bis zur ersten Raste geöffnet werden, damit zunächst der Überdruck entweichen kann. Dann erst dreht man den Deckel bis zur zweiten Raste und nimmt ihn ab. Hier ist der Wasserstand in Ordnung. Bei heißem Motor sollte man kaltes Kühlwasser nur sehr langsam (und möglichst bei laufendem Motor) nachfüllen.

Da es bei der Nachprüfung der Frostfestigkeit des Kühlwassers nur auf das Nachmessen des spezifischen Gewichts ankommt, ist jeder Hebermesser dazu geeignet. Die Werkstatt-Prüfspindeln sind zumeist temperaturabhängig. Der hier gezeigte »Glysantester« ist temperaturunabhängig und einfach, denn er zeigt nur an, ob eine Frostfestigkeit für –25 ° C gegeben ist oder nicht. Da man diese Frostfestigkeit für alle Fälle braucht, ist diese Prüfmethode völlig ausreichend.

bei Temperaturen unter 0 ° C. Das würde dem Motor schlecht bekommen, weshalb man ein Korrosions- und Frostschutzmittel zugibt. Aus diesem Grunde sprechen wir vom Kühlmittel, denn um reines Wasser handelt es sich ja nicht mehr.

Hinsichtlich des Frostschutzes stellt Ihr Mercedes keine besonderen Ansprüche, man verwendet deshalb einen bekannten Marken-Frostschutz wie Glysantin oder Genantin, bzw. einen von den großen Mineralölfirmen unter eigenem Namen herausgebrachten, den man an seiner Stammtankstelle bekommt. Diese Mittel sind auf Glyzerin-Basis hergestellt (Äthylenglykol), denen man noch korrosionshemmende Zusätze beigefügt hat. Wie die Frostschutzmischung zubereitet wird, ist im Kapitel »Winterschutz« beschrieben.

Über die Konzentration des Frostschutzmittels im Wasser geben die Verpackungen Auskunft. Wenngleich die Kühlanlage heutzutage keine großen pflegerischen Maßnahmen erfordert, so ist es selbstverständlich, sich von Zeit zu Zeit zu vergewissern, bis zu wieviel Grad der Frostschutz noch ausreicht. Denn durch Nachfüllen von reinem Wasser wird natürlich die Mischung verdünnt, die Grenze der Frostsicherheit also herabgesetzt! Gute Tankwarte nehmen diese Kontrolle ohne besondere Aufforderung vor, manche bedürfen jedoch des Anstoßes. Verwendet wird eine sogenannte Meßspindel, die auf dem Prinzip der Dichte einer Flüssigkeit beruht und deren kleiner Schwimmkörper im Glaskolben anzeigt, bis zu wieviel Minusgraden in Celsius der Schutz vor Frost gesichert ist. Seit April 1973 werden die Fahrzeuge ganzjährig mit einem Frostschutz ausgeliefert.

Sollte wegen einer Motor- oder Kühlerreparatur ein Ablassen des Kühlmittels notwendig sein, so empfiehlt es sich, dieses in einem sauberen Glasgefäß aufzufangen, damit man es hinterher wieder verwenden kann, denn, wie gesagt, Frostschutzmittel kosten nicht gerade wenig Geld. Vor dem Wiedereinfüllen achte man darauf, daß eventuelle Verschmutzungen nicht wieder mit ins Kühlsystem geraten, deshalb benutzt man ein sauberes Tuch als Filter.

Erneuern der Kühlflüssigkeit

Pflegearbeit Nr. 70

Mindestens alle zwei Jahre empfiehlt Daimler-Benz den Wechsel des Kühlmittels. Diese Arbeit geht folgendermaßen vor sich:

Zunächst stellt man die Heizungsbetätigungshebel am Armaturenbrett in Stellung »Auf«, die Heizung muß also eingeschaltet sein, die Warmwasserventile sind geöffnet. Dann öffnet man den Kühlerverschlußdeckel und die Ablaßhähne (am Unterteil des Kühlers, SW 19 mm, und am Motorblock rechts neben dem Anlasser, SW 22 mm). Nach völliger Entleerung des Systems

Soll das ganze Kühlsystem entleert werden, so muß (bei geöffneten Heizungsventilen) außer der Ablaßschraube im Kühlunterteil (Bild unten) auch eine solche an der rechten Seite des Motorblocks neben dem Anlasser herausgedreht werden (SW 22). Nach völliger Entleerung darf nicht vergessen werden, beide Schrauben wieder fest hineinzudrehen. Nach dem Einfüllen der Kühlflüssigkeit muß eine Sichtkontrolle auf Dichtheit vorgenommen werden, um Flüssigkeitsverlusten vorzubeugen.

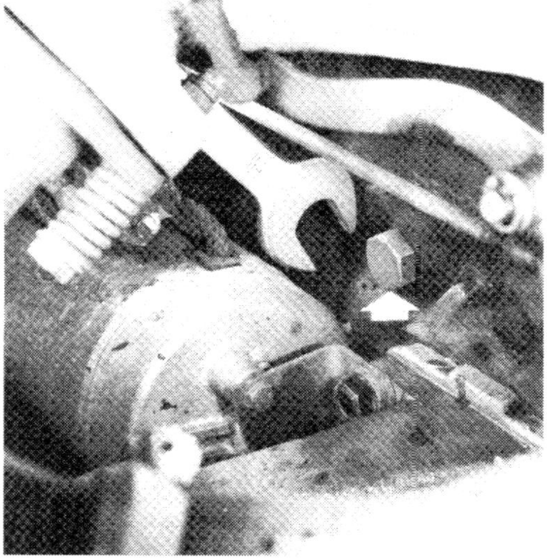

schraubt man alle Verschlüsse wieder hinein und füllt durch den Einfüllstutzen des Kühlers frische Frostschutzmischung ein. Danach läßt man den Motor laufen, wobei der Kühlerverschluß nicht aufgesetzt wird, damit vorhandene Luftblasen im System entweichen können, und kontrolliert, ob sämtliche Ablaßhähne einwandfrei dicht sind. Hat der Motor seine Betriebstemperatur erreicht und der Thermostat deswegen den ganzen Kühlwasserumlauf freigegeben bzw. geöffnet, und steigen keine Luftblasen mehr auf, so kann der Verschlußdeckel am Kühler aufgesetzt werden. Zum Schutz vor Rost und Kalkablagerungen im Kühl-Heizungssystem sollen dem Gefrierschutzmittel — falls nicht bereits darin enthalten — ca. 100 ccm Korrosionsschutzmittel beigefügt werden, wie man es in Daimler-Benz-Werkstätten oder an Tankstellen bekommt.

Bevor frisches Frostschutzmittel eingefüllt wird, empfiehlt sich eine Spülung des gesamten Heizungs- und Kühlungssystems mit Wasser, wobei die Heizungsventile zu öffnen sind. Am einfachsten ist es, einen Wasserschlauch in den Einfüllstutzen zu stecken, sämtliche Ablaßhähne zu öffnen und Wasser aus dem Schlauch durchlaufen zu lassen.

Auch Daimler-Benz hat inzwischen nichts mehr dagegen einzuwenden, daß das frostgeschützte Kühlwasser während der Sommermonate im Kühlsystem verbleibt, denn eine Beeinträchtigung der Kühlwirkung ist kaum spürbar, es sei denn, man benutzt seinen Mercedes als Zugwagen für Wohn- oder Bootsanhänger über die Alpen. Unter normalen Umständen kann nichts passieren.

Soll der Kühler entleert werden, wird nach Abnehmen des Kühler-Verschlußdeckels mit einem Schlüssel SW 19 am linken Kühlerunterteil die Sechskantschraube herausgedreht. Eine eventuell eingefüllte Frostschutzmischung fängt man — sofern sie nicht älter als 2 Jahre ist — in einem sauberen Gefäß zur Wiederverwendung auf.

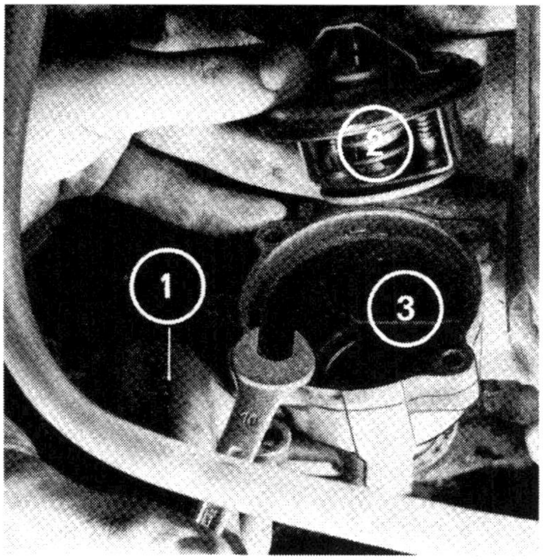

Ein defekter Thermostat geht in Schließstellung, das Kühlwasser erhitzt sich zu stark oder kocht sogar. Ein Auswechseln (sofern ein neuer Thermostat zur Hand ist) bzw. ein Ausbau (man kann auch ohne ihn fahren) ist ohne weiteres möglich. Nach einer Abkühlpause demontiert man mit einem Schraubenschlüssel (SW 10) die vier Schrauben, hebt den Deckel (1) ab und zieht den Thermostat (2) nach oben aus dem Gehäuse (3) heraus. Danach Gehäusedeckel wieder aufsetzen, festschrauben und fehlendes Kühlwasser ersetzen.

Da jedoch die Wärmeabgabe etwas schlechter ist, empfiehlt es sich, die Temperaturanzeige im Kombiinstrument unter den geschilderten Fahrbedingungen — auch bei scharfer Autobahnfahrt — unter Kontrolle zu behalten.

Dichtigkeit des Kühlsystems prüfen

Pflegearbeit Nr. 44

In den Werkstätten begnügt man sich nicht mit Sichtprüfungen der Schlauchanschlüsse, der Dichtflächen am Zylinderkopf und der Verschlußstopfen am Kühler und am Motorblock. Vielmehr wird ein besonderes Prüfgerät auf den Kühlwasserstutzen gesetzt: Mit einer Handpumpe wird der vorgeschriebene Druck hergestellt — und dann kontrolliert, ob dieser Druck konstant bleibt.
Im Sommer auf trockener Straße oder in der Garage auf trockenem Boden kann man nach Spuren von Feuchtigkeit suchen. So läßt sich frühzeitig Flüssigkeitsverlusten begegnen, bevor sich Schwierigkeiten durch größere Verluste ergeben.

Der Thermostat

Wie wir schon sahen, liegt die Bedeutung des Thermostaten darin, den Kühlmittel-Kreislauf durch den Kühler erst dann zuzulassen, wenn die Temperatur genügend hoch (ca. 79 ° C), der Motor also warm ist. Dies ist für die Lebensdauer des Motors und für optimale Ausnutzung des Kraftstoffs wichtig.
Der Thermostat sitzt am vorderen rechten Ende (in Fahrtrichtung gesehen) des Motorblocks in einem Gehäuse, dessen Deckel durch vier Schrauben SW 10 gehalten wird. Diese Schrauben sind bequem von oben erreichbar. Hat man sie herausgedreht, so kann man nach Abnehmen des Gehäusedeckels den Thermostat nach oben herausziehen. Dies empfiehlt sich u. U. bei ungenügender Funktion und auch dann, wenn der Thermostat defekt ist und den Durchlauf des Kühlmittels durch den Kühler sperrt, die Temperaturanzeige im Kombiinstrument also stark ansteigt. Wie allgemein üblich, verwendet auch die Firma Daimler-Benz sogenannte Wachsthermostate, die den Nachteil besitzen, in defektem Zustand den Kreislauf zu schließen. Passiert das unterwegs, so kann man ohne weiteres auch ohne Thermostat fahren, nur wird der Motor seine optimale Betriebstemperatur nicht mehr erreichen. Aus diesem Grunde wird man sich in der nächsten Werkstatt einen neuen Thermostat einbauen lassen.

Die Wasserpumpe

Sinn der Wasserpumpe ist es, das Kühlmittel im Kreislauf zu bewegen. Sie sitzt vorn im Motor und ist an sich wartungsfrei. Stellen sich an ihr Störungen ein, wird sie undicht oder erkennt man an mahlenden Geräuschen, daß ihre Lager schadhaft sind, so muß sie zur weiteren Demontage ausgebaut werden.

Der Keilriemen wird in der Mitte zwischen Lichtmaschine (unten) und Wasserpumpe (oben) auf die richtige Spannung geprüft. Bei mäßigem Daumendruck soll sich der Keilriemen hier etwa 10 bis 15 mm durchdrücken lassen. Sitzt der Keilriemen zu locker, kann er durchrutschen, so daß Lichtmaschine und Wasserpumpe zu wenig Leistung haben. Außerdem wird er durch dieses Rutschen zu heiß und verschleißt schnell. Bei zu strammem Sitz werden die Lager von Lichtmaschine und Wasserpumpe einseitig zu schwer belastet.

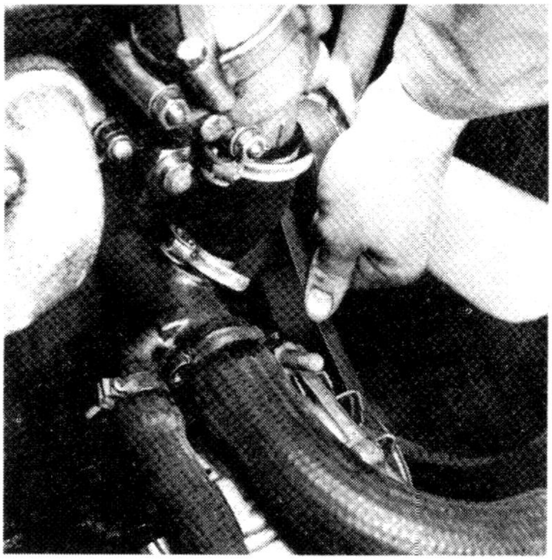

Zur Kontrolle kann man nach Abnehmen des Keilriemens den Motor kurz laufen lassen. Sind die Geräusche verschwunden, so kommt neben der Lichtmaschine nur noch die Wasserpumpe als Störenfried in Frage.
Die Wasserpumpe auszubauen, zu zerlegen und instandzusetzen erfordert Spezialwerkzeug und entsprechende Kenntnisse. Da man bei Unkenntnis viel verderben kann, gehört diese Arbeit in die Hand einer Mercedes-Werkstatt.

Kontrolle des Keilriemens

Pflegearbeit Nr. 24

Die Spannung des Keilriemens steht, da dieser Wasserpumpe und Ventilator antreibt, in einem direkten Zusammenhang mit guter Kühlung. Zur Kontrolle richtiger Spannung des Riemens drückt man diesen auf der Lichtmaschinenseite mit dem Daumen ein. Bei mäßigem Druck soll er sich um etwa 10 mm aus seiner Ebene drücken lassen.
Das unter Umständen notwendige Nachspannen, das sich beispielsweise nach der Erneuerung des Keilriemens bereits bei einer zurückgelegten Fahrtstrecke von etwa 500 km empfiehlt, ist im Bild Seite 103 gezeigt.

Bei unserem Mercedes können bis zu drei Keilriemen eingebaut sein. Für Wasserpumpe und Lichtmaschine trägt er die Bezeichnung 9,5 x 935, für die Servolenkung 12,5 x 750 und für die Klimaanlage 12,5 x 1375.

Gerissener Keilriemen

Gegen frühere Zeiten ist dieser Defekt so selten geworden, daß heute kaum ein Mercedes-Fahrer einen Ersatzkeilriemen mit sich führen wird, es sei denn auf Fahrten in Ostblockländer. Sollten Sie trotzdem das Pech haben, so können Sie sich im Notfall mit einem Paar Nylonstrümpfen behelfen (siehe Bild Seite 104). Ohne Wasserpumpenantrieb weiter zu fahren, ist wegen der Gefahr einer durchbrennenden Zylinderkopfdichtung infolge Überhitzung unter allen Umständen zu vermeiden. Eine schon durchgebrannte Zylinderkopfdichtung ist erkennbar an Luftblasen im Kühlwasser und brenzlichem Geruch aus dem Einfüllstutzen bei laufendem Motor. Bedenkliches Stadium: Fallender Kühlwasserstand, da Wasser in den Motor eindringt.

Erneuerung der Keilriemen

An sich ist die Erneuerung eines gerissenen Keilriemens im allgemeinen kein Problem, denn nach dem Lockern der 13er-Schraube am Schwenklager der Lichtmaschine und der 17er-Kontermutter am Spannbolzen verdreht man die Spannschraube (SW 17) so weit nach links, daß sich die Lichtmaschine dem Motorblock nähert. Ab August 1973 besitzt die Spannvorrichtung 4 Schrauben. Nun kann man den neuen Kielriemen auflegen und spannen. Nachspannen nach etwa 500 km.

Etwas problematischer geht es zu, wenn Sie beispielsweise einen Mercedes mit Servo-Aggregaten besitzen, die ja ebenfalls von der Kurbelwelle her durch Keilriemen angetrieben werden. So läuft bei den Fahrzeugen mit Servo-Lenkung ein etwas kürzerer Keilriemen von der Riemenscheibe der Kurbelwelle zu der über der linken Vorderradaufhängung sitzenden Hydraulikpumpe der Lenkung. Sollten Sie nun das Pech haben, daß Ihnen der Wasserpumpen-Keilriemen reißt, so ist vor dem Auflegen eines neuen Keilriemens zunächst der der Hydraulik abzunehmen (Spannschraube an der Pumpe, von unten zugänglich), zuerst der neue und danach der eben demontierte wieder aufzulegen. Keinesfalls dürfen Sie versuchen, einen Keilriemen mit Gewalt und unter Zuhilfenahmen von Werkzeugen wie Montiereisen o. ä. aufzuziehen, das würde ihm in jedem Fall schlecht bekommen. Ebenso sollte man beim Nachspannen berücksichtigen, daß sowohl zu geringe als auch zu hohe Spannung schädlich ist. Ersteres führt zu mangelhafter Kühlung und hohem Verschleiß des durchrutschenden Riemens, letzteres zu einer Schädigung der Lichtmaschinenlager!

Ausbauen des Kühlers

Ist ein Kühlmittelverlust einwandfrei auf eine Undichtigkeit des Kühlers zurückzuführen, so baut man diesen aus, um ihn löten zu lassen. Zunächst werden sämtliche Schlauchverbindungen zwischen Motorblock und Kühler gelöst, nachdem man das Kühlmittel abgelassen hat. Die Kühlerschläuche links oben und rechts unten am Kühler lassen sich nach Aufdrehen der Spannbänder mit einem Kreuzschlitz- bzw. Schlitzschraubenzieher von den Stutzen abziehen.
Danach löst man den Überlaufschlauch des Kühlers aus den beiden Halteklammern der Ventilatorverkleidung (Zarge) und schraubt diese durch Herausdrehen von vier Schrauben (SW 8) ab. Diese Zarge besteht aus Kunststoffmaterial und soll Verletzungen durch den Ventilator bei laufendem Motor verhindern. Sie läßt sich nach dem Abschrauben über den Ventilator hinweg in Richtung Motorblock verschieben.
Nun läßt sich der Kühler senkrecht aus seiner Führung nach oben herausziehen, nachdem die beiden Gummischlaufen am linken und rechten Kühler-Oberteil ausgehängt wurden (siehe Bild unten).
Der Einbau geschieht sinngemäß in umgekehrter Reihenfolge. Beim Befestigen der Verbindungsschläuche Motorblock-Kühler ist darauf zu achten, daß die Schläuche ganz auf die Rohrstutzen aufgeschoben werden und die Schlauchbinder zwischen der Sicke am Stutzen und dem Wasserkasten sitzen. Stellt man fest, daß die Kühlwasserschläuche porös, brüchig oder durch Öl gequollen sind, so muß man sie in jedem Fall durch neue ersetzen, wobei

Der Kühler sitzt in einer Führung und wird an beiden oberen Schmalseiten durch Gummischlaufen gehalten (die linke ist auf dem Bild sichtbar: schwarzer Pfeil). Die Kühlerzarge dient der Luftführung und soll außerdem vor Verletzungen durch den Ventilator bei laufendem Motor schützen. Sie wird durch vier Schrauben (SW 8) gehalten, von denen man die obere linke im Bild sieht.

man die Original-Qualitäten verwenden sollte (Mercedes-Benz-Werkstatt oder Ersatzteillager). Nach dem Befüllen des Kühlers läßt man bei abgenommenem Verschlußdeckel den Motor laufen (Heizung geöffnet!), um die gesamte Anlage zu entlüften. Steigen nach der Erwärmung des Kühlmittels auf etwa 80 ° C (Thermometer im Kombiinstrument) keine Luftblasen mehr auf, so kann man den Verschlußdeckel aufsetzen. Trotzdem empfiehlt es sich, auf den ersten Kilometern Fahrt das Thermometer im Auge zu behalten. Starkes Ansteigen der Kühlwasser-Temperatur deutet auf Lufteinschlüsse hin, die durch Öffnen des Kühlerverschlußdeckels entfernt werden müssen. Hierbei ist Vorsicht geboten, denn das Kühlsystem steht unter Überdruck! Deckel zunächst nur bis zur ersten Raste öffnen, Druck ablassen und erst dann Deckel ganz abnehmen. Fehlendes Kühlwasser bei laufendem Motor langsam auffüllen.

Fingerzeige: *Insekten bleiben zwischen den Kühlerlamellen stecken und Schmutzteilchen lagern sich im Laufe der Zeit an. Die Kühlfläche wird dadurch verkleinert, die Wärmeabfuhr verringert. Wurde der Kühler ausgebaut, so empfiehlt sich eine gründliche Reinigung durch Ausblasen der Lamellen von innen nach außen mit Preßluft oder einem Wasserstrahl. Das kann natürlich auch bei eingebautem Kühler von Zeit zu Zeit geschehen, nur darf man bei heißem Kühler nicht mit kaltem Wasserstrahl arbeiten. Motor erst abkühlen lassen!*
Sollte im Winter die Außentemperatur unter den jeweils eingestellten Frostschutzgrad absinken, so ist der Motor nicht gleich in Gefahr. Es bildet sich zunächst eine speiseeisähnliche Masse, die bei Standlauf und abgedecktem Kühler wieder verflüssigt wird.
Als Mehrzweckmittel im Kühlsystem hat sich »5 in 1« (Bezugsquellennachweis: Firma Munz, 745 Hechingen, Oelser Straße 17) sehr gut bewährt. Es dichtet ab, schützt vor Korrosion und schmiert außerdem noch die beweglichen Teile, wie Wasserpumpe, Thermostat und das Heizventil, das beim Mercedes gerne festgeht, wenn im Sommer nicht die Heizhebel von Zeit zu Zeit bewegt wurden.

Die Heizung
Pflegearbeit Nr. 54

Die Frischluft wird aus der staubfreien Zone direkt unterhalb der Windschutzscheibe am Ende der Motorhaube entnommen. Unter der Haube sorgt eine Wanne dafür, daß Regen- und Spritzwasser nicht in die Lüftungsanlage eindringen kann, sondern durch Schlauchstutzen an der Spritzwand unter der Motorhaube nach unten ins Freie abgeleitet wird.
Für die Temperierung der unter der Windschutzscheibe entnommenen Frischluft sorgt ein sogenannter Wärmetauscher, der im Prinzip einem kleinen Kühler gleicht. Seine Heizlamellen sind an den Kühlwasser-Kreislauf durch Schlauch- bzw. Rohrleitungen angeschlossen, das vom Motor erwärmte Kühlwasser fließt vom Zylinderkopf durch den Wärmetauscher, an dem sich die hindurchgeführte Frischluft erwärmt. Vom Wärmetauscher fließt das Kühlwasser über Schläuche zurück zum Motor. Die erwärmte Heizungsluft wird — je nach Stellung der Luftverteilungshebel am Armaturenbrett — gegen die Windschutzscheibe oder in den Fußraum oder auch in beide Richtungen gelenkt.
Daneben erlaubt das Belüftungssystem des Mercedes auch noch die Beimengung von (unbeheizter) Frischluft, so daß man sich sein eigenes Klima wunschgemäß bereiten kann.
Neben dem Wärmetauscher, den Schlauchanschlüssen vom Motorblock zur Heizung und zurück, den Austrittsdüsen zur Scheibenentfrostung und den Klappen zur Beschickung des Fußraums mit Luft gehört auch noch ein drei-

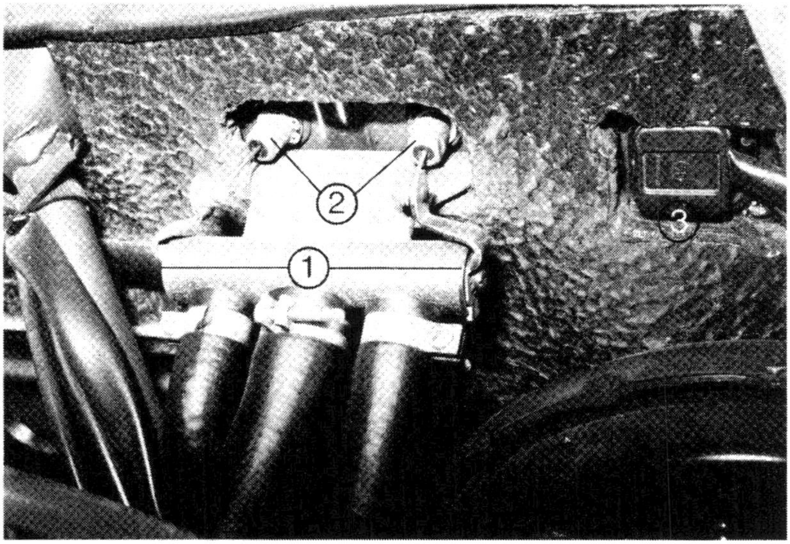

Die Heizungsventile (1) und die Drahtzüge zu ihrer Betätigung (2) sind gelegentlich für einen Tropfen Öl dankbar. Praktisch ist es, wenn ein Helfer vom Wageninnern aus die Heizungsschieber betätigt und man dabei je einen Tropfen Öl auftropft, auf diese Weise verteilt es sich am besten. 3 - Anschlußstecker des Scheibenwischermotors.

stufiges Gebläse zum Heiz- bzw. Lüftungssystem. Dieses Gebläse wird durch den zwischen den Heizungsschiebern liegenden Drehknopf betätigt und dient dazu, den Luftdurchsatz bei niedrigeren Geschwindigkeiten zu erhöhen, da die Anlage unter Staudruck arbeitet. Je geringer die Fahrgeschwindigkeit desto geringer der Staudruck und damit die Menge der Heiz- bzw. Frischluft.
Um die Funktion der Heizanlage zu prüfen, brauchen Sie nur die betreffenden Hebel, Knöpfe, Düsen und Jalousien probeweise zu betätigen und zu warten, ob warme oder kalte Luft dorthin strömt, wie sie strömen soll. Und den gelegentlichen Tropfen Öl auf die Hebel des Heizventils (Bild oben) sollten Sie auch nicht vergessen.

Fingerzeige: *Unsere Mercedes-Modelle besitzen in den hinteren Dachpfosten Entlüftungsöffnungen, durch die die verbrauchte Luft aus dem Wageninneren nach außen abgeführt wird. Diese Öffnungen sollten nicht durch abgelegte Mäntel o. ä. verdeckt werden, damit eine einwandfreie Luftzirkulation gewährleistet bleibt, die vor allem im Winter für das Freihalten sämtlicher Scheiben von Beschlag notwendig ist.*
Gegen anfängliches Beschlagen der Seitenscheiben empfiehlt es sich, die vorderen Ausstellfenster (bis Juli 1973) einen Spalt breit zu öffnen.
Die Heizungshebel, durch die die Warmwasserventile der Heizanlage reguliert werden, sollte man auch in den Sommermonaten ab und zu bewegen, um ein Festfressen der Ventile zu vermeiden.
Sollte bei Kolonnenfahrt im Hochsommer die Kühlwasser-Anzeige zu hohe Temperaturen signalisieren, so schaltet man die Heizung und eventuell auch noch das Gebläse ein (— und öffnet Fenster und Schiebedach!), um einen zusätzlichen Kühleffekt zu erzielen. Die Heizungsanlage schluckt ja Wärme, hilft also, das Kühlwasser zu kühlen.

Ausbau der Heizungsregulierung

Wenn sich die Heizung nicht mehr regulieren läßt, ist entweder ein Betätigungszug gerissen oder ein Übertragungsteil innerhalb der Heizungsregulierung gebrochen. Ursache für diesen Schaden ist gewöhnlich ein festgegangenes Heizventil.

Vor dem Ausbau der Heizbetätigung wird zuerst die mittlere Luftdüse ausgebaut: Drehknopf des Heizgebläses abziehen, geschlitzte Halteschraube wie auf Seite 136 für den Lichtschalter beschrieben losdrehen, Griffe der Heizregulierhebel abziehen. Rechts und links oben in der Luftdüse sitzt je eine Kreuzschlitzschraube, die losgedreht werden muß. Lautsprecherabdeckung oben im Armaturenbrett losschrauben (4 Schrauben); falls vorhanden, Lautsprecher ausbauen und zur Seite legen. Die jetzt durch die Lautsprecheröffnung sichtbare Manschette am mittleren Luftkanal vom Heizungsgehäuse abnehmen und zurückstreifen. Hebel der Frischluftklappe aus dem Kugelgelenk aushängen. Die Blende mit der mittleren Luftdüse ist nun nur noch im Armaturenbrett eingesteckt. Daimler-Benz empfiehlt nun zum Ausbau einen Holz- oder Kunststoffkeil, der zwischen Blende und Armaturenbrett gesteckt wird, wodurch sich die Blende samt Düse ausrasten läßt. Es geht aber auch mit einem flachen Schraubenzieher, womit man eine der beiden unter Federdruck stehenden Kugeln (sie dienen als Schwenkachse der Luftdüse) zurückdrücken kann. Das Hebelsystem wird nun noch rechts und links von je einer SW-10-Schraube gehalten und kann nach deren Losschrauben in Richtung Motorraum geschoben werden. Falls Sie den Fehler jetzt schon erkennen können und die Reparatur mit schlanker Hand durch die Lautsprecheröffnung schaffen, erspart das die Abnahme sämtlicher Bowdenzüge. Ansonsten Mehrfachstecker für den Gebläseschalter abziehen, Bowdenzüge lösen und Halteklammern abnehmen, Heizregulierung durch die Luftdüsenöffnung herausnehmen. Soll einer der Winkelhebel ersetzt werden, hebelt man vorsichtig die Haltescheiben ab (beim Einbau möglichst neue verwenden).
Der Zusammen- und Wiedereinbau erfolgt sinngemäß in umgekehrter Reihenfolge, wobei die Gelenke mit etwas Nähmaschinenöl geschmiert und die Kabelzüge leicht gefettet werden sollten.

Heizventile zerlegen und reinigen

Die Heizungsventile des Mercedes (im Motorraum an der Stirnwand zum Innenraum) haben die schlechte Eigenschaft, im Lauf der Zeit schwergängig zu werden oder festzugehen, vor allem, wenn man sie nicht auch einmal in der warmen Jahreszeit bewegt hat. Ein schwergängiges Heizventil läßt sich in Eigenregie demontieren und reinigen. Die Kühlflüssigkeit muß dazu nicht unbedingt abgelassen werden, denn beim Lösen der drei Schlauchschellen am Heizventil fließt nur wenig Kühlmittel aus.
Die Heizzüge sind über Hebel mit den Heizventilen verbunden. Diese Betätigungshebel sitzen auf je einem Vierkant festgeschraubt; vor Losschrauben der Hebel sollten Sie die Stellung der Hebel auf dem Vierkant mit einem deutlichen Ritzer für den Wiedereinbau markieren. Heizventilgehäuse an der Stirnwand abschrauben (SW 8). Sprengringe am Ventilgehäuse rechts und links abnehmen, Ventil zerlegen. Die Teile sollen nur mit einem Lappen gereinigt, aber nicht geschmirgelt werden, sonst wird eventuell der Ventilsitz beschädigt. Kontrollieren Sie, ob die Gummi-Abdichtringe noch einwandfrei sind. Beim Zusammenbau kann man die Teile des Heizventils mit einem ganz dünnen Hauch Mehrzweckfett schmieren.

Benzinversorgung

Pannen in der Kraftstoffversorgung sind selten geworden. Trotzdem ist es besser, sich bei günstiger Gelegenheit am eigenen Fahrzeug den Verlauf der Kraftstoffleitungen anzusehen, also den Weg des Benzins vom Tank bis zum Motor zu verfolgen. Kommt es dann tatsächlich einmal zum »Ernstfall«, so weiß man ungefähr, wo man mit der Suche zu beginnen hat. Außerdem kommt man ohne etwas Pflege auch hier nicht aus, weshalb das Werk bestimmte Kontrollen vorgeschrieben hat.

Der Tank

Der Tank sitzt wie üblich im Heck, unterhalb des Kofferraumbodens, also an einer gut geschützten Stelle. Im Gegensatz zu manchem anderen Auto stellt aber hier der Tank nicht gleichzeitig den Boden des Kofferraums dar, was im Falle eines Heckaufpralls und einer dabei erfolgenden Beschädigung des Tanks seine sicherheitsfördernden Vorzüge hat.

Das Fassungsvermögen des Tanks beträgt 65 Liter, der Einfüllstutzen verbirgt sich hinter einer Klappe rechts neben dem hinteren Kennzeichenschild. Der Ausbau des Tanks macht keine besonderen Schwierigkeiten, wenn man die richtige Reihenfolge einhält. Zunächst wird das Minuskabel der Batterie abgeklemmt. Dann zieht man nach dem Abnehmen des Plastikdeckels im Kofferraum die Kabel von den Geberanschlüssen der Vorratsanzeige, zieht die verschiedenen Schlauchleitungen zum Motor, vom Motor und zum Ausdehnungsgefäß rechts hinter dem Reserverad ab, nimmt den Tankverschluß vom Einfüllstutzen und löst die drei Schrauben SW 13 (zwei hinten, eine vorn

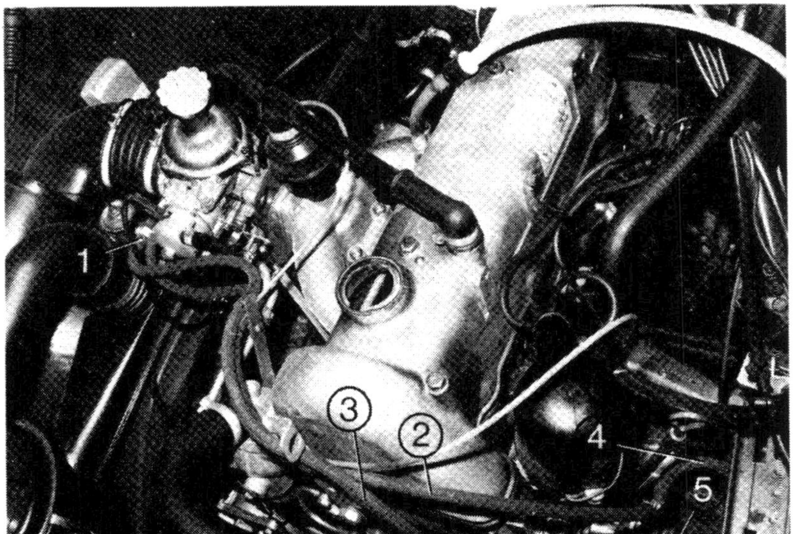

Der Vergaser (1) bezieht den Kraftstoff über die Schlauchleitung (2) von der Kraftstoffpumpe (5), die ihn ihrerseits durch die Leitung (4) aus dem Tank bezieht. Von der Pumpe zuviel gefördertes Benzin wird über die Schlauchleitung (3) wieder zum Tank befördert. Der Kraftstoff bleibt kühl, Dampfblasen werden vermieden.

Ein randvoll gefüllter Tank neigt bei warmem Wetter zum Überlaufen durch die Ausdehnung des Kraftstoffs. Deswegen besitzen die Mercedes-Wagen hinter dem Reserverad im Kofferraum ein Ausdehnungsgefäß (1), das durch zwei Schläuche (2) mit dem tieferliegenden Tank verbunden ist. Erst wenn das Gefäß gefüllt ist, kann der Kraftstoff durch eine Überlaufleitung (3) nach außen entweichen. Der Austritt sitzt hinter der rechten Stoßstangenkrümmung.
Weiter bedeutet: 4 – Reserveradhalterung.

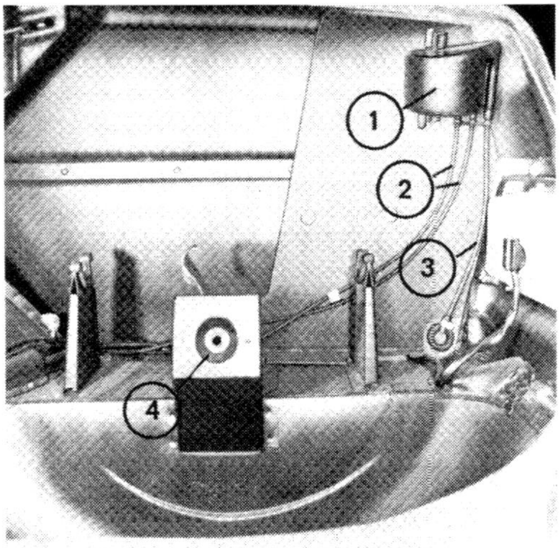

am Tank unter dem Wagenboden). Jetzt läßt sich der Tank (der vorher natürlich durch die Ablaßschraube Inbus SW 17 entleert wurde) mit einigem Geschick nach vorn unten abnehmen, wobei man darauf achtet, daß man die Gummidichtung am Einfüllstutzen nicht mit herauszieht. Der Einbau erfolgt sinngemäß in umgekehrter Reihenfolge.

Die Tankentlüftung

Eine Tankentlüftung ist notwendig, damit sich bei sinkendem Kraftstoffspiegel im Tank kein Vakuum (Unterdruck) bilden kann, was zu Störungen im Nachschub führen, bzw. diesen ganz unterbinden könnte. Die Entlüftungsleitung kann man unschwer vom Tank aus hinter das Reserverad verfolgen, von wo aus sie — nach Durchlaufen eines kleinen Ausgleichbehälters mit Rücklaufleitung zum Tank — nach außen (hinter der rechten hinteren Stoßstangenecke) mündet.

Fingerzeige: *Der Tank sollte nach Möglichkeit immer gut gefüllt sein, besonders dann, wenn der Wagen längere Zeit abgestellt wird. Bei Abkühlung kondensiert Wasser aus der Luft über dem Benzinspiegel und schlägt sich im Tank nieder, was zu Rostbildung führt. Wasser ist schwerer als Benzin, es sammelt sich am Boden des Tanks und kann dort durch die Benzinpumpe nach vorn in den Vergaser gesaugt werden, wo es zu Störungen führt. Es verträgt sich nicht mit dem Vergaserwerkstoff und läßt Absonderungen entstehen, die ihrerseits wieder Quelle von Ärgernissen werden können. Wenn man einmal im Jahr den Tank entleert, werden Fremdstoffe und eventuell vorhandenes Wasser mit abgelassen.*

Das Schloß verschließbarer Tankdeckel sollte im Winter vor Einfrieren geschützt werden.

Ein Reservekanister sollte gefüllt im Kofferraum vorhanden sein. Praktisch (und beim Mercedes notwendig) sind Kanister mit Auslauftülle.

Muß Benzin aus dem Tank mit dem Mund angesaugt werden, ist Vorsicht geboten, denn Benzin enthält giftige Anteile. Übergelaufenen Kraftstoff sollte man möglichst bald vom Lack entfernen, damit es keine Schäden gibt.

Kraftstoffanlage auf Dichtheit prüfen

Pflegearbeit Nr. 34

Wenn sich Ihr Mercedes zum Ölwechsel in der Tankstelle auf der Hebebühne befindet, sollten Sie die Gelegenheit nutzen, einen Blick auf die an der Wagenunterseite verlaufenden Kraftstoffleitungen zu werfen. Ein zu hoher Benzinverbrauch kann auch an Undichtigkeiten zwischen Tank und Kraftstoffpumpe liegen.

Zwischen Batterie (links) und Zündspule (rechts unten) befindet sich die Kraftstoffpumpe, sie benötigt keine aufwendige Pflege, Störungen sind selten, die Zugänglichkeit ist relativ gut. 1 - Befestigungsschrauben, 2 - Deckel, unter dem sich ein Sieb verbirgt, 3 - Anschluß vom Tank zur Pumpe, 4 - Ölmeßstab. Ganz rechts im Bild ist der linke Motorträger erkennbar.

Die Kraftstoffpumpe

Zwischen Ober- und Unterteil des Pumpengehäuses ist eine Membrane gespannt; sie wird durch einen Exzenter auf der Nockenwelle und durch einen Übertragungshebel im Pumpenunterteil bewegt. Unterdruck und Druck wechseln ab, und so wird aus dem Tank Kraftstoff angesaugt und in Richtung Vergaser weitergefördert.

Sieb der Kraftstoffpumpe säubern

Pflegearbeit Nr. 62

An das Sieb im Kraftstoffpumpen-Oberteil kommt man heran, wenn man die Sechskantschraube SW 8 oben am Deckel mit einem Schraubenzieher oder -schlüssel losschraubt. Achten Sie beim Abnehmen des Deckels auf den darunterliegenden Dichtring. Sitzt der Deckel fest bzw. ist er festgeklebt, fährt man mit einem Draht oder einem kleinen Schraubenzieher ins Schraubenloch — vorsichtig, damit das Gewinde nicht beschädigt wird — und hebelt den Deckel hoch.

Das Kraftstoffsieb wird herausgenommen, in sauberem Benzin ausgewaschen und anschließend durchgeblasen. Den Deckel und den Abscheideraum kann man mit einem benzingetränkten Läppchen ausreiben.

Die 6 Querschlitzschrauben, die Pumpenober- und Unterteil zusammenhalten, bleiben beim Siebreinigen unangetastet.

Die Kraftstoffpumpe sitzt unten links vorn am Motor, unterhalb des Zündverteilers, mit dem sie eine gemeinsame Antriebswelle hat. Das Rohr rechts am Bildrand ist das des Ölmeßstabes. 1 - Isolierflansch, 2 - Anschlußstutzen vom Tank zur Pumpe, 3 - Deckel-Halteschraube, 4 - Anschlußstutzen von der Pumpe zum Vergaser.

Störungsbeistand
Kraftstoffpumpe

Die Störung	ihre Ursache	ihre Abhilfe
A Pumpe fördert nicht oder nicht ausreichend (Prüfung: Zuleitung am Vergaser lösen, Motor bei entferntem Verteilerfinger kurz starten, Kraftstoff tritt nicht oder nur zögernd aus der Leitung).	1 Tank leer	Auftanken
	2 Leitungen zur Pumpe undicht	Leitung erneuern, notfalls abdichten
	3 Pumpensieb verstopft	Herausnehmen, reinigen
	4 Pumpe undicht (Prüfen: Wagen nach vorn geneigt aufstellen, tritt Kraftstoff aus Pumpe?)	
	a) Schrauben des Pumpenoberteils locker	Schrauben über Kreuz anziehen
	b) Verschlußkappe undicht	Dichtung erneuern
	5 Pumpendruck zu schwach	Pumpendruck in Werkstatt prüfen lassen
B Zu hoher Verbrauch	1 Pumpe undicht	Siehe A 4
	2 Pumpendruck zu hoch	Pumpendruck in Werkstatt prüfen lassen

Klingeln und Klopfen

Klingeln wird hörbar bei brüskem Gasgeben aus niedrigen Drehzahlen heraus, wenn Sie beispielsweise im 3. Gang aus 20 bis 30 km/h heraus scharf beschleunigen oder an einer Steigung schaltfaul fahren, also den Motor quälen. Man muß aber ein aufmerksames Ohr haben, um das Klingeln im Motor zu hören. Bei diesem Vorgang — auch Klopfen genannt — handelt es sich um das sogenannte Beschleunigungsklopfen.

Noch gefährlicher ist, da es von den Fahrgeräuschen fast ganz überdeckt wird, das Klopfen bei hohen Geschwindigkeiten (Hochdrehzahlklopfen), das man allenfalls durch eine verdächtig hohe Temperaturanzeige erkennen kann. Die Klopffestigkeit eines Kraftstoffes wird durch die sogenannte Oktanzahl (Kurzzeichen: OZ) gekennzeichnet. Dieses Oktan ist nun keine Zugabe zum Benzin, sondern lediglich eine Vergleichsgröße, die in einem speziellen Prüfmotor im Vergleich zu besonderen Eich-Kraftstoffen (das sind Mischungen aus Normal-Heptan — Klopffestigkeit: O — und Iso-Oktan — Klopffestigkeit 100) für den zu prüfenden Kraftstoff ermittelt werden. Danach haben heutzutage Normal-Kraftstoffe in der Bundesrepublik 90—93 ROZ (der Buchstabe »R« bezeichnet die »Research-Methode« der Kraftstoffprüfung) und Super-Kraftstoffe 97—99 ROZ. Diese ROZ, mit der an ausländischen Tankstellen auch gern geworben wird, verhindert bei genügender Höhe das Beschleunigungsklopfen. Das gefährlichere Hochdrehzahlklopfen ist jedoch von der weniger populären MOZ (Oktanzahl ermittelt nach »Motor-Methode«) abhängig. Sie liegt unter der ROZ und schwankt bei manchen Superkraftstoffen bis zu einem für Superkraftstoff-Motoren gefährlichen Minimum, wie ein ADAC-Test an bundesdeutschen Tankstellen ergeben hat.

Mit beiden Klopferscheinungen hat es folgendes auf sich: Normalerweise verbrennt das Kraftstoff-Luft-Gemisch im Zylinder auf Befehl der Zündkerze. Springt an ihren Elektroden ein Funken über, entflammt das Gemisch. Ein »klingelfreudiger« Kraftstoff wartet aber nicht, bis ihn der Zündfunke restlos entflammt, sondern detoniert zum Teil bereits in einer »Ecke« des Verbrennungsraumes, wenn die Flammenfront von der Zündkerze auf ihn zueilt. Das gibt einen gewaltigen Druckanstieg im Zylinder, durch den Kolben, Pleuel und Kurbelwelle einen schmetternden Schlag erhalten. Der Motor wird geschädigt, der Kolbenboden kann regelrecht »durchgeschweißt« werden.

Erste Maßnahme: Fuß vom Gaspedal, nur noch ganz behutsam Gas geben und alsbald klopffesteren Kraftstoff tanken, wenn möglich.
Übrigens wird der »Oktanzahlanspruch« eines vorwiegend im Kurzstreckenverkehr gefahrenen Wagens durch stärkere Rückstandsbildung im Verbrennungsraum höher. Die Verdichtung steigt, weil der Verbrennungsraum — etwas übertrieben ausgedrückt — »zuwächst« und sich dadurch verkleinert. Das zeigt sich auch allgemein bei zunehmendem Motoralter, wird jedoch in der Regel durch die zunehmend verschleissenden und deshalb weniger gut abdichtenden Kolbenringe wieder ausgeglichen. Abhilfe gegen Verbrennungsrückstände: Rückstandslösenden Kraftstoffzusatz verwenden (z. B. Desolite) oder den Motor durch flotte Autobahnfahrt gelegentlich »freiblasen«.
Der Motor kann auch nach Abschalten der Zündung nachlaufen. Man nennt diese Erscheinung auch Nachdieseln. In den Ansaugwegen befindliches Gemisch wird durch heiße Stellen des Zylinderkopfes oder glühende Verbrennungsrückstände gezündet. Seit Januar 1973 wird deshalb ein Kraftstoff-Abschaltventil eingebaut, das die Kraftstoffzufuhr bei abgeschalteter Zündung unterbindet (siehe Seite 85). Läuft der Motor trotzdem nach, hängt das Nadelventil. Die beim Nachdieseln auftretenden harten Schläge sind für den Motor noch gefährlicher als das Hochdrehzahlklopfen. Bei eingelegtem großem Gang und getretener Feststellbremse Kupplung langsam kommen lassen (Motor abwürgen).

Kraftstoffwahl

Viel diskutiert wurde 1972 und erneut 1976 die Frage von hohen Drehzahlen bzw. Geschwindigkeiten im Zusammenhang mit der Einführung des »Benzin-Blei-Gesetzes«. Es verpflichtet die Hersteller, den zur Erhöhung der Klopffestigkeit dem Benzin beigegebenen Bleianteil im Kraftstoff auf 0,4 und später 0,15 g je Liter im Interesse des Umweltschutzes zu reduzieren. Daimler-Benz empfahl 1972, bis zum Vorliegen eigener Untersuchungsergebnisse der neuen Kraftstoffe verhalten zu fahren und keinesfalls die angegebenen Höchstgeschwindigkeiten auszunutzen. Im April 1972 wurde diese Empfehlung dann zurückgezogen, soweit der Fahrer sich auf die Benutzung von Kraftstoffen der großen Hersteller beschränkte (Agip, Aral, Avia, BP, Chevron, Esso, Fina, Gulf, Shell, Texaco, Total). Wichtig ist auch heute noch, daß der verwendete Kraftstoff folgende Oktanzahl-Ansprüche erfüllt, die die Mercedes-Motoren stellen und die an Tanksäulen mit dem runden Aufkleber »DIN-Norm 51 600« gewährleistet werden:
■ Oktanzahl 88 (MOZ) ■ Oktanzahl 98 (ROZ)
Bei den genannten Marken wird sich die Frage nach den Oktanzahlen erübrigen. Etwas anders ist es bei den sogenannten Freien Tankstellen, deren Kraftstoffqualität angeblich nicht immer das gleiche Niveau besitzt. Hier sollte man vor der bewußten Frage an den Tankwart nicht zurückschrecken, bzw. man sollte die überall vorliegende Qualitätsbescheinigung einsehen, in der die Oktanzahlen ausgewiesen sind.

Fahrten ins Ausland

Die früher zutreffende Befürchtung, man erhalte im Ausland allgemein schlechteren Kraftstoff, ist heute nicht mehr berechtigt. In den meisten europäischen Ländern ist durch die Erlaubnis höherer »Bleibeimischung« die Klopffestigkeit etwas höher als bei uns — zumindest gleich. Auch die Ostblockstaaten, derzeit von der Sowjetunion und der Tschechoslowakei abgesehen, bieten an »Devisen-Tankstellen« den einreisenden »Westlern« hochwertigen Superkraftstoff an. Tricks mit doppelten Zylinderkopfdichtungen oder Benzolbeimischungen sind nicht mehr aktuell. Über ferne Länder gibt der ADAC Auskunft.

Der Vergaser

Kraftfutter-Werk

In diesem Kapitel zuerst etwas Theorie: Der Vergaser und seine Einzelteile. Man wird vielleicht nicht die Absicht haben, jemals eine Neuregulierung vorzunehmen oder die kleine Gasanstalt auseinanderzunehmen. Dennoch kann es nicht schaden, wenn man Bescheid weiß, welche Vorgänge sich im Innern des Vergasers bei der Gemischzubereitung abspielen. Im eventuell eintretenden Notfall ist man so eher in der Lage, sich selbst zu helfen.

Sinn und Zweck

Die Aufgaben des Vergasers sind schnell beschrieben: Er soll Benzin und Luft in einem ganz bestimmten Verhältnis so miteinander mischen, daß sich eine möglichst gute und ein Optimum an Leistung ergebende Verbrennung einstellt. Das Gemisch darf nicht zu »fett« (also zu kraftstoffhaltig) und nicht zu »mager« (also zu kraftstoffarm) sein. Es muß den verschiedenen Anforderungen des Motors jeweils angepaßt sein, zum Anlassen des kalten Motors also mehr Kraftstoff enthalten, bei Bummelfahrt mit warmer Maschine dagegen weniger.

Dem Vergaser und seiner einwandfreien Funktion kommt heute eine ganz besondere Bedeutung zu, denn in unserer umweltbewußten Zeit legt man mehr als früher Wert auf möglichst gut brennbare Gemische und schadstoffarme Abgaswerte. Vergaserpflege gehört also zu den Punkten des Wartungsplans, die besonders wichtig sind. Aber man muß sich hierbei der Grenzen bewußt sein, die einem Eigenpfleger gesetzt sind. Da die gesetzlichen Abgaswerte eingehalten werden müssen (deren Voraussetzung eine optimale Ein-

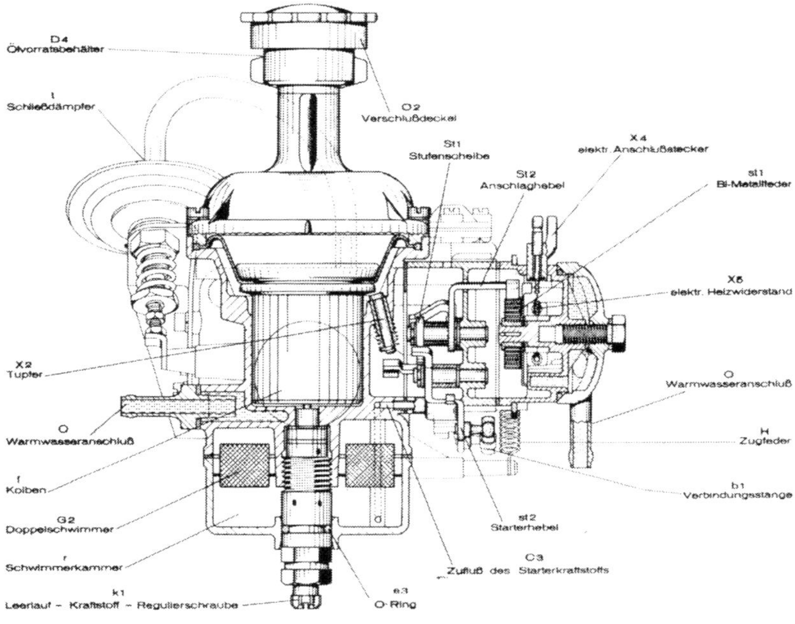

In Fahrtrichtung gesehen von rechts zeigt das Schnittbild u. a. den Warmwasseranschluß (O), der für die Beheizung der Düsennadel in der kalten Jahreszeit von Wichtigkeit ist. Durch Öffnen des rechten Heizungshebels am Armaturenbrett findet dieser Anschluß an den Warmwasserkreislauf der Heizung, ein Vereisen der Nadeldüse wird vermieden.

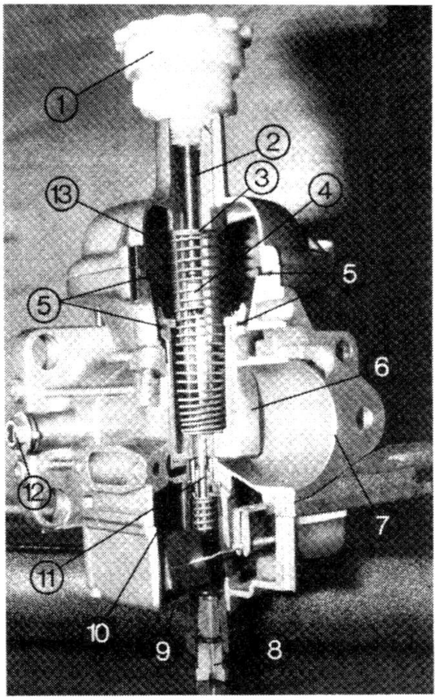

Ein aufgeschnittener Stromberg-Vergaser und sein Inneres. 1 - Vorratsbehälter für Dämpferöl, 2 - Stange des Dämpferkolbens (4), 3 - Kolbenfeder, 5 - hier ist die Membrane des Luftkolbens (6) gegenüber der Unterdruckkammer (13) eingespannt, 7 - Ansaugflansch, 8 - Leerlaufkraftstoff-Regulierschraube (mit ihr kann man die Nadeldüse heben oder senken und damit das Gemisch fetter oder magerer einstellen), 9 - Schwimmer in Schwimmerkammer (10), 11 - Düsennadel, 12 - Drosselklappenwelle.

stellung des Vergasers ist), kann man mit Gefühl und Erfahrung ohne Zuhilfenahme technischer Meßgeräte nicht viel erreichen, man wird also auf die Fachwerkstatt angewiesen sein oder bei großen Tankstellen (soweit sie im Besitz von Testgeräten sind) eine Neueinregulierung vornehmen lassen.

Vergaser-Beschreibung

Als der Mercedes 200/220 im Frühjahr 1968 herauskam, besaß er eine Besonderheit, die bis dahin hauptsächlich englischen Personenwagen vorbehalten gewesen war: Den SU- oder Stromberg-Vergaser. Dieser Vergasertyp arbeitet im Gegensatz zu den sonst üblichen Drosselklappenvergasern mit »bremsluftregulierter« Kraftstoffdüse nach dem Prinzip des konstanten Unterdrucks (daher die Bezeichnung CDS = engl.: Constant Depression System). Er stellt gewissermaßen eine Kombination aus den seit Jahren be-

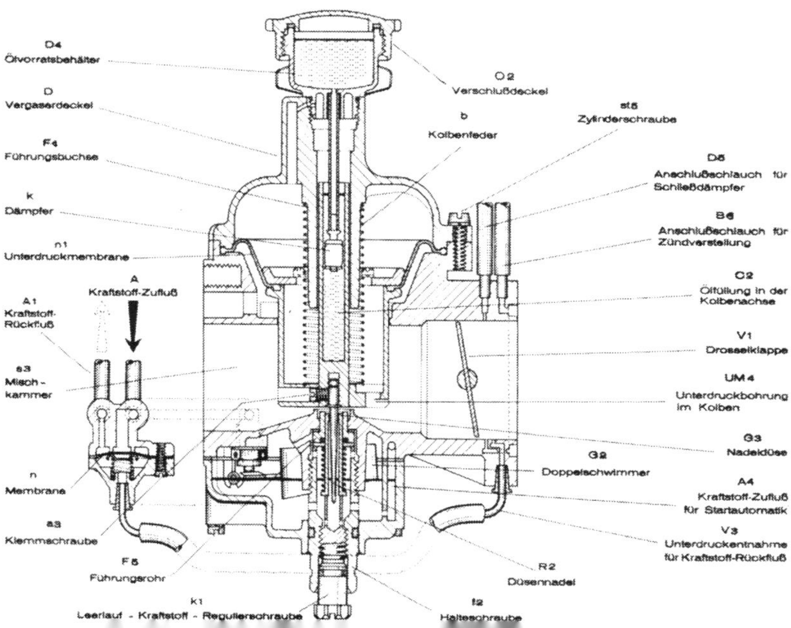

Dieses Schnittbild (entgegen der Fahrtrichtung) läßt erkennen, wie durch Verdrehen der Leerlaufkraftstoff-Regulierschraube (k 1) die Nadeldüse (G 3) angehoben oder gesenkt werden kann und sich dadurch der Ringspalt zwischen Nadeldüse und Düsennadel (R 2) erweitert oder verengt. So kann man den Kraftstoffanteil vergrößern oder verringern, das Gemisch anfetten oder abmagern. Wichtig ist die anschließende Abgasprüfung.

Der Stromberg-Vergaser von der Motorseite her gesehen: 1 - Vergaserdeckel, 2 - Unterdruckleitung zum Zündverteiler, 3 - Umschaltventil für Innen-/Außenbelüftung der Schwimmerkammer, 4 - Zweipolstecker für Startautomatik-Beheizung, 5 - Starterdeckel, 6 - Unterdruckentnahme, 7 - Kraftstoff-Rücklaufventil, 8 - Unterdruckleitung, 9 - Halteschraube (und darunter, nicht sichtbar Leerlaufkraftstoff-Regulierschraube), 10 - Schwimmerkammer, 11 - Zylinderschraube, 12 - Dichtung, 13 - Luftkolben geschlossen (an ihm hängt unten die Düsennadel, die den Kraftstoffzufluß steuert).

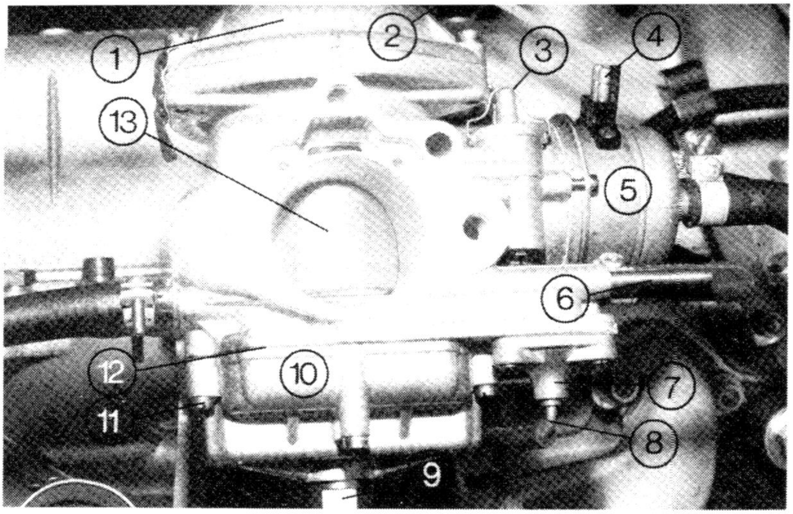

kannten Schieber-Vergasern, wie man sie von Motorrädern und Mopeds her kennt, und den aus dem Automobilbau bekannten Drosselklappen-Vergasern dar, bei denen der Unterdruck wegen der veränderlichen Querschnittsöffnungen im Durchlaß nie gleich ist.

Die Stromberg-Vergaser hatten sich besonders bei sportlich ausgelegten Triebwerken bewährt, bei denen der Wunsch bestand, möglichst große Vergaserquerschnitte im Interesse eines möglichst großen Luftdurchsatzes zu erhalten. Gute Übergänge und runder Motorlauf bei Vollast und niedrigen Drehzahlen waren weitere Pluspunkte dieses Systems, das sich damit für die Erfüllung der heutigen Erfordernisse anbot und auch für Motoren ohne sportliche Ambitionen geeignet war.

Inzwischen hat sich — fast fünf Jahre nach Mercedes-Benz — ein weiterer deutscher Automobil-Hersteller, nämlich BMW, für diesen Vergasertyp entschieden und baut ihn, allerdings in zweifacher Ausführung, in den BMW 520 ein.

Arbeitsweise des Stromberg-Systems

Im Gegensatz zu den bisher verwendeten Vergasern, bei denen der Querschnitt des Lufttrichters konstant, der Unterdruck aber, je nach Öffnungsgrad

Am ausgebauten Vergaser erkennt man die geöffnete Drosselklappe (1), die durch das Gaspedal reguliert wird. Dahinter ist der Luftkolben (2) sichtbar, der die Düsennadel steuert und damit den Kraftstoffanteil am Gemisch. 4 - Unterdruckleitung für Kraftstoff-Rücklaufventil. 3 - Leerlaufkraftstoff-Regulierschraube. Ausführung ohne elektro-magnetisches Abschaltventil.

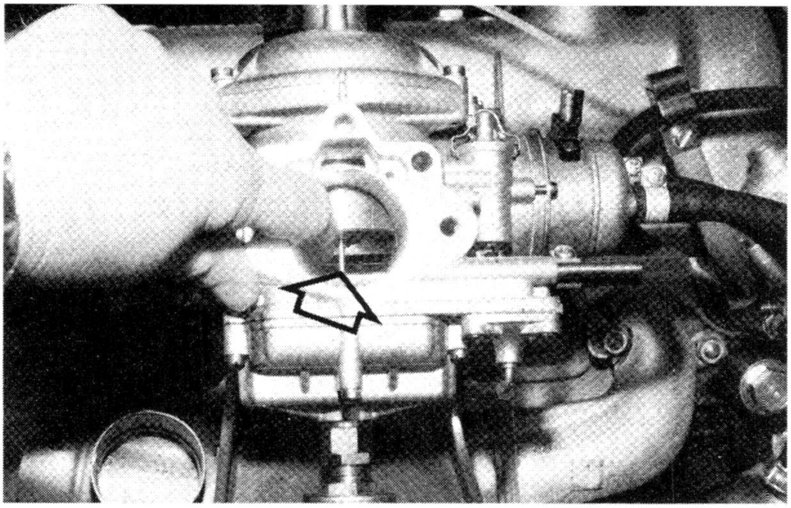

Im Gegensatz zum gegenüberliegenden Foto ist hier der Luftkolben durch den Zeigefinger in eine Stellung gebracht, die etwa der bei Halbgas entsprechen würde. Man erkennt die unten am Luftkolben befindliche Düsennadel, die die Menge des aus der Nadeldüse gesaugten Kraftstoffs steuert. Je höher der Luftkolben (durch den größeren Unterdruck in der Kammer) gehoben wird, desto mehr Kraftstoff gibt die Düsennadel frei. Ganz unten am Bildrand ist das Leerlaufgemisch-Absperrventil zu sehen, das ab Frühjahr 73 serienmäßig ist.

der Drosselklappe, variabel ist, hat man also beim CDS-Vergaser einen konstanten Unterdruck mit veränderlichem Querschnitt des Lufttrichters; d. h. der Ansaugquerschnitt an der Austrittsstelle des Kraftstoffs ist variabel. Gesteuert wird die Menge des austretenden Benzins durch eine Düsennadel, die praktisch das untere Ende eines in der Höhe verschiebbaren Luftkolbens darstellt, dessen Position nicht durch direkte Beeinflussung (etwa durch das Gaspedal) gegeben ist, sondern sich gewissermaßen indirekt durch den je nach Drosselklappenstellung höheren oder geringeren Unterdruck im Raum oberhalb des Luftkolbens reguliert (Unterdruckkammer).

Je weiter die Drosselklappe also durch das Gaspedal geöffnet ist, desto mehr wird durch den nach oben gesaugten Luftkolben die Düsennadel aus der Nadeldüse angehoben und desto mehr Kraftstoff kann folglich aus der ringförmigen Nadeldüse austreten, um vom Luftstrom in den Verbrennungsraum des Zylinders mitgerissen zu werden. Die Stärke des Luftstroms steuert demnach die austretende Kraftstoffmenge.

Diese Konstruktion besitzt den entscheidenden Vorzug gleichmäßig hohen Unterdrucks vom Leerlauf bis Vollastbetrieb auch bei niederen Drehzahlen. Das Kraftstoff-Luft-Gemisch reguliert sich automatisch auf den für Leistung

Mit einem Isolierflansch und vier Schrauben ist dieser Teil des Vergasers am Saugrohr des Motors befestigt. Man sieht die vom Gaspedal über die Drosselklappenwelle (2) gesteuerte Drosselklappe (5), am Kugelkopf (7) ist das Verbindungsgestänge zwischen Gaspedal und Drosselklappe eingehängt, die Feder (6) unterstützt das Schließen der Klappe beim Gaswegnehmen. 3 - Schwimmerkammer, 4 - Zylinderschrauben.

und Verbrauch günstigsten Wert, die Menge des an der Nadeldüse austretenden Benzins entspricht genau der angesaugten Luftmenge, Übergangsschwierigkeiten gibt es nicht. Der Unterschied zu den üblichen Vergasersystemen wird klar, wenn man sich in Erinnerung ruft, daß dort die Zusammensetzung des Kraftstoff-Luft-Gemischs praktisch (durch den wechselnden Unterdruck) ununterbrochen variiert: Jede Veränderung der Drosselklappenstellung (also des Gaspedals) verändert die Unterdruckverhältnisse und damit den Kraftstoff-Anteil pro Einheit Ansaugluft; das Gemisch verändert sich in seiner Zusammensetzung pausenlos von »fetter« (also kraftstoffreicher) zu »magerer« (also kraftstoffärmer) und umgekehrt, sofern nicht das Gaspedal in einer bestimmten Stellung gehalten wird. Fetteres Gemisch mit größeren Kraftstoffanteilen ergibt auch einen höheren Anteil unverbrannter (gewissermaßen unverdauter) Kraftstoffteilchen im Abgas und damit unerwünschte Abgasgifte.

Die Teile des Stromberg-Vergasers

Vier Hauptteile sind es, aus denen der hier beschriebene Vergaser besteht: Vergasergehäuse — Schwimmerkammer — Vergaserdeckel — Starteinrichtung. Hinzu kommt ab Januar 1973 eine vorher nur für US-Exportfahrzeuge serienmäßige elektromagnetische Abschaltvorrichtung für den Leerlauf-Kraftstoff (siehe weiter hinten).

Das Vergasergehäuse

Es enthält unten die Schwimmerkammer (also den Vorratsraum für den Vergaserkraftstoff) mit einem Doppelschwimmer, dessen Aufgabe ein gleichbleibend hoher Kraftstoff-Pegel in der Kammer ist. Sinkt dieser beim Lauf des Motors ab, so sinkt der Schwimmer und seine Nadel gibt den Benzin-Zufluß von der Kraftstoffpumpe frei; der Normalstand wird hergestellt, der Schwimmerstand steigt an, die Nadel verschließt den Zufluß. Der zu viel von der Pumpe geförderte Kraftstoff wird über ein weiteres, unterdruckgesteuertes Ventil über eine Rücklaufleitung in den Tank am Ende des Wagens zurücktransportiert. Ebenfalls von unten eingeschraubt ist die Halterung für die Nadeldüse und deren Führungsrohr. Hier ist (bei den Fahrzeugen ab Januar 1973) auch das erwähnte Leerlauf-Kraftstoff-Abschaltventil, auf dessen Funktion wir noch kurz zu sprechen kommen, sowie die Regulierschraube für die Leerlaufkraftstoff-Einstellung. Eine Kontermutter sichert diese.

Hinweis: Der Vergaser wurde im Laufe der Jahre in Details verändert. So findet man an manchen Bauserien die erwähnte Regulierschraube als Teil der Halteschraube für das Führungsrohr der Nadeldüse, bei anderen Serien dient ein Sechskant oberhalb des Abschaltventils bzw. dieses selbst als Leerlaufkraftstoff-Regulierschraube.

Am Vergasergehäuse befestigt ist die Startautomatik mit dem Umschaltventil für die Belüftung der Schwimmerkammer (Innen- und Außenbelüftung), der Anschluß der Warmwasserbeheizung für den Düsenstock (betätigt durch Öffnen des rechten Hebels für die Innenraumbeheizung am Armaturenbrett) und der Kraftstoffzufluß mit dem unterdruckgesteuerten Ventil für den Rücklauf des nicht benötigten Benzins in den Tank. Diese Konstruktion ist wegen des Ventils und der Rücklaufleitung etwas aufwendiger als bei anderen Fahrzeugen. Der Sinn dieser Kraftstoff-Zirkulation besteht darin, daß dem Vergaser immer kühler Kraftstoff aus dem Tank zur Verfügung steht und es kaum zu der unliebsamen Dampfblasenbildung erhitzten Benzins kommen kann, also auch nicht zu deren Folgen: Schlechtes Anspringen des heißen Motors, Stehenbleiben, Stottern usw.

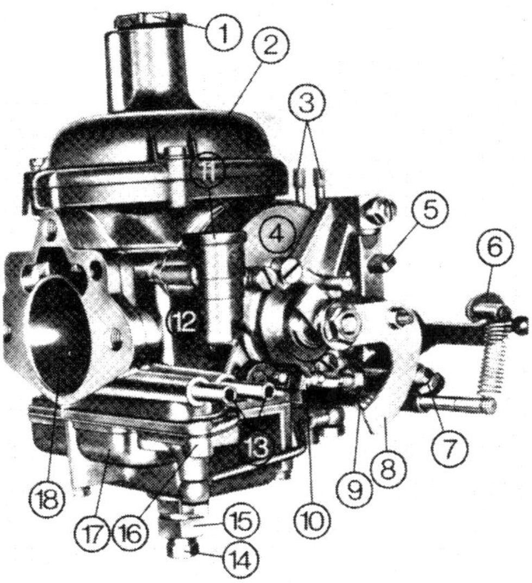

Der Strombergvergaser arbeitet nach dem Prinzip des konstanten Unterdrucks, er unterscheidet sich damit von anderen Vergasern, die in ihrem Aufbau anders sind. Es bedeuten: 1 - Verschlußschraube, 2 - Vergaserdeckel, 3 - Unterdruckanschlüsse, 4 - Startergehäuse, 5 - Vollgasanschlag, 6 - Drosselklappenhebel, 7 - Starter-Einstellschraube. 8 - Starterhebel, 9 - Leerlauf-Einstellschraube, 10 - Verbindungsstange, 11 - Schwimmergehäuse-Belüftungsventil, 12 - Vergasergehäuse, 13 - Anschlüsse für Kraftstoffleitungen (Zu- und Rücklaufleitung), 14 - Leerlaufkraftstoff-Regulierschraube, 15 - Halteschraube des Führungsrohrs für die Zentrierung der Nadeldüse, 16 - Kraftstoff-Rücklaufventil, 17 - Schwimmerkammerventil, 18 - Ansaugflansch. Bei der hier gezeigten Ausführung handelt es sich um den Stromberg-Vergaser mit handbetätigtem Choke.

Außerdem ist hier ein Flansch für die Unterdruckleitung zum Zündverteiler vorhanden. Die Drosselklappe mit ihrer Welle ist im Vergasergehäuse gelagert, Luftkolben und Düsennadel befinden sich in der Mitte, eine Schraubenfeder sorgt dafür, daß der Kolben sich im Normalzustand in Schließstellung befindet. Als Dichtung zwischen Gehäuse, Vergaserdeckel und dem beweglichen Kolben dient die an ihm befestigte Membrane.

Die Schwimmerkammer ist von unten am Vergasergehäuse mit Zylinderschrauben befestigt, zwischen beiden befindet sich eine Dichtung. Die Führung des Luftkolbens mittels einer Buchse sitzt im Deckel des Vergasers. Der Hohlraum der Kolbenachse ist mit Öl gefüllt und in diesem befindet sich ein sogenannten Dämpfer (oder Dämpferkolben), dessen Aufgabe es ist, ein Flattern des Luftkolbens und damit ein stoßartiges Austreten des Kraftstoffs aus der Nadeldüse beim Beschleunigen des Motors zu unterbinden. Der Öl-Vorratsbehälter ist aus Kunststoff, ein Deckel verschließt ihn. Den Ölstand sollte man alle 7500 km kontrollieren. Vorgeschrieben ist das für den Motor freigegebene Öl oder bei längeren Kälteperioden um —20 ° C ein Flüssigkeitsgetriebeöl. Füllmenge 20 ccm.

Ölstand im Vergaser prüfen

Pflegearbeit Nr. 17

Zum Prüfen des Ölstandes im Vorratsbehälter für den Dämpfer-Luftkolben nimmt man die Verschlußschraube ab und zieht den Dämpfer vorsichtig nach oben heraus. Der Ölstand muß bis zum oberen Rand der Kolbenachse reichen (Pfeil). Anderenfalls füllt man das für den Motor vorgeschriebene Öl nach. Bei längeren Kälteperioden unter —20 ° C muß ATF (Automatic-Transmission Fluid) eingefüllt werden, um einwandfreie Funktion sicherzustellen. Die Verschlußschraube muß fest angezogen werden!

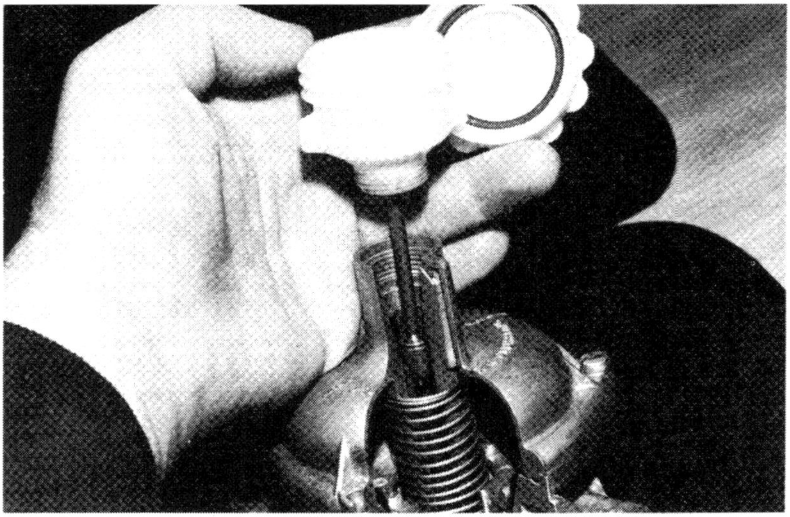

In dem herausgeschraubten Plastikbehälter befindet sich das Dämpferöl, das beim Bewegen der Drosselklappe ein zu nervöses Reagieren des Luftkolbens (und damit der Düsennadel) verhindern soll. Für die Befüllung des Behälters ist das für den Motor empfohlene Öl vorgeschrieben.

Die Schwimmerkammer-Belüftung

Um auch in der Schwimmerkammer die auf Seite 80 erwähnte Dampfblasenbildung zu verhindern (der heiße Motor kann im Stand, also bei fehlendem Fahrtwind seine Hitze auf Vergaser und Schwimmerkammer übertragen, was zu Blasenbildung führt), besitzt die Kammer eine Belüftungseinrichtung, die sich automatisch von »außen« auf »innen« umstellt, sowie der Motor vom Stand oder von Leerlaufdrehzahl auf höhere Touren beschleunigt wird. Im Fahrbetrieb stellt die sogenannte Innenbelüftung den Ausgleich zwischen Lufteintrittsseite am Vergaser und der Schwimmerkammer her. Die erwärmte Luft kann entweichen.

Die Startautomatik

Die Startautomatik ist elektrisch und warmwasserbeheizt, was den Vorzug besonderer Feinfühligkeit hat. Eine doppelt beheizte Bimetallspirale bewegt über ein Hebelchen einen Kolben, durch dessen Bohrungen bei niedrigem Kolbenstand Benzin aus der Schwimmerkammer nach oben in die Mischkammer fließen kann. Niedriger Kolbenstand wird bei kalter Bimetallspirale (also praktisch vom Start des kalten Motors kontinuierlich abnehmend bis zum Erlangen der Betriebstemperatur) erreicht, denn die Spirale drückt den Kolben in seine unterste Stellung. Mit zunehmender Erwärmung der Bimetallspirale steigt der Kolben an und verschließt in seiner obersten Position die Verbindung Schwimmerkammer-Mischkammer, die Startautomatik ist abgeschaltet.

Nach dem Durchtreten des Gaspedals vor dem Kaltstart wird durch einen Anschlaghebel ein Rastensegment in Kaltstartstellung geschoben, die Drosselklappe wird so angestellt, daß beim Anlassen Unterdruck in der Mischkammer entsteht und deren Kolben angehoben wird: Luft für den Startvorgang kann angesaugt werden. Bei höheren Drehzahlen wird über die Unterdruckmembrane der Anschlaghebel und der Kolben in der Startautomatik zurückgenommen und eine Gemischüberfettung verhindert.

Richtig anlassen

Die Startautomatik nimmt dem Fahrer nicht einfach alles Denken ab. Der Kaltstart ist nur möglich, wenn, wie schon gesagt, das Gaspedal vor dem Anlassen einmal ganz durchgetreten wurde. Erst hierdurch wird rein mechanisch die Drosselklappe so angestellt, daß der für das Anheben des Kolbens in der Mischkammer notwendige Unterdruck beim Anlaßvorgang wirksam werden kann. Hierbei und noch während der ersten Motorumdrehungen muß der Fuß vom Gasdepal bleiben. Ein Hochjagen der kalten Maschine ist nicht nur sinnlos, es schadet ihr sogar. Kaltes Schmieröl ist zähflüssig, es kann

Von vorn gesehen (also entgegen der Fahrtrichtung) stellt sich der Vergaser so dar: 1 - Umschaltventil für Innen-/Außenbelüftung der Schwimmerkammer, 2 - Zweipolstecker für Beheizung der Bimetallspirale, 3 - Unterdruckmembrane Startautomatik, 4 - Unterdruckschlauch, 5 - Isolierflansch, 6 - Kugelkopf Regulierstange, 7 - Drosselklappe, 8 - Wasserkammer der Startautomatik.

nicht sofort an allen benötigten Schmierstellen sein und seine Schmierfähigkeit ist noch nicht optimal. Nach dem Start sollte man nicht den Motor »warmlaufen lassen«, sondern ihn sofort mit mittleren Drehzahlen warmfahren.
Zum Starten des warmen Motors muß das Gaspedal halb bis ganz durchgetreten bleiben, nervöses Pumpen beim Anlassen bringt nichts ein, es kann das Anspringen sogar erschweren.

Richtig abstellen

Manche Fahrer, vor allem ältere, geben vor dem Abstellen der Zündung gern noch einmal kurz und kräftig Gas. Sie sind der (falschen) Meinung, durch die letzten Umdrehungen des Motors ohne Zündung (also ohne Verbrennung) würden die Kolben noch soviel frisches Gemisch ansaugen, daß der Kaltstart am nächsten Morgen umso reibungsloser ginge. Das ist Unsinn und schädlich obendrein, denn die unverbrannten Benzinnebel verdünnen die Ölschicht an Kolben- und Zylinderwänden oder waschen sie sogar stellenweise ab und wenn diese Teile am nächsten Morgen bei angefettetem Gemisch den schützenden Ölfilm besonders brauchen, weil der eigentliche Schmierkreislauf erst mit kurzzeitiger Verzögerung beginnt, dann ist kein Ölfilm mehr vorhanden und an manchen Stellen reiben sich Metallteile unmittelbar aneinander. Daß das Spuren hinterläßt, dürfte einleuchten! Außerdem kann unverbranntes Benzin in die Kurbelwanne sickern und dort das Schmieröl verdünnen. Und saure Verbrennungsrückstände (schweflige Säuren) können die ungeschützten Zylinderwände viel besser angreifen, als wenn sie mit einem Ölfilm benetzt sind.

Der Leerlauf wird an der kleinen Schraube (7) einreguliert, durch sie wird der Drosselklappenanschlaghebel und damit die Drosselklappe verstellt, Hineindrehen = schneller, Herausdrehen = langsamer.
Das Verstellen der Startautomatik auf längeres oder weniger langes Ansprechen geschieht durch Verdrehen des Gehäusedeckels (und damit Spannen oder Lockern der Spirale). Die richtige Einstellung ist dann gegeben, wenn die Gußrippe im Deckel mit der mittleren der drei Rippen am Gehäuse fluchtet (1).
2 - Umschaltventil für Belüftung der Schwimmerkammer, 3 - Unterdruckmembrane Startautomatik, 4 - Unterdruckleitung zur Zündverstellung, 5 - Verbindungsschlauch zwischen Ventilhaube und Wasserabscheider (6) der Kurbelgehäuseentlüftung, 8 - Kugelkopf Drosselklappenbetätigung.

Dieses Schema zeigt, was bei fast geschlossener Drosselklappe (also im Leerlauf) geschieht: der in der Unterdruckkammer herrschende Unterdruck ist relativ gering, der Luftkolben (und damit die Düsennadel) wird wenig angehoben, der Ringspalt an der Nadeldüse ist relativ schmal, es tritt wenig Kraftstoff aus.

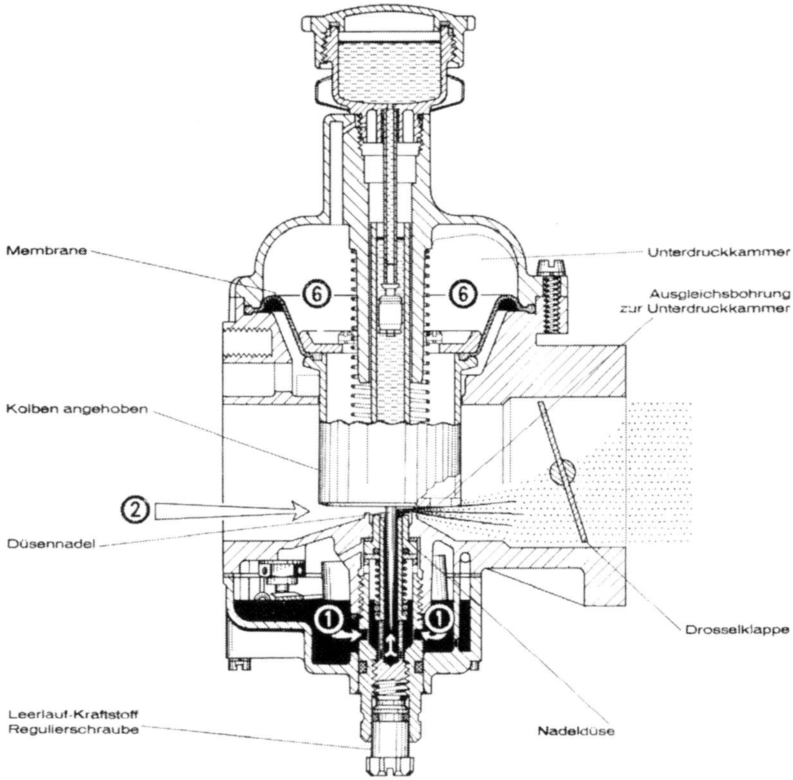

Der Leerlauf

Kennzeichen des Stromberg-Vergasers ist auch, daß er ein separates Leerlaufsystem, wie man es von anderen Vergasern kennt, nicht besitzt. Allein die Stellung von Drosselklappe, Kolben und Düsennadel bestimmen die Zusammensetzung des Leerlaufgemischs. Eine Reguliermöglichkeit für die Leerlauf-Drehzahl findet sich in der Einstellschraube am Drosselhebel, durch sie kann man den Anstellwinkel der Drosselklappe (damit den Unterdruck über dem Luftkolben, dessen Stellung und die der Düsennadel und damit auch das zur Verfügung gestellte Benzinquantum) regulieren, die Drehzahl also erhöhen oder verringern.

Zur Einstellung des Leerlauf-Gemischs dient die unten am Vergaser angebrachte Leerlauf-Kraftstoff-Regulierschraube. Sie steht in Verbindung mit der Nadeldüse, die sich durch die Schraube senkrecht verstellen läßt: Hineindrehen der Regulierschraube hebt die Nadeldüse an, verringert also den Ringspalt um die Düsennadel und magert das Gemisch ab. Herausdrehen der Schraube senkt die Nadeldüse und vergrößert den Ringspalt, das Gemisch wird fetter.

Normalbetrieb

Beim Gasgeben wird die Drosselklappe mehr oder weniger weit geöffnet, der Saugrohrunterdruck setzt sich über Ausgleichsbohrungen im Kolbenboden in die Unterdruckkammer fort. Von hier aus wird dadurch der Luftkolben (und mit ihm die an seinem unteren Ende befindliche Düsennadel) angehoben, Strömungsgeschwindigkeit und Menge der angesaugten Luft nehmen zu, gleichzeitig erhöht sich durch den vergrößerten Ringspalt an der Nadeldüse die zur Verfügung stehende Kraftstoffmenge. Die Zusammensetzung des Kraftstoff-Luft-Verhältnisses bleibt jedoch praktisch konstant.

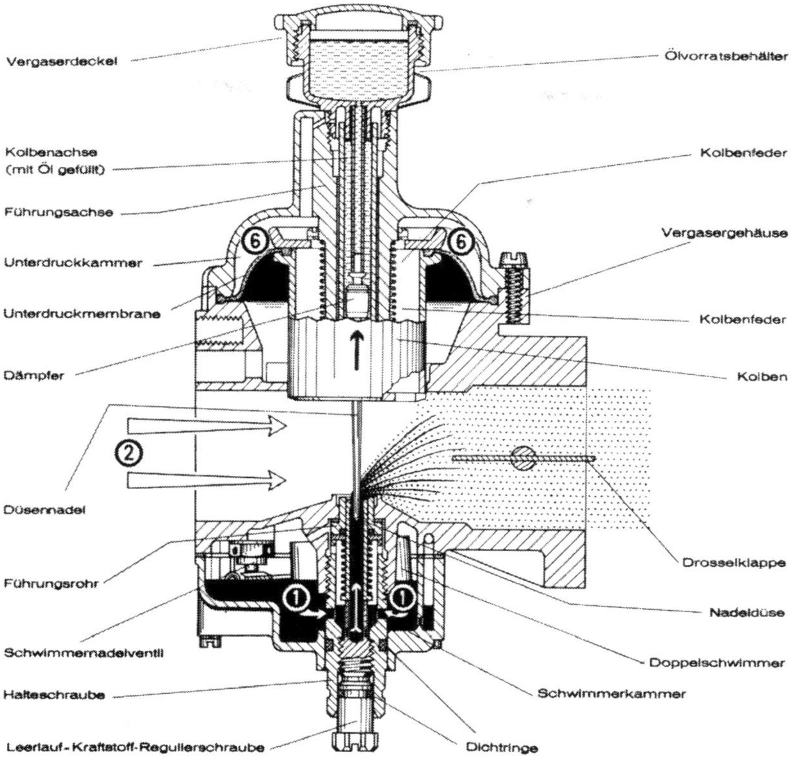

Bei Vollast, also ganz geöffneter Drosselklappe, wird der Luftkolben durch den hohen Unterdruck in der Kammer (6) ganz hochgezogen, er nimmt die Düsennadel mit, der Ringspalt an der Nadeldüse wird groß, der Luftstrom reißt mehr Kraftstoff heraus. Von der richtigen Zentrierung der Nadeldüse und der einwandfreien Beschaffenheit der konischen Düsennadel hängt die störungsfreie Funktion des Vergasers ab, wie man an diesen Bildern unschwer erkennen kann.

Beschleunigen

Bei plötzlichem Gasgeben (Öffnen der Drosselklappe) benötigt der Motor ein reicheres Gemisch. Hierzu dient ein Dämpfer, der in der Führungsbuchse und im Hohlraum der Kolbenachse angebracht ist. Diese ist mit Öl gefüllt und dämpft das Bestreben des Luftkolbens, wegen des plötzlich zunehmenden Unterdrucks nach oben zu schnellen, damit die Düsennadel aus der Nadeldüse zu reißen und mehr Kraftstoff als notwendig den Weg in das Ansaugrohr freizugeben. Der Unterdruck an der Nadeldüsenöffnung wird nur für einen kurzen Zeitbereich erhöht und das Gemisch angereichert. Hieraus wird erkennbar, daß die Viskosität des Dämpferöls von wesentlicher Bedeutung ist und nicht irgendein Öl eingefüllt werden darf. Ein durch zu hohe Viskosität zu träge reagierender Kolben würde genauso zu Störungen führen, wie ein durch zu dünnes Öl nervös reagierender.

Kraftstoff-abschaltventil

Die Bleireduzierung im Kraftstoff und die Vergasereinstellung auf möglichst geringe Abgasemissionen führten zu einem Ärgernis, das Fahrer anderer Fabrikate schon früher kennenlernten: Das Nachlaufen des Motors nach dem Abschalten des Zündstroms. Trotz herausgezogenem Zündschlüssel drehte der Motor noch einige Takte, bevor er schüttelnd und schlagend zum Stehen kam. Hier ließ man sich im Inland recht viel Zeit, bevor man dem Problem — wie vorher schon bei Export-Fahrzeugen — durch Einbau eines elektromagnetisch betätigten Absperrventils für den Leerlauf-Kraftstoff zu Leibe rückte. So wie seinerzeit beim 190 SL durch ein nach Abschalten des Zündstroms schließendes Ventil die Luftzufuhr zur Leerlaufluftdüse sperrte, entzieht man dem Motor heute den Benzin-Nachschub und hindert ihn an unerwünschten Glühzündungen.

Abhilfe gegen das Nachlaufen des Motors trotz abgeschalteter Zündung brachte nach Versuchen mit geänderten Düsennadeln u. a. erst der Einbau eines Leerlaufgemisch-Abschaltventils (elektromagnetisch gesteuert), das seit Januar 73 serienmäßig eingebaut wird und nachgerüstet werden kann. Etwa 4–8 Sekunden nach dem Ausschalten der Zündung kann man bei genauer Beobachtung ein leichtes Knacken hören, das das Schließen des Ventils anzeigt. Der Kraftstoffzufluß zum Vergaser ist geschlossen, der Motor muß stehen bleiben. Der Pfeil deutet auf das Ventil hin, links daneben ist das Blech zu sehen, das den Vergaser vor Abstrahlung der Motorwärme schützen soll.

Nachträglicher Einbau

Ein nachträglicher Einbau in Fahrzeuge, die vor Januar 1973 gebaut wurden, ist durchaus möglich und auch empfehlenswert, sofern Sie solchen Ärger haben. Man kann versuchen, auf dem Kulanzwege das Werk um Beteiligung zu bitten. Das wird bei neueren Fahrzeugen sicher gelingen. Den Einbau des neuen Ventils wird man gelegentlich eines Wartungsdienstes der Werkstatt in Auftrag geben, wir wollen hier trotzdem in Stichworten beschreiben, wie es gemacht wird.

Zunächst wird der Vergaser ausgebaut und dann die Halteschraube und die Kraftstoff-Regulierschraube aus dem Vergaser-Unterteil entnommen. Nun wird das Leerlauf-Abschaltventil mittels einer Halteschraube so weit in den Vergaser eingeschraubt, bis die Nadeldüse mit der Brücke im Lufttrichter abschließt. Dann wird das Ventil wieder um etwa $2^1/_2$ Umdrehungen herausgedreht. Nach der Prüfung des Luftkolbens auf Leichtgängigkeit baut man den Vergaser wieder an. Wichtig ist, daß ein Isolierflansch mit der Bezeichnung »Abil-Elring« verwendet wird! Zur Installation der elektrischen Leitungen und des Verzögerungsschalters wird das Minuskabel der Batterie abgeklemmt, der Verzögerungsschalter neben dem Sicherungskasten eingebaut und mit dem mitgelieferten Kabelsatz verbunden. Das rote Kabel wird an Sicherung 1 (Klemme 30) angeschlossen, das schwarz-rote an Sicherung 4 (Klemme 15/54), während das braune zur Befestigungsschraube der Zündspule geführt wird. Nun schließt man die Batterie wieder an und befestigt die Einfachsteckverbindung.

Bei den alten Vergasern mit Starterzug ist eine Masseleitung von 1,5 mm^2 von der Befestigungsschraube des Luftkolbendeckels des Vergasers zur Befestigungsschraube des Lichtmaschinenreglers zu verlegen.

Zur Prüfung des elektrischen Teils geht man folgendermaßen vor: Die Einfachsteckverbindung wird getrennt, die Prüflampe am stromführenden Kabel

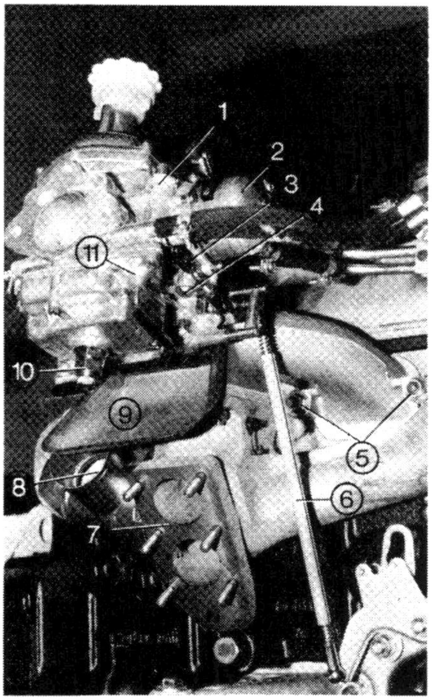

Unser Bild zeigt folgende Teile: 1 - Schwimmergehäuse/Belüftungsventil, 2 - Gehäuse der Startautomatik, 3 - Starterhebel, 4 - Zylinderschraube, 5 - selbstsichernde Befestigungsmuttern des Auspuffkrümmers, 6 - Gasgestänge, 7 -Auspufflansch, 8 - Ansaugstutzen für vorgewärmte Ansaugluft, 9 - Wärmeschutzblech des Vergasers, 10 - Halteschraube (darunter die Leerlauf-Kraftstoff-Regulierschraube), 11 - Kraftstoff-Rücklaufventil.

darf nicht brennen, das Ventil ist geöffnet, es fließt kein Strom, wenn die Zündung eingeschaltet ist.
Schaltet man die Zündung aus, so muß die Prüflampe 4—8 Sekunden aufleuchten, das Ventil ist geschlossen (4—8 Sekunden Stromfluß). Einfachsteckverbindung zusammenstecken. Zündung ein- und ausschalten. Das Leerlaufabschaltventil muß nach dem Ausschalten der Zündung noch 4—8 Sekunden hör- und fühlbar schalten. Tut es das nicht, so muß die Masseverbindung am Startergehäuse geprüft werden, sie dürfte ungenügend sein. (In solchen Fällen muß eine Masseleitung von 1,5 mm^2 von der Befestigungsschraube des Luftkolbendeckels zur Befestigungsschraube des Lichtmaschinenreglers verlegt werden.) Danach wird der Abgaswert mit einem Meßgerät geprüft.

Vergaserpraxis

Vergaserstörungen — etwa durch verschmutzten Kraftstoff — hat man heute äußerst selten, und im allgemeinen wird man es der Werkstatt überlassen, beim jeweils fälligen Kundendienst die notwendigen Pflegearbeiten durchzuführen.
Die vom üblichen etwas abweichende Bau- und Funktionsweise des Stromberg-Vergasers auf der einen und die wegen der Luftverschmutzung strengen Abgasbestimmungen auf der anderen Seite lassen es aber geraten erscheinen, eine Neueinstellung der Werkstatt zu überlassen und nicht, wie man das in früheren Zeiten oft machte, »nach Gefühl« eine solche Einstellung vorzunehmen. Ebenso ist es nicht ganz ohne Gefahr, den Vergaser selbst auseinanderzunehmen, unsere Schnittbilder zeigen ja, wie genau Düsennadel bzw. Nadeldüse justiert sein müssen, damit ein einwandfreies Spiel der Nadel, die ja für die Gemischzusammensetzung große Bedeutung hat, gegeben ist.

Leerlauf einstellen

Pflegearbeiten Nr. 18 und 50

Bei den Mercedes-Wartungsdiensten wird natürlich auch der Leerlauf einreguliert und es werden die Abgaswerte geprüft. Nun bleibt aber der Leerlauf u. U. nicht unbedingt so, wie er einmal eingestellt wurde. Hier kann man sich notfalls selbst helfen, etwa wenn der Motor im Leerlauf stehen bleibt und keine Möglichkeit besteht, einen Kundendienst zu erreichen.

Der Leerlauf ist nicht nur für den Standlauf von Bedeutung, sondern auch wegen seines Einflusses auf den Verbrauch bis zu mittleren Drehzahlen. Stimmt er nicht, so kann es durchaus einen Mehrverbrauch von mehr als einem halben Liter/100 km geben, in der Zeit der hohen Kraftstoff-Preise durchaus ein Faktor, den man berücksichtigen darf.

Ein zu hoher Leerlauf hat auch noch den Nachteil geringerer Motorbremswirkung beim Gaswegnehmen.

Was und wie reguliert wird

Mit einem schmalen Schraubenzieher erreicht man die Leerlauf-Einstellschraube am Drosselhebel zwischen dem Gehäuse der Startautomatik und dem Motor. Die Einstellung kann ohne Drehzahlmesser natürlich nur nach Gehör stattfinden, also provisorisch sein. Die Regulierung der Drehzahl findet an der Leerlauf-Einstellschraube statt, die Zusammensetzung des Gemischs an der Leerlaufkraftstoff-Regulierschraube oder am Kraftstoff-Abschaltventil unten am Vergaser.

Dreht man die Leerlauf-Einstellschraube etwas hinein, so geschieht nichts anderes, als daß die Drosselklappe weiter geöffnet wird (man gewissermaßen mehr Gas gibt). Voraussetzung ist bei jeder Verstellung, daß der Motor warmgefahren wurde. Dann sollen die Zündkerzen einwandfrei sein, die Elektrodenabstände müssen stimmen und der Luftfilter darf nicht abgenommen sein. Falls Sie einen exakten Drehzahlmesser zur Hand haben: Die korrekte Leerlaufdrehzahl liegt zwischen 800 und 900 U/min.

Dreht man die Leerlaufkraftstoffgemisch-Regulierschraube hinein, so wird die Nadeldüse angehoben, der Ringspalt zwischen ihr und der Düsennadel wird kleiner, das Gemisch wird abgemagert. Ein Herausdrehen der Regulierschraube hingegen hat die umgekehrte Wirkung: Durch ein Senken der Na-

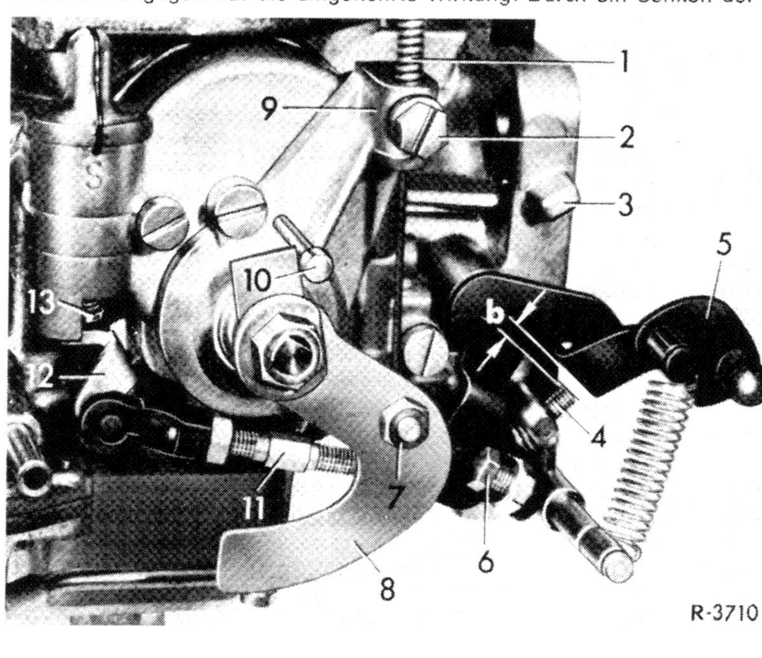

Bei den alten Modellen mit handbetätigtem Chokezug wird die Starteinrichtung folgendermaßen eingestellt: Nach dem Einregulieren des Leerlaufs wird die Starterzugspirale (1) bis zum Anschlag in den Bowdenzughalter (9) eingeschoben und mit der Klemmschraube (2) festgehalten. Nun wird der Starterhebel (8) soweit hineingeschoben, bis zwischen Starterzugknopf und Armaturenbrett etwa 1 mm Zwischenraum ist. Jetzt wird der Starterzug mit der Klemmschraube (7) am Starterhebel festgeklemmt. Bei ganz herausgezogenem Starterzug bzw. beim Starterzug mit einer Raste in dieser Raststellung oder beim Starterzug mit zwei Rasten in der ersten Raststufe wird mit der Einstellschraube (6) eine Drehzahl von 1700–1800 U/min eingestellt. Die übrigen Zahlen bedeuten:
3 - Vollgasanschlag,
4 - Leerlauf-Einstellschraube, 5 - Drosselhebel, 10 - Starterhebelanschlag,
11 - Verbindungsstange, 12 - Betätigungshebel,
13 - Schwimmerkammerbelüftungsventil.

Hier wurde der Schwimmerkammerdeckel (6) abgeschraubt und man sieht die Leerlauf-kraftstoff-Regulierschraube (4) und ihre Halteschraube (2), sowie die Gummiringe (1 u. 3) und die Dichtung (5).

deldüse vergrößert sich der Ringspalt und das Gemisch wird fetter, also kraftstoffreicher. Das gleiche geschieht, wenn man das Abschaltventil hinein- bzw. herausdreht (vorher die Sechskantschraube oberhalb des Ventils lösen). Die Gemischzusammensetzung stimmt, wenn man mit einem Abgastester einen CO-Wert von 2,0–3,5 oder (ab Baujahr August 1973) 1,0–2,5 Volumenprozent mißt. Wegen des stolzen Preises wird man sich als Heimwerker dieses Gerät sicher nicht anschaffen, aber vielleicht können Sie gelegentlich in der Werkstatt den selbst eingestellten Leerlauf mit dem dort vorhandenen Abgastester nachkontrollieren.

Schwimmerkammer reinigen

Wie schon gesagt: Vergaserstörungen durch Schmutzteilchen im Kraftstoff kommen sehr selten vor, man wird also kaum in die Verlegenheit kommen, hier Eingriffe vornehmen zu müssen. Sollte es Ihnen jedoch einmal passieren, so kann man ohne großen Aufwand die Schwimmerkammer vom Vergasergehäuse abschrauben, um diese zu säubern. Natürlich sollte man sich vorher vergewissern, daß die Ursache nicht in einer Verunreinigung des Siebes der Kraftstoffpumpe liegt oder ein Filter verstopft ist.
Der Schwimmerkammerdeckel ist mit mehreren Zylinderschrauben von unten am Vergasergehäuse befestigt und läßt sich nach Herausdrehen der Schrauben mit einem Schraubenzieher nach unten abnehmen. Dabei sollte die große Halteschraube nicht gelöst werden, weil man sonst die Nadeldüse neu justieren müßte. Eine richtige Zentrierung ist für die einwandfreie Funktion der Düsennadel wichtig, hier sollte man also Zurückhaltung walten lassen! Der Schwimmerkammerdeckel wird mit sauberem Benzin ausgewaschen und vorsichtig mit der Dichtung wieder befestigt, die Schrauben zieht man über Kreuz an.
Von einem Herauschrauben der Kraftstoffregulierschraube sollte man möglichst Abstand nehmen.

Abgasmessung beim TÜV

An sich braucht man keine Sorge vor der CO-Messung zu haben, die beim TÜV vorgenommen wird. Auch ohne Abgasvergaser kann man die geforderten Werte (4,5 plus maximal 1,0 Vol. % CO) einhalten.
Folgendes ist vor der Messung zu beachten: Der Motor soll möglichst eine halbe Stunde warmgefahren werden. Ein Wagen, der viel im Stadtverkehr verwendet wird, ist zur Reinigung seines innerlich verschmutzten Motors min-

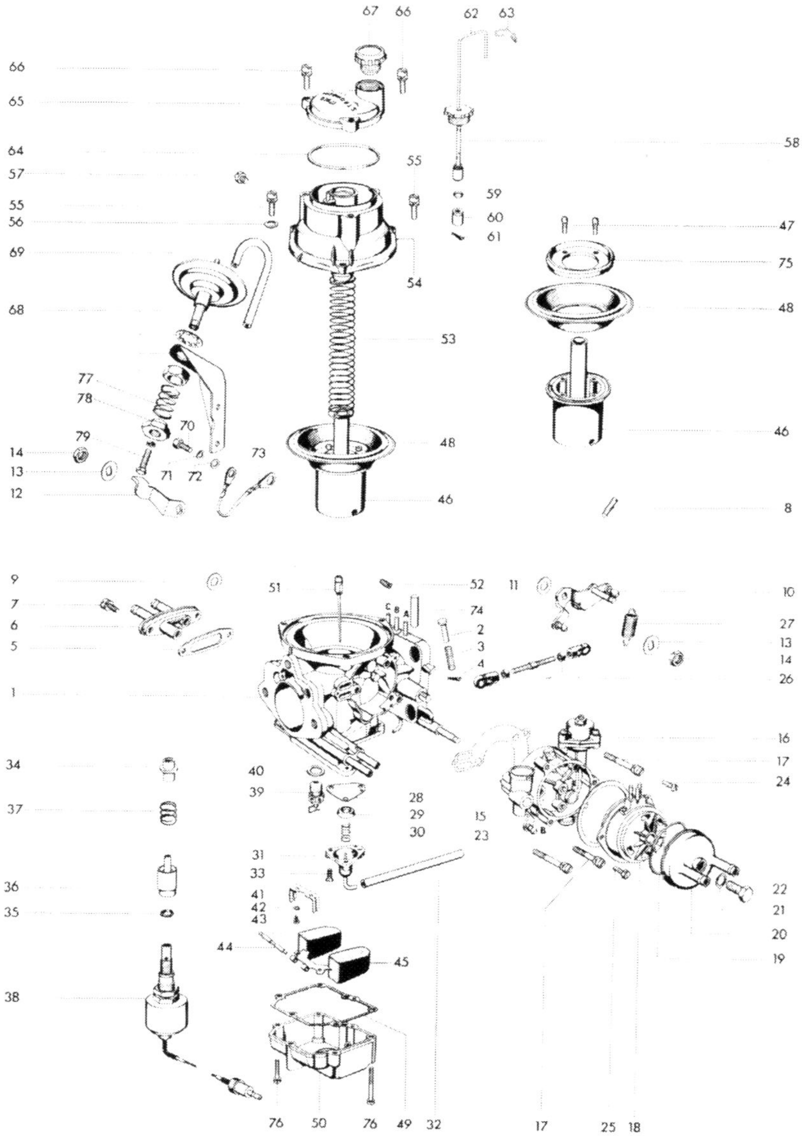

Auf dieser Zeichnung eines »explodierten« Stromberg-Vergasers sehen Sie: 1 – Vergasergehäuse, 2–4 – Tupfer mit Feder und Sicherung, 5–7 – Wasseranschlußdeckel mit Dichtung und Halteschraube, 8 – Leerlaufdrehzahl-Einstellschraube, 9, 11 – Scheibe, 10 – Drosselklappenhebel, 12 – Betätigungshebel, 13, 14 – Sicherungsscheibe und Mutter, 15 – Dichtung, 16 – Startergehäuse, 17–25 – Starterdeckel mit Wasseranschlußstutzen und Befestigungsteilen, 26 – Verbindungsstange mit Teilen, 27 – Zugfeder, 28–33 – Kraftstoff-Rücklaufventil mit Teilen, 34–37 – Kraftstoffdüse mit Teilen, 38 – Leerlauf-Abschaltventil, 39, 40 – Schwimmernadelventil mit Dichtring, 41–45 – Schwimmer mit Teilen, 46 – Luftkolben, 48 – Unterdruckmembrane, 49, 50 – Schwimmerkammer mit Dichtung, 51, 52 – Düsennadel mit Befestigungsschraube, 53 – Druckfeder, 54–57 Vergaserdeckel mit Befestigungsteilen, 58–63 – Dämpfer für Luftkolben mit Teilen, 64–67 – Deckel des Dämpferölbehälters mit Teilen, 68 – Unterdruckdose mit Befestigungsteilen, 69 – Unterdruckschlauch, 70–72 – Kleinteile, 73 – Massekabel, 74 – Gummiverschlußkappe, 75 – Haltescheibe, 76–79 – Kleinteile.

destens 150 Kilometer weit zügig zu bewegen. Mit diesen beiden Maßnahmen hat man schon viel gewonnen.

Werden trotzdem die vorgeschriebenen Werte nicht erreicht, sind Ventilspiel, Schließwinkel, Zündzeitpunkt und Elektrodenabstand der Zündkerzen zu prüfen. Fällt danach der CO-Test immer noch negativ aus, ist die Vergasereinstellung zu kontrollieren. Die Reihenfolge der hier aufgezeigten Vorkehrungen muß unbedingt befolgt werden, weil der Erfolg sonst zweifelhaft bleibt. In jedem Fall ist ein »versuchsweise« Korrigieren am Vergaser zu vermeiden.

Übrigens: Langer Motorleerlauf erhöht den CO-Anteil im Abgas. Deshalb bei der TÜV-Prüfung den Motor nicht unnötig im Leerlauf drehen lassen, wenn man in der Warteschlange steht!

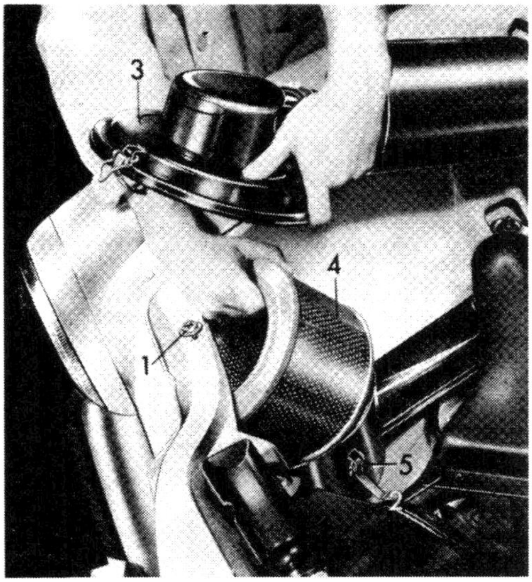

Der Ausbau des Luftfilters ist etwas umständlich, darf aber trotzdem nicht vergessen werden: Zunächst wird die Schraube (1) gelöst und dann der Krümmer (2) herausgezogen und seitlich weggeschwenkt. Jetzt löst man die Spannbügel am Oberteil des Filters (3), hebt dieses hoch und nimmt die Filterpatrone (4) heraus. 5 - Filtergehäuse.

Luftfilterpatrone reinigen

Pflegearbeit Nr. 16

Diese Arbeit ist nicht schwierig, deshalb sollte man sie auch nicht vergessen. Schmutz im Luftfilter kann nämlich zu einer starken Drosselung der Ansaugluft führen, wodurch das Gemisch überfettet wird, der Verbrauch ansteigt und die Leistung abfällt. Auf besonders staubigen Straßen sind 7500 km ein maximaler Abstand für die Säuberungskur. Bei hohem Staubanfall ist der Luftfiltereinsatz entsprechend früher zu reinigen. Der Filterausbau ist im Bild oben gezeigt.

Der Filtereinsatz wird durch leichtes Klopfen auf einer harten, aber glatten Unterlage (z. B. auf einem Werkstattisch) von den groberen Schmutzteilchen befreit. Anschließend wird der Filtereinsatz mit Preßluft ausgeblasen, man kann als Behelf auch eine Fahrradpumpe verwenden. Der Luftstrahl soll dabei von innen nach außen gerichtet werden, ebenso sollte der Schmutz am Außenmantel abgeblasen werden.

Bei dieser Gelegenheit wird man auch den Filtertopf säubern. Das geschieht am besten mit einem benzingetränkten Lappen, der aber möglichst nicht fusseln sollte.

Luftfilterpatrone erneuern

Pflegearbeit Nr. 58

Alle 45 000 km soll die Luftfilterpatrone durch eine neue ersetzt werden. Wer allerdings viel auf staubigen Straßen fährt, wird diesen Wechsel entsprechend früher vornehmen.

Die neue Filterpatrone erhalten Sie bei einer Mercedes-Werkstatt oder in einem Auto-Zubehörgeschäft. Folgende Typen sind am Mercedes 200/220/230 verwendbar:

- Fram CA—692 PL
- Knecht EL 431
- Mann C 20 105
- Purolator PM 161

Störungsbeistand

Vergaser

In der folgenden Tabelle haben wir die Störungsmöglichkeiten, soweit sie den Vergaser betreffen, konzentriert zusammengefaßt und gleichzeitig auch die Maßnahmen zu ihrer Beseitigung. Voraussetzung für Eingriffe in den Vergaser oder zur Beseitigung von Störungen ist eine richtig eingestellte Zündanlage (Zündzeitpunkt, Unterbrecherkontakte, Kerzenelektroden). Störungen an der Zündanlage bei Startschwierigkeiten: siehe vordere Buchklappe, obere Hälfte »Zündanlage«.

Die Störung	– ihre Ursache	– ihre Abhilfe
A Schlechter Kaltstart	1 Drosselklappenanstellung falsch	Starteinrichtung einstellen
	2 Falsches Öl im Dämpfer	Öl nach Vorschrift einfüllen
	3 Unterdruckkolben im Startergehäuse klemmt	Startergehäuse ausbauen, Kolben gangbar machen
B Motor bleibt nach Kaltstart stehen	1 Falsches Öl im Dämpfer	Öl nach Vorschrift einfüllen
	2 Drosselklappenanstellung falsch	Starteinrichtung einstellen
C Schlechter Heißstart	1 Schwimmerkammerbelüftungsventil öffnet zu wenig	Belüftungsventil einstellen
	2 Belüftungsventil verschmutzt	Belüftungsventil säubern
D Kein Leerlauf	1 Luftkolben klemmt	Nadeldüse zentrieren
	2 Vergaser läuft über	Luftkolben ausbauen, Motor mit Anlasser durchdrehen, kontrollieren, ob Benzin an Nadeldüse erscheint. Eventuell Schwimmernadelventil und Schwimmerlagerung prüfen
E Schlechter Leerlauf	1 Gemisch zu mager oder zu fett	Leerlaufabgaswert messen, evtl. einstellen
	2 Luftkolben klemmt leicht	Nadeldüse zentrieren
F Verhalten beim Beschleunigen	Zu wenig oder falsches Öl im Dämpfer	Öl im Dämpfer kontrollieren
G Motor kommt nicht auf Vollgas	Unterdruckmembrane beschädigt	Unterdruckmembrane erneuern

Stromspeicher

Passiert etwas an der elektrischen Anlage, so meinen viele Autobesitzer, müßten sie den Wagen unbedingt einer Werkstatt übergeben und somit ein paar Stunden oder auch Tage auf ihn verzichten. Viele Defekte in diesem Bereich gehören zum Alltag eines Autos und könnten mit einem Blick in dieses Buch leicht selbst behoben werden. Nicht zu reden von dem gesparten Geld!
Wie Sie wissen, hält sich die Elektrizität an bestimmte Regeln. Es gibt jedoch einige Unterschiede zwischen einem Fabrikat und dem anderen in der Art, wie jede Automobilfabrik ihr Stromnetz webt. Beim Mercedes 200, 220 und 230 4 erfolgt die Kabelverlegung und Kabelverbindungen relativ übersichtlich, handlich und sie ist sicher angeordnet. Die meisten Verbindungen sind mit Mehrfach-Kabelsteckern vorgesehen. Außerdem wird der Minuspol nicht nur durch die Karosserie — als Masseleiter — übertragen, sondern auch durch ein Minuskabel (immer braun) zu den einzelnen Verbrauchern hingeleitet. Die Mehrfach-Kabelstecker sind immer mit einem Führungszapfen ausgerüstet, so daß falsches Einstecken unmöglich ist. Ein anderer Punkt, auf den wir Ihre Aufmerksamkeit lenken wollen, bevor wir mit den Fachkapiteln beginnen: Ehe Sie eine Reparatur in Angriff nehmen oder irgendwelche Zubehörteile einbauen möchten (z. B. Zusatzscheinwerfer), sollten Sie nicht einfach ausprobieren, ob es wohl mit diesem oder jenem Anschluß klappen könnte, sondern immer zuerst den Schaltplan am Ende dieses Buches zu Rate ziehen und je nach Kabelfarbe und Klemmennummer die Funktion der einzelnen Anschlüsse studieren.

Leistung der Batterie

Die Batterie in Ihrem Mercedes besteht aus 6 Zellen und jede hat eine Spannung von 2 Volt, d. h., die Batterie verfügt über eine Gesamtspannung von 12 Volt. Aus diesem Grunde sind alle Stromverbraucher an Bord auf 12 Volt eingerichtet.
Auf der rechten oder linken Seite der Batterie bei dem Marken- und Typenkennzeichen, werden Sie die Markierung 12 V/44 Ah finden. Die erste Zahl gibt die Spannung der Batterie und die zweite die Stromstärke an, d. h. die »Menge«, die Ihre Batterie enthält. Die Stromstärke wird in Ampère-Stunden, kurz Ah, gemessen.
Die Batterie hat also eine Kapazität von 44 Ampère-Stunden, d. h. sie kann 44 Stunden lang 1 Ampère liefern oder umgekehrt 1 Stunde lang 44 Ampère abgeben. In der Praxis ist das so gut wie ausgeschlossen, weil die Batterie erstens nie voll geladen ist und zweitens weil die Außentemperatur einen großen Einfluß auf die Leistung der Batterie hat.
Tatsächlich können wir rechnen, daß die Batterie unter normalen Umständen nur über $^{2}/_{3}$ bis der Hälfte der angegebenen Kapazität verfügt; in Zahlen heißt das, daß sie nicht 44, sondern nur 22 bis 30 Ampère liefern kann und bei sehr kalter Witterung sogar noch weniger.

Temperatur beeinflußt die Batterie

Die Außentemperatur hat den größten Einfluß auf die Batterie. Selbst eine tadellos geladene Autobatterie besitzt bei —20 ° C weniger als die Hälfte ihrer Leistungskraft. Eine schlecht geladene oder alte Batterie kann bei einer solchen Außentemperatur nicht einmal die Leistung für den Anlasser erbringen. Aus diesem Grund raten wir, bei derartigen Frostnächten die Batterie auszubauen, wenn Sie Ihren Wagen im Freien übernachten lassen müssen. So altmodisch das auch klingen mag, es gibt keine bessere Methode, die Batterie betriebsbereit zu halten, als diese in einen warmen Raum zu stellen, aber nicht in unmittelbare Nähe eines Heizkörpers.

Bei Befolgen dieses Vorschlages haben Sie am nächsten Tag nicht nur eine einigermaßen geladene Batterie, sondern vielleicht haben Sie diese auch vor der totalen Vernichtung bewahrt, da ja bekanntlich eine halbgeladene Batterie nur bis —27 ° C frostsicher ist, und eine entladene sogar nur bis —10 ° C.

Batterie sauberhalten

Mit der Zeit setzt sich auf der Oberfläche der Batterie Ihres Mercedes wegen des Belüftungsschlitzes unmittelbar vor der Batterie Schmutz an. Dieser sollte so oft wie möglich mit einem Pinsel entfernt werden, ohne jedoch dabei die Verschlußstopfen zu öffnen (um zu vermeiden, daß Schmutz in die Batterie gelangen kann). Wenn Sie die Batterie außen gereinigt haben, versuchen Sie mit einer Nadel die Belüftungslöcher an den Verschlußstopfen von eventuellen Krusten zu befreien.

Nach gewisser Zeit setzen sich auf den Batteriekabel-Anschlüssen weißlichgrüne Oxydkristalle an, was auf mangelnde Pflege der Batterie hinweist. Wenn Sie eines Tages Ihre Batterie leer finden, ohne daß ein elektrischer Fehler vorliegt, so besteht kein Zweifel, daß dies durch die Oxydkristalle zustandegekommen ist. Denn diese — fast immer feucht — bilden einen guten Leiter zur Entladung des Batteriestromes.

Diesen Belag können Sie mit einem normalen Pinsel und etwas Sodalösung entfernen, und falls letztere nicht vorhanden — mit etwas warmen Wasser. Wenn Sie diesen Schmutz entfernt haben, trocknen Sie mit einem Lappen die Batteriepole und die Batteriekabelschuhe, schrauben diese wieder an und fetten die Polköpfe und Anschlußklemmen mit einem Spezial-Polfett (z. B. Bosch Säureschutzfett, F. t. 40 v 1) ein. Verwenden Sie dafür aber unter keinen Umständen normales Schmierfett, weil dieses zu weich und nicht widerstandsfähig gegen Batteriesäure ist.

Diese Oxydkristalle bedeuten, daß die Batterie ab und zu überlastet wurde. Dies wiederum könnte aufgetreten sein, weil der Regler der Lichtmaschine nicht in Ordnung ist (er sorgt dafür, daß die Lichtmaschine die Batterie nicht zu stark auflädt) oder weil zu viel destilliertes Wasser nachgefüllt wurde. In diesem Fall steigt der Säurespiegel der Batterie beim Aufladen an und macht sich durch derartige Oxydkristalle an den Batteriepolen bemerkbar.

Batterie ein- und ausbauen

Wenn Sie einmal die Batterie ausbauen wollen (z. B. zum Aufwärmen im Winter oder zum Aufladen, weil in der Garage keine Steckdose vorhanden ist), montieren Sie zuerst das Minuskabel ab (das vordere in Fahrtrichtung, außerdem ist auf der aBtterie neben dem Polkopf die Markierung »—« angebracht), damit es beim Hantieren mit Werkzeugen zu keinem Kurzschluß kommt. Für das Abschrauben der Kabelklemme brauchen Sie einen Gabelschlüssel SW 13. Damit wird die Mutter ganz gelockert. Falls nötig, halten Sie mit einem anderen SW 13-Schlüssel den Schraubenkopf fest, um zu verhindern, daß die Schraube mitgedreht wird. Jetzt die Kabelklemme ganz vorsichtig nach links und rechts drehen und gleichzeitig nach oben ziehen.

Bei allen Arbeiten an der Autoelektrik, ausgenommen bei Stromprüfungen, soll das Minuskabel der Batterie gelöst werden, um einen evtl. Kurzschluß zu vermeiden. Wenn nur das Pluskabel an die Batterie angeschlossen ist, bleibt das Fahrzeug stromlos. Auch wenn die Klemme nicht leicht herauszubekommen ist, versuchen Sie es bitte auf keinen Fall mit Gewalt, sondern führen Sie einen Schraubenzieher in den Schlitz der Kabelklemme ein. Durch leichte Links- und Rechtsdrehung des Schraubenziehers läßt sich die Klemme etwas auseinanderbiegen.

Derselbe Vorgang wiederholt sich beim Abmontieren des Pluskabels (Markierung »+«). Um die Batterie herausnehmen zu können, braucht man nur noch den Batteriehalter abzuschrauben. Dieser befindet sich auf der rechten, unteren Seite der Batterie und ist auf dem Batteriestandblech mit 2 Schrauben befestigt. Zum Lösen dieser Schrauben brauchen Sie einen Gabelschlüssel SW 10.
Sollte in Ihrem Fahrzeug die auf Sonderwunsch erhältliche, wesentlich längere »Batterie mit größerer Kapazität« eingebaut sein (12 Volt 88 Ah), dann werden Sie beim Herausschrauben des Batteriehalters mit einem Gabelschlüssel SW 10 wegen Platzmangel Schwierigkeiten haben. In diesem Fall einen Rohrschlüssel SW 10 senkrecht am Schraubenkopf ansetzen und mit einem Gabelschlüssel SW 10 umdrehen.
Der Einbau der Batterie erfolgt in umgekehrter Reihenfolge, d. h. zuerst den Batteriehalter am Standblech anschrauben, dann Pluspol und zuletzt Minuspol anschließen. Bei der Befestigung der Kabelklemmen an die Pole ist unbedingt darauf zu achten, daß sowohl der Plus- als auch der Minuspol fest sitzen, um einen Wackelkontakt zu verhindern, weil dadurch die Drehstromlichtmaschine Schaden erleiden könnte.
Beim Festschrauben der Kabelklemme an die Batterie ist Vorsicht geboten, da sowohl die Schrauben als auch die Muttern aus verbleitem Messing oder verbleitem Stahl hergestellt sind und bei Gewaltanwendung die Gewinde beschädigt werden könnten.

Säurestand der Batterie prüfen
Pflegedienst Nr. 25

Bei der Mercedes-Benz Wartung ist vorgesehen, daß alle 7500 km der Säurestand der Batterie geprüft werden muß. Aber als Autobesitzer sollte man sich natürlich auch zwischendurch darum kümmern. Durch die Wärmestrahlung des Motors und im Sommer zusätzlich durch die höhere Außentemperatur wird ein Teil des destillierten Wassers aus der Batteriesäure verdunsten. Wenn Sie eines schönen Sommermorgens Ihr Auto starten wollen und der Anlasser nur mit Mühe und Not den Motor durchdreht, liegt dies meist daran, daß die Batterie ihre Kraft verloren hat, weil das Wasser verdunstet ist und die Batterieplatten teilweise im Trockenen stehen.
Wenn Sie schon die Batterie abmontiert haben, sollten Sie diese Gelegenheit auch zum Reinigen des Batteriestandbleches (Wanne) ausnützen, eventuelle Rostflecken entfernen und den Lack ausbessern.
Die Batterie Ihres Mercedes ist an einer leicht erreichbaren Stelle des Motorraumes untergebracht, und deswegen ist der Säurestand ohne besondere

Bei einer gepflegten Batterie sind die Marken (2) immer gerade mit Säure bedeckt, notfalls füllt man aqua destillata nach, das man für wenige Pfennige aus der Apotheke bekommt. Auch die Stöpsel sollen sauber sein, die feinen Bohrungen durchgängig und die Batteriepole leicht gefettet.

Mühe zu kontrollieren. Die Batteriezellen sind nicht durchgehend verbunden, wie viele Leute glauben, sondern unter jedem Verschlußstopfen liegt eine Zelle, und der Batteriesäurespiegel ist demzufolge auch nicht gleich in allen Zellen. In anderen Worten, wenn Sie einen Verschlußstopfen geöffnet haben und der Batteriesäurespiegel an der Markierung liegt, bedeutet das nicht, daß die nächste oder übernächste Zelle auch den gleichen Säurestand aufweist. Kontrollieren Sie jede einzelne Batteriezelle, und füllen Sie bei Bedarf nur destilliertes Wasser nach.

Bei manchen Batterien ist der Säurestand etwa 5—10 mm über den Plattenoberkanten zu halten. Heutzutage wird aber immer mehr dazu übergegangen, eine Markierung für den Säurestand anzubringen. Das ist natürlich von Fabrikat zu Fabrikat verschieden.

Falls der Anlasser beim Starten den Motor nur noch ganz müde durchdreht, oder beim Einschalten der Scheinwerfer das Licht nur schwach strahlt — sofort den Batteriesäurestand prüfen! Finden Sie die Batterieplatten trocken, dann füllen Sie destilliertes Wasser nur bis zur Oberkante der Platten auf. Auf keinen Fall darf mehr eingefüllt werden, weil bei laufendem Motor (wobei die Lichtmaschine die Batterie wieder auflädt) der Säurestand ganz erheblich ansteigt.

Wird dagegen destilliertes Wasser bis oben eingefüllt, kocht die Batterie beim Laden über und Batteriesäure tritt durch die Belüftungslöcher in den Verschlußkappen heraus. Dadurch bilden sich die schon erwähnten Oxydkristalle an den Batteriepolen und die Batteriewanne setzt Rost an. Außerdem wird bei einer übergekochten Batterie die Säure unkontrolliert verdünnt, so daß auch die Lebensdauer sinkt.

Sie dürfen die Batterie erst dann voll, d. h. bis zur Markierung nachfüllen, wenn die Lichtmaschine oder Ihr Batterieladegerät diese wieder aufgeladen hat.

Fingerzeige: *Sollten Sie die Höhe des Säurestandes nicht gut erkennen, dann können Sie einen Pappkarton oder ein Stück Holz zu Hilfe nehmen. Führen Sie z. B. einen Streifen Pappkarton in die Batterie ein bis er an die Oberkante der Platten anstößt. Der nasse Teil des Kartons zeigt Ihnen genau die Säurehöhe über der Plattenoberkante an. Für diese Prüfung dürfen Sie auf gar keinen Fall metallische Gegenstände verwenden, weil winzige Metallteilchen oder Metallstaub zum Kurzschluß in der Batterie führen können. Unter gar keinen Umständen – auch nicht in Notfällen – darf gewöhnliches*

Leitungs- oder Mineralwasser nachgefüllt werden. Es enthält leitfähige Salze, Mineralstoffe usw., die der Batterie schwer schaden.
In jeder Drogerie und bei fast jeder Tankstelle können Sie für wenig Geld destilliertes Wasser erstehen. Wenn Sie dieses als Reserve zu Hause aufbewahren möchten, so verwenden Sie als Behälter nur eine Glas- oder Plastikflasche, die vorher gründlich mit destilliertem Wasser gereinigt worden ist. Nehmen Sie auf keinen Fall einen Blechbehälter, weil dies zu einer Verunreinigung des destillierten Wassers (z. B. durch Rost) führt.
Sollte die Batterie total ausgelaufen sein (Umkippen, usw.), ist unbedingt ein Fachmann einzuschalten, weil dann in Ihre Batterie Akkumulatorensäure ein- oder zumindest nachgefüllt werden muß.

Ladezustand der Batterie prüfen

Solange die Batterie den Anlasser fleißig durchdreht, brauchen Sie sich über deren Ladezustand keinerlei Sorgen zu machen. Aber wenn dies nicht mehr der Fall ist, und die Batterie Müdigkeitserscheinungen zeigt, muß jede einzelne Zelle geprüft werden; besonders dann, wenn das Batteriealter über 2 oder 3 Jahre hinausgeht. Diese Prüfung, die Sie leicht selbst durchführen können, erfolgt mit einem Hebe-Säuremesser (Aräometer). Wer seine Batterie in der Werkstatt laden lassen will, kann sich die Anschaffung des Aräometers natürlich sparen.
Der Ladezustand hängt vom spezifischen Gewicht der Batteriesäure ab. Letzteres läßt sich auf der Skala des Hebe-Säuremessers ablesen.

Batterie voll geladen	spez. Gewicht 1,285 kg/l	Anm.: Die Messung ist auf +20 ° C bezogen. Je 14 ° C Temperaturunterschied ändern das spez. Gewicht um 0,01 kg/l.
Batterie halb geladen	spez. Gewicht 1,21 kg/l	
Batterie entladen	spez. Gewicht 1,14 kg/l	

Wenn die Batterie in allen 6 Zellen ein gleichmäßig niedriges spezifisches Gewicht aufzeigt, brauchen Sie sich kaum Sorgen zu machen, da wahrscheinlich mit einer Aufladung der Fall erledigt ist. Aber wenn nur eine Zelle eine niedrigere Säuredichte anzeigt, ist es ratsam, von einer Fachwerkstatt nachprüfen zu lassen, ob die Batterie überhaupt noch brauchbar ist oder ob eine neue angeschafft werden muß. Dies ist meistens auf einen Kurzschluß zurückzuführen, der durch Eindringen eines Fremdkörpers oder durch Hantieren mit einem Metallgegenstand verursacht worden ist!

Fingerzeig: *Batteriesäure und auch die Oxydationskristalle zerfressen Kleider und Polster. Nur sofortiges Auswaschen der Spritzer mit Sodalösung rettet Ihre Hose!*

Zum Messen der Säuredichte in der Batterie dient ein Hebesäuremesser, mit dem man etwas Batteriesäure aus jeder Zelle absaugt und an der Skala des Schwimmers die Dichte, also das spezifische Gewicht der Säure, abliest. Dazu muß der Schwimmer, das Aräometer, im senkrecht gehaltenen Kolben frei schwimmen. Durch diese Messung wird der Ladezustand jeder einzelnen Batteriezelle geprüft. Das Meßergebnis soll in allen Zellen nahezu gleich sein. Werden starke Unterschiede in einzelnen Zellen festgestellt, ist die Batterie »krank«.

Batterie laden

Sogar die neueste Batterie entlädt sich von selbst, und zwar unabhängig von der Außentemperatur. Im Durchschnitt beträgt die Entladung 0,5 bis 1 % ihrer Kapazität pro Tag. In anderen Worten, wenn Sie z. B. Ihren Wagen 3 Monate in der Garage stehen gelassen haben, könnte es sein, daß Sie bei Ihrer Rückkehr das Auto nicht mehr fahrbereit vorfinden. Keine Sorge, in diesem Fall liegt kein technisches Versagen vor, sondern ein ganz normaler Vorgang. Sollten Sie Ihren Wagen für längere Zeit aus dem Verkehr ziehen müssen, so beachten Sie bitte, daß eine stillgelegte, leere Batterie Schaden nimmt. Jede unbenutzte Batterie sollte man einmal monatlich nachladen, und nach Möglichkeit nicht im Fahrzeug belassen. Für einen solchen Fall gibt es viele Werkstätten oder Tankstellen, die Ihre Batterie während dieser Zeit warten. Zum Laden der Batterie wird das normale Stromnetz benützt, aber natürlich nicht direkt, sondern über ein Batterieladegerät. Dessen Funktion besteht lediglich darin, den Wechselstrom auf Gleichstrom und die entsprechende Spannung zu transformieren.
Wenn die Batterie zuviel Strom abgeben mußte und gar nicht oder nur ungenügend von der Lichtmaschine geladen wurde, muß sie an einem Ladegerät wieder aufgeladen werden. Es gibt Ladegeräte (umschaltbar auf 6 oder 12 Volt Spannung) für die Garage schon ab 50 DM; die meisten liegen in der Preisklasse bis 120 Mark. Bei diesen Ladegeräten ist es wichtig, daß sie nicht überladen. Der Anfangs-Ladestrom soll 10 % der Batterie-Kapazität nicht übersteigen; Bei einer 44 Ah-Batterie etwa 5 Ampère, 6 Ampère sind noch möglich. Mit zunehmender Batterie-Spannung muß die Ladestrom-Spannung bis auf 0 zurückgehen. Die Ladezeit beträgt etwa 10 bis 15 Stunden. Während des Ladevorgangs müssen die Verschlußstopfen der Batterie geöffnet sein, da sich dabei »Knallgas« entwickelt (Zigarette fernhalten), das durch die kleinen Entlüftungslöcher nicht entweichen kann. Die Batterie ist geladen, wenn die Zellenspannung 2,6 bis 2,7 Volt erreicht hat, und innerhalb von zwei Stunden die Säuredichte nicht mehr ansteigt.

Schnelladung

Oft reicht die Zeit nicht, stundenlang das Laden der Batterie abzuwarten. Wesentlich flotter geht es durch Schnell-Laden. Dies ist eine Roßkur, die nur ganz gesunde Batterien ohne weiteres überstehen, denn es wird mit fast 40 Ampère dabei geladen. Wenn sich eine einwandfreie Batterie beispielsweise über Nacht durch einen versehentlich eingeschalteten Stromverbraucher entladen hat, darf man sie ohne weiteres an einem Schnelladegerät wieder aufputschen lassen, damit man mit seinem Auto wieder davonfahren kann. Aber zur Regel soll man das nicht machen. Bei älteren Batterien heben sich

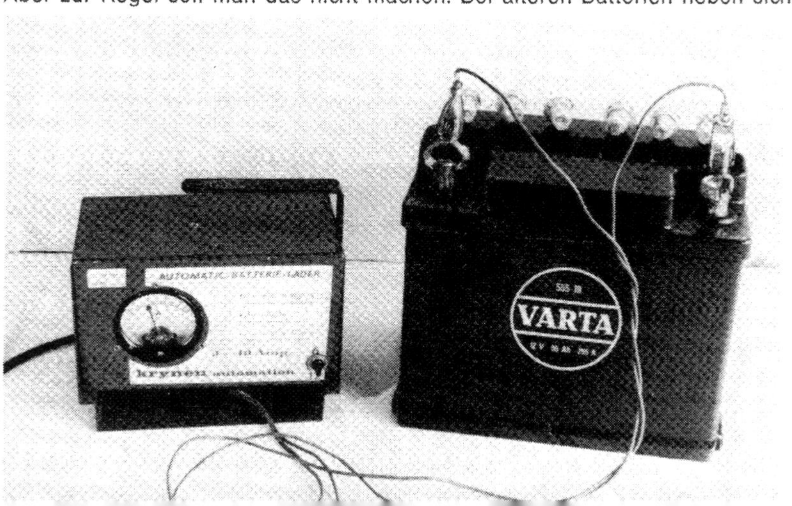

Zum Aufladen der Batterie gibt es einfache Garagengeräte, die für 12 Volt etwa ab 55 DM kosten. Beim Laden sollen, da auch gleichzeitig die Säuredichte und der Säurestand (er steigt beim Laden!) kontrolliert werden müssen, die Verschlußstopfen der Batteriezellen geöffnet sein. Die Batterie kann über Nacht am Garagenladegerät unbesorgt angehängt bleiben, auch die vorschriftsmäßige Werkstattladung dauert (außer bei Schnelladegeräten) 10 bis 15 Stunden.

beispielsweise die Plattenblöcke, und die Batterie ist hinüber. Fabrikneue Batterien dürfen auf gar keinen Fall an ein Schnelladegerät gehängt werden. Viele Batteriehersteller laden heute ihre Batterien trocken vor. Bei der Inbetriebnahme wird nur noch Säure eingefüllt und nach kurzer Wartezeit kann der Motor mit dieser Batterie gestartet werden. Allerdings muß sich sogleich eine längere Fahrt anschließen, damit die Lichtmaschine die neue Batterie langsam aufladen kann.
Wegen der Drehstrom-Lichtmaschine müssen vor der Schnelladung die Batteriekabel gelöst werden, Spannungsspitzen würden sonst die Dioden zerstören. Weitere wichtige Hinweise über die Drehstrom-Lichtmaschine im Kapitel »Lichtmaschine und Anlasser«.

Starten mit leerer Batterie

Irgendwann im Leben eines Autos kann es vorkommen, daß beim Umdrehen des Zündschlüssels der Motor nicht anspringt oder ungenügend durchgedreht wird. Die Ursache könnte sein, daß Sie über längere Zeit vergessen hatten, einen Stromverbraucher auszuschalten. Früher half man sich in diesem Fall mit der guten alten Andrehkurbel, aber die hat Ihr Mercedes nicht mehr. Sie brauchen aber nicht gleich zu verzagen, denn bei an sich gesunder Batterie werden Sie trotzdem vom Fleck kommen.

Start mit Starthilfe-Kabeln

Wer sich einen Satz Starthilfekabel aus einem Kaufhaus besorgt hat (achten Sie auf genügend starken Querschnitt und kräftige Anschlußzangen), kann einen freundlichen Nachbarn zu Hilfe rufen, welcher ebenfalls ein Auto mit 12-Volt-Anlage besitzt. Dessen Wagen wird mit laufendem Motor so neben Ihren startunwilligen Mercedes gestellt, daß mit Hilfe der Startkabel der Pluspol mit dem Pluspol und der Minuspol mit dem Minuspol der Batterien verbunden werden kann. Nun können Sie Ihren Motor starten.
Damit die Batterie für den nächsten Start ausreichend geladen ist, sollten Sie anschließend 15 bis 30 Minuten zügig fahren und möglichst dabei keine Stromverbraucher einschalten.

Anschleppen oder Anschieben

Hat man nicht gerade das Glück, auf einem Berg zu stehen, von dem man hinunterrollen und durch diesen Schwung den Motor in Gang setzen kann, wird man sich anschleppen lassen müssen. Achten Sie nachher beim Schleppen auf Hindernisse, die Ihren Vordermann zu plötzlichem Halten zwingen. Vorsicht! Bei stehendem Motor arbeitet die Servounterstützung der Fußbremse nicht, Sie müssen wesentlich kräftiger auf das Bremspedal treten!
Das Anschleppen geht folgendermaßen: Abschleppseil von genügender Länge an den beiden Fahrzeugen gut befestigen, da starkes Rucken leicht möglich ist. Abschleppseil straff ziehen, 2. Gang einlegen, Kupplung treten, anfahren lassen und bei genügender Fahrt Kupplung langsam kommen lassen. Wenn der Motor anspringt, sofort Kupplung treten und Gas geben, wobei man auch noch darauf achten muß, daß der jetzt leicht rollende Wagen nicht auf den Vordermann auffährt. Mit der Fußfeststellbremse wird das Anhalten zu einer Hand- und Fußakrobatik, denn nach dem Treten der Kupplung muß blitzschnell der Gang (mit der rechten Hand) herausgenommen werden und der linke Fuß das Bremspedal bedienen. Das ist aber auch nicht einfach, weil der linke Fuß das Bremspedal nicht gewohnt ist, was zu harten Bremsrucken führen kann. Oder man bedient das Bremspedal und das Gaspedal gleichzeitig mit dem rechten Fuß (Spitze-Ferse).
Außerdem muß man dem Schleppfahrer mit der Hupe ein Zeichen geben, daß der eigene Wagen inzwischen angesprungen ist.

Mit einigen kräftigen Männern ist der Mercedes auch durch Anschieben bei leerer Batterie ohne große Schwierigkeiten in Gang zu setzen. Dazu muß allerdings die Zündanlage in guter Verfassung sein, sonst wird es schwierig. Weil man die notwendige Drehzahl durch Anschieben im 3. Gang — im allgemeinen auch im 2. Gang — nicht erreicht, wendet man einen Trick an: 1. Gang einlegen, Kupplung durchgetreten halten, Wagen anschieben lassen, bis er in Schwung ist, dann Kupplung schnell kommen lassen. Der Wagen macht einen Hopser, bei dem der Motor plötzlich schnell genug durchgedreht wird, um in der Lichtmaschine genügend Strom für den Zündfunken zu erzeugen. Springt der Wagen an, sofort Kupplung treten und Gas geben.

Fahren ohne Batterie nicht möglich

Die schon genannte Empfindlichkeit der Drehstrom-Lichtmaschine verbietet es auch, ganz ohne Batterie zu fahren. Das ist bei Wagen, die mit einer herkömmlichen Lichtmaschine ausgestattet sind, ohne weiteres möglich. Deshalb darf man sich auch nicht anschleppen lassen, wenn keine Batterie im Mercedes angeschlossen ist.

Eine defekte Batterie mit Kurzschluß darf übrigens nicht angeschlossen werden, denn in ihr kann die Lichtmaschine keinen Strom speichern, sondern die überlastete Lichtmaschine und der Reglerschalter schmoren in kürzester Zeit durch. Dann wäre »der Ofen aus« und nur noch Abschleppen könnte helfen.

Kauf einer neuen Batterie

Alle Vorschläge beziehen sich nur auf seltene Vorfälle. Sollte diese Batterieentleerung jeden Tag vorkommen, oder auch nach längerer Fahrt nicht genügend Strom für einen zweiten Start vorhanden sein, muß die Batterie überprüft werden. Es kann auch an einer defekten Lichtmaschine oder am Regler liegen.

Wenn Ihre Batterie auch durch Aufladung nicht mehr betriebsfähig gemacht werden kann, oder wenn sich die Plattenblöcke der Zellen hochdrücken, ist es Zeit, an eine neue Batterie zu denken. Das ist natürlich keine sehr angenehme Aussicht, denn so eine Batterie kostet immerhin zwischen 150 und 200 Mark. Während der Sommermonate können Sie vielleicht noch einigermaßen mit einer alten Batterie durchkommen, aber wenn der erste Frost eintritt, schafft sie es wahrscheinlich nicht mehr. Eine gutgepflegte Batterie sollte mindestens 3 Jahre durchhalten, aber auch 4 sind ohne weiteres möglich.

Wir haben bisher nur ein einziges Mittel gefunden, mit dem eine chemisch defekte, also sulfatierte Batterie wieder aufgemuntert werden kann. Es heißt Cobalt-MG und ist bei der Firma Walter Neuber, 581 Witten, Postfach 2004, oder im Zubehörhandel erhältlich. Es kann die Lebensdauer der sonst schon altersschwachen Batterie beträchtlich verlängern. Es wird aber geraten, das Mittel sofort in neue Batterien hineinzugeben, ausgenommen die der Marke ATSA, die bereits mit Cobalt angereichert sind.

Fingerzeig: *Angenommen, Sie haben einen gebrauchten Mercedes erworben und sind nicht sicher, wie alt die Batterie ist, so gibt es immer »versteckte« Nummern, an denen Sie das Alter ablesen können. Die meisten deutschen Batteriehersteller bringen solche Zahlen an. Eine solche Nummer besteht immer aus 4 Zahlen. Nehmen wir an, auf dem Minuspol steht 0272, d. h. daß die Batterie im Februar 1972 gebaut wurde. Andererseits wäre es auch möglich, daß 02 auf dem einen und 72 auf dem anderen Pol eingeschlagen ist.*

Das Elektrizitätswerk

Der Mercedes 200, 220 und der 230 sind mit einer Drehstrom-Lichtmaschine ausgerüstet. Diese hat gegenüber der früheren Gleichstrom-Lichtmaschine viele Vor-, aber auch einige Nachteile. Ein Hauptargument für die Drehstrom-Lichtmaschine ist das praktisch wartungsfreie Funktionieren, und daß bei sehr niedriger Drehzahl, z. B. im Stadtverkehr bei Leerlauf, genügend Strom nicht nur für die Verbraucher sondern darüber hinaus noch zum Aufladen der Batterie erzeugt wird. Übrigens wird die Lichtmaschine vielfach auch Generator genannt, denn sie erzeugt ja nicht nur Licht.

Natürlich wollen wir an dieser Stelle nicht in den komplizierten, technischen Aufbau einer Lichtmaschine eindringen, sondern Ihnen nur das für einen Autofahrer nötige Wissen vermitteln, das besonders für jene interessant sein dürfte, die vorher einen Wagen mit Gleichstrom-Lichtmaschine gefahren haben. Vor allem sei darauf hingewiesen, daß beim Hantieren mit einer Drehstrom-Lichtmaschine besonders vorsichtig zu Werke gegangen werden muß, da diese gegenüber der Gleichstrom-Lichtmaschine gegen falsche Behandlung wesentlich empfindlicher ist.

Viele Autofahrer, die vorher eine Gleichstrom-Lichtmaschine hatten, waren vielleicht daran gewöhnt, beim Überprüfen derselben die Batteriepole abzuklemmen, um sich zu überzeugen, daß die Lichtmaschine noch einwandfrei Strom liefert (Motor muß bei erhöhter Leerlauf-Drehzahl weiterlaufen). Dabei konnten sie feststellen, ob Lichtmaschine, Batterie oder Regler beschädigt waren. Das gleiche Vorgehen bei einer Drehstrom-Lichtmaschine wäre deren sicheres Todesurteil. Sogar ein Wackelkontakt an den Batteriepolen ist bereits schädlich. Bei laufender Lichtmaschine darf niemals ein Kabelanschluß in dem Verbund Batterie/Lichtmaschine/Reglerschalter gelöst oder angeschlossen werden. Die dabei auftretenden Stromstöße werden von den Dioden der Drehstrom-Lichtmaschine nicht vertragen.

Die Drehstromlichtmaschine hat zwei B+-Klemmen (auf dem Foto 1 und 4), wovon nur eine (1) angeschlossen ist. Von Klemme B+ rechts (1) wird das rote Kabel zum Anlasser geführt. Von dort bis zur Batterie führt ein schwarzes Kabel. 2 = Dreifachstecker mit den Klemmen D+, D– und DF. Alle drei Kabel führen zum Regler. 4 = Klemme für Massekabel. 4 = Nicht angeschlossene Klemme B+. 5 = Spannungs- und Befestigungsschraube der Lichtmaschine.

Die Drehstrom-Lichtmaschine

Ihr Wagen ist mit einer Drehstrom-Lichtmaschine der Bezeichnung K1 14V 35A 20 ausgerüstet. Diese Lichtmaschine ist nicht nur in Ihrem Mercedes eingebaut, sondern mit kleinen Abweichungen auch in verschiedene andere deutsche Personenwagen. Die Bezeichnung K1 ist eine reine Konstruktionsziffer und um Ihre Neugierde zu befriedigen, wollen wir Ihnen verraten, daß die mit K1 markierten Lichtmaschinen Strom liefern können, egal in welcher Richtung sie drehen.

Der Rest der Bezeichnung sind elektrische Daten: Max. Spannung 14 Volt 35 Ampere, d. h. also 490 Watt. Bei 2000 Umdrehungen pro Minute liefert die Lichtmaschine ungefähr $^1/_3$ der Höchstleistung (in unserem Fall 23 Ampere = 322 Watt). Da die Übersetzung von Lichtmaschinenwelle zur Motorkurbelwelle 1:1,95 beträgt, wird diese Leistung schon bei etwas höherer Leerlaufdrehzahl abgegeben.

Der dreiphasige Wechselstrom (Drehstrom), den die Lichtmaschine erzeugt, wird durch verschleißfeste Dioden (Halbleiter-Elemente) in den für die Zündanlage notwendigen Gleichstrom transformiert. Die Dioden sind keinerlei mechanischer Reibung ausgesetzt, aber sie sind gegen Spannungsspitzen (d. h. gegen hochgespannte Stromstöße) sehr empfindlich.

Auch eine behelfsmäßige Kabelverbindung in dem Verbund kann die laufende Lichtmaschine durch Spannungsabweichungen zerstören.

Batterie, Lichtmaschine, Regler und Ladekontrolle bilden bei dieser Drehstromanlage eine fest zusammengehörende Einheit. Der Strom für das Bordnetz und den Anlasser wird direkt von der Klemme B+ der Lichtmaschine abgenommen, und nicht über den Reglerschalter, wie bei der Gleichstrom-Lichtmaschine. Wie auf dem Schaltplan zu sehen ist, fließt der Strom von dieser Klemme B+ (manchmal auch mit Klemme 30 bezeichnet) durch ein 5 mm dickes rotes Kabel zur Klemme 30 des Anlassers und von dort weiter zum Pluspol der Batterie durch ein schwarzes, dickes Kabel. Bei diesem Drehstrom-System ist die Batterie nicht nur das Stromdepot, sondern auch der »Strompuffer«, um die empfindlichen Dioden der Lichtmaschine gegen Stromstöße und Spannungsspitzen zu schützen. Aus diesem Grunde dürfen die Kabelverbindungen zwischen Lichtmaschine, Anlasser, Batterie und Regler niemals bei laufendem Motor getrennt oder miteinander verbunden werden.

Der Reglerschalter

Der Bosch-Regler hat die Bezeichnung AD 1/14V, bzw. in der funkentstörten Ausführung ADN 1/14V. Drehstrom-Lichtmaschine und Reglerschalter sind bei dieser Anlage, wie gesagt, durch 3 dünne Kabel in einem Kabelschlauch miteinander verbunden und an beiden Geräten mit einem Dreifachstecker zu-

Der Reglerschalter (1) der Lichtmaschine hat an seinem Dreifach-Kabelstecker (2) die gleichen Anschlüsse wie der Kabelstecker an der Drehstrom-Lichtmaschine:
D+ = Plus-Strom;
D − = Minus-Strom;
DF = Feldwicklung.
Die Kabelfarben sind aus dem Schaltplan in der hinteren Buchklappe zu entnehmen. Zusätzlich ist dabei an Klemme D+ ein blaues Kabel angeschlossen, das zur Ladekontrolle im Armaturenbrett führt.

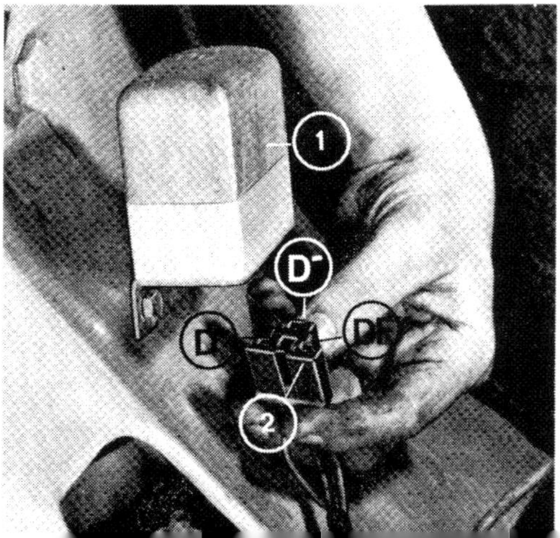

sammengefaßt, so daß bei einer notwendigen Trennung nur der Kabelstecker unten am Reglerschalter abgezogen werden muß.
Die Eigenarten der Drehstrom-Lichtmaschine im Vergleich zur Gleichstrom-Lichtmaschine haben wir bereits am Anfang dieses Kapitels erläutert. Dort wurde auch schon angedeutet, daß die Drehstrom-Lichtmaschine wartungsfrei ist, weil sie keine Schmier- oder Reibungsstellen, wie z. B. einen Kollektor, hat.

Pflege der Drehstrom-Lichtmaschine

Reparaturversuche an der Drehstrom-Lichtmaschine haben gar keinen Sinn. Ein neugieriger Autobastler kann es sich durchaus leisten, eine Gleichstrom-Lichtmaschine auf einem Tisch fein säuberlich in ihre Einzelteile zu zerlegen und das Ganze wieder zusammenzubauen. Bei der Drehstrom-Lichtmaschine möchten wir von einem solchen Experiment abraten, denn die Lager sind nur mit verschiedenen Abziehgeräten zu lösen, und vor allem sind etliche Bauteile sehr empfindlich gegen Wärme (z. B. Löten), gegen Verdrehen, ungenauen Zusammenbau und gegen das Berühren nicht zusammengehörender Kontakte. Mit anderen Worten, wenn Ihre Drehstrom-Lichtmaschine defekt ist, gehört sie unbedingt in eine Fachwerkstatt.

Keilriemen-Spannung prüfen

Pflegedienst Nr. 24

Die Prüfung der Keilriemenspannung ist an sich nur alle 7500 km vorgesehen. Es kann aber nicht schaden, wenn man es selbst etwas häufiger macht. Das ist nicht nur für die Lichtmaschine von Bedeutung, denn dieser Keilriemen treibt ja auch die Wasserpumpe des Motors an, und die darf auf gar keinen Fall ausfallen. Ohne Lichtmaschine geht es zur Not, aber wenn sich die Wasserpumpe nicht dreht, muß Ihr Mercedes abgeschleppt werden.
Die Spannung des Keilriemens stimmt, wenn er sich zwischen Lichtmaschine und Wasserpumpe ohne besonderen Kraftaufwand einen Fingerbreit durchdrücken läßt. Ist der Keilriemen zu locker, so rutscht er durch, erhitzt sich dabei und verschleißt in kurzer Zeit. Ein zu stramm gespannter Keilriemen beschädigt durch einseitigen Zug die Lager der Lichtmaschine und Wasserpumpe. Wie ein zu lockerer Keilriemen nachgespannt wird zeigt das untenstehende Bild.
Ein gerissener Keilriemen kommt selten vor und deswegen wird vermutlich kaum ein Fahrer einen Ersatzriemen an Bord haben. Sollte der Keilriemen doch einmal reißen, dann bietet sich als Notbehelf ein Nylonstrumpf, wie auf dem Bild auf Seite 104 beschrieben, an. Dasselbe Verfahren gilt natürlich auch, wenn Sie einen zweiten Keilriemen für Servolenkung haben oder gar einen dritten für die Klimaanlage. Im zweiten und dritten Fall ist die Sache

Muß der Keilriemen der Lichtmaschine nachgespannt werden, so muß nach Lockern der (hier nicht sichtbaren) Schraube am Lagerbock und der Kontermutter (Pfeil) die Spannschraube (Pfeil) so weit angezogen werden, daß sich der Keilriemen mit dem Daumen etwa 10 mm weit durchdrücken läßt. Stärkeres Spannen zieht die Lager der Lichtmaschine in Mitleidenschaft.

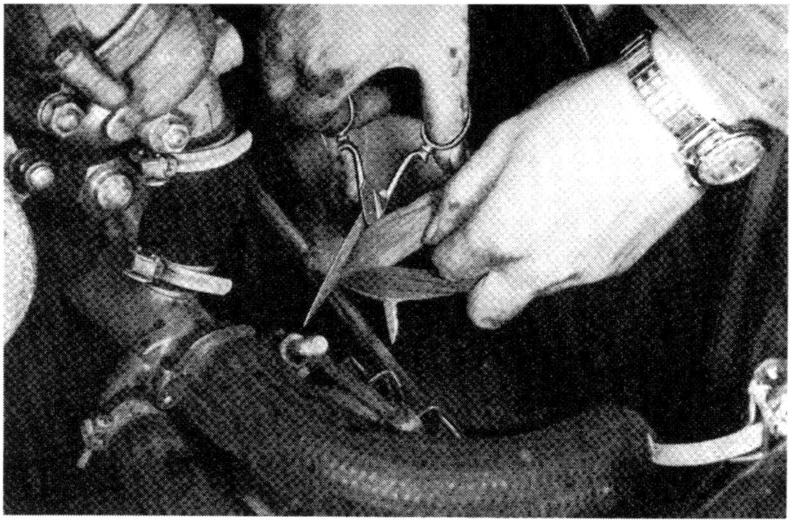

Wenn unterwegs ein Keilriemen reißt und kein Ersatz vorhanden ist, kann man sich mit einem Nylon- oder Perlonstrumpf helfen. Strümpfe mit aller Gewalt vor der Montage langziehen und einzeln so stramm wie möglich um die Keilriemenscheiben legen, nochmals stramm ziehen, sorgfältig verknoten und die überhängenden Enden nicht zu kurz abschneiden.
Bei Weiterfahrt Ladekontrolle und Kühlwasseranzeige sorgfältig beobachten und bei Bedarf wie normalen Keilriemen nachspannen.

nicht so schlimm, weil keiner der beiden zusätzlichen Keilriemen mit der Lichtmaschine verbunden ist. Der einzige Nachteil besteht darin, daß Sie etwas mehr Kraft brauchen, um lenken zu können, oder für kurze Zeit auf die Annehmlichkeiten einer Klimaanlage verzichten müssen.

Fahren ohne Lichtmaschine

Ohne Drehstrom-Lichtmaschine läßt sich der Mercedes ohne weiteres betreiben, solange die Batterie noch über genügend »Saft« verfügt. Die Batterie muß beispielsweise einspringen, wenn mit Lichtmaschine oder Regler etwas nicht stimmt (Ladekontrolleuchte brennt bei hoher Drehzahl weiter, brennt bei ausgeschalteter Zündung oder brennt ständig mit halber Helligkeit). Bei einer zu zwei Dritteln geladenen Batterie reicht der Batteriestrom für rund 18 Stunden Fahrt. Da die Zündspule aber einen Mindeststrom zum Aufbau eines brauchbaren Zündfunken benötigt, kann man vielleicht mit 10 Stunden rechnen.
Im Winter ist durch die geringere Leistungskraft der Batterie bei Frost eine wesentliche kürzere Zeit einzusetzen, zumal hier auch noch früher oder später Licht eingeschaltet werden muß, das wesentlich mehr Strom als die Zündspule frißt. Es kann trotzdem zur Heimfahrt genügen, wenn

- die Fahrt nicht unterbrochen werden muß (der Anlasesr braucht zum Wiederstarten des Motors besonders viel Strom),
- kein Radio und kein Heizgebläse eingeschaltet wird,
- der Scheibenwischer nicht in Aktion tritt,
- nicht gehupt wird,
- nachts keine Zusatzscheinwerfer eingeschaltet werden,
- und die Lichtmaschine elektrisch »abgehängt« wird, um Batterie-Entladung durch Kurzschluß zu vermeiden.

Kabel abklemmen

Um die Lichtmaschine vom Bordnetz zu trennen, muß man an der Unterseite des Reglerschalters den Dreifach-Kabelstecker abziehen. Aber das genügt unter Umständen nicht, denn noch immer ist dann die Lichtmaschine mit ihrem dicken roten Kabel von der Klemme B+ mit dem Bordnetz verbunden. Bei einem Kurzschluß in der Lichtmaschine muß auch dieses Kabel gelöst werden, sonst fließt der ganze Stromvorrat aus der Batterie in kürzester Zeit über diesen Kurzschluß hinweg. Dann ist der Ofen aus. Damit das blanke Ende des gelösten Kabels nicht selbst durch antippen an den Motorblock Kurzschlüsse bewirkt, muß es sorgsam, notfalls mit trockenem Zeitungspapier, isoliert werden. Erst dann kann die Reise beginnen.

Die Ladekontroll-Lampe

Die rote Ladekontrollampe am Armaturenbrett soll aufleuchten, wenn die Zündung eingeschaltet ist, und verlöschen, wenn der Motor nach dem Anlassen läuft. Das Erlöschen der roten Lampe beweist, daß die Lichtmaschine selbst Strom erzeugt, macht aber keine Aussage darüber, ob die Batterie bereits geladen wird. Sie sagt auch nichts über den Ladezustand der Batterie. Wenn Sie einmal den Schaltplan in der hinteren Buchklappe betrachten, werden Sie sehen, daß die Ladekontrollampe Strom erhält, wenn das Lenkschloß eingeschaltet wird. Mit dem anderen Kabelanschluß hängt sie an Klemme D+/61 des Reglerschalters, zusammen mit dem Pluskabel der Lichtmaschine. Steht die Lichtmaschine oder dreht sie sich nur wenig, dann hat dieses Pluskabel der Lichtmaschine keinen oder nur wenig Plusstrom, so daß die rote Ladekontrolle, die ja diesen von der Batterie über das Lenkschloß erhält, brennt. Liefert die Lichtmaschine aber genügend Strom, liegt an beiden Kabelenden der Ladekontrolle Plusstrom an. Sie kann also aus Mangel an Minusstrom nicht brennen.

Darüber hinaus hat die Ladekontrolle im Verbund mit der Drehstrom-Lichtmaschine noch eine spezielle Funktion. Sie muß durch Weiterleiten des Batteriestromes beim Einschalten der Zündung die Drehstrom-Lichtmaschine »vorerregen«, damit diese selbst bereits bei geringen Drehzahlen Strom abgeben kann.

Fällt die Ladekontrolle aus, weil sie durchgebrannt oder ein Kabel defekt ist, erzeugt die Drehstrom-Lichtmaschine erst bei mittleren Drehzahlen Strom. Eine durgebrannte Ladekontrolle muß deshalb so schnell wie möglich ersetzt werden.

Störungsbeistand

Batterie und Lichtmaschine

Die Störung	– ihre Ursache	– ihre Abhilfe
A Rote Ladekontrolle brennt nicht bei Einschalten des Lenkschlosses	1 Anzeigelampe durchgebrannt	Neues 2-Watt-Lämpchen einsetzen
	2 Batterie entladen	Wagen anschleppen
	3 Batteriekabel lose oder gebrochen	Batteriekabel kontrollieren
	4 Reglerschalter defekt	Austauschen
B Rote Ladekontrolle brennt bei ausgeschalteter Zündung weiter	Reglerschalter defekt oder Kurzschluß in der Lichtmaschine	Mit Batteriestrom zur Werkstatt
C Ladekontrolle verlöscht nicht bei höherer Drehzahl	1 Kabel zur Klemme D+ der Lichtmaschine hat Masseschluß	Leitung überprüfen, wenn nötig isolieren
	2 Regler oder Lichtmaschine defekt	Mit Batteriestrom zur Werkstatt
D Ladekontrolle brennt im Stand richtig, glimmt aber bei Motorlauf	Defekte Lichtmaschinendioden	Mit Batteriestrom zur Werkstatt
E Batterie wird überladen (Säurekristalle auf der Batterieoberseite)	Spannungsregelung in Lichtmaschine oder Regler funktioniert nicht.	In Bosch-Werkstatt prüfen lassen
F Ladekontrolle flackert bei flott laufendem Motor	Keilriemen locker	Nachspannen oder austauschen

Der Anlasser liegt ziemlich versteckt hinten unten an der rechten Seite des Motors. Das dicke Doppelkabel an Klemme 30 führt ständig Strom von der Batterie bzw. der Lichtmaschine zum Anlasser. Aber erst der Einschaltstrom von Klemme 50 des Zünd-Anlaß-Schalters in Anlaßstellung, der zu Klemme 50 des oben auf dem Anlassergehäuse sitzenden Magnetschalters fließt, setzt durch diesen Magnetschalter den Anlasser in Tätigkeit.

Der Anlasser

Dieser kleine elektrische Hilfsmotor, der in Fahrtrichtung gesehen, hinten rechts am Motorblock angebracht ist, muß den Motor beim Anlassen auf die erforderliche Anlaßdrehzahl bringen, wofür natürlich eine ausreichend geladene Batterie benötigt wird.

Der Anlasser treibt ein kleines Zahnrad (Ritzel), das beim Anlassen in die große Verzahnung des Schwungrades eingerückt wird. Dieses Einrücken findet mit Hilfe eines Magnetschalters statt. Dreht man den Zündschlüssel in Anlaßstellung, so wird dem Magnetschalter an Klemme 50 Strom zugeführt. Er schiebt über eine Einrückgabel das Ritzel in die Verzahnung des Schwungrades und schließt danach den Stromkreis von der Batterie zum Anlasser, so daß dieser anläuft. Wenn das Ritzel und die Schwungradverzahnung »Zahn auf Zahn« stehen, können sie nicht ineinander eingreifen, das Ritzel steht dann unter Federdruck und spurt erst nach einer geringen Ankerumdrehung in die Schwungradverzahnung ein.

Die Bosch-Bezeichnung für diesen Anlasser lautet MF (R) 12 V 0,8 PS. Trotz dieser Leistung von 0,8 PS ist der Anlasser ziemlich klein. Die kompakte Bauweise bedingt, daß er nur kurzzeitig angestrengt werden darf. Bei längerer Betätigung wird er sehr heiß und bei extrem langer Beanspruchung kann es passieren, daß er durchschmort, bzw. daß sich manche Lötstellen auflösen. Laut Daimler-Benz-Betriebsanleitung dürfen Sie Ihren Anlasser nicht länger als 20 Sekunden betätigen. Falls in dieser Zeitspanne Ihr Motor nicht angesprungen ist, sollten Sie eine Pause von ca. 30 Sekunden einlegen (diese dient zum Auskühlen des Anlassers und zur Erholung der Batterie, die bei Anlasserbetätigung eine erhebliche Leistung zu erbringen hat). Wegen der Anlaß-Wiederhol-Sperre müssen Sie den Zündschlüssel auf Stellung 1 oder 0 zurückdrehen, bevor Sie diesen wieder auf Position 2 (Anlaßstellung) bringen.

Wer den Anlasser nur wenig zu benutzen braucht, weil er viel Langstrecken fährt, wird während der gesamten Laufzeit des Motors keine Störungen erleben; abgesehen natürlich von einem möglichen Fabrikationsfehler. Die Verschleißteile (Kollektorkohlen) haben nur wenig Gelegenheit, sich abzunutzen, und deswegen gibt es im Wartungsplan von Daimler-Benz auch keine spezielle Anlasserpflege.

Strompfade

Da Strom nur in einem geschlossenen Kreislauf fließen kann, muß er vom Verbraucher zu der Batterie oder Lichtmaschine wieder zurückgeleitet werden. Die übliche Methode, elektrische Geräte mit zwei Kabelanschlüssen zu versehen, hat man sich beim Auto aus Ersparnisgründen geschenkt. Hier ist nur ein Kabel für den »Hinweg« des Stromes vorgesehen, während der »Rückweg« über leitende Metallteile von Motor, Fahrgestell und Karosserie erfolgt, die ja alle miteinander irgendwie verbunden sind. Darum führt das Minus-Kabel von der Batterie direkt an das rechte Innenblech des Motorraums: Es hat »Masse«.

Genormte Anschlüsse

Seien Sie unbesorgt, anfangs hat noch jeden die bunte Kabelei im Auto sehr verwirrt. Schnell kommt man aber dahinter, daß nicht nur die Farben der Kabel offensichtlich »Wegweiser« sind, sondern die meisten von ihnen auch noch an numerierten Anschlüssen sitzen. Die Numerierung ist in Deutschland genormt; auch ausländische Firmen verwenden sie zum Teil. So trägt das stromführende Kabel von der Batterie zum Zündschloß immer die Anschlußklemmen 30, und Klemme 56 beispielsweise sorgt für das Licht in den Scheinwerfern. Die genaue Aufstellung der Kabelbezifferung finden Sie auf der letzten Textseite vor dem Schaltplan in der hinteren Buchklappe.

Der Stromverbrauch ist von der Stärke (Querschnitt) des zuführenden Kabels, aber auch von dessen Länge abhängig. Zu der Scheinwerferlampe mit 45 Watt Aufnahmemöglichkeit läuft ein Kabel mit größerem Querschnitt als zum 5 Watt-Schlußlichtbirnchen. Wie eine Dorfstraße nicht den Rückflutverkehr vom Fußballstadion verkraften kann, zwängt sich der elektrische Strom nur ungern durch dünne Drähte, wenn er am anderen Ende etwas leisten soll. Dies führt zu Spannungsabfall, und statt der planmäßigen 12 Volt kommen dort nur 11 oder gar 10 Volt an, und außerdem heizt sich ein schwaches Kabel auf, es kann zu einem Kabelbrand kommen.

Die elektrischen Leitungen im Auto sind kunststoffumhüllt; sie müssen benzin-, öl- und scheuerfest sein. Normales Haushaltskabel eignet sich deshalb nicht.

Die »Masse«-Kur

Der Spannungsabfall in den Leitungen bleibt nicht ein für allemal der gleiche. Er wächst mit dem Alter des Wagens. Daran sind jedoch weniger die Leitungen an sich als die Kontakte der Schalter, die Anschlüsse an den einzelnen elektrischen Aggregaten und die Steckverbindungen der Kabel untereinander schuld. Es ist ein ganz natürlicher Vorgang, daß sich die einstmals blanken Kontaktstellen allmählich mit Metalloxyd und Schmutz überziehen. Wenn sich dann noch die Kabelverbindungen lockern, kann durch den hohen Widerstand nur noch ein Teil des Stromes weiterfließen, oder er kann durch Verbindungen zur »Masse« teilweise nutzlos versickern. Allein

Hier wird mit einer ganz simplen Prüflampe, die sich jedermann selbst aus einer Scheinwerferglühlampe und zwei Drahtstücken basteln kann, an der strohmführenden Klemme eines Signalhorns (weißer Pfeil rechts) geprüft, ob auch tatsächlich bei eingeschalteter Zündung Strom anliegt. Wird mit dem zweiten Prüflampenkabel gut leitfähige »Masse«, wie hier an der Montageschraube (weißer Pfeil links), berührt, muß die Lampe aufleuchten. So kann man alle Anschlüsse am Mercedes prüfen.

ein Spannungsabfall von 10 Prozent bis zu den Lampenfassungen bewirkt etwa 25 Prozent Einbuße an Leuchtkraft der Scheinwerfer.

Deshalb lohnt es sich, bei Arbeiten an der elektrischen Anlage vor dem Wiederzusammenbau der Einzelteile alle erreichbaren Kontakte, Steckverbindungen usw. blank zu schaben, allen Schmutz wegzuwischen und die Kabelverbindungen auf festen Sitz zu prüfen. Zum Schluß sprüht man die Kontaktstellen mit Isolierspray (z. B. Aral Intact) ein, das eine Isolierschicht über die blanken Stellen legt und besonders Kurzschlüsse durch Wasserdunst verhindert.

Der Zünd-Anlaß-Schalter

Die meisten Stromverbraucher im Fahrzeug funktionieren nur bei eingeschalteter Zündung — der Zünd-Anlaßschalter gibt sozusagen den »Befehl« den Strom fließen zu lassen.

Das Zündschloß läßt sich wegen seines geschlossenen Gehäuses nicht reparieren, bei Schäden muß es ausgetauscht werden. Wir beschränken uns darauf, Ihnen die Klemmen und deren Funktion näherzubringen.

Klemme P 30 des Zünd-Anlaßschalters erhält ständig Strom durch ein dickeres rot-grünes Kabel über Sicherung Nr. 1 (ständig stromführende Klemme 30). Ein dünneres rot-grünes Kabel führt von Klemme P 30 zum rechten Türkontakt.

Klemme 30 (am Zündschloß zweimal vorhanden) liefert über zwei rote Kabel Strom an Klemme 30 des Lichtschalters.

Klemme R führt über ein rot-grünes Kabel in Zündschlüssel-Stellung 1 oder 2 Strom an den Radioanschluß.

Klemme 15 (ebenfalls zweimal vorhanden) leitet bei eingeschalteter Zündung Strom an die Sicherungen Nr. 2 bis 6 und somit an die dort angehängten Verbraucher (im Sicherungskasten Klemme 15/54).

Klemme 50 führt über ein violett-weißes Kabel den Strom zur Anlaßsperre (Klemme 50) und von dort über ein violettes Kabel zu Klemme 50 des Magnetschalters am Anlasser.

Sicherungen

Die meisten einschaltbaren Stromkreise des »Elektrohaushaltes« im Mercedes liegen an einer der zwölf Sicherungen, die bei Kurzschluß oder Überlastung der betreffenden Leitung durchzubrennen haben, bevor das Kabel zu schmoren beginnt oder der Verbraucher zerstört wird. Aus diesem Grunde darf eine durchgebrannte Sicherung niemals durch einen Nagel oder durch eine mit Stanniolpapier umhüllte »Ersatzsicherung« (beliebte Hilftricks mancher Auto-

fahrer, die aber durch Autobrand sehr teuer zu stehen kommen können) überbrückt werden.
Nicht durch Sicherungen überwacht sind die Schaltungen zwischen Batterie, Lichtmaschine, Anlasser und Lenkschloß. Falls die Zündkerzen einmal nicht wollen, hat es also überhaupt keinen Sinn, nach einer defekten Sicherung zu suchen.
Wenn aber ein elektrisches Aggregat, das in unserer nachfolgenden Sicherungstabelle aufgeführt ist, einmal nicht funktioniert, gehört der erste Blick der zuständigen Sicherung. Welche Sicherung jeweils zuständig ist, ist der nachfolgenden Tabelle und dem Schaltplan in der hinteren Buchklappe zu entnehmen. Also wohlgemerkt: Zündstörungen oder ein startunwilliger Motor können ihre Ursache nie in einer durchgebrannten Sicherung haben!
Wenn eine Sicherung immer wieder nach kurzer Zeit durchbrennt, wird die betreffende Leitung überlastet. Entweder berührt ein loses Drähtchen bei einer Erschütterung »Masse« oder durch Feuchtigkeit und Schmutz hat sich eine »Kriechstrom-Brücke« gebildet, d. h. ein Teil des Stromes kann über diese Schmutzkruste zur Masse abfließen.
Alle Sicherungen im Mercedes sind auf 8 Ampere (weiße Farbe) ausgelegt, können also 96 Watt übertragen. Eine Ausnahme bildet die Sicherung Nr. 2, die für 25 Ampere (blaue Farbe) ausgelegt ist. Denn an ihr sind Zigarrenanzünder und Scheibenwischermotor angeschlossen, die beide einen höheren Stromverbrauch haben.
Am besten kann man diesen Fall mit einem Amperemeter prüfen, das man anstelle der Sicherung zwischen die beiden Lamellen klemmt. Das zeigt dann bei eingeschaltetem Verbraucher die durchfließende Stromstärke an. Ist die Anzeige ganz normal, verstärkt sich der Verdacht auf einen Wackel-Kurzschluß, der nur gelegentlich auftritt. Bei höherer Anzeige ist zusätzlich irgendwo ein Stromkreis (über Feuchtigkeit) geschlossen. Aber wer hat schon ein Amperemeter als schlichter Autofahrer? Da probiert man es zuerst einmal mit einer 16 Ampere-Sicherung anstelle der serienmäßigen für 8 Ampere. Hält die durch, dürfte es eine Kriechstrombrücke sein (der Fehler ist zu suchen). Gelegentliche echte Kurzschlüsse hält aber auch die stärkere Sicherung nicht aus.
Zum Ausbau des Sicherungskastens wird zuerst der Deckel abgenommen und dann löst man die beiden Kreuzschlitzschrauben, mit denen der Sicherungskasten auf dem linken Radkasten befestigt ist. Da einige Lamellen ständig unter Strom stehen, sollten Sie — um Kurzschlüsse zu vermeiden — vorher das Minuskabel an der Batterie abklemmen.

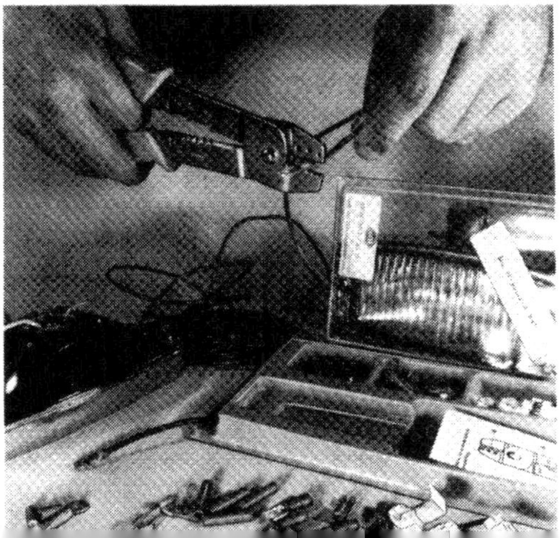

Wer in seinem Mercedes selbst Kabel verlegen will, kommt mit einer gewöhnlichen Kombizange zum Verbinden der Anschlußklemmen nicht weit. Andererseits sind die dazu geeigneten Spezial-Quetschzangen der Autoelektriker recht teuer (von 35 DM aufwärts). Hella hat deshalb eine einfache, aber trotzdem gebrauchstüchtige Quetschverbinderzange für Heimwerker entwickelt, die zusammen mit einem Sortiment gebräuchlicher Kabelverbinder (im Kasten und im Vordergrund des Bildes) nur rund 30 DM kostet (Hella-Bestell-Nr. 8 KW 002/733-001). Mit dem Mittelteil der Zange kann man die Isolierungen der Kabel abtrennen, ohne dabei die Metallitze des Kabels zu durchschneiden. Im Kopfteil der Zange werden Kabel und Verbinder so kräftig zusammengepreßt, daß sich auch ohne Verlötung die Verbindung nicht mehr lockert oder den Stromdurchfluß hemmt.

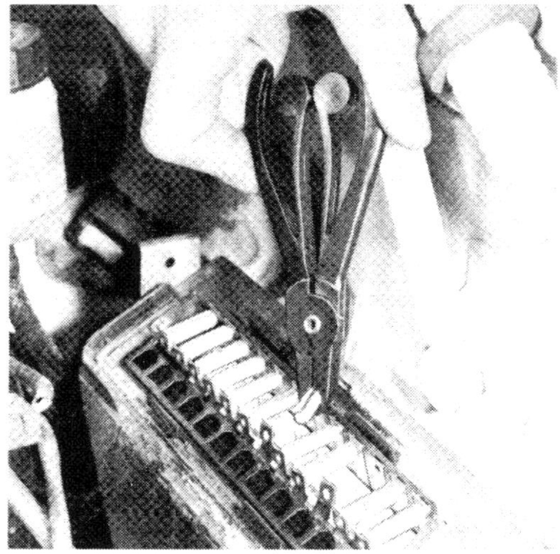

In den Bordwerkzeugtaschen fand sich früher eine kleine schwarze Kunststoffzange, deren Verwendungszweck auch wir zuerst nicht erkannten, denn die Mercedes-Betriebsanleitung schweigt dazu. Aber sie basiert auf einer sehr vernünftigen Idee, denn das Herauspuhlen der eng nebeneinander sitzenden Sicherungen mit den bloßen Fingern ist nicht jedermanns Sache und mit einem Schraubenzieher (Kurzschlußgefahr!) erst recht nicht empfehlenswert. Dieses praktische Werkzeug ist unter Bestell-Nr. 000581 04 38 bei MB-Vertretungen zu beziehen.

Fingerzeig: *Bei neuen Modellen wird der Sicherungskasten-Deckel zusätzlich mit zwei Schrauben befestigt. Die bisher am Deckel eingeklemmten Ersatzsicherungen finden Sie jetzt in einer kleinen Plastikschachtel beim Bordwerkzeug.*

Sicherungstabelle
Stand Frühjahr 1972

Sicherung Nr. und Klemme	erhält Strom von	Kabelfarbe	angeschlossene Stromverbraucher	Kabelfarbe
1 (30)	stets stromführend von Pluspol Batterie und Lichtmaschine	rot	auf Strom-Eingangsseite (nicht abgesichert!): Lichtschalter, Lenkschloß	rot
			abgesichert: Innenraumleuchte	rot-grün
			Lichthupe	rot-blau-weiß
			Zeituhr	rot-gelb
			Warnblinkanlage	rot-weiß
			Kofferraumleuchte	rot-weiß-gelb
2 (15/54)	stromführend bei eingeschaltetem Lenkschloß	rot-schwarz	auf Strom-Eingangsseite (nicht abgesichert):	
			Vorwiderstand der Zündspule	rot-schwarz
			Ladekontrolle	blau-rot
			abgesichert: Scheibenwischerschalter	schwarz-violett

Leicht zugänglich links vorn im Motorraum vor dem Servogerät der Zweikreisbremse befindet sich der Kasten für die elektrischen Sicherungen. Der Hinweis für die Aufteilung der Sicherungen macht das Auffinden eines eventuellen Störenfriedes leicht. (Daß bei dieser Aufnahme der Deckel verkehrt herum aufgelegt ist, haben Sie als ganz aufmerksamer Leser sicher sofort erkannt.)

Sicherung Nr. und Klemme	erhält Strom von	Kabelfarbe	angeschlossene Stromverbraucher	Kabelfarbe
2 (15/54)	stromführend bei eingeschaltetem Lenkschloß	rot-schwarz	Signalanlage (Hupe)	schwarz-gelb
			Wischermotor	schwarz-violett
			Zigarrenanzünder u. Aschenbecherbeleuchtung	schwarz-gelb-grün
			Fußpumpe (Scheibenwascher)	schwarz-violett
3 (15/54)	Sicherung Nr. 2	–	frei für Sonderwünsche, z. B. Getriebeautomatik (Kick-down-Schalter)	–
4 (15/54)	Sicherung Nr. 2	–	Blinklichtanlage	schwarz-rot-grün
			Startautomatik	schwarz
5 (15/54)	Sicherung Nr. 2	–	Betriebs- und Parkbremse	schwarz-blau
			Rückfahrlichtschalter	schwarz-gelb-rot
6 (15/54)	Sicherung Nr. 2	–	Gebläsemotor	schwarz-grün-rosa
			Bremslichtschalter	schwarz-rot-violett
7 (58)	bei eingeschaltetem Lichtschalter von Klemme 58 R	grau	Schlußlicht / Parklicht hinten rechts	grau-rot
			Parklicht / Standlicht vorne rechts	grau-rot
			Instrumentenbeleuchtung und Kennzeichenleuchten (über Lichtschalter)	schwarz-rot
8 (58)	bei eingeschaltetem Lichtschalter von Klemme 58 L	grau-weiß	Schlußlicht / Parklicht hinten links	grau-schwarz
			Parklicht / Standlicht vorne links	grau-schwarz
			Nebelscheinwerfer und Nebelschlußleuchte (falls letztere an Klemme NS des Lichtschalters angeschlossen).	grau-grün-gelb
9 (56a)	bei eingeschaltetem Fernlicht vom Abblendschalter (Klemme 56a)	weiß	Fernlichtkontrolle	weiß-blau
			Fernlicht rechts	weiß
10 (56a)	Sicherung Nr. 9	–	Lichthupenschalter (bringt Strom bei Lichthupenbetätigung)	weiß-violett
			Fernlicht links	weiß-schwarz
11 (56b)	Handabblendschalter (Klemme 56b)	gelb	Abblendlicht rechts	gelb
12 (56b)	Sicherung Nr. 11	–	Abblendlicht links	gelb-schwarz

Blitze im Zylinder

Das vom Kolben angesaugte Kraftstoff-Luft-Gemisch muß im Brennraum entzündet werden. Dazu dient die bei Vergasermotoren übliche Batteriezündung. Der Funke springt an der Zündkerze über. Aber vorher muß die Spannung auf über 10 000 Volt hochtransformiert werden, denn die schlichten 12 Volt aus der Batterie bzw. der Lichtmaschine genügen ja nicht, um gegen den Druck des zusammengepreßten Gemischs im Brennraum an der Kerze einen so kräftigen Funken überspringen zu lassen, wie er dort notwendig ist.

Etwas Funkentheorie

Die Ampere (Stromstärke) spielen in diesem Zusammenhang keine große Rolle, denn ein Funke springt zwischen zwei Polen nur durch hohe Spannung, aber nicht durch hohe Stromstärke über. (Wer beim Basteln schon einmal einen elektrischen Schlag an der Zündanlage erwischt hat, kann bestätigen, daß nicht viel Kraft dahinter sitzt.) Ferner muß der Zeitpunkt gesteuert werden, wann der Zündfunke an den Kerzen-Elektroden überzuspringen hat. Das besorgen in wohl abgestimmtem Rhythmus die Zündspule, der Verteiler und der Unterbrecher.
Damit hätten wir folgende Bestandteile der Zündanlage:

- Batterie oder Lichtmaschine
- Zündspule
- Unterbrecher
- Verteiler
- Zündkabel
- Zündkerzen

Nur indirekt mit der Zündung zu tun hat, trotz des Namens, das Zündschloß. Es ist die Schaltstation, durch die Sie mit dem Zündschlüssel den Elektronenfluß in Bewegung setzen können. Das Zündschloß bekommt Strom über die Klemme 30 direkt von der Batterie, schickt diesen weiter an den Anlaß-Magnetschalter, der den Motor zum Start durchdreht, leitet gleichzeitig Strom an die oben aufgezählte Zündanlage für die ersten Zündungen weiter, damit der Motor anspringen kann.

Wie der Zündfunke entsteht

Elektrischer Strom kann nur in einem geschlossenen Stromkreis fließen. Auf das Auto übertragen heißt das, daß vom Pluspol der Batterie oder Lichtmaschine ein Strom zum Verbraucher und durch diesen zur »Masse« der Fahrzeugkarosserie fließt, von wo er wieder zum Minuspol der Batterie gelangt. (Eigentlich »fließen« die Elektronen umgekehrt, von Minus nach Plus, aber das wußte man noch nicht, als man diese Bezeichnungen schuf, weshalb wir bei den vertrauten Bezeichnungen bleiben.)
Die Zündanlage hat einen doppelten Stromkreis oder sagen wir, es sind zwei Stromkreise ineinander verschlungen: der Primär-Stromkreis und der Sekundär-Stromkreis.
Fangen wir beim ersten Stromkreis, dem Primärstromkreis, an: Der Strom mit einer Spannung von 12 Volt aus der Batterie oder Lichtmaschine fließt vom Pluspol der Batterie (+) über das Zündschloß, weiter zum Unterbrecher, der

Die Zündspule befindet sich hinter der Batterie, sie ist vor Feuchtigkeitseinflüssen durch eine Kunststoffhaube gut geschützt. Die Zahlen bedeuten: 1 - Kunststoffhaube, 2 - Vorwiderstand, 3 - Entstörungskondensator (Sonderwunsch), 4 - Klemme 15 (Stromeingang für Primär- und Sekundärwicklung), 5 - Klemme 1 (Strom: ausgang der Primärwicklung), 6 - Klemme 4 (Stromausgang der Sekundärwicklung).

den Zündstrom an Masse weiterleitet, solange er geschlossen ist. Damit wäre der Primärstromkreis geschlossen.

In der dicken Drahtwicklung der Zündspule entsteht dabei ein magnetisches Feld, das durch den Eisenkern in der Mitte noch verstärkt wird. Wenn nun der Unterbrecher den Primärstromkreis unterbricht, fällt das Magnetfeld um die Primärwicklung der Zündspule schlagartig zusammen. Dabei entsteht — durch sogenannte Induktion — in der Sekundärwicklung der Zündspule, die aus vielen Lagen dünnen Drahts besteht, ein plötzlicher Spannungsanstieg von weit über 10 000 Volt.

Dieser Stromstoß wird von der Zündspule über eine Zündleitung in das Obergeschoß des Verteilers an den sich drehenden Verteilerläufer geschickt, von dort über die Zündkabel an die Zündkerzen-Elektroden weitergeleitet, wo der hochgespannte Zündstrom als Zündfunken überspringt. Und dieser entzündet das Gemisch im Brennraum. Der Funke springt wieder an Masse über — an die Masse-Elektrode der Kerze —, so daß auch dieser Sekundärstromkreis geschlossen ist, denn die Zündspulen-Sekundärwicklung ist ja über die Primärwicklung mit der Plusseite der Batterie oder der Lichtmaschine verbunden. Wie der Stromverlauf in der Praxis aussieht, kann man leicht im Schaltplan verfolgen.

Die Zündspule

Die Zündspule ist im Prinzip nichts anderes als ein Transformator, der aus drei Hauptteilen besteht. Erstens aus einem lamellierten Eisenkern, zweitens aus einer Primärwicklung, die aus dickem Draht besteht und an Klemme 15 und Klemme 1 angeschlossen ist (beide Schrauben auf der oberen Seite der Zündspule), und drittens aus einer Sekundärwicklung, die eine wesentlich höhere Wicklungszahl als die Primärwicklung aufweist.

Die Sekundärwicklung ist auf einer Seite an die Klemme 4 der Zündspule angeschlossen (genau oben in der Mitte) und die andere Seite ist im Inneren der Zündspule mit einem Ende der Primärwicklung verbunden. Die Zündspule ist wartungsfrei. Sie soll lediglich, um Kurzschlüsse, überspringende Funken und Kriechströme zu vermeiden, an der Isolierkappe sauber und trocken gehalten werden. Wenn die Zündspule nicht mehr funktioniert, ist an ihr nichts zu reparieren, sie muß ausgetauscht werden.

Die Zündspule erhält ihren Strom durch einen Widerstand, der neben der Spule angeordnet ist (aus weißem Porzellan). Die Klemme 16 des Widerstandes ist mit der Klemme 15 der Spule durch ein schwarzes Kabel verbunden. Auf der anderen Seite des Widerstandes befindet sich die Klemme 15, und diese wiederum wird durch ein rot-schwarzes Kabel von Klemme 15 des Zündschlosses mit Strom gespeist. Allerdings wird diese Verbindung zwischen Klemme 15 des Widerstandes und Klemme 15 des Zündschlosses nicht direkt hergestellt, sondern durch Verschraubung auf der nichtgesicherten Seite der Sicherung Nr. 2. An der Klemme 16 des Widerstandes ist ein anderes rot-violettes Kabel angebracht. Dieses ist direkt mit Klemme 16 des Anlassers verbunden und sorgt dafür, daß beim Anlassen des Motors die Stromspannung der Zündspule erhalten bleibt, die sonst beim Startvorgang erheblich sinken würde.

Prüfung der Primärwicklung

Der Zustand der Primärwicklung läßt sich mit einer Prüflampe oder einem Voltmeter prüfen. Dazu müssen Sie zuerst die Verteilerschutzkappe und den Verteilerdeckel entfernen. Der Verteilerdeckel wird von zwei Federbügeln gehalten, die leicht von Hand oder mit einem Schraubenzieher oben abgedrückt werden können. Ziehen Sie nun den Verteilerfinger von der Verteilerwelle ab. Zum Schluß wird die schwarze Schutzkappe entfernt, um an die Unterbrecherkontakte heranzukommen.
Mit einem feinen Schraubenzieher heben Sie jetzt diese vorsichtig ab und legen dazwischen einen Pappkartonstreifen. Damit sparen Sie sich das Drehen des Motors von Hand, bis die Unterbrecherkontakte von der Verteilerwelle geöffnet werden, und damit der Primärstromkreis unterbrochen wird. Dann schalten Sie die Zündung ein und drücken die zwei Kabelenden der Prüflampe (oder des Voltmeters) an Plus- und Minuspol der Batterie an. Jetzt kommt es darauf an, die Helligkeit der Birne der Prüflampe genau zu beobachten (oder die Anzeige des Voltmeters), um deren jetzige Leuchtkraft mit der Helligkeit der Zündspulenprüfung vergleichen zu können. Dazu müssen Sie ein Kabelende des Prüfgerätes an Klemme 15 des Zündspulenwiderstandes oder an Klemme 15 der Zündspule und das andere Kabelende gegen Masse drücken. Die Prüflampe muß bei diesem Vorgang fast genauso hell brennen wie beim Direktanschluß an die Batterie (bzw. das Voltmeter die gleiche Spannung aufweisen). Danach das Prüfgerät an den Ausgang des Vorwiderstandes (Klemme 16), d. h. an das der Zündspule zugekehrte Ende des Widerstandes, andrücken und das andere Ende wieder an Masse. Die Prüflampe wird wegen des hohen Widerstandes deutlich trüber brennen und die Anzeige des Voltmeters deutlich absinken.
Die gleiche Lampenhelligkeit zeigt sich bei der Eingangsklemme 15 der Zündspule. Zuletzt wird die Prüflampe an die Klemme 1 der Zündspule gehalten (Ausgangsklemme). Dort sieht man bei intakter Primärwicklung der Zündspule durch den hohen Widerstand nur noch ein schwaches Leuchten. Brennt die Prüflampe zu hell (wofür Sie einige Erfahrung brauchen, um das beurteilen zu können), hat die Zündspule in der Primärwicklung teilweise Kurzschluß, was deren inneren Widerstand und ihre Fähigkeit zum Aufbau eines hochgespannten Zündstromes in der Sekundärwicklung herabsetzt. Leuchtet die Prüflampe an Klemme 1 der Zündspule überhaupt nicht auf, so ist die Primärwicklung wahrscheinlich unterbrochen. Aber etwas ist klar — in beiden Fällen müssen Sie die Zündspule auswechseln.

Sekundärwicklung prüfen

Eine hundertprozentige Messung der Sekundärwicklung der Zündspule ist nur in einer Fachwerkstatt möglich, weil sie nur in ausgebautem Zustand und mit genügend hochgespanntem Strom geprüft werden kann. Behelfsmäßig kann man folgendermaßen prüfen: Dazu muß im Zündverteiler der die Unterbrecherkontakte trennende Pappstreifen wieder entfernt werden (das

darf sowieso nach Beendigung der eben beschriebenen Prüfung der Primärwicklung nicht vergessen werden). Den Verteilerkopf braucht man nicht aufzusetzen, da der Unterbrecher trotzdem funktioniert. Das dicke Hauptzündkabel zwischen Klemme 4 der Zündspule (genau in der Mitte) und Verteilerdeckel muß aus der Buchse des Verteilerdeckels gezogen werden und dessen blankes Kabelende in etwa 1 cm Abstand gegen ein gut leitendes Masseteil (z. B. Motorblock) gehalten werden.
Funkt es in diesem Abstand ziemlich kräftig, so ist die Sekundärwicklung in Ordnung. Wenn es keine oder nur schwache Funken gibt, oder diese erst bei viel kürzerem Abstand zu beobachten sind, ist die Sekundärwicklung defekt. Aber wie gesagt — das ist nur eine Behelfsprüfung, und es kann dadurch natürlich kein genaues Ergebnis erzielt werden.

Der Zündspulen-Vorwiderstand

Zum Schutz gegen die Bordnetzspannung von 11 bis 14 Volt muß die Zündspule mit einem Vorschaltwiderstand betrieben werden. Woher dieser Widerstand den Strom nimmt, ist schon in der Beschreibung der Zündspule aufgeführt. Der Vorwiderstand von 1,8 Ohm besteht aus Drahtwicklungen, die in einem kleinen Keramikblock eingebettet sind.
Der Vorwiderstand ermöglicht es, daß die Primärwicklung der Zündspule mit weniger Windungen gebaut werden kann. Dadurch steigt bei Betrieb der Zündspule in den Unterbrecher-Intervallen der Primärstrom schneller auf seine volle Höhe an, dementsprechend kann die Zündspule auch bei hohen Drehzahlen (und entsprechend kurzen Unterbrecher-Intervallen) eine hohe Sekundärspannung für den Zündfunken abgeben, — die Zündfunken werden also besonders kräftig. Andererseits würde die für solch hohe Zündspannung notwendige Hochleistungsspule durch ihren eigenen geringeren Widerstand die Unterbrecherkontakte zu stark belasten (höherer Abrand oder Verschmoren der Kontakte) und sich selbst zu stark erhitzen.
Der Vorwiderstand hilft also die Unterbrecherkontakte zu schonen und verhindert durch den gewissermaßen aus der Zündspule herausverlegten Widerstand, daß sich die Zündspule selbst überhitzen kann. Das ist vor allem wichtig, wenn die Zündung versehentlich eingeschaltet wurde (der Motor läuft nicht und die Unterbrecherkontakte sind zufällig geschlossen), denn

Das Bild zeigt den Verteiler mit abgenommener Schutzkappe, die Zahlen bedeuten: 1—4 = Zündfolge (Drehrichtung im Uhrzeigersinn) beginnend mit Zylinder 1 (rechts neben der Federklammer (6). 7 - Inbusschraube (Verdrehen des Verteilers), 8 - Zündspule, 5 - Hochspannungskabel.

in diesem Falle kann eine Zündspule ohne Vorwiderstand durch Überhitzung beschädigt werden. Um beim Starten des Motors die volle Betriebsspannung der Batterie, die durch den Stromverbrauch des Anlassers schon auf etwa 8—10 Volt herabgesetzt wird, an die Zündspule zu bringen und diese schon beim Drehen des Anlassers zu einem besonders kräftigen Zündfunken zu veranlassen, wird der Vorschaltwiderstand während des Startvorganges durch einen Schaltungstrick umgangen.

Wenn Sie sich jetzt den Schaltplan anschauen, (oder wenn Sie unsere Beschreibung der Zündspule bereits gelesen haben), können Sie sehen, daß die Klemme 16 des Magnetschalters auf dem Anlasser durch ein rot-violettes Kabel direkt mit der Ausgangsklemme 16 des Vorwiderstandes verbunden ist. Wenn die Klemme 50 am Magnetschalter des Anlassers von Klemme 50 des Zündschlosses den Startbefehl für den Anlasser bekommt, erhält auch die benachbarte Klemme 16 diesen Strom und kann ihn direkt an die Zündspule unter Umgehung des Zündspulenvorwiderstandes weiterleiten.

Der Zündverteiler

Der Verteiler — wie schon sein Name sagt — verteilt die Zündspannung auf die 4 Zündkerzen. Er sitzt, in Fahrtrichtung gesehen, vorne links am Motor zwischen Motorblock und Zündspule und ist mit einer schwarzen Gummischutzkappe versehen. Die Verteilerwelle wird von der Nockenwelle angetrieben. Bei Ihrem 4-Takt-Motor leistet jeder Zylinder auf 2 Kurbelwellenumdrehungen nur einen Arbeitstakt, auf 2 Kurbelwellenumdrehungen entfallen also 4 Zündungen. Auf die Verteilerwelle ist ein Nockenstück aufgesteckt, dessen 4 Nocken den Unterbrecherhebel bei jeder Drehung der Verteilerwelle viermal anheben, die Unterbrecherkontakte werden als viermal geöffnet. Das Oberteil des Verteilers ist die aus Isolierstoff bestehende Verteilerkappe. In ihr dreht sich ein ebenfalls aus Kunststoff bestehender Verteilerläufer, der auf der Verlängerung der Verteilerwelle (Nockenstück) aufgesteckt ist.

Der Unterbrecher

Der Unterbrecher sitzt am unteren Teil des Verteilers auf der sogenannten Unterbrecherplatte und ist gegen Masse isoliert. Er bestimmt durch sein Abheben den Zündzeitpunkt. Vom Überspringen des Zündfunkens im richtigen Augenblick ist die Leistung des Motors abhängig. Die beste Leistung erbringt der Motor, wenn der Druck des brennenden Kraftstoff-Luft-Gemisches unmittelbar nach Beginn der Abwärtsbewegung des Kolbens am größten ist. Da das Kraftstoff-Luft-Gemisch stets eine gleichbleibende Zeit zum vollen Entflammen braucht (es handelt sich zwar nur rund um 1/3000 Sekunde, aber das spielt bei der rasenden Geschwindigkeit des Kolbens schon eine Rolle), muß mit steigender Drehzahl der Zündzeitpunkt immer früher gelegt werden.

Wird er allerdings zu früh gelegt, schlägt das bereits entflammte Kraftstoff-Luft-Gemisch dem noch aufwärts strebenden Kolben entgegen — der Motor »klopft«. Gibt man zu wenig Frühzündung, wird die Energie des Kraftstoffes nicht vollständig ausgenützt, und der Motor hat nur ungenügende Leistung.

Automatische Zündverstellung

Mit zunehmender Drehzahl muß der Zündzeitpunkt weiter vor den oberen Totpunkt gelegt werden, da das Kraftstoff-Luft-Gemisch im Zylinder genügend Zeit zur vollen Entflammung haben muß.

Auch dann, wenn die Zylinder im Teillastbereich, also bei nur wenig durchgetretenem Gaspedal, weniger Kraftstoff-Luft-Gemisch erhalten, muß die Zündung weiter vor dem oberen Totpunkt erfolgen, denn das Gemisch verbrennt jetzt langsamer.

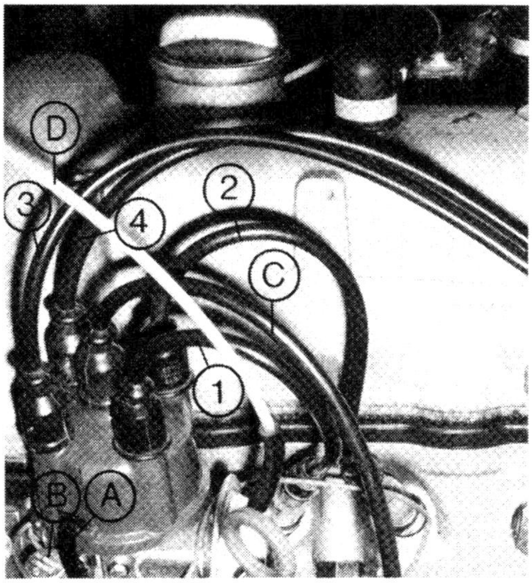

Der Deckel des Verteilers läßt sich nach Abdrücken der Feder A und der ihr gegenüberliegenden (und hier nicht sichtbaren Feder) abnehmen. B - Kondensator, C - Spannungskabel von Zündspule, D - Unterdruckleitung. 1 - Zündkabel zum ersten Zylinder, 2 - dasselbe zum zweiten Zylinder, 3 - zum dritten und 4 zum vierten Zylinder.

Die Unterdruckdose

Die Unterdruckdose hat, wie auf dem Foto Seite 118 zu sehen ist, die Form von zwei gegeneinandergedrückten Tellern (rechts vom Verteiler). An dieser Dose ist die Unterdruckleitung angeschlossen.
Die Frühzündung bei Teillast besorgt die zusätzliche Unterdruck-Verstellung am Zündverteiler. Diese bewirkt die schon genannte Unterdruckdose, die durch eine dünne Unterdruckleitung mit der Ansaugleitung des Motors kurz vor der Drosselklappe im Vergaser verbunden ist. Wenn die Drosselklappe im Leerlauf vollkommen geschlossen oder bei Vollgas ganz geöffnet ist, herrscht an dieser Stelle kein nennenswerter Unterdruck. Ist jedoch bei halb durchgetretenem Gaspedal die Drosselklappe nur teilweise geöffnet, entsteht in der Ansaugleitung ein mehr oder weniger kräftiger Unterdruck. Dieser zieht über die Saugleitung in der Unterdruckdose eine Membrane an, von der eine kleine Zugstange in den Verteiler hineinreicht und dort die drehbare Unterbrecherplatte anzieht.
Dabei wird die Unterbrecherplatte entgegen der Drehrichtung des Verteilernockens gezogen, so daß die Unterbrecherkontakte früher geöffnet werden. Die Unterdruckverstellung muß allein bis zu 13° (200) bzw. 19° (220) Verstellung in Richtung Frühzündung bewirken (bei Verdichtungsverhältnis 9,0:1 und 800 U/min mit unbelastetem Motor).
Die Unterdruckdose kann durch äußere Einwirkung oder Korrosion undicht werden; es ist aber auch möglich, daß die Membrane durch Rückschlag in den Vergaser bei einer Fehlzündung gerissen ist. Dann muß die Unterdruckdose ersetzt werden, weil sonst der Kraftstoffverbrauch erhöht wird und die Leistung des Motors im Teillastbereich abfällt. Auch kann der Schlauch vom Vergaser zur Unterdruckdose abgezogen oder undicht sein.

Der Fliehkraftregler

Der Fliehkraftregler wirkt »innerlich« auf die Nocken der Verteilerwelle. Dieser ist nämlich kein Stück aus einem Guß, sondern in Antriebswelle und Verteilerwelle geteilt. Beide sind beweglich ineinander gesteckt, und damit sie beweglich bleiben, müssen sie geschmiert werden.
Die Trägerplatte des Fliehkraftverstellers sitzt im Verteilergehäuse unter der Unterbrecherplatte fest auf der Verteiler-Antriebswelle. Je schneller sich diese dreht, umso stärker drücken die Fliehgewichte auf ihre Trägerplatte gegen

einen »Mitnehmer«, der seinerseits die eigentliche Verteilerwelle mit den Nocken zusätzlich in ihre Drehrichtung bewegt. Dadurch werden mit zunehmender Drehzahl die Unterbrecherkontakte früher geöffnet, wodurch der Zündzeitpunkt früher gelegt wird. Bei absinkender Drehzahl werden die Fliehgewichte von kleinen Spiralfedern zurückgezogen und machen so die Frühzündung wieder rückgängig.
Die Fliehgewichte und deren Rückholfedern sind genau aufeinander abgestimmt. Eine Störung kann man vermuten, wenn der Motor bei sonst einwandfreier Zündanlage in höheren Drehzahlbereichen nicht auf entsprechende Leistung kommt, obgleich der Zündzeitpunkt bei stillstehendem Motor einwandfrei stimmt.
Zur Überprüfung, ob Fliehkraft- und Unterdruckverstellung richtig arbeiten, benötigt die Fachwerkstatt eine Stroboskoplampe, einen Drehzahlmesser, ein Verstellwinkelgerät und eine Unterdruckpumpe. Nur mit diesen Geräten läßt sich einwandfrei feststellen, ob die Zündverstellung über den ganzen Verstellbereich richtig arbeitet, denn jeder Motordrehzahl entspricht ein bestimmter Frühzündungswert.

Der Unterbrecherkontakt

An den Kontakten des Unterbrechers, am Hammer und am Amboß, die eine 0,8 mm dicke Auflage aus Wolfram haben, bewirkt das ständige Öffnen und Schließen des Stromkreises einen unvermeidbaren Verschleiß durch Abbrand, Verschmoren oder Metallwanderung, obgleich gerade Wolfram sehr widerstandsfähig ist. Durch Gleichstrom bilden sich am Hammer kleine Löcher und am Amboß kleine Höcker, die sich in die Löcher einfügen. Das stört zu Anfang nicht weiter, macht aber eine genaue Messsung des Kontaktabstandes mit der Fühllehre unmöglich. Die alte Methode am Amboß zu feilen ist nicht mehr empfehlenswert, den erstens können die abgefeilten Metallspäne Kurzschlüsse verursachen, und zweitens ist der 0,8 mm dicke Wolframbelag zu dünn zum Feilen. Deshalb werden bei Verschleiß die Kontakte einfach ausgetauscht.

Unterbrecherkontakte prüfen
Pflegearbeit Nr. 46

In der Mercedes-Benz Kundendienstvorschrift ist vorgesehen, daß alle 15 000 km die Unterbrecherkontakte geprüft und wenn nötig, ersetzt werden müssen. Es ist also nicht unbedingt erforderlich, die Unterbrecherkontakte automatisch alle 15 000 km auszutauschen, wie es viele Werkstätten gerne tun.
Wenn Sie die Unterbrecherkontakte selbst prüfen möchten, ziehen Sie von der Verteilerkappe das Hauptzündkabel heraus (das ist das schwarze Kabel zwischen Verteiler und Zündspule), lösen Sie die Halteklammern der Verteiler-

A = Unterbrecherkontaktpaar (Kontakt geschlossen). 1 = Verbindungsklemme vom Niederspannungskabel 1 zur Zündspule und zum Kabel von Unterbrecherhebel, 2 = Warzen auf der Unterbrecherplatte, 3 = Befestigungsschraube für Kontaktträger, 4 = Unterdruckdose, 5 = Kerb-Markierung am Gehäuserand des Zündverteilers für Zylinder 1, 6 = Zugstange für Unterdruckverstellung, 7 = Unterdruckleitung.

Nach dem Abnehmen des Verteilerdeckels (2) und der Abdeckung (1) offenbart sich das Innere: 4 = Verbindungsklemme vom Niederspannungskabel 1 zur Zündspule und zum Kabel vom Unterbrecherhebel, 5 = Welle des Verteilerkopfes (hier abgenommen), 9 = Die Nase paßt genau in die entsprechende Kerbe (9a) des Verteilerdeckels, ein falsches Aufsetzen ist also unmöglich, 10 = Unterbrecherkontaktpaar. 3 = Niederspannungskabel zur Zündspule, 6 = Kondensator, 7 = Unterdruckdose, 8 = Unterdruckleitung (Saugleitung).

kappe und ziehen die Verteilerkappe zusammen mit den zu den Zündkerzen führenden Kabeln nach oben. Zuletzt den Verteilerfinger von der Verteilerwelle abziehen.

Das Aussehen der Unterbrecherkontakte hat folgende Bedeutung:

- Kontakte silberartig, wie hell poliert: Zündanlage ist in Ordnung.
- Grauer Überzug durch Oxydation: Zu kleiner Kontaktabstand oder zu geringer Kontaktdruck.
- Verbrannt, blau angelaufen: Kondensator oder Zündspule nicht in Ordnung.
- Verkrustet: Öl, Fett, Staub oder Schmutz zwischen die Kontakte geraten.

Im letztgenannten Fall können Sie sich selbst helfen. Mit einem scharfkantigen Schraubenzieher oder Taschenmesser entfernen Sie vorsichtig die vorhandene Kruste an den Kontakten. Keinesfalls eine Feile oder Schmirgelpapier dazu verwenden. Dann einen dünnen Holzstab mit einem Läppchen umwickeln und mit Tetrachlorkohlenstoff tränken (in jeder Drogerie erhältlich und bekannt als Flecken-Reinigungsmittel) und damit die Kontakte abwischen. Benzin ist nicht zu empfehlen, weil die Kontakte dagegen empfindlich sind.

Unterbrecherkontakte austauschen

Wenn die Kontakte verbraucht sind, müssen sie durch neue ersetzt werden. Es sind dabei beide Teile, also Hammer und Amboß gleichzeitig zu erneuern. Sind die alten Kontakte verschmort oder blau angelaufen, dann genügt nicht nur das Austauschen, sondern es muß auch nach den verursachenden Fehlern in der Zündanlage (Kondensator oder Zündspule) gesucht werden. Zum Auswechseln der Kontakte die Sicherungsklammer auf der Unterbrecherwelle abziehen, Kabelschuh des Verbindungskabels zum Unterbrecherhebel innen im Verteilergehäuse abziehen. Unterbrecherhammer mit Blattfeder und Verbindungskabel herausheben. Dann Feststellschraube für Amboß und Schraube für Massekabel lösen und Amboß herausheben.

Vor dem Einbau der neuen Unterbrecherkontakte wird die Nockenbahn der Verteilerwelle saubergerieben und mit der Fingerspitze sparsam eingefettet (z. B. mit Bosch-Fett Ft lv 4). Beim Einbau darauf achten, daß Hammer und Amboß in gleicher Höhe zu liegen kommen; notfalls müssen Ausgleichsscheiben auf der Unterbrecherwelle unter den Unterbrecherhebel gelegt werden. Beim Anschrauben des Massekabels muß darauf geachtet werden, daß dieses nicht die Unterdruck-Verstellung behindern kann. Anschließend sind Kontaktabstand und Zündzeitpunkt neu einzustellen.

Kontaktabstand prüfen

Der Abstand zwischen Unterbrecherhammer und Amboß soll nach Werksempfehlung bei voller Öffnung 0,4 mm betragen. Vor dem Messen des Kontaktabstandes wird bei geöffnetem Verteiler und eingelegtem dritten oder vierten Gang (aber nicht eingeschalteter Zündung) der Wagen so lange hin- und hergerückt, bis der Verteilernocken die Kontakte auf größte Öffnung gebracht hat.

Die genaue Prüfung des Kontaktabstandes mit der Fühlerblattlehre ist jedoch nur bei neuen und daher ebenen Kontakten einwandfrei möglich.

Die Kontakte mit der Kontaktfeile zu glätten ist — wie bereits erwähnt — nur eine Behelfsmaßnahme. Bei älteren Kontakten müssen Sie die Lehre am Rand dazwischen halten.

Schließwinkel prüfen

Pflegearbeit Nr. 48

Als genauere Einstellarbeit empfiehlt Daimler-Benz statt den Kontaktabstand zu messen das Einstellen des sogenannten Schließwinkels.

Dabei stören unebene Kontakte, im Gegensatz zur Einstellung mit der Fühlerblattlehre, gar nicht. Der Schließwinkel besagt, um wieviel Winkelgrade sich die Verteilerwelle vom Schließen der Unterbrecherkontakte bis zum Öffnen weiterdreht. Je näher man die Kontakte aneinanderbringt, um so größer muß der Schließwinkel werden, weil die dicht beieinanderliegenden Kontakte länger geschlossen bleiben. Bei größerem Kontaktabstand ist der Schließwinkel dagegen kleiner. Das notwendige Schließwinkelgerät gehört natürlich äußerst selten zur Ausstattung eines privaten Autobastlers, und deshalb muß diese Prüfung fast immer in einer Werkstatt durchgeführt werden. Beim Mercedes 200, 220 und 230 4 beträgt der Schließwinkel bei neuen Kontakten 50° bei Leerlaufdrehzahl (750—800 U/min bei warmem Motor) mit einer Toleranz von ±3°.

Der Kondensator

Der Kondensator, der auf dem Foto auf Seite 119 zu sehen ist, liegt außen am Verteilergehäuse und hat die Aufgabe, Funkenbildung am Unterbrecher zu unterbinden. Wie Sie schon gelesen haben, wird dadurch der Abbrand der Unterbrecherkontakte gehemmt und ein schnelles Zusammenbrechen des Magnetfeldes in der Zündspule gefördert (je schneller das Magnetfeld zusammenbricht, um so höher wird die Spannung im Sekundärstromkreis und entsprechend stärker ist der Zündfunke).

Kondensator prüfen

Ein schwacher Zündfunke, dessen Ursache in erster Linie in einem Fehler der Zündspule gesucht wird, kann auch an einem defekten Kondensator liegen, der mit einem Kabel zu Klemme 1 der Zündspule verbunden ist. Eine genaue Prüfung des Kondensators auf Kurzschluß, Isolationsverlust und ausreichende Kapazität ist nur in einer Fachwerkstatt mit dem entsprechenden Prüfstand möglich. Wenn der Kondensator allerdings total ausgefallen ist, läßt sich dies evtl. bei abgenommenen Verteilerkopf an überspringenden starken Funken zwischen den Unterbrecherkontakten erkennen. Dazu muß ein Helfer den Motor mit dem Anlasser durchdrehen.

Auch völliger Kurzschluß zur Masse ist bei voll geöffneten Unterbrecherkontakten an einer Prüflampe erkennbar, die zwischen Klemme 1 der Zündspule und dem davon abgezogenen Kabel geschaltet wird. Da die Unterbrecherkontakte geöffnet sind, besteht bei eingeschalteter Zündung kein regulärer Weg des Batteriestromes zur Masse. Die Prüflampe darf also nicht aufleuchten.

Fließt der Strom jedoch über einen Kurzschluß im Kondensator zur Masse, leuchtet die Prüflampe auf. Auch bei stark verschmorten Unterbrecherkontakten, die noch nicht lange in Betrieb sind, besteht der Verdacht, daß der Kondensator defekt ist. Aber langes Prüfen des Kondensators rentiert sich meistens nicht. Wenn er verdächtigt wird, empfehlen wir den Austausch (er kostet rund 5 Mark).

Fingerzeige: *Damit keine Kriechströme und Strombrücken entstehen, Isolierkappe der Zündspule sauber und trocken halten, besonders nach der Wagenwäsche oder nach langer Fahrt durch regnerisches Wetter (Kondenswassergefahr!).*
Lassen Sie den Wagen nicht mit eingeschalteter Zündung stehen. Wenn die Unterbrecherkontakte zufällig geschlossen sind, kann sich die Batterie über die Primärwicklung der Zündspule entladen.

Zündzeitpunkt kontrollieren

Pflegearbeit Nr. 49

Alle 15 000 km, bei Neueinstellen oder Auswechseln der Unterbrecherkontakte, nach dem Zusammenbau des Motors oder dem Aus- und Wiedereinbau des Zündverteilers muß der Zündzeitpunkt neu eingestellt werden.
Man kann die Zündeinstellung selbst prüfen und einstellen, dazu braucht man aber unbedingt eine kleine Prüflampe für 12 Volt Spannung. Dieses Einstellverfahren wird am stehenden Motor vorgenommen.
Soll der Motor seine Höchstleistung erreichen und der Kraftstoff richtig ausgenutzt werden, muß der Zündfunke an der Zündkerze zu einem genau festgelegten Zeitpunkt überspringen. Dieser sogenannte Zündzeitpunkt liegt bei stehendem oder ganz langsam drehenden Motor kurz vor dem oberen Totpunkt des Verdichtungstaktes. Beim Mercedes-Benz 200, 220 und 230 4 soll der Zündzeitpunkt 5° vor dem oberen Totpunkt liegen (Kurzbezeichnung 5° v. OT).

Vorbereitungen

Vor der Kontrolle des Zündzeitpunktes schraubt man die Zündkerzen heraus, damit man den Motor am Keilriemen leichter durchdrehen kann. Natürlich darf kein Gang eingelegt sein, sonst muß man beim Drehen am Keilriemen das ganze Fahrzeug weiterbewegen. Oder man macht es umgekehrt, legt den 4. Gang ein und ruckt das ganze Fahrzeug vorwärts und dreht den Motor durch. Der zweite Vorschlag ist leichter durchzuführen. Allerdings funktioniert dieses Verfahren bei Fahrzeugen mit automatischem Getriebe nicht, weil sich der Motor beim Schieben nicht drehen läßt.
Vor der Kontrolle des Zündzeitpunktes prüft man — wie schon im Abschnitt »Kontaktabstand prüfen« beschrieben wurde — ob die Unterbrecherkontakte den vorgeschriebenen Abstand von 0,4 mm haben. Da auch die kleinste Veränderung des Unterbrecherkontakt-Abstandes den Zündzeitpunkt erheblich beeinflußt, darf man den Kontaktabstand nach der Kontrolle des Zündzeitpunktes oder nach dessen Einstellung nicht mehr verändern. Stimmt der Unterbrecherkontakt-Abstand nicht, so muß auch die Zündung neu eingestellt werden.
Ist der Unterbrecherkontakt-Abstand in Ordnung, so klemmt man die Prüflampe mit dem einen Pol an Masse und mit dem anderen an Klemme 1 des Verteilers (siehe Schaltplan in der hinteren Buchklappe). Jetzt wird die Zündung eingeschaltet. Am Keilriemen dreht man den Motor langsam in Drehrichtung durch – von vorne gesehen nach rechts — also im Uhrzeigersinn.

Grobeinstellung

Unten am Motor, direkt vor dem Kühler, befindet sich die Auswuchtscheibe der Kurbelwelle, worauf eine Skala in 5°-Abständen eingeprägt ist. Die Mitte der Skala ist mit zwei Buchstaben markiert (OT), das bedeutet oberer Tot-

In der DB-Werkstatt geschieht das Prüfen der Steuerzeiten mit Prüfgeräten, die dem Eigenpfleger nicht zur Verfügung stehen, er muß sich provisorisch behelfen. 1 - Zeiger für Gradeinteilung an der Kurbelwelle, 2 - OT-Markierung bzw. Gradeinteilung auf der Auswuchtscheibe der Kurbelwelle, 3 - Gradscheibe,
4 - Zeiger für Gradscheibe an der Nockenwelle, 5 - Meßuhr mit Taststift und Halter, 6 - Bügel für Zylinderkopfhaube,
7 - Läufer des Zündverteilers,
8 - Markierung am Zündverteilergehäuse für den 1. Zylinder. (Die Positionen 3, 4, 5 und 6 zeigen spezielle Hilfsmittel, die nur der Fachwerkstatt zur Verfügung stehen.)

punkt des ersten Zylinders. Wenn sich die OT-Markierung gerade unter dem Zeiger befindet, heißt das, daß der Kolben im ersten Zylinder (das ist der vorderste, direkt hinter dem Kühler) ganz oben steht. Das ist der Punkt, in welchem der Kolben von der Aufwärts- in die Abwärtsbewegung übergeht.
Kurz bevor sich die Markierung für die 5°-Einstellung dem Zeiger nähert, muß man den Motor ganz langsam drehen, denn die Markierung darf auf keinen Fall über den Zeiger hinweg gedreht werden. Ist dies versehentlich passiert, dann genügt es nicht, wenn man die Riemenscheibe nur so weit zurückdreht, daß sich die Markierung mit dem Zeiger deckt. Da im Antrieb zur Verteilerwelle immer ein kleines Spiel vorliegt, dreht man zwar die Kurbelwelle zurück, die Verteilerwelle wird aber noch nicht zurückgedreht. Um dieses Spiel auszuschalten, dreht man das Scheibenrad um etwa eine Viertel-Umdrehung zurück und erst dann wieder in Drehrichtung, bis die Markierung und der Zeiger übereinander stehen.
Wenn die 5°-Markierung und der Zeiger sich decken, muß die Prüflampe aufleuchten. Leuchtet sie früher auf (die Markierung der Auswuchtscheibe hat den Zeiger noch nicht erreicht), so hat der Motor zu viel Frühzündung. Leuchtet die Prüflampe erst dann auf, wenn die Markierung den Zeiger überschritten hat, liegt der Zündzeitpunkt zu spät. In beiden Fällen muß die Zündung neu eingestellt werden.
Nachdem die Kurbelwelle in die richtige Stellung gebracht wurde, löst man die Klemmschraube am Verteilerhals mit einem Inbus-Sechskant-Steckschlüssel SW 5 so weit, daß sich der Verteiler nicht allzu leicht drehen läßt. Damit man sicher geht, daß jedes Spiel der Verteilerwelle ausgeschaltet ist und die Fliehgewichte des Fliehkraft-Verstellers eingezogen sind, dreht man die Verteilerwelle oben am Verteilerfinger nach links. Meist ist das gar nicht mehr nötig, was heißt, daß jedes Spiel ausgeschaltet war.
Hört man aber beim Versuch, die Verteilerwelle nach links zu drehen ein Klicken, und gibt die Verteilerwelle noch etwas nach, so klemmen die Fliehgewichte des Verteilers oder die Rückholfedern der Fliehgewichte sind nicht mehr in Ordnung. Den Verteiler muß man dann in einer Fachwerkstatt kontrollieren lassen.

Feineinstellung

Jetzt klemmt man die Prüflampe mit einem Ende an Masse. Nach dem Einschalten der Zündung klemmt oder hält man den anderen Pol der Prüflampe an die Klemme 1 des Verteilers. Wenn die Prüflampe jetzt aufleuchtet, so zeigt sie an, daß sich die Unterbrecherkontakte schon geöffnet haben, denn jetzt fließt der Strom vom Zünd-Anlaßschalter über die Primärwicklung der Zündspule und die Prüflampe zur Masse. Leuchtet die Prüflampe nicht auf, so sind die Unterbrecherkontakte noch geschlossen, und der Strom fließt vom Zünd-Anlaßschalter über die Primärwicklung der Zündspule und die geschlossenen Unterbrecherkontakte direkt zur Masse. Die geschlossenen Unterbrecherkontakte überbrücken die Prüflampe, und diese kann nicht aufleuchten.
Man dreht das Verteilergehäuse (von oben gesehen im Uhrzeigersinn) so lange nach rechts, bis die Prüflampe erlischt, wodurch das Schließen der Unterbrecherkontakte angezeigt wird. Jetzt dreht man das Verteilergehäuse ganz langsam nach links — entgegen dem Uhrzeigersinn — bis die Prüflampe soeben aufleuchtet, was das Öffnen der Unterbrecherkontakte und damit den Zündzeitpunkt anzeigt. Hat man zu schnell und über den Zündzeitpunkt hinausgedreht, dreht man das Verteilergehäuse etwa eine Achtel-Umdrehung zurück — über den Schließpunkt der Unterbrecherkontakte und das Erlöschen der Prüflampe hinaus — nach rechts. Jetzt kann man wieder langsam nach links drehen, bis die Prüflampe gerade aufleuchtet.
Nach der Einstellung zieht man die Klemmschraube am Verteilerhals wieder an. Um ganz sicher zu sein, daß der Zündzeitpunkt richtig liegt, dreht man die Kurbelwelle noch einmal die ganze Umdrehung durch. Hierbei muß die Prüflampe bei eingeschalteter Zündung mit dem einen Pol an Masse liegen und mit dem anderen an Klemme 1 des Verteilers. Kurz bevor die 5°-Markierung unter den Zeiger kommt, dreht man wiederum ganz langsam. Leuchtet die Prüflampe gerade dann auf, wenn die 5°-Einstellung und der Zeiger übereinander stehen, dann ist der Zündzeitpunkt bei stehendem Motor bzw. Anlaßdrehzahl korrekt.

Zündzeitpunkt mit Stroboskoplampe einstellen

In den Werkstätten will Daimler-Benz von der auch dort früher üblichen und eben beschriebenen Zündeinstellung bei stehendem Motor nichts mehr wissen. Dort soll bei 4500 U/min drehendem Motor mit einer Stroboskoplampe eingestellt werden. Das ist eine Blitzlampe, die zwischen das Zündkabel zum 1. Zylinder geschaltet und auf die Gradeinteilung auf der Auswuchtscheibe der Kurbelwelle gerichtet wird. Bei jedem Zündfunken für den 1. Zylinder leuchtet sie auf und beleuchtet die Gradmarkierung unter dem Zeiger, wobei die Markierung bei richtiger Einstellung zu stehen scheint. Andernfalls wird das Zündverteilergehäuse unten an seiner Innensechskant-Klemmschraube gelockert und der ganze Zündverteiler etwas verdreht, bis die entsprechende Markierung genau unter dem Zeiger steht.
Bei 4500 U/min und vom Zündverteiler abgezogenem Unterdruckschlauch werden der 200 und der 220 auf 43° vor OT und der 230.4 auf 40° vor OT eingestellt. Bei Leerlaufdrehzahl (800–900 U/min) liegt der Zündzeitpunkt dann beim 200 und 220 zwischen 13 und 20° vor OT und beim 230.4 zwischen 10 und 18° vor OT (Unterdruckschlauch abgezogen).

Zündkabel und Zündkabel-Anschluß

Um einen gleichmäßigen Motorlauf zu erreichen, zünden die Zündkerzen nicht nacheinander in der Reihenfolge der Zylinder, also 1 - 2 - 3 - 4, sondern sie haben die Zündfolge 1 - 3 - 4 - 2 (oben in der Mitte des Zylinderkopfdeckels angegeben). Jedes von der Verteilerkappe zu den Zündkerzen führende

Das Hinweisschild, das auf dem Zylinderkopfdeckel angeklebt ist, dient zur Erklärung der folgenden Werte:
1 = zulässiges Ventilspiel
1) 0,08 mm für das Einlaßventil
2) 0,20 mm für das Auslaßventil
2 = Empfohlene Zündkerzentypen
3 = bei 0,4–0,5 mm Kontaktabstand Schließwinkelwerte mit ±3° Toleranz
4 = Zündzeitpunkteinstellung bei 4500 U/min ohne Unterdruckverstellung
5 = Zündzeitpunkteinstellung bei 800–900 U/min
6 = Min. und max. Abgaswerte von Kohlenmonoxyd (in %) bei 800–900 U/min.

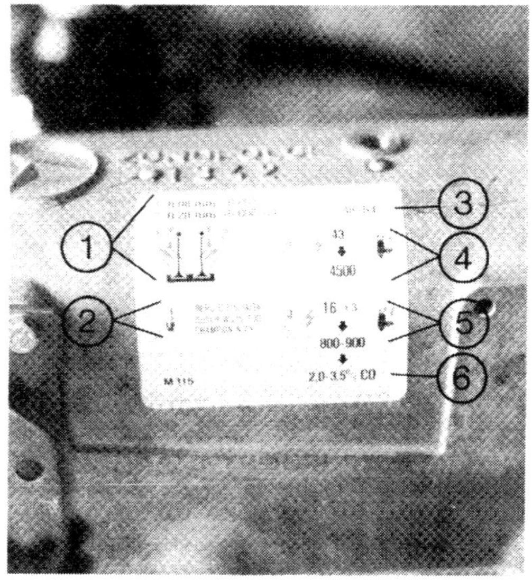

Zündkabel hat also seinen festgelegten Platz und steht nicht dauernd unter Strom, sondern wird mit diesem auf »Befehl« des Zündverteilers versorgt. Dieser Stromwechsel von Zündkerze zu Zündkerze erfolgt natürlich nicht langsam, sondern mit einer Geschwindigkeit, die mit zunehmender Motordrehzahl immer größer wird.
Leider ist beim Mercedes nicht (wie bei manchen anderen Fabrikaten) die Nummer des jeweiligen Zylinders auf dem dazugehörigen Kabel angegeben. Man kann aber vor dem Abziehen aller 4 Zündkabel Klebestreifen anbringen und darauf die Zylindernummer schreiben. In Fahrtrichtung vorn, also direkt hinter dem Kühler, liegt Zylinder Nr. 1.
Bei geöffneter Verteilerkappe läßt sich auch noch anders feststellen, wie die Zündkabel eingesteckt werden müssen. Am Verteilerrand sehen Sie eine Kerbe. Das der Kerbe am nächsten liegende Kabel (von oben gesehen im Uhrzeigersinn etwas rechts der Unterdruckdose) gehört zum ersten Zylinder. Entsprechend der Zündfolge führt (im Uhrzeigersinn) das zweite Kabel zum dritten Zylinder, das dritte zum vierten und das vierte zum zweiten Zylinder.
Die Zündkabel sind ganz nomale Kabel mit einer Kupferseele und einer starken Isolierung. An dem einen Ende ist eine Messingkralle angelötet, mit der die Kabel in die Anschlüsse der Verteilerkappe eingesteckt werden. Zieht man ein Zündkabel mit der Kralle aus dem Verteileranschluß heraus, muß man beim Wiedereinstecken darauf achten, daß sie fühlbar im Verteileranschluß einrastet.
Gelegentlich kommt es einmal vor, daß die Kralle mit Grünspan überzogen oder mit schwarzen Brandspuren überdeckt ist. Im ersten Fall kann Feuchtigkeit in den Zündkabelanschluß des Verteilers gelangt sein, im zweiten Fall saß die Messingkralle nicht stramm in der Messingbuchse des Anschlusses, und die Zündspannung sprang in Form von kleinen Funken von der Messingbuchse zur Messingkralle über.
Auf die Zündung haben derartige Fehler selten einen Einfluß, meist bemerkt man sie nur in Form von unerklärlichen Störgeräuschen im Autoradio. Abhilfe: Messingkralle und Messingbuchse mit einem feinen Schmirgelpapier säubern und die Messingkralle etwas auseinanderbiegen, damit sie wieder federnd anliegt.

Die Kerzenstecker sind einfach auf die Zündkabel aufgeschraubt, wobei eine Schraubspitze in die Kupferseele des Zündkabels eindringt und so den Stromübergang von dem Zündkabel zum Kerzenstecker bewirkt. Ebenso wie der Verteilerläufer sind auch die Kerzenstecker mit einem Entstörwiderstand zur Fernentstörung versehen. Bei Gelegenheit wischt man die Zündkabel einmal mit einem Lappen sauber, damit man feststellen kann, ob sie brüchig sind. Ein »Kurzschluß« kann sich bei brüchigem Zündkabel nicht ergeben, doch kann ein Teil der Zündspannung »wegkriechen«, wodurch die Zündleistung herabgesetzt wird.

Die Zündkerzen

Obwohl sie erheblichen Belastungen unterworfen sind, arbeiten die Zündkerzen im allgemeinen mit der größten Selbstverständlichkeit. Wenn die Zündkerze den richtigen Wärmewert hat und der Motor in Ordnung ist, hat man mit Zündaussetzern durch die Zündkerze nur selten zu rechnen.
Die Wärmewertskala ist eine ursprünglich willkürlich ausgewählte Zahlenreihe. Je höher die Motorleistung, bezogen auf den Hubraum (also die Literleistung) ist, um so höher muß allgemein der Wärmewert sein, denn die thermische (= Wärme-) Belastung der Zündkerze wird mit steigender Motorleistung größer. Bei manchen Zündkerzenfabrikaten ist der Wärmewert allerdings nicht aus der Typenbezeichnung ersichtlich.
Daimler-Benz empfiehlt bei Autos, die überwiegend für Normalbetrieb benutzt werden, folgende Zündkerzen:
■ BERU G 215/14/3 A ■ BOSCH WG 215 T 30 ■ CHAMPION N 7 Y,
für Stadtbetrieb, Kurzstreckenbetrieb im Winter und Normalbetrieb bis max. 130 km/h:
■ BERU G 190/14/3 A ■ BOSCH WG 190 T 30 ■ CHAMPION N 8 Y.

Das Zündkerzengesicht

Aus dem Aussehen und der Färbung der Zündkerzenelektroden kann man Rückschlüsse auf den Zustand des Motors, auf die Vergaser- und Zündeinstellung ziehen.

■ mittelbraun oder mittelgrau	gute Vergasereinstellung, Zündkerzen und Motor arbeiten richtig.
■ schwarz	Vergaser zu fett eingestellt oder Zündkerze ist im Betrieb durch vorwiegende Kurzstreckenfahrten zu kalt. Zündkerzen mit nächstniederem Wärmewert probieren, wenn Vergasereinstellung stimmt.
■ hellgrau	Vergaser zu mager eingestellt.
■ silbrig	Zündkerze wird zu heiß, evtl. durch scharfe Langstreckenfahrten; Zündkerze mit nächsthöherem Wärmewert probieren. Oder Zündung zu früh eingestellt.
■ verölt	Zündkerze setzt aus oder Kolbenring undicht; wenn bei allen Zündkerzen, Fehler in der Zündanlage.

Zündkerzen prüfen

Pflegearbeit Nr. 51

Das Reinigen der Zündkerzen mit Stahl- oder Messingbürsten und Kratzen mit scharfen Gegenständen hat keinen Reinigungswert, sondern schadet der Kerze. Am besten wird die Kerze gar nicht gereinigt. Reinigen in Zündkerzen-Reinigungsgeräten — wobei ganz feine Glasperlen oder Sand gegen den Isolator und die Elektroden gestrahlt werden — ist gerade noch vertretbar, da die Rückstände anschließend ausgespült oder ausgeblasen werden.
Üblicherweise wird empfohlen, nach 15 000 km die Kerzen zu wechseln. Sofern der Motor keine Zündstörungen hat, oder sich kein Nachlassen der

Von Champion gibt es eine praktische »Zündkerzenlehre« zum Nachbiegen und Prüfen des Elektrodenabstandes. Eine keilförmige Kante der Einstell-Lehre wird zwischen die Elektroden geschoben und der Abstand abgelesen. Unser Bild zeigt, daß die Seitenelektrode noch ein wenig gedrückt werden muß, damit der vorgeschriebene Abstand von 0,6 mm erreicht wird.

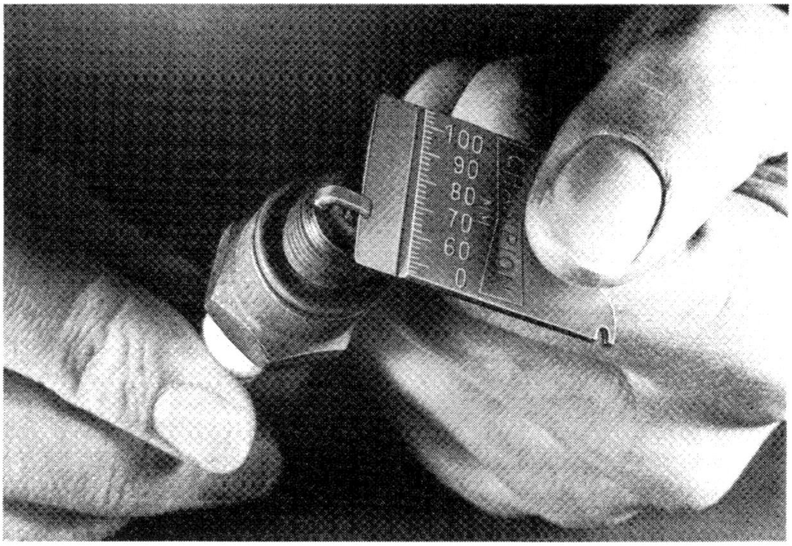

Motorleistung bemerkbar macht, sollte man die Kerzen nicht einfach auswechseln. Auch bei Zündstörungen und Nachlassen der Motorleistung sollte man die Schuld nicht zuerst bei den Kerzen suchen, sondern den Motor und die Zündanlage prüfen oder prüfen lassen. Meist halten die Kerzen wesentlich länger als 15 000 km, und es muß nur der Elektrodenabstand geprüft und erforderlichenfalls korrigiert werden. Er soll bei den 200, 220 und 230er Motoren 0,6 mm betragen. Halten die Kerzen weniger als 15 000 km, so entspricht meist der Wärmewert der Zündkerzen nicht der Fahrweise. Wird der Motor immer hoch belastet, höheren Wärmewert versuchen, und bei gering belastetem Motor niedrigeren Wärmewert.

Fingerzeige: *Die Zündkerzen sitzen mit ihrem Stahlkörper im Gewinde des Zylinderkopfes. Dieser ist aus Leichtmetall und besitzt leider keine Gewindebüchsen aus Stahl. Ständiges Heraus- und Hineinschrauben der Zündkerzen bekommt diesen Gewinden auf die Dauer nicht gut. Auf keinen Fall sollten Sie kalte Zündkerzen bei heißem Motor hineinschrauben und stark anziehen. Sie sitzen dann wie festgenietet und sind kaum noch zu lösen.*

Zündkerzen werden in der Werkstatt nach Inspektionsplan gewechselt, also ohne speziellen Auftrag. Wer seine Kerzen länger behalten will oder erst vor kurzem neue eingebaut hat, muß unbedingt im Auftrag vermerken, daß die Zündkerzen nicht ersetzt werden sollen. Ohnehin ist es billiger, Kerzen selbst zu wechseln, denn in der Werkstatt sind sie vielfach einiges teurer als genau dieselben aus dem Kaufhaus. Und die Werkstatt berechnet zudem auch noch das Auswechseln!

Lichtzauber

Wo viel Licht ist, ist auch Schatten, besagt ein altes Sprichwort, das auch auf unseren Mercedes zutrifft, der ja über eine Vielzahl von Lampen und Leuchten verfügt, die alle einmal ausfallen können. Uns ist es sogar schon passiert, daß innerhalb von zwei Wochen an einem Wagen drei Glühlampen durchgebrannt sind. Das kann Ihnen mit jedem Fabrikat passieren, denn durch die ständige Schüttelei im Wagen und nicht zuletzt aus Preisgründen hält eine Birne im Auto nie so lange wie etwa eine Haushalts-Glühlampe.
Um bei Nacht gut zu sehen und – was noch wichtiger ist – um auch gut gesehen zu werden, müssen sämtliche äußeren Beleuchtungseinrichtungen am Fahrzeug in Ordnung sein. Der Austausch von Birnen ist selbst für den Laien unproblematisch und kann jederzeit – falls nötig – unterwegs vorgenommen werden. Am vorteilhaftesten ist es, wenn man sich für jede der am Mercedes vorkommenden Beleuchtungseinrichtungen wenigstens eine Ersatzbirne kauft, die, in einem stabilen Kästchen in Schaumstoff, Watte oder Papiertaschentücher eingepackt, immer mitgeführt werden und griffbereit sind.

Notwendige Ersatzlampen

Für Ihren Mercedes benötigen Sie als wichtigsten Ersatz:
- Asymmetrische Zweifadenlampe 45/40 Watt, Sockel P 45 t (Scheinwerfer)
- Kugellampe 21 Watt, Sockel BA 15 s (Blinkleuchten und Bremslichter)
- Kugellampe 5 Watt, Sockel BA 15 s (Schlußlichter und Parklichter hinten)
- Soffittenlampe 4 Watt, 36 mm lang (Kennzeichen)
- Röhrenlampe 4 Watt, Sockel BA 9 s (Standlichter, Parklichter vorne)
- Einfadenlampe 35 Watt, Sockel BA 20 s (Nebellampe)

Wer einen Mercedes mit Halogen-Hauptscheinwerfern besitzt, benötigt statt der asymmetrischen Zweifadenlampe eine der beiden folgenden Glühbirnen.
- Halogen-Scheinwerferlampe H 1 55 Watt, Sockel P 14,5 s
- Halogen-Zweifadenlampe H 4 60/55 Watt, Sockel P 43 t

Ob H 1- oder H 4-Scheinwerfer eingebaut sind, steht vorn auf der Streuscheibe. Da die 21-Watt-Kugellampe am Wagen für Blinker und Bremsleuchten insgesamt sechsmal benötigt wird, sollten Sie nicht nur ein einziges Ersatzstück, sondern mehrere davon haben.

Scheinwerfer und Lampen prüfen

Pflegearbeit Nr. 8

Natürlich sieht man öfter nach den Lampen, als es der Wartungsplan vorschreibt. Diese Prüfung macht auch keine Mühe, wenn ein freundlicher Helfer die Lampen außen kontrolliert. Es geht aber auch ohne fremde Hilfe vor einer hellen Wand, einem senkrecht zur Fahrtrichtung stehenden Ladenschaufenster oder sogar in der engen Garage, wenn sie hell gestrichen ist. Schalten Sie nacheinander Standlicht, Fernlicht, Abblendlicht, Nebelscheinwerfer und Parklicht ein. Betätigen Sie danach die Blinker, und vergessen Sie vor allem nicht die Bremslichtprobe (wobei die Zündung eingeschaltet sein muß) durch einen Tritt auf das Bremspedal. Alle Lampen in Ordnung?

Um eine defekte Glühlampe in der vorderen Leuchteinheit auswechseln zu können, muß zuerst der rundum abdeckende Zierring entfernt werden. Die Halteschraube für Kreuzschlitzschraubenzieher sitzt im unteren Rand des Zierringes. Nach Herausdrehen der Halteschraube wird der Zierring an seiner oberen Kante einfach ausgehängt.

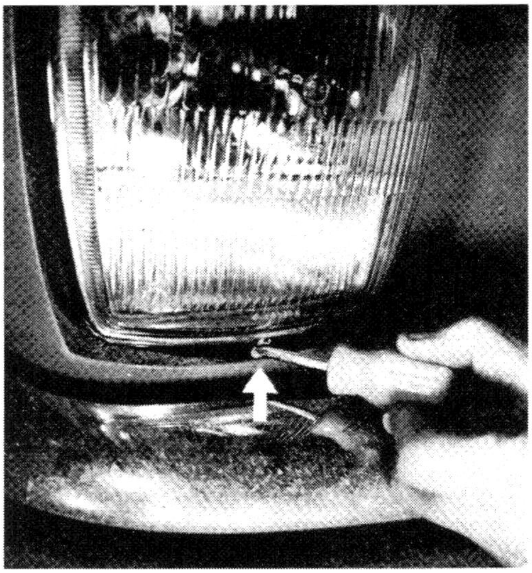

Wie eine defekte Lampe ausgetauscht wird, ist in den folgenden Abschnitten beschrieben. Natürlich sehen Sie sich die unwillige Lampe genau an, bevor Sie sie wegwerfen. Sie kann nämlich selbst in Ordnung sein und vermag nur nicht zu leuchten, weil an einem Steckkontakt, an einem Kabel, an einer Sicherung oder Lampenfassung der Stromfluß gehemmt wird.

Scheinwerferlampe auswechseln

Asymmetrische Zweifadenlampe (»Bilux«-Lampe) 45/40 Watt. Fernlicht (Klemme 56a) rechts: Sicherung Nr. 9, weißes Kabel; Fernlicht links (56a): Sicherung Nr. 10, weiß-schwarzes Kabel; Abblendlicht rechts (Klemme 56b): Sicherung Nr. 11, gelbes Kabel; Abblendlicht links (56b): Sicherung Nr. 12, gelb-schwarzes Kabel. Weitere Störungen sind am Licht- oder Abblendschalter möglich. Um eine defekte Scheinwerferlampe auszuwechseln, wird mit der Demontage des Zierrings begonnen. Dessen Halteschraube, eine »Linsensenkschraube« mit Kreuzschlitz, sitzt an der Unterkante (siehe Bild oben). Mit einem Kreuzschlitzschraubenzieher herausdrehen und Zierring oben aushängen. Darunter wird dann der Halterahmen des Scheinwerfereinsatzes sichtbar, auf dem eine ganze Reihe Schrauben erkennbar sind. Ihre Bedeutung ist auf dem Bild unten zu erkennen. Nun die 4 Kreuzschlitzschrauben, die den Scheinwerfereinsatz in seiner Mulde halten (Nr. 2 im Bild) herausdrehen. Scheinwerfereinsatz aus der Scheinwerfermulde heben, auf der Rückseite den Hauptscheinwerfer-Kabelstecker (Nr. 6 im Bild rechts oben) von den Glühlampen-Kontaktzungen (F im gleichen Bild) abziehen oder mit feinem Schraubenzieher vorsichtig abhebeln, da sie sehr fest sitzen. Klemm-

Auf der vorderen Leuchteinheit bedeuten: B - Blinkerlampe, F - Fernlicht, A - Abblendlicht, S - Standlicht, N - Nebellampe, P - Parklicht. Nach Abnahme des Zierringes werden auf dem Rand des Scheinwerfereinsatzes sichtbar: 1 - Gewindeöse für Zierring-Halteschraube, 2 - 4 Halteschrauben des Scheinwerfereinsatzes, 3 - Höheneinstellschraube und 4 - Seiteneinstellschraube des Hauptscheinwerfers, 5 - Einstellschraube des Nebelscheinwerfers, 6 - obere Einhängöse des Zierringes.

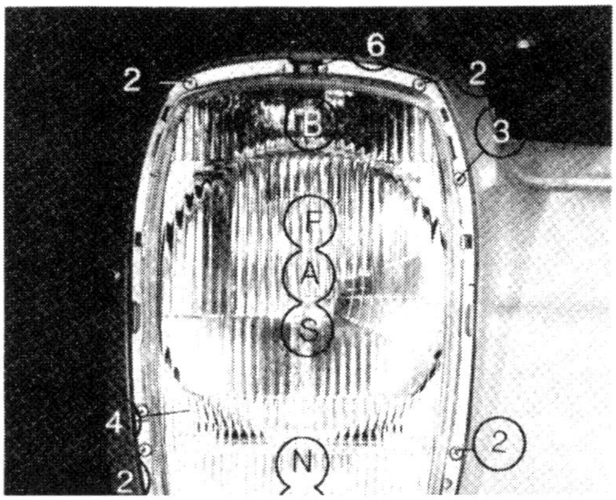

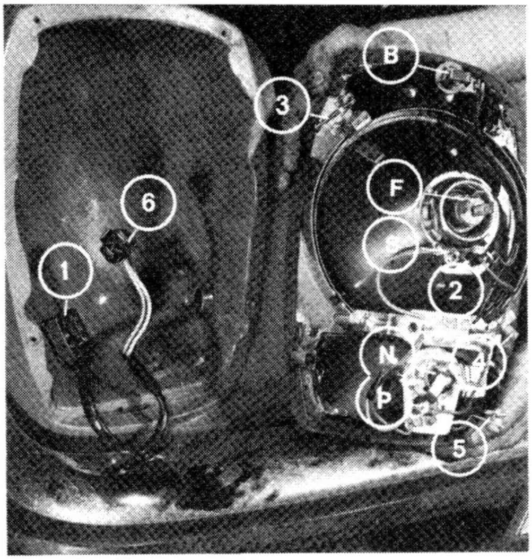

Auf der Rückseite des Scheinwerfereinsatzes sind erkennbar: B, F, S, N, P – wie im Bild links unten beschrieben. Ferner 1 - Mehrfachkabelstecker für B, S, N und P; 2 - Steckerstifte für den Mehrfachkabelstecker; 3 - Höheneinstellschraube und 4 - Seiteneinstellschraube des Hauptscheinwerfers; 5 - Einstellschraube für Nebelscheinwerfer; 6 - Kabelstecker für die Hauptscheinwerferlampe F.

ring um Glühlampe gegen Lampe drücken, etwas nach links drehen (Bajonettverschluß) und abziehen, Glühlampe herausziehen.
Glühlampe in die Scheinwerferrückseite einsetzen (siehe untenstehendes Bild). Glühlampenklemmring aufsetzen, andrücken und nach rechts festdrehen. Dabei darauf achten, daß der Klemmring alle drei kleinen Haltezungen im Scheinwerferspiegelrand erfaßt und die Kontaktzunge der Standlichtlampe einwandfrei aufsitzt. Glühlampenkabel aufstecken, Scheinwerfereinsatz in die Mulde setzen, Glühlampe zur Kontrolle einschalten. Wenn in Ordnung, Scheinwerfereinsatz festschrauben und Zierring montieren.

Fingerzeig: *Neue oder intakte Glühlampe nicht am Glaskolben mit bloßer Hand anfassen, sondern möglichst nur an den Kontaktzungen, wie im Bild gezeigt, was beim Einsetzen auch durchaus genügt. Der Glaskolben soll nur mit einem sauberen Taschentuch berührt werden. Das Taschentuch dient auch zum sorgfältigen Abreiben eines versehentlich angefaßten oder mit Papierfasern (von der Lampenverpackung) bedeckten Glaskolbens. Beim Anfassen mit bloßer Hand setzt sich unweigerlich Hautschweiß – auch bei frisch gewaschenen Händen – auf den Glaskolben, der beim Brennen der Lampe verdampft und den Scheinwerferspiegel trübt.*

Standlichtlampe auswechseln

Röhrenlampe, 4 Watt, Sockel BA 9 s. Standlicht wird mit Klemme 58 bezeichnet; rechts: Sicherung Nr. 7, grau-rotes Kabel; links: Sicherung Nr. 8, grauschwarzes Kabel.

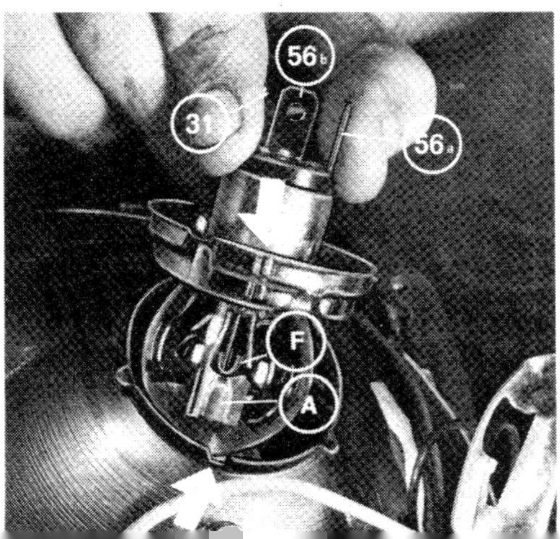

Beim Einsetzen einer neuen Glühlampe muß darauf geachtet werden, daß die Nocken am Glühlampensockel (oberer weißer Pfeil) genau in die entsprechende Aussparung am Scheinwerfergehäuserand (unterer weißer Pfeil) einrasten. Die Kontaktzungen an der Glühlampe bringen auf Norm-Klemme 56a das Fernlicht (im Glaskolben Fernlichtfaden F), auf Norm-Klemme 56b das Abblendlicht (im Glaskolben der Schirm des Abblendlichtfadens A).

Das Standlicht brennt immer, wenn überhaupt ein Licht eingeschaltet ist, außer Parklicht. Es dient als Notbeleuchtung, wenn der Abblend- oder Fernlichtfaden einer Scheinwerferlampe ausgefallen ist und hat die offizielle Bezeichnung »Begrenzungslicht«. Die kleine Lampe braucht nur 4 Watt und ist äußerst langlebig. Lampenwechsel praktisch wie beim Austausch der Scheinwerferglühlampe. Zuletzt faßt man vorsichtig mit dem Zeigefinger durch die Glühlampenöffnung in den Scheinwerfer (Spiegelfläche nicht berühren) und drückt die nur lose in ihrer Fassung sitzende Standlichtlampe heraus.

Scheinwerferscheibe auswechseln

Wenn durch Steinschlag oder Unfall die Streuscheibe des Scheinwerfers beschädigt ist, soll sie so bald wie möglich ersetzt werden, damit nicht inzwischen durch eindringende Feuchtigkeit die Verspiegelung verschmutzt oder gar getrübt wird. Diese Spiegelfläche ist »aufgedampft« und äußerst empfindlich; man kann sie nicht mit einem Lappen reinigen, sie darf auch nicht beim Austausch der Scheinwerferscheibe mit den Fingern berührt werden!
Zum Austausch der Streuscheibe (ihr Name sagt, daß sie das gebündelte Licht des Scheinwerferspiegels fahrgerecht »streut«) Scheinwerfer-Zierring abmontieren. Nun nicht den Scheinwerfereinsatz ausbauen, sondern die an seinem unteren Rand sitzenden beiden Drehklammern (rechts und links der Gewindeöse; Bild Seite 128 unten) mit einem breiten Schraubenzieher von der Glasscheibe zur Seite drehen, etwas nach vorne ziehen und von der Glasscheibe wegdrücken. Danach läßt sich die Streuscheibe nach vorne abnehmen. Der Einbau erfolgt sinngemäß umgekehrt.

Scheinwerfer einstellen

Nach einer Reparatur an der Fahrzeugfederung oder wenn unterwegs eine neue Scheinwerferlampe eingesetzt werden mußte, ist eine Neueinstellung der Scheinwerfer fällig, denn selbst ein Bruchteil eines Millimeters in der Fertigungs-Toleranz einer Scheinwerferlampe macht sich natürlich auf 25 oder 100 Meter Entfernung im Scheinwerferstrahl bemerkbar. Den neu bestückten Scheinwerfer kann man grob einstellen, indem man das Auto rund 10 oder 20 Meter vor einer möglichst hellen Wand aufstellt und ihn der Höhe nach mit dem unveränderten Scheinwerfer gleichstellt. Dazu wird das Abblendlicht eingeschaltet, das nach oben eine scharf abgegrenzte Hell-Dunkel-Grenze hat, und durch wechselseitiges Verdecken festgestellt, welches »Lichtbild« auf der Wand zu dem neu einzustellenden Scheinwerfer gehört und ob dieser höher oder tiefer gestellt werden muß. Nur die Kreuzschlitzschraube am Haltering rechts oben (im Bild auf Seite 128 unten mit 3 gekennzeichnet) wird dazu gedreht. Rechtsdrehen dieser Einstellschraube senkt den Scheinwerferstrahl, Linksdrehung hebt ihn an. Die Seiteneinstellung kann man sich bis zur baldmöglichen fachgerechten Scheinwerferjustierung sparen.
Unterläßt man jedoch die behelfsmäßige Einstellung nach dem Einsetzen einer neuen Lampe, ist zumeist entweder die Fahrbahn schlecht ausgeleuchtet oder entgegenkommende Autofahrer machen durch eifriges Lichthupen darauf aufmerksam, daß auch der abgeblendete Scheinwerfer noch blendet.

Scheinwerfer mit Hilfsmarken einstellen

Das richtige Einstellen der Scheinwerfer nimmt die Werkstatt oder der Bosch-Dienst mit einem Scheinwerfereinstellgerät vor, das direkt vor jeden einzelnen Scheinwerfer geschoben wird. Das ist eine Arbeit von wenigen Minuten. Sie können aber die Scheinwerfer Ihres Mercedes auch selbst vorschriftsmäßig einstellen, wenn Sie eine ganz ebene Fläche von mindestens 9 m Länge mit abschließender senkrechter Wand zur Verfügung haben und auf dieser Wand mit Kohle oder Kreide malen dürfen. Ferner brauchen Sie einen Helfer, ein Maßband und eine gerade Latte zum Stricheziehen.

Nun stellt man seinen Mercedes auf der ebenen Fläche genau im rechten Winkel zur Wand auf, schiebt ihn mit der Hand einige Meter hin und her, damit sich die Federung richtig einspielt, und stellt ihn schließlich so ab, daß die Scheinwerfer in genau 5 Meter Abstand zur Wand stehen.

Jetzt peilen Sie durch das Rückfenster des Mercedes nach vorne über die Motorhaube jenen Punkt auf der Wand an, auf den die Mitte Ihres Fahrzeuges genau zeigt. Als »Hilfs-Peilpunkte« nehmen Sie dazu die mittlere obere Zierleistenklammer des Rückfensters und den Mercedes-Stern auf der Motorhaube. Wo Ihr Auge die Wand anvisiert, lassen Sie von dem Helfer einen kurzen senkrechten Strich aufmalen und messen nun die Höhe der Scheinwerfermitte über dem Boden. Diese Scheinwerfermitte ist an einem kleinen Glasrechteck in der Streuscheibe vor dem Hauptscheinwerfer erkennbar. Von diesen kleinen Rechtecken der beiden Scheinwerfer ausgehend, mißt man den Abstand der Scheinwerfermittelpunkte voneinander. Die beiden Maße werden schön symmetrisch beidseitig der Mittelsenkrechtmarkierung auf der Wand durch zwei kleine Kreuze markiert.

Von jedem dieser Markierungskreuze mißt man 5 cm herunter – dies ist das Spezialmaß für die Scheinwerfereinstellung des Mercedes. Die ausgemessenen Punkte werden mit je einem dicken Kreuz markiert. Dann ziehen Sie durch die beiden Kreuze einen waagerechten Strich.

Nach dieser Vorarbeit beginnt das eigentliche Einstellen der Scheinwerfer. Dazu Helfer oder 65–70 kg Gewicht auf Mitte Rücksitzbank setzen und Abblendlicht einschalten. Da der Mercedes asymmetrisches Abblendlicht hat, steigt nach einer genau waagerechten linksseitigen Hell-Dunkel-Grenze des Scheinwerfer-»Lichtbildes« in einem sehr gut erkennbaren Abknickpunkt das beleuchtete Scheinwerferfeld im Winkel von 15° nach rechts oben an. Dieser Abknickpunkt muß haarscharf auf das vorher markierte, für ihn bestimmte Kreuz zeigen. Auch eine geringe Abweichung nach rechts, links oder oben ist nicht zulässig. Allenfalls dürfte der Lichtpunkt unterhalb des Kreuzes liegen. Das würde aber bedeuten, daß die Straße nicht vollständig ausgeleuchtet wird.

Die Scheinwerfer werden nun abwechselnd mit einer Decke oder Jacke verdeckt, damit sich die beiden »Lichtbilder« nicht gegenseitig stören. Zeigt einer der Abknickpunkte nicht auf die für ihn bestimmte Markierung, wird mit der Einstellschraube 3 zuerst die Höhe, wie bereits auf Seite 130 beschrieben, eingestellt. Die Seitenrichtung justiert man mit der Kreuzschlitzschraube

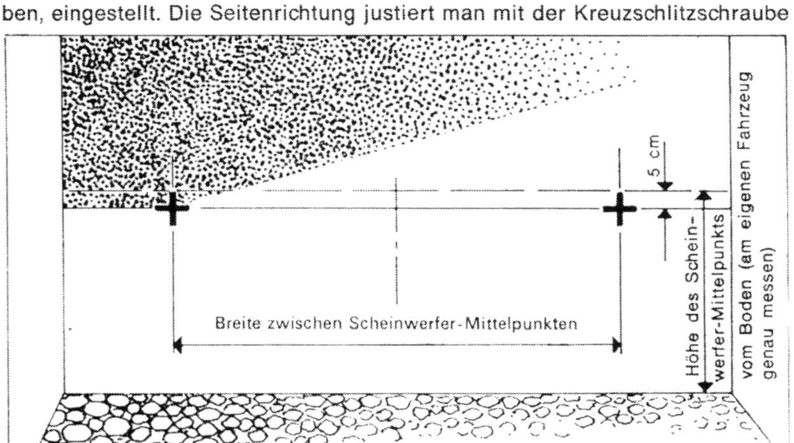

Vor der senkrechten Wand, auf der Sie diese Hilfslinien zum Einstellen der Mercedes-Scheinwerfer ziehen, sollten Sie 9 Meter ebener Fläche haben. Auf was bei der Herrichtung dieses Platzes zu achten ist, ist auf diesen Seiten beschrieben. Den Abstand der beiden Hilfskreuze zueinander müssen Sie selbst an Ihrem Wagen genau messen, ein kleines ungeriffeltes Glasrechteck in der Scheinwerferstreuscheibe zeigt Ihnen, wo genau der Scheinwerfermittelpunkt liegt. Am gleichen Punkt wird auch die Höhe des Scheinwerfermittelpunktes über dem Boden gemessen, nachdem die Wagenfederung durch Hin- und Herschieben des Wagens »frei« ist. Von dieser Höhe sind 5 cm abzuziehen, das entspricht dem vorgeschriebenen »Gefälle« des Scheinwerferstrahls auf 5 Meter Entfernung.

unten links (4 im Bild auf Seite 128 unten), bis der Abknickpunkt des asymmetrischen Abblendlichtes genau auf dem Markierungskreuz liegt.
Ist der Abknickpunkt nur unscharf zu erkennen, kann er durch Abdecken des linken oberen Viertels (in Fahrtrichtung gesehen) der Streuscheibe schärfer sichtbar gemacht werden.
Wer eine solche Wand nicht zur Verfügung hat oder auf ihr nicht malen darf, kann sich auch so helfen: In der Werkstatt Scheinwerfer peinlich genau einstellen lassen. Bei der Einfahrt in die eigene Garage den Wagen mit eingeschaltetem Abblendlicht am Garagentor stehen lassen, aussteigen und die beiden Abknickpunkte auf der Garagenrückwand markieren. Wenn das auf die wenigen Meter auch keine genaue Kontrolle ist, eine Hilfe zur Nachkontrolle ist es doch. Nach dieser Einstellung der Scheinwerfer mit dem Abblendlicht stimmt die Einstellung des Fernlichtes automatisch. Das Einschalten des Fernlichtes ist also beim Justieren der Scheinwerfer gar nicht notwendig.

Lampenwechsel

Blinkleuchten vorn

Bei Ersatz der Blinkleuchten sollten Sie darauf achten, daß wieder Glühlampen gleicher Stärke eingesetzt werden (21 Watt), denn das Blinker-Relais ist jeweils auf den Gesamtverbrauch der Blinkerlampen eingerichtet. Zu starke oder schwache Lampen lassen das Blinker-Relais entweder zu langsam oder zu schnell blinken.
Den Ausfall einer einzelnen Blinkerlampe erkennt man am kurzen Aufblitzen der Blinker-Kontrollampe in kürzeren Abständen. Andere Blinkerstörungen siehe Seite 142.
Gebraucht werden: Kugellampe 21 Watt, Sockel BA 15 s, Sicherung Nr. 4 für die ganze Blinkeranlage zuständig; Blinker rechts schwarz-grüne, Blinker links schwarz-weiße Kabel.
Zum Austausch einer defekten Blinkerlampe muß genau wie zum Wechsel der Scheinwerferlampe der vordere Scheinwerfereinsatz ausgebaut werden. Danach die beiden seitlichen Klemmbügel am Spiegel der Blinkleuchte (im Bild auf Seite 129 mit B bezeichnet) beiseite drücken, dabei etwas in ihrer Fassung drehen und herausziehen. Neue Glühlampe einsetzen und sofort prüfen, ob sie brennt.

Serienmäßige Nebelscheinwerfer und Parklicht vorn

Für serienmäßige Nebelscheinwerfer (Einfadenlampe) 35 Watt, Sockel BA 20 s, Sicherung Nr. 8, von dort grau-grün-gelbes Kabel zu Klemme NSE des Lichtschalters, von dort (Klemme N) grau-grünes Kabel zu den Nebellampen. Für Parklicht vorn (bis März 1971) Röhrenlämpchen 3 bzw. 4 Watt, Sockel BA 9 s, Sicherung Nr. 1; Parklicht rechts (Klemme PaR am Lichtschalter) grünes Kabel, Parklicht links (Klemme PaL) grün-schwarzes Kabel.
Seit März 1971 übernehmen die Standlichtbirnen die Funktion der vorderen Parkleuchten (Ausbau auf Seite 129 beschrieben).
Zum Austausch einer defekten Nebel- oder Parklichtlampe Scheinwerfereinsatz ausbauen, wie auf Seite 128 beschrieben. Danach Mehrfachkabelstecker (Nr. 1 auf dem Bild, Seite 129 oben) abziehen, Klemmbügel über Lampenfassung (Bild Seite 129, N und P) nach oben drücken, Lampenfassung herausnehmen. Schadhafte Glühlampe nach Druck und leichter Drehung aus dem Bajonettverschluß ziehen.

Heckleuchten

Die Heckleuchten Ihres Wagens haben folgende Lampenanordnung: Jeweils außen sitzen die Blinker, zur Fahrzeugmitte die Bremsleuchten, in der Mitte der Heckleuchten Parklicht, Schlußlicht und Rückfahrscheinwerfer. Obwohl

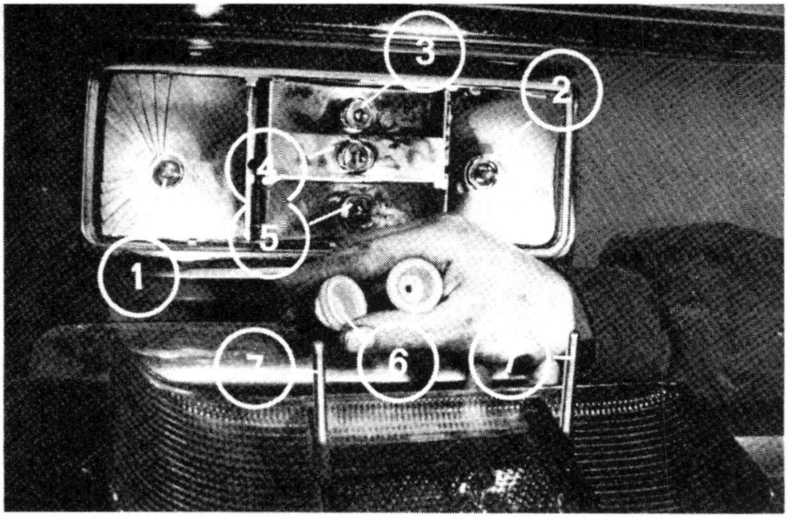

Das Abdeckglas der Heckleuchte wird vom Kofferraum aus durch Losdrehen der beiden Rändelmuttern (6) von den langen Schraubenbolzen (7) gelöst. Darunter werden auf der jeweiligen Fahrzeugaußenseite die Blinkerlampen (1) und zur Fahrzeugmitte die Bremsleuchten (2) sichtbar. In der Mitte der Heckleuchte sitzen Parkleuchte (3), Schlußleuchte (4) und Rückfahrscheinwerfer (5).

die eingesetzten Glühlampen unterschiedliche Leistungsaufnahme haben, werden nur Lampen mit einem Sockel (BA 15 s) verwendet, so daß sich beim Durchbrennen lebenswichtiger Lampen weniger wichtige vorübergehend dort einsetzen lassen, wenn man keine Ersatzlampen mit sich führt. Lebenswichtig sind die Schlußlichter (jeweils ersetzbar durch ein Parklichtlämpchen), die Blinker und Bremslichter (jeweils ersetzbar durch eine Glühbirne des Rückfahrscheinwerfers). Mit einem Ersatz aus dem eigenen Heckleuchtenbestand darf man sich aber nicht zufrieden geben und die Sache auf sich beruhen lassen, sondern die umgetauschte Lampe muß schleunigst ersetzt oder, falls schwächer, wieder umgetauscht werden. Denn bei einer eventuellen Polizeikontrolle hat es gar keinen Sinn zu erklären, Rückfahrscheinwerfer und Parklampen seien ja gar nicht amtlich vorgeschrieben – das stimmt durchaus –, aber wenn man solche »freiwilligen« oder zusätzlichen Beleuchtungen am Auto hat, müssen sie stets funktionieren, auch das ist amtlich.
Um eine defekte Glühbirne der Heckleuchte austauschen zu können, sind lediglich vom Kofferraum aus zwei große Kunststoff-Rändelschrauben an der betreffenden Heckleuchten-Rückseite loszudrehen und das Abdeckglas nach außen abzunehmen. Die einzelnen Lampen (Bild oben) lassen sich aus ihren

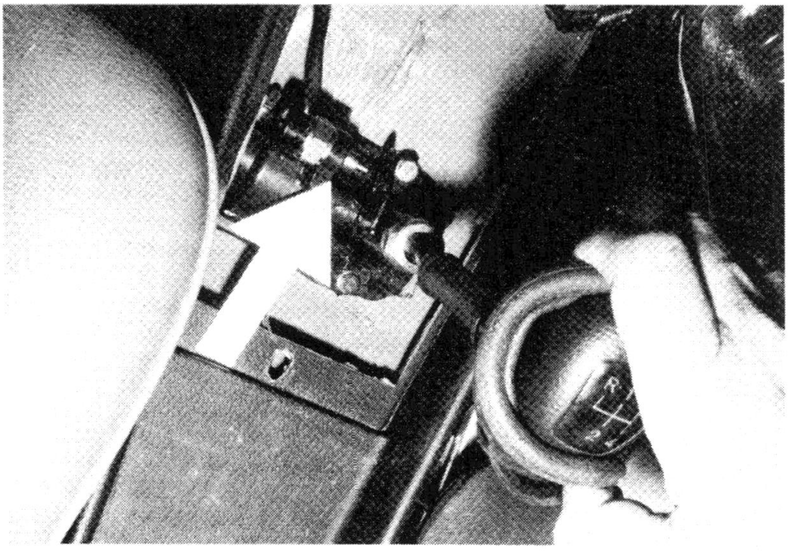

Das Bild zeigt den Schalter für die Rückfahrscheinwerfer; er befindet sich unter der Gummimanschette am Schalthebel, der weiße Pfeil zeigt darauf.

Die Kennzeichenleuchte wird vom Kofferraum aus demontiert. Kreuzschlitzschrauben der Leuchtenabdeckung aus ihren Bohrungen (5) drehen, Abdeckung wegnehmen. Danach von außen zwei Halteschrauben der Leuchte neben dem Abdeckglas aus ihren Bohrungen (weißer Pfeil) drehen, Kennzeichenleuchte (3) in den Kofferraum ziehen, Abdeckglas (4) abnehmen und Soffittenlampe (1) nach Beiseitebiegen der Kontaktzunge (2) entfernen. Der Einbau erfolgt sinngemäß umgekehrt.

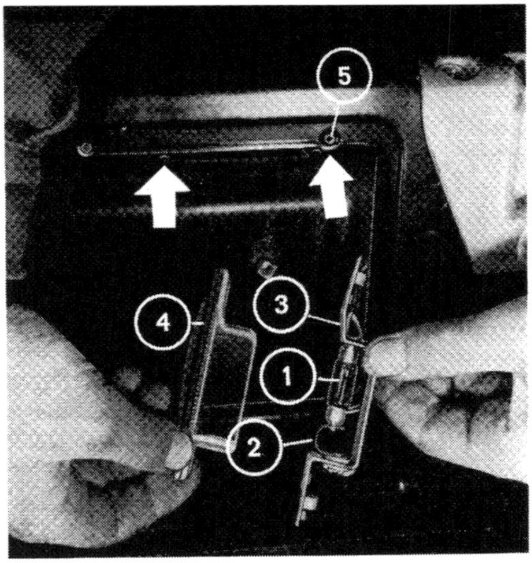

Bajonettverschlüssen durch Druck auf den Glaskolben und nach leichter Linksdrehung ohne weiteres herausziehen.

■ Blinkerlampe (Nr. 1 im Bild Seite 133 oben): Kugellampe 21 Watt, Sicherung Nr. 4. Blinker rechts schwarz-grünes Kabel, Blinker links schwarz-weißes Kabel.

■ Bremslicht (Nr. 2): Kugellampe 21 Watt, Sicherung Nr. 6. Von Sicherung zum Bremslichtschalter schwarz-rot-violettes Kabel, von dort zum Bremslicht schwarz-rotes Kabel.

■ Schlußlicht (Nr. 4): Kugellampe 5 Watt, Sicherung Nr. 7 für rechtes Schlußlicht mit grau-rotem Kabel, Sicherung Nr. 8 für linkes Schlußlicht mit grau-schwarzem Kabel.

■ Parklicht (Nr. 3 bis März 1971): Kugellampe 4 Watt, Sicherung Nr. 1. Rechts grünes Kabel, links grün-schwarzes Kabel.

Seit März 1971 sind die gesonderten Birnen für die Parkleuchten hinten entfallen. Ihre Funktion übernehmen die Schlußlicht-Glühlampen, die in der seitherigen Parklichtkammer (Nr. 3) sitzen. Die Leuchtkammer Nr. 4 bleibt frei.

■ Rückfahrscheinwerfer (Nr. 5): Kugellampe 15 Watt, Sicherung Nr. 5. Von dort schwarz-gelb-rotes Kabel zum Rückfahrlichtschalter (am Getriebe bzw. an der Unterseite des Schaltgelenkbockes, siehe weißen Pfeil auf dem Foto Seite 133 unten) und von hier grau-gelbes Kabel zu den Rückfahrscheinwerfern. Diese brennen auch bei nicht eingeschalteter Beleuchtung automatisch auf, wenn der Rückwärtsgang eingelegt wird.

Kennzeichenleuchte

Die beiden Kennzeichenleuchten sitzen in der oberen Kofferraumkante neben dem Kofferraumschloß.

Zwei Soffittenlampen 5 Watt, 36 mm lang. Grau-rotes Kabel von Sicherung Nr. 7 bis Klemme K 30 des Lichtdrehschalters und von hier grau-violettes Kabel bis Kennzeichenleuchten.

Den Ausbau einer Kennzeichenleuchte zeigt das Bild oben. Die Soffittenlampe läßt sich nach Beiseitebiegen der einen Kontaktzunge herausnehmen.

Kofferraumleuchte

Kugellampe 5 Watt, Sockel BA 15 s, Sicherung Nr. 1, von dort rot-weiß-gelbes Kabel.

Bei Anschluß an Sicherung Nr. 1 steht die Kofferraumleuchte stets unter Strom, aber erst das Öffnen des Kofferraumdeckels und damit das Herausschnellen des Schalterstiftes schließt den Stromkreislauf zur Masse und läßt das Glühlämpchen aufleuchten.

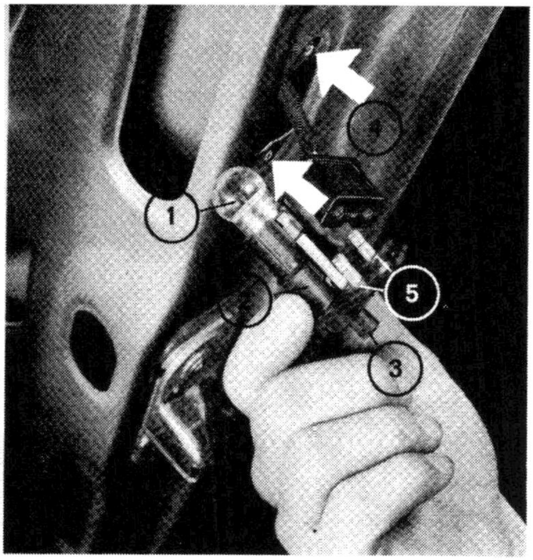

Zum Ausbau der Kofferraumleuchte aus der Hinterkante des Kofferraumdeckels die beiden Kreuzschlitzschrauben aus ihren Bohrungen (weiße Pfeile) drehen, den Lampensockel (2) mit der Glühlampe (1) herausziehen und den Kabelstecker (4) von den Steckerstiften (5) am Lampensockel ziehen. Der federnde Schaltstift (3) tritt beim Öffnen des Kofferraumdeckels heraus und schließt damit den Stromkreis zur Masse, so daß die Glühlampe brennen kann.

Serienmäßig wird eine schwache 5-Watt-Lampe eingebaut aber man kann ebenso eine stärkere 15- oder 18-Watt-Lampe einsetzen, wenn man es in dem schwarz gestrichenen, dunklen Kofferraum heller haben möchte. Die stärkere Lampe kann notfalls auch als Ersatz für eine wichtige durchgebrannte Glühlampe (z. B. Blinker oder Bremslicht) dienen.

Innenleuchte

Soffittenlampe 10 Watt, 41 mm lang. Die Innenleuchte, auch Leseleuchte genannt, sitzt über dem Rückspiegel. Mit dem linken, braunen Hebel lassen sich drei Stellungen schalten: Hebel nach hinten – Dauerlicht, Hebel in der Mitte – Innenleuchte abgeschaltet, Hebel nach vorn – Lampe leuchtet automatisch beim Öffnen der Vordertüren auf.

Anschluß als automatische Türöffnerleuchte an Sicherung Nr. 1; für linken Türkontaktschalter direkt durch rot-grünes Kabel und ab linkem Türkontaktschalter weiß-grünes Kabel; für rechten Türkontaktschalter von Sicherung Nr. 1 durch rot-grünes Kabel über Klemme P 30 des Lenkschlosses an rechten Türkontakt durch rot-grünes Kabel und weiter über linken Türkontaktschalter durch weiß-grünes Kabel. Anschluß als handgeschaltete Leselampe von Sicherung Nr. 1 durch rot-grünes Kabel über linken Türkontaktschalter weiter zur Innenleuchte durch weiß-grünes Kabel, braunes Kabel zur Masse.

Die Türkontaktschalter leiten den »Plus«-Strom direkt von Sicherung Nr. 1 oder über den Umweg Lenkschloß (auch bei ausgeschalteter Zündung). Die Türkontaktschalter sind nur in den vorderen Türholmen eingesteckt, man

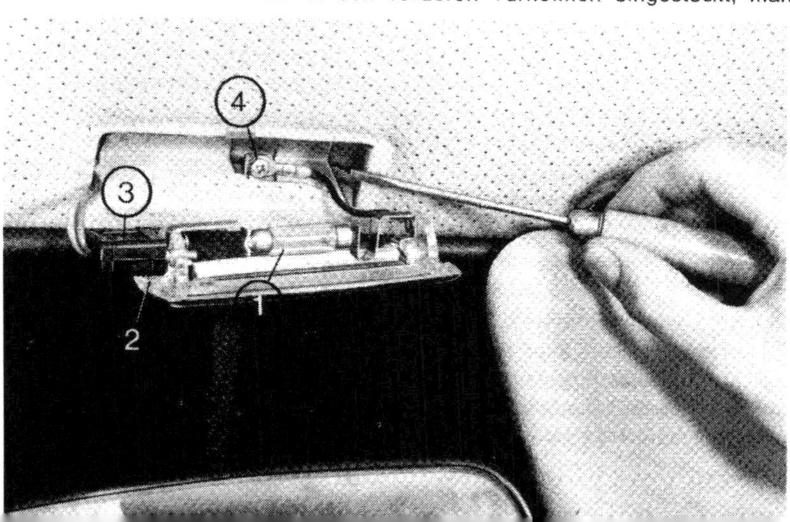

Die Innenraumleuchte wird mit einem feinen Schraubenzieher aus ihrer Halterung gehebelt. Die Soffittenlampe (1) läßt sich leicht zwischen den beiden Kontaktzungen herausziehen. Am abgezogenen Kabelstecker (3) kann mit einer Prüflampe die Stromzufuhr geprüft werden, wobei der zweite Prüflampenanschluß an den Massekontakt (4) gedrückt werden muß. Von den Kabeln im Stecker (3) ist eines stets stromführend, das andere muß ebenfalls Strom führen, wenn eine Vordertür geöffnet ist. Der Handschalter sitzt neben den Kabelsteckerstiften.

In den vorderen Türholmen sitzen die Türkontaktschalter, deren Schaltstifte beim Öffnen der Tür herausspringen und den Strom zur Innenleuchte weiterleiten. Brennt das Licht beim Öffnen einer Tür nicht, klemmt zumeist der verschmutzte Schaltstift des Türkontaktschalters. Abhilfe: Etwas Öl auf den Schaltstift träufeln oder Graphit in seine Führungshülse sprühen und den Schaltstift drücken, bis Öl eingedrungen ist und der Stift wieder leicht federt.

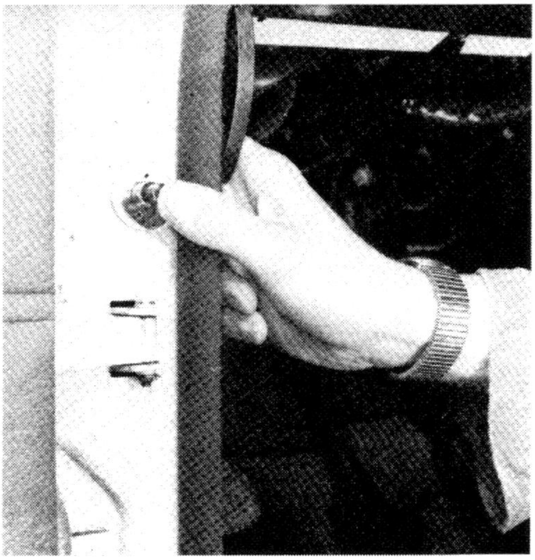

kann sie also leicht ausbauen und die Kontakte reinigen, wenn beim Öffnen der Tür (bei der oft geöffneten Fahrertür zeigt sich das zumeist zuerst) die Innenleuchte nicht brennen will. Gewöhnlich klemmt dann der herausspringende Schaltstift in seiner Führungsbuchse. Wie man ihn gängig macht, zeigt obiges Bild.
Die Innenleuchte selbst läßt sich leicht mit einem feinen Schraubenzieher aus ihrer Einbaumulde hebeln. Man kann dann erforderlichenfalls die Kontaktzungen des Glühlämpchens nachbiegen, die Soffittenlampe in ihrer Halterung drehen, um eventuelle Oxyde an den Kontaktstellen abzureiben oder eine defekte Soffittenlampe auszutauschen.

Handschuhfach-Beleuchtung

Rechts oben im Handschuhkasten sitzt dessen Beleuchtung. Zum Auswechseln einer defekten Soffittenbirne zieht man das Abdeckglas an der kleinen Griffleiste vorn ab. Die Soffittenlampe wird nur von zwei Kontaktzungen gehalten.

Der Lichtschalter

Wenn Beleuchtungsstörungen nach Prüfung der zuständigen Sicherung und der betreffenden Glühlampen vermuten lassen, daß der Fehler im Lichtdrehschalter liegt, muß man sich dessen Rückseite ansehen, wenn nicht bereits beim Drehen des Schalters fühlbar wird, daß in ihm selbst etwas gebrochen ist. Zur Rückseitenprüfung nimmt man am besten eine Prüflampe.
Zuerst wird die linksseitige untere Armaturenbrett-Verkleidung ausgebaut, danach den nur fest aufgedrückten Drehschaltergriff (Nr. 1 im Bild rechts) abziehen oder mit einem feinen Schraubenzieher vorsichtig abhebeln. Nun die Ringmutter (2) vom Schalterhaltegewinde (3) abdrehen. Den dazu erforderlichen Spezialschlüssel wird man nicht haben, es geht aber auch mit zwei feinen Schraubenziehern, die man fest in die beiden Kerben der Ringmutter drückt und gemeinsam mit einer Kombizange oder einem quer durch die Schraubenzieherklingen geschobenen Dorn dreht.
Danach läßt sich der Lichtschalter in das Armaturenbrett hineindrücken und hinter dem Armaturenbrett weg- und nach hinten herausziehen. An der runden Lichtschalterdose sind insgesamt 11 oder 13 Kabel angeschlossen, je nach Sonderausstattung.
Die Farbe und Bedeutung der einzelnen Kabel ist aus unserem Schaltplan in der hinteren Buchklappe zu entnehmen. Die neben den einzelnen Kabelanschlüssen eingeprägten Norm-Klemmenbezeichnungen sind noch einmal gesondert in der Tabelle auf Seite 238 erläutert.

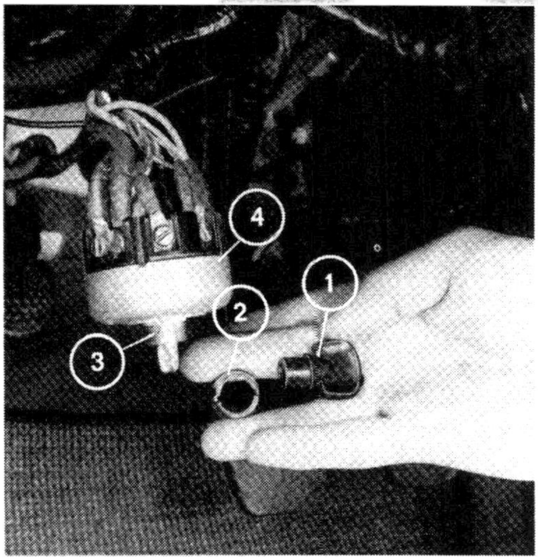

Wie der Hauptlichtschalter ausgebaut wird, ist im Text auf diesen Seiten beschrieben. Es bedeuten: 1 - Drehgriff, 2 - Ringmutter zum Festhalten des Schalters im Armaturenbrett, 3 - Gegengewinde der Ringmutter, 4 - Lichtschalterdose mit den angeschlossenen 11 oder 13 Kabeln. Die Kabelfarben und ihre Bedeutung sind dem Schaltplan in der hinteren Buchklappe zu entnehmen.

Funktioniert eine der an den Lichtschalter angeschlossenen Lampen nicht (Sonderfall: Parklicht, siehe nächster Absatz), prüft man zuerst mit einer Prüflampe oder Behelfsprüflampe, ob das dickste, rote Kabel an Klemme 30 von der Batterie (über Sicherung Nr. 1) Strom liefert. Dieses Kabel ist auch bei ausgeschalteter Zündung stets stromführend. Dann wird der Drehschalter mit dem aufgesteckten Griffstück so gestellt, daß der angeschlossene Stromverbraucher Strom erhalten müßte. Darauf an der betreffenden Klemme mit der Prüflampe kontrollieren, ob dort auch Strom »abgeschickt« wird. Ist dies der Fall, liegt der Fehler im weiteren Kabelweg bis zum betreffenden Stromverbraucher oder an diesem selbst.

Anders liegt der Fall bei den am Lichtschalter angeschlossenen Parklichtern. Da sie während der Fahrt nach den amtlichen Vorschriften nicht einschaltbar sein dürfen, erhalten sie ihren Strom an die Klemme Pa über das grün-weiße Kabel von Klemme P des Lenkschlosses, bzw. Klemme P 30 über das ebenfalls grün-weiße Kabel von derselben Klemme P des Lenkschlosses bei neueren Modellen, das dort nur Strom abgibt, wenn das Lenkschloß blockiert ist. Bei Parklichtstörungen deshalb zuerst an Klemme Pa (oder P 30) prüfen, ob Strom anliegt, dann nach entsprechender Schalterstellung nachprüfen, ob auch an der Klemme PaR (rechts) bzw. PaL (links) oder Klemme 58 R (rechts) bzw. 58 L (links) – bei neueren Modellen – zur betreffenden Parklichtseite Strom abgeschickt wird.

Zeigt sich bei dieser Stromprüfung, daß eine Schalterklemme keinen Strom liefert, muß der Schalter ausgetauscht werden. Man macht sich diese Montage eines neuen Schalters einfacher, wenn man die Kabel Zug um Zug einzeln vom alten Schalter löst und an den neuen montiert.

Die am Schalter vorgesehene und eingeprägte Klemme 57 ist bei unserem Mercedes 200 und 220 arbeitslos; es ist also dort kein Kabel vergessen worden, sondern freigelassen für einen Stromverbraucher, der evtl. nachträglich auf Wunsch des Autobesitzers eingebaut wird und in Verbindung mit dem Lichtschalter montiert werden muß (z. B. zusätzliche Fernscheinwerfer).

Besseres Scheinwerferlicht

Wer viel bei Nacht fahren muß, wird sich schon manchmal stärkere Scheinwerfer gewünscht haben, besonders bei Regen. Zwar kann man das Fernlicht durch zwei zusätzlich montierte Halogen-Fernscheinwerfer erheblich verbessern, aber erstens hat man auf stark befahrenen Straßen wenig Gelegenheit, das Fernlicht einzuschalten und zweitens wird das eigentlich »notleidende« Abblendlicht so nicht besser.

Halogen-Austausch-Scheinwerfer

Bereits seit einiger Zeit waren für die Mercedes-Modelle der »Neuen Generation« Scheinwerfersätze für Halogen-H 1-Lampen lieferbar. Wenn Sie aber an eine Umrüstung denken, sollten Sie nur solche für H 4-Lampen wählen. Diese Glühlampen entsprechen im Prinzip den bekannten konventionellen »Bilux«-Birnen, verfügen also über einen Abblend- und einen Fernlichtfaden. H 4-Birnen lassen sich nun nicht einfach in die bisherigen Scheinwerfer-Reflektoren einsetzen; ihr etwas anderer Aufbau erfordert entsprechend geformte Scheinwerferspiegel.

Während Bosch nur einzelne Einsätze anbietet (Best.-Nr. 0 301 854 101 bis Nov. 1970, Best.-Nr. 0 301 854 102 ab Nov. 1970), liefert Hella einen Satz mit zwei Einsätzen und zwei Glühlampen (Best.-Nr. 1 ER 001 166-81). In beiden Fällen kostet die Umrüstung etwa 300 DM. Den Einbau kann man als Heimwerker selbst durchführen.

Mit diesen helleren Scheinwerfern hat man jedoch auch eine größere Verantwortung gegenüber anderen Autofahrern, denn diese Lampen blenden bei ungenauer Einstellung äußerst lästig – sie müssen also besonders sorgfältig eingestellt und auch öfter kontrolliert werden.

Zusatz-Nebelscheinwerfer

Allzu gewaltig sind die serienmäßigen Scheinwerfer bei unseren 200/220/230er Modellen in ihrer Wirkung nicht; man könnte eher von dürftig sprechen. So ist es kein Wunder, daß viele Mercedes-Fahrer zusätzliche Nebellampen auf der Stoßstange montieren. Da man nach den amtlichen Vorschriften nicht zugleich 4 Nebellampen leuchten lassen darf, müssen bei der Montage zusätzlicher Nebellampen die serienmäßigen stillgelegt werden. Aber so leicht ist es nun auch nicht, daß man einfach die serienmäßigen Nebellampenkabel verlängert und die neu montierten Lampen daranhängt. Denn die richtige Wirkung bringen erst Nebellampen, die Strom ohne Spannungsverlust erhalten, deren Stromweg von der Batterie her möglichst kurz ist (Sicherungshülse mit 16 Amp. Sicherung im Kabel), und nicht erst lange über einen Schalter führt. Dazu wird ein Schalterrelais (z. B. von HELLA Typ 91/6–12 Volt oder von Bosch Nr. 0 332 003 017) zwischengeschaltet, das nach dem der Packung beigegebenen Schaltbild anzuschließen ist.

Das serienmäßige, vom Lichtschalter herführende Nebellampenkabel wird dabei als Schaltstromleitung benützt, d. h. der Lichtschalter schaltet seinerseits nur das Relais für die Nebellampen ein. So hat man schon einmal im Prinzip besseres Nebellicht als es das serienmäßige bietet. Dazu kommt noch, daß nicht irgendwie billige Nebellämpchen gekauft werden sollen, sondern wenn schon, dann möglichst große Nebelscheinwerfer mit den leuchtstarken Halogenlampen (verbrauchen pro Stück 55 Watt) und mit wenigstens 135 mm Lichtaustrittsöffnung, (z. B. Hella Typ 144 ZNH-CC). Als Nebellampen haben sich auch rechteckige Scheinwerfer bewährt, da ja das Nebellicht als flacher, breiter Fächer ausgestrahlt werden soll.

Sie passen auch in der Form bei genügender Breite gut unter die vordere Leuchteinheit, wobei sie unter der Stoßstange montiert werden müssen. Die meisten Mercedes-Fahrer sind da etwas ängstlich, aber so steinschlaggefährdet sind die Nebellampen auch unter der Stoßstange nicht.

Abgesehen davon sind die Nebelscheinwerfer gerade unter der Stoßstange sehr leuchtwirksam, denn das Nebellicht soll ja die meist nicht ganz auf der Fahrbahn aufliegende Nebelwand unterwandern. Achten Sie aber bei der Montage unter der Stoßstange genau darauf, daß Sie Nebelscheinwerfer für »hängende Anbringung« (Wasserablaufloch gegenüber dem Anschraubzapfen!) erhalten.

Gute Verständigung

Da Sie aus Ihrem Mercedes heraus schlecht Ihren Mitmenschen im Verkehr zurufen können, was Sie als nächstes zu tun gedenken, haben Autos eine Vielzahl von Signaleinrichtungen. Damit kann man andere Autofahrer, Fußgänger und Radfahrer warnen oder ihnen mitteilen, daß man abbiegen oder anhalten möchte.
Da steht an erster Stelle die Hupe, die man freilich als aufmerksamer und rücksichtsvoller Fahrer sehr selten braucht. Ähnlich ist es mit der Lichthupe, die von manchen hauptsächlich dazu benutzt wird, andere Verkehrsteilnehmer vor ihnen von der Straße zu scheuchen. Dazu ist sie nicht gedacht, und allzu nachdrücklicher Gebrauch der Lichtstrahlen kann sogar eine Anzeige wegen Nötigung einbringen.
Wesentlich wichtiger als die ganze Huperei sind die Blinker und Bremslichter. Als Zeichengeber zur beabsichtigten Richtungsänderung sind die Blinker so oft wie möglich zu bedienen, andererseits – und das wissen Sie bestimmt – ist der eingeschaltete Blinker kein Freibrief für hemmungsloses Ausscheren aus einer Kolonne oder für abruptes Abbiegen von der bisherigen Fahrtrichtung. Zum Einschalten des Blinkers gehört ein vorhergehender Blick in den Rückspiegel; der Blinker soll erkennen lassen, daß man abbiegen möchte.
Die Bremslichter leuchten nur dann auf, wenn das Bremspedal betätigt wird. Man kann nachfolgende Autofahrer bei einer Stauung auch dadurch warnen, daß man das Bremspedal mehrmals niedertritt. Die blinkenden Bremslichter haben so einen zusätzlichen Warneffekt.

Das Bremslicht

Teil der Pflegearbeit Nr. 8

Zum regelmäßigen Prüfen der Beleuchtungsanlage auf einwandfreie Funktion gehört auch die Bremslichtprobe. Da der Bremslichtstrom über Sicherung Nr. 6 kommt, kann das Bremslicht nur bei eingeschalteter Zündung brennen. Die Bremslichter sind so hell, so daß man ohne Umstände auch am Tage bei

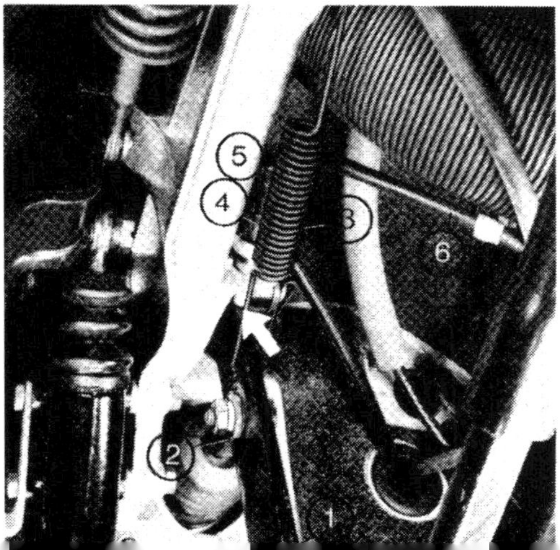

Wenn das Bremspedal (1) niedergetreten wird, drückt eine Kolbenstange (2) im Bremszylinder Bremsflüssigkeit in die Bremsleitungen zu den einzelnen Rädern. Bei diesem Niedertreten kann ein kleiner weißer Schaltstift (weißer Pfeil) aus dem Bremslichtschalter (4) heraustreten, damit wird der Strom von der Sicherung Nr. 6 über diesen Schalter durch den Kabelstecker (5) und das Bremslichtkabel (6) zu den Bremslichtern weitergeleitet. Die Spiralfeder (3) zieht das Bremspedal wieder zurück.

An der durch Lack »plombierten« und gesicherten Einstellschraube (der Schraubenzieher ist darauf angesetzt: weißer Pfeil), läßt sich unter günstigen Umständen ein krächzendes Horn wieder stimmen. Innerhalb der Garantiezeit darf man diese »Plombe« nicht verletzen, sonst erlischt die Garantie. Dreht man später an dieser Schraube, muß sie wieder durch einen Wachs- oder Farbtropfen gegen selbsttätiges Verstellen (durch Vibration) gesichert werden.

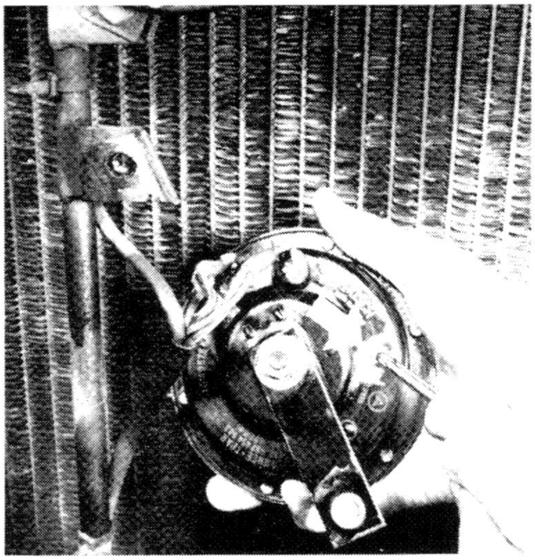

der Herausfahrt aus der Garage mal schnell probebremsen kann – es muß hinter dem Wagen an der Wand hell aufleuchten. Eine ausgefallene Bremslichtlampe muß sofort ersetzt werden (Beschreibung Seite 133), denn sie gehört zu den lebenswichtigen Leuchten.

Sind beide Bremslichter ausgefallen, dann bei eingeschalteter Zündung probeweise den Heizgebläseschalter drehen. Funktioniert auch er nicht, ist die Sicherung Nr. 6 wahrscheinlich durchgebrannt. Andernfalls kann es am Bremslichtschalter (Bild Seite 139) liegen. Vielleicht klemmt dort der Schaltstift in seiner Führung (mit einer Fingerspitze Fett oder Vaseline gängig machen) oder der Kabelstecker oben auf dem Bremslichtschalter bringt keinen Strom bzw. kann ihn nicht weiterleiten.

Brennen die Bremslichter zu spät, also erst bei völligem Niedertreten des Bremspedals, muß der ganze Bremslichtschalter durch Verstellen der beidseitigen Sechskantschrauben an seiner Haltelasche ein wenig vom Bremspedalhebel entfernt werden, so daß der Schaltstift früher heraustreten und den Stromkreis schließen kann. Umgekehrt wird der Bremslichtschalter justiert, wenn die Bremslichter schon beim Berühren des Bremspedals brennen.

Die Signalhörner

Pflegearbeit Nr. 7

Die Signalhörner zu prüfen, ist der einfachste Wartungspunkt unserer Liste: Zündung einschalten, Finger auf die Hupentaste. Tönen die Hupen, ist schon alles erledigt, denn Wartung braucht so ein Signalhorn nicht. Krächzt eines der Signalhörner jedoch nur noch, dann ist dort Feuchtigkeit eingedrungen, oder auf dem Stromweg hat es durch einen oxydierten Kontakt oder ein gebrochenes Kabel zu starken Spannungsverlust gegeben. Wenn es am Horn liegt, kann man, wie im Bild oben gezeigt, noch Stimmversuche machen. Andernfalls wird das kranke Signalhorn ersetzt. Da es aber zwei Signalhörner sind, die angenehm und aufeinander abgestimmt miteinander tönen sollen, müssen Sie vor dem Kauf eines Ersatzhornes erst probieren, ob es auch zu dem anderen in der Tonlage paßt. Hella liefert beispielsweise für die Mercedes-Typen den aufeinander abgestimmten Satz der Hörner B 31/39 – 12 V mit der Tonlage H 3 und T 4.

Fingerzeige: *Falls Ihnen die serienmäßigen Hörner an Ihrem Mercedes nicht laut genug erscheinen, dann stehen grundsätzlich zwei verschiedene Signalhorntypen zur Auswahl: Sogenannte Aufschlaghörner (das serienmäßige gehört dazu) und Fanfaren. Die Preßluft-Fanfaren erwecken dabei den Eindruck, daß sie viel lauter seien als das Aufschlaghorn. Das ist jedoch eine*

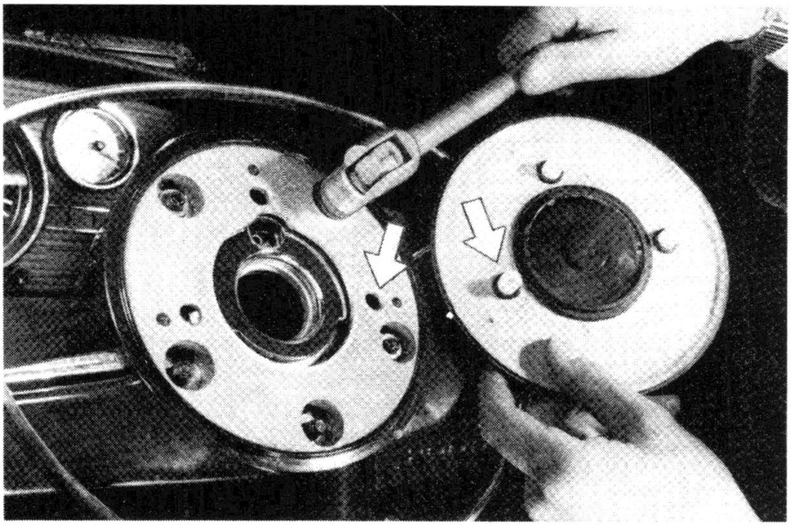

Um die Kontakte der Signalanlage zu prüfen, muß das Lenkrad ausgebaut werden. Zuerst wird die Polsterplatte mit dem Markenzeichen (rechts in der Hand) von der Lenkradmitte mit einem breiten Schraubenzieher abgehebelt. Diese Polsterplatte ist von drei geriffelten Kunststoffzapfen (weißer Pfeil rechts) in entsprechenden Bohrungen (weißer Pfeil links) des Lenkradgehäuses gehalten. Danach mit Steckschlüssel SW 13 die 5 Muttern der Lenkradbefestigung lösen.

akustische Täuschung, denn die tellerförmigen Aufschlaghörner haben einen scheinwerferartig gerichteteten Tonstrahl, der in Wirklichkeit viel stärker den in Schallrichtung befindlichen Verkehrslärm durchdringt als die laut erscheinenden Fanfaren. Denn deren Mangel ist es, daß sie rundum gleichmäßig ihren dadurch in Fahrtrichtung schwächeren Ton abstrahlen. Wirkungsvoller sind also bei schnellen Autobahnfahrten zweifellos die von Hella und Bosch als Starktonhörner angebotenen Aufschlaghörner, wobei es allerdings darauf ankommt, daß sie genau in Fahrtrichtung montiert sind und nicht etwa quer zum Wagen unter der Stoßstange sitzen.

Bei jeder zusätzlichen Signalhorn- oder Fanfarenmontage sollte nicht auf ein besonderes Signalhorn-Relais verzichtet werden. Es verkürzt den Stromweg, verhindert also leistungsmindernden Spannungsabfall. Wie Zusatzfanfaren und -hörner angeschlossen werden, ist auf den Prinzipschaltbildern zu entnehmen, die grundsätzlich allen Signalhörnern beigepackt sind.

Die Hupen wollen nicht

Bei eingeschalteter Zündung stehen die Signalhörner von der Sicherung Nr. 2 her über ein schwarz-gelbes Kabel ständig unter Strom. Die Hupentaste im Lenkrad stellt erst die Verbindung zur Masse her (siehe auch Schaltplan in der hinteren Buchklappe). Wenn die Hupen also nicht tönen wollen, beginnt die Prüfung mit einer Prüflampe zuerst an den Signalhörnern selbst. Erhalten die Signalhörner bei eingeschaltetem Lenkschloß Strom (siehe Bild Seite 108), stellt man mit einem kurzen Kabelstück zwischen der Klemme des schwarz-gelb-rosa Kabels und Masse eine Kurzschlußbrücke her. Wenn es jetzt hupt,

Nach Lösen der Lenkradmuttern von den Haltebolzen (8) auf dem Pralltopf (3), Lenkrad (1) mit Signalring (2) vorsichtig abheben, da auf der Rückseite des Lenkradgehäuses (5) an den beiden Kabelklemmen (6) des Kontaktringes die Signalanlage-Kabel (7) befestigt sind. Diese lösen und Lenkrad mit Zubehör wegnehmen. Auf dessen Rückseite nur die drei Schrauben (9) des Lenkradgehäusedeckels (5) herausdrehen und Signalring mit Kontaktring und Feder herausnehmen und prüfen.
(4) Lenkspindelmutter für SW 22.

Nach Lösen der Lenkspindelmutter von der Lenkspindel (1) läßt sich der Pralltopf (5) mit seiner Kerbverzahnung (2) durch ruckelnde (aber nicht durch drehende) Bewegungen von der Lenkspindel abziehen. Nun ist zu prüfen, ob die beiden Schleifringe (3) an der Pralltopfunterseite und die beiden federnden Kontaktstifte (4) einwandfrei funktionieren. Bei gleichzeitigem Berühren der beiden Kontaktstifte (4) mit einem Schraubenzieher müssen die Signalhörner ertönen (Lenkschloß eingeschaltet). Wenn nicht, Kombischalter (6) demontieren und Kabelanschlüsse prüfen.

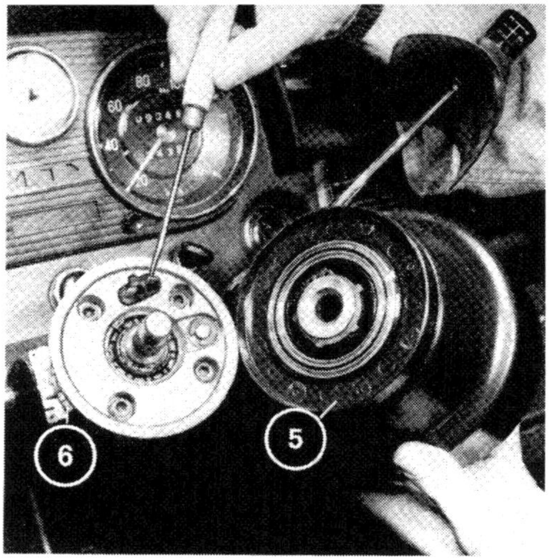

liegt der Fehler in dem schwarz-gelb-rosa Kabel über den Signalring zur Masse. Hupt es dagegen nicht, sind die Signalhörner selbst defekt. Aber erst sollten Sie einmal die Kabelkontakte an den Signalhörnern abschrauben, die Kontakte blank schaben und wieder montieren – vielleicht war das der Fehler.

Defekt im Signalhornschalter

Es kann aber auch passieren, daß die Hupen beim Einschalten des Lenkschlosses plötzlich losbrüllen und gar nicht mehr aufhören wollen. Dann besteht auf dem Weg des schwarz-gelb-rosa Kabels zum Signalhornschalter, in diesem selbst oder an einem der Signalhörner Kurzschluß zur Masse. Unterwegs erste Hilfe: An beiden Signalhörnern die stromzuführenden schwarz-gelben Kabel losschrauben, die blanken Enden isolieren (Heftpflaster aus dem Verbandskasten) und den Fehler in Ruhe zu Hause suchen.

Ist die Ursache der Tonlosigkeit oder des Dauertönens der Signalhörner im Hupenringschalter des Lenkrades zu suchen, braucht man zur Störungsbehebung mindestens einen Rohrsteckschlüssel SW 13 zum Ausbau des Lenkrades und, wenn auch der sogenannte »Pralltopf« ausgebaut werden muß, noch einen Rohrsteckschlüssel SW 22. Die Bilder auf Seite 141 und oben zeigen den Ausbau bis zum Erreichen der Signalhorn-Schleifkontakte genauer.

Die Blink- und Warnblink-Anlage

Pflegearbeit Nr. 6

Die Blinkanlage erhält ihren Strom von Sicherung Nr. 4. An ihr ist die Klemme 49 des Blinker-Relais über ein schwarz-rot-grünes Kabel angeschlossen. Bei eingeschalteter Zündung liegt also immer Strom an. Das Blinker-Relais ist links hinter dem Armaturenbrett oberhalb des Lichtschalters befestigt und sieht ähnlich wie eine Kleinbild-Filmspule aus. Seit Herbst 1969 ist es mit dem serienmäßigen Warnblinkrelais kombiniert (Bild Seite 144 oben). Über Klemme 49 a und ein schwarz-weiß-grünes Kabel leitet das Blinker-Relais den Strom zum Blinkerhebel unter dem Lenkrad weiter. Dort wird erst durch Schalten des Blinkerhebels der Strom »verteilt«, je nachdem, welche Blinkerseite eingeschaltet ist.

Das Auswechseln einer defekten Blinkerlampe ist auf Seite 133 und 134 erläutert. Störungen und Defekte in der Blinkeranlage zeigen die beiden Blinkerkontrollämpchen am Armaturenbrett an. Sie müssen im gleichen Rhythmus zusammen mit ihrer eingeschalteten Blinkerseite brennen. Weil nun das Ein- und Ausschalten des Blinker-Relais (es handelt sich dabei um einen sogenannten Hitzdrahtblinkgeber) von dem durchfließenden Strom abhängig ist, wird es bei verändertem Stromfluß in seinem Rhythmus gestört. So erkennt man beispielsweise eine durchgebrannte Blinkerlampe oder ein unter-

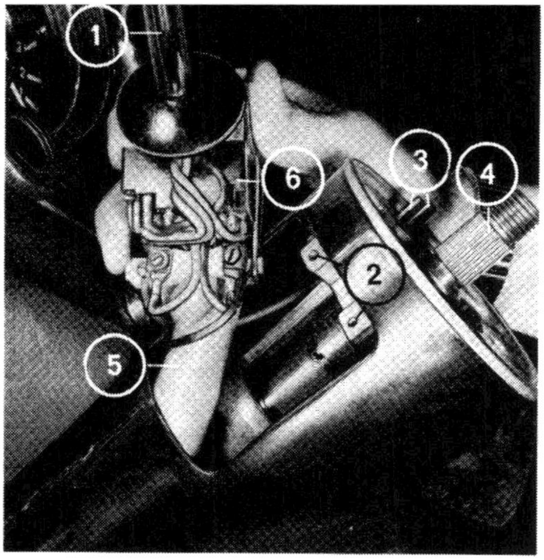

Zum Ausbau des Kombischalters an der Lenksäule wird zuerst die Schutzmanschette am Schalterhebel (1) zurückgestreift. Danach die beiden Halteschrauben des Kombischalters aus ihren Bohrungen drehen (2). Kombischalter (6) aus der Lenksäulenöffnung ziehen und die zu prüfenden Kabelanschlüsse (Farbe und Bedeutung im Schaltplan in der hinteren Buchklappe) mit Prüflampe auf Stromzufuhr und Stromweiterleitung kontrollieren. Weiter bedeuten: 3 - Signalhorn-Kontaktstifte, 4 - Lenkspindel, 5 - Kabelschlauch für angeschlossene Kabel.

brochenes Kabel zu einer Blinkerlampe am wesentlich schnelleren Blink-Rhythmus – die Blinkerkontrolle der betreffenden Wagenseite blitzt in kürzeren Abständen schnell hintereinander auf. Hat dagegen das Kabel einer Blinkerlampe oder diese selbst Kurzschluß – etwa durch Feuchtigkeit – blitzt die Kontrollampe in längeren Zeitabständen nur ganz kurz auf. Ist das Blinker-Relais selbst defekt, dann brennen die Blinkleuchten beim Einschalten entweder dauernd oder überhaupt nicht. In diesem Fall muß das Relais erneuert werden.

Die Weiterfahrt bei defektem Blinker-Relais ist ausgesprochen gefährlich, denn auch heftige Handzeichen können übersehen werden. Einfacher Notbehelf: Am Blinker-Relais die beiden Kontaktklemmen 49 und 49a mit einem kurzen Drahtstückchen oder einer Büroklammer überbrücken. Bei eingeschaltetem Blinkerhebel brennt nun die entsprechende Blinkerseite auf Dauerlicht. Deshalb durch Handbetätigung des Blinkerhebels blinken.

Warnblink-Anlage

Im Gegensatz zur Blinkanlage, die nur bei eingeschalteter Zündung funktioniert, muß die Warnblinkanlage immer betriebsbereit sein. Sie erhält über ein rot-weißes Kabel direkt Strom von der Sicherung Nr. 1 (Klemme 30).

Die seit Herbst 1969 serienmäßig eingebaute Warnblinkanlage ist mit dem Blinker-Relais kombiniert unten in der Mittelkonsole untergebracht. Das Warnblink-Relais schaltet bei gezogenem Warnblinkschalter die Blinkleuchten beider Fahrzeugseiten ein. Gleichzeitig brennt die rote Kontrollampe im Warnblinkschalter mit. Zum Austausch des Lämpchens schraubt man den Schalterknopf ab. Falls sich die Achse mitdreht, diese mit einer feinen Zange festhalten. Als Ersatz wird eine 1,2-Watt-Glühlampe mit Glassockel benötigt.

Das Blink-Warnblink-Relais (seit Herbst 1969) wird folgendermaßen ausgebaut: Aschenbecher herausnehmen, Befestigung der Aschenbecherblende lösen (2 Kreuzschlitzschrauben). Rechtes Teil der Aschenbecherblende nach vorn und dann seitlich herausziehen. Der links an der Blende befestigte Stecker muß abgezogen werden.

Bei abgenommener Blende sehen Sie 2 Kreuzschlitzschrauben, die zu lösen sind. Nun läßt sich das untere Teil der Konsole aus seiner Federklemme nach oben ziehen (bei Fahrzeugen mit Mittelschaltung zuerst die Gummimanschette des Schalthebels unten herausziehen). Warnblink-Schalterknopf abschrauben und dahinter liegende Ringmutter wie unter »Lichtschalter« auf Seite 136 beschrieben, lösen. Der Einbau des Relais erfolgt sinngemäß in umgekehrter Reihenfolge.

Seit Herbst 1969 gibt es im Mercedes kein besonderes Blinker-Relais mehr, sondern dieses ist mit der serienmäßigen Warnblinkeinrichtung (1) kombiniert, die ihrerseits griffgünstig in die Mittelkonsole des Wagens eingebaut ist. Die Kabel der Blinker- und Warnblinkeinrichtung sind in einem Sechsfach-Kabelstecker (2) zusammengefaßt, wodurch Anschlußverwechslungen vermieden werden. Rechts im Bild der Zigarrenanzünder (3) und der davon abgezogene Kabelstecker (4).

Die Lichthupe

Die Lichthupe benutzt an sich bereits vorhandene Teile. Trotzdem kann es geschehen, daß sie versagt, obgleich das Fernlicht einwandfrei funktioniert. Das liegt daran, daß die für die Lichthupe brennenden Fernlichtfäden der Scheinwerfer ihren Strom nicht von den Sicherungen Nr. 9 und 10 erhalten, sondern über ein rot-blau-weißes Kabel von der stets stromführenden Sicherung Nr. 1. Wenn die Lichthupe nicht funktioniert, zur Kontrolle die Innenraumleuchte einschalten. Brennt sie nicht und ist auch die Zeituhr stehengeblieben, ist die Sicherung Nr. 1 defekt (schlechter Kontakt oder durchgebrannt). Wird nun der Kontakthebel zum Lenkrad hin gezogen, erhält das weiß-violette Kabel zur Ausgangsseite der Sicherung Nr. 10 Strom. Mit diesem Kabel ist an der Ausgangsseite der Sicherung Nr. 10 das schwarz-weiße Kabel zum Fernlichtfaden des linken Scheinwerfers angeschlossen, der also auf jeden Fall brennen muß, auch wenn Sicherung Nr. 9 oder 10 defekt sind. Dieser Strom läuft zugleich »rückwärts« durch Sicherung Nr. 10 zu deren Eingangseite und speist damit die Eingangseite der Sicherung Nr. 9 zum rechten Scheinwerfer-Fernlichtfaden. Wenn also bei der Lichthupe nur der linke Scheinwerfer brennt, ist ein Defekt an Sicherung Nr. 9 oder 10 möglich. Das hat man durch Einschalten des Fernlichtes schnell herausgefunden.

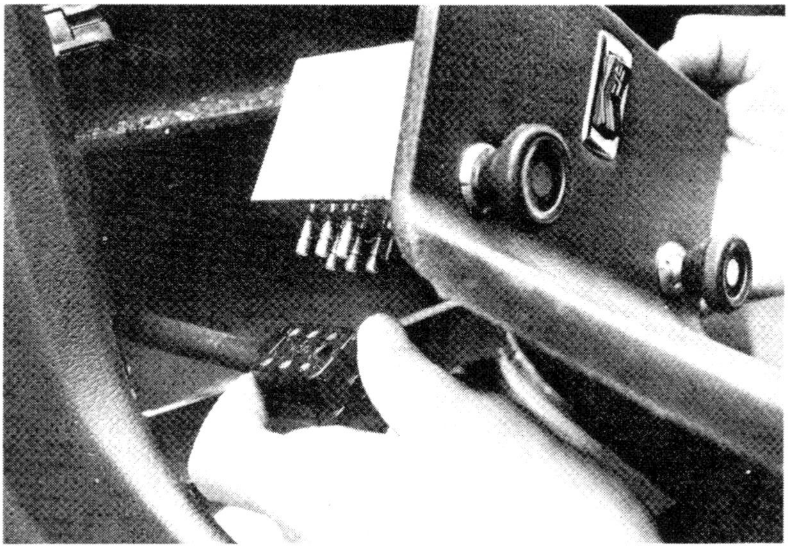

Der untere Teil der Mittelkonsole ist abgenommen und dahinter wird das gemeinsame Relais für Blink- und Warnblinkanlage sichtbar. Der Verbindungsstecker ist abgenommen.
Der Kipphebel betätigt das elektrische Schiebedach, der rechte Zugknopf (mit weißer Kontrolleuchte) die heizbare Heckscheibe.

Kontrollrat

Wenn auch die Instrumente und Kontrolleuchten im Armaturenbrett des Mercedes bei weitem nicht so viel Aufmerksamkeit erfordern wie die Vielzahl von Skalen, Zeigern und Leuchten, die im Cockpit eines Flugzeuges versammelt sind, sollte man während der Fahrt den kurzen, prüfenden Blick nicht vergessen. Fährt man nicht bereits zu schnell in der Ortschaft? Ist noch genügend Kraftstoff im Tank? Stimmen Kühlwassertemperatur und Öldruck? Ist der Blinker abgeschaltet (etwa nach einem Überholvorgang)?

Kombi-Instrument ausbauen

Abgesehen vom grünen Kontrollämpchen für das Nebelschlußlicht, das im Hauptlichtschalter eingebaut ist, und der Kontrollampe für die Warnblinkanlage, die im Zugknopf der Warnblinkanlage in der Mittelkonsole unten (rotes Licht), untergebracht ist, sitzen alle Kontrollämpchen im Kombi-Instrument. Es muß zum Austausch eines defekten Lämpchens ausgebaut werden.
Das Kombi-Instrument wird von einem stramm sitzenden geriffelten Gummiring im Armaturenbrett gehalten. Wenn man Glück hat, läßt es sich deshalb durch kräftiges Zupacken an den Gehäuserändern des Tachometers und des links sitzenden Anzeigegerätes herausziehen. Das wird aber nur selten möglich sein, weil gleichzeitig, um an die Rückseite der Instrumententafel heranzukommen, die verschiedenen Kabel und angeschlossenen Leitungen nachgeschoben werden müssen. Deshalb muß gewöhnlich zuerst die untere Abdeckung links unter dem Armaturenbrett ausgebaut werden. Die haltenden Blechschrauben sind leicht zu finden. Nach dem Herausnehmen der Abdeckung einen Lappen zum Schutz gegen Kratzer auf das Mantelrohr der Lenksäule legen (am besten geht es bei ausgebautem Lenkrad; siehe Bild Seite 146) und unter dem Armaturenbrett durchgreifend das Kombi-Instrument aus dem Armaturenbrett drücken. Dabei Zug um Zug den Tachowellenschlauch, das Mehrfachkabel, die Öldruckleitung und die Zuführung zur Kühleranzeige nachschieben, bis das Kombi-Instrument genügend herausgezogen ist, um dahinter greifen zu können. Wenn man die Tachowelle losschraubt und den Mehrfachstecker abzieht, erleichtert man sich die Arbeit und kann das Kombiinstrument, wie auf dem Bild auf Seite 146 zu sehen ist, ganz herausschwenken. Nach dieser Vorarbeit läßt sich ein defektes Kontrollämpchen austauschen.
Muß das ganze Kombi-Instrument ausgebaut werden, um etwa das Tachometer oder die Zeituhr auszutauschen, sind weitere Arbeiten erforderlich: Mehrfachkabelstecker abziehen, Rändelschraube der Tachowelle mit der Hand abschrauben. Weiterhin muß die Zuführung zur Kühlertemperaturanzeige mit dem Kombi-Instrument herausgezogen werden. Bis August 73 handelt es sich um ein zum Motorblock führendes Kapillarrohr (nicht knikken!), ab diesem Zeitpunkt um eine elektrische Leitung, die man am Instrument löst. Das Kapillarrohr kann nur am Motorblock zusammen mit dem dort

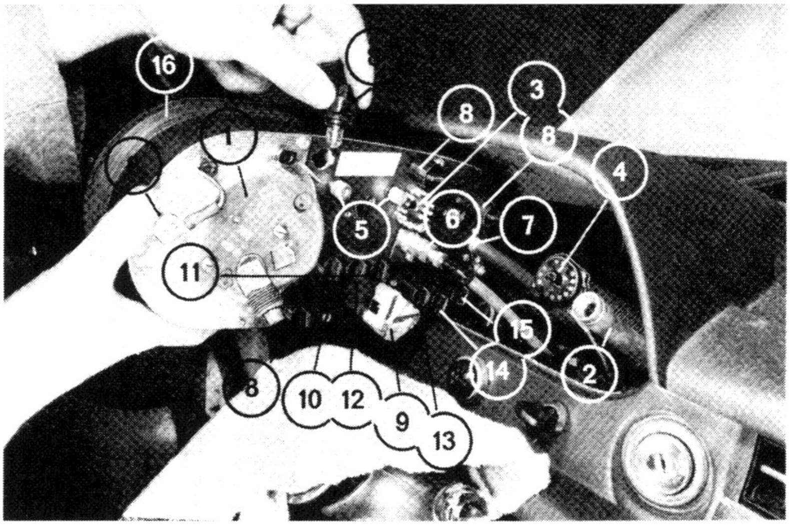

Die Rückseite des ausgebauten Kombi-Instrumentes. Es bedeuten: 1 - Tachometergehäuse, 2 - gelöste Tachowelle, 3 - Kabelsteckerstifte für alle Elektroverbindungen, 4 - Mehrfachkabelstecker abgezogen, 5 - Befestigungsschrauben der Zeituhr, 6 - Schraubanschluß der Öldruckanzeige mit Druckschlauch, 7 - Kapillarrohr der Kühleranzeige, ab August 1973 elektrische Steckverbindung, 8 - fünf Instrumentenbeleuchtungslämpchen, 9 - Regelwiderstand für Instrumentenbeleuchtung, 10 - Blinkerkontrolle rechts, 11 - Blinkerkontrolle links, 12 - Fernlichtkontrolle, 13 - Ladekontrolle, 14 - Kraftstoffreserve-Warnlampe, 15 - Bremsenkontrolle, 16 - geriffelter Gummiring der Instrumentenbefestigung.

eingeschraubten Geber gelöst werden. Damit dort kein Wasser herausläuft, zuerst Kühlerverschlußdeckel öffnen (Überdruck ablassen), Verschluß wieder aufsetzen, Geber herausdrehen, Öffnung mit Lappen verstopfen. Die Öldruckleitung ist an der Rückseite des Kombi-Instrumentes angeschlossen, sie wird mit einem Gabelschlüssel SW 10 gelöst. Danach kann das Kombi-Instrument vorsichtig herausgenommen werden, wobei ein Helfer das Kapillarrohr der Kühleranzeige Zug um Zug durch seine Öffnung in der Stirnwand zum Motorraum schiebt. Das darf nicht auf einmal geschehen, denn dadurch würde das Kapillarrohr geknickt und damit unbrauchbar.

Kontroll- und Beleuchtungslämpchen auswechseln

Alle zum Kombi-Instrument führenden Kabel sind in einem Mehrfachstecker zusammengefaßt. Er muß nur abgezogen werden, eventuell mit einem feinen Schraubenzieher dabei vorsichtig hebelnd nachhelfen. Ein halbkreisförmiger Nocken in der Mitte verhindert, daß der Stecker falsch aufgesteckt wird.

Von den Steckerstiften fließt der elektrische Strom in einer sogenannten »gedruckten Schaltung« zu den einzelnen Lämpchen und Anzeigegeräten, d. h. auf der Innenseite der Instrumententafel leiten blanke Metallstege den Strom weiter.

Die am Mehrfachkabelstecker zusammenlaufenden Kabel sind in einer schwarzen Kabelumhüllung unsichtbar versteckt. Man muß sie aufschneiden, um die Farben der einzelnen Kabel erkennen und ihren Weg bei Fehlerverdacht nachprüfen zu können.

Bei den Kontroll- und Instrumentenleuchten handelt es sich um sockellose 1,2-Watt-Glühlämpchen die in einer Fassung mit einem sogenannten Bajonettverschluß im Instrumentengehäuse befestigt sind. Also nicht versuchen, die Lampenfassung herauszudrehen oder einfach herauszuziehen, sondern Griffsteg der Fassung eindrücken und nach rechts drehen. Darauf läßt sich die Fassung mit den Glühlämpchen herausziehen. Glühlämpchen aus der Fassung nehmen und ersetzen. Einbau sinngemäß in umgekehrter Reihenfolge.

Instrumentenbeleuchtung

Strom von Sicherung Nr. 7 (Klemme 58) bei eingeschaltetem Lichtschalter über ein grau-violett-grünes Kabel zum drehbaren Regelwiderstand. An diesen sind die 5 Glühlampen der Instrumentenbeleuchtung direkt angeschlossen. Die Verbindung zur Masse stellt das braune Kabel des Mehrfachsteckers her. Von der Tachobeleuchtung führen seit August 1973 noch zwei blaue Kabel zur Beleuchtung der Heizungs-Belüftungshebel.

Zugleich mit den Blinkleuchten erhält die entsprechende Blinker-Kontrolllampe Strom, die Blinkerkontrolle rechts durch ein schwarz-grünes, die Blinkerkontrolle links durch ein schwarz-weißes Kabel. Die grün aufleuchtenden Kontrollämpchen sitzen in der Mitte im Kombi-Instrument. Störungsmöglichkeiten siehe Seite 142. Der Anschluß zur Masse wird über das gemeinsame braune Kabel des Mehrfachsteckers hergestellt.

Blinkerkontrolle

Angeschlossen an Sicherung Nr. 9 durch ein weiß-blaues Kabel. Die blaue Fernlichtkontrolle brennt zusammen mit dem Fernlicht rechts, ebenfalls bei Betätigung der Lichthupe. Störungsmöglichkeiten auf Seite 144 beschrieben.

Fernlichtkontrolle

Die orange brennende Kraftstoffreserve-Leuchte erhält gemeinsam mit der Kraftstoffanzeige und der Bremskontrolle Strom von Sicherung Nr. 5 (Klemme 15/54) über ein schwarz-blaues Kabel. Von der Kraftstoffreserve-Warnung führt ein blau-grünes Kabel zum Tankanzeigegerät, wo bei Erreichen einer Mindest-Kraftstoffmenge (für etwa 35 km Wegstrecke) Verbindung zur Masse hergestellt wird, so daß die Warnlampe aufleuchtet.

Kraftstoffreserve-Warnung

Die rote Bremskontrolle hat zwei Aufgaben. Erstens bei getretener Feststellbremse zu leuchten (Zündung eingeschaltet) und zweitens das Absinken der Bremsflüssigkeit unter das zulässige Minimum in einem der Bremsflüssigkeits-Behälter anzuzeigen. Die Kontrolleuchte steht dazu (gemeinsam mit der Kraftstoffanzeige) ab Sicherung Nr. 5 (Klemme 15/54) über das schwarz-blaue Kabel dauernd unter Strom, wenn die Zündung eingeschaltet ist. Sie kann jedoch nur aufleuchten, wenn die Verbindung zur Masse entweder über das braun-weiß-rote Kabel zur Fußfeststellbremse oder über das braun-weiß-grüne Kabel (beide am gleichen Kontaktstift des Mehrfachsteckers) zum vorderen Bremsflüssigkeits-Behälter hergestellt wird. Dort schließt sich jeweils ein Kontakt zur Masse.

Bremskontrolle

Angeschlossen sind zwei Kabel: Blau-rot zur Sicherung Nr. 2 (Klemme 15/54) und blau zur Klemme D+/61 des Lichtmaschinen-Reglerschalters. Wie die rote Ladekontrollampe funktioniert, und was sie durch Brennen oder Nichtbrennen anzeigt, ist auf Seite 105 beschrieben.

Ladekontrolle

Die Kraftstoffanzeige

Die Kraftstoffanzeige besteht aus dem Geber im Tank und der Anzeige im Kombi-Instrument. Sozusagen parallel dazu ist die Kraftstoffreserve-Warnung geschaltet. Beide erhalten zusammen Strom bei eingeschalteter Zündung

Ein Schwimmer im Tauchrohr des Kraftstofftanks orientiert über elektrische Leitungen und die Anzeige am Armaturenbrett den Fahrer über den Kraftstoffvorrat. Hier wurde das Geberelement, das sogenannte Tauchrohr, nach Lösen von 5 Muttern (SW 8) aus dem Tank herausgezogen. Zuvor muß das Minuskabel der Batterie zur Vermeidung eines Kurzschlusses (Brandgefahr!) demontiert werden.

direkt von Sicherung Nr. 5 (Klemme 15/54) über ein schwarz-blaues Kabel. Von der Tankanzeige führt ein blau-schwarzes Kabel zum Geber im Tank. Dort verändert ein Schwimmer im Tauchrohr des Anzeigegerätes durch einen Widerstand den Stromdurchfluß zur Masse. Dementsprechend schlägt der Zeiger auf der Anzeige im Kombi-Instrument aus.

Funktioniert die Anzeige nicht ordentlich, kann man den Geber aus dem Tank ausbauen (siehe Bild Seite 147) und durch Hin- und Herschieben des Schwimmers bei angeschlossenen Kabeln und eingeschalteter Zündung prüfen, ob das Gerät »leer« und »voll« einigermaßen genau anzeigt. Man darf aber nicht zu viel erwarten, solche Kraftstoffanzeiger sind keine Präzisionsinstrumente. Ist die Anzeige vollkommen falsch, Geber im Tank austauschen.

Die Zeituhr

Sie erhält Strom von der stets stromführenden Sicherung Nr. 1 (Klemme 30) über ein rot-gelbes Kabel. Die Verbindung zur Masse ist über das gemeinsame braune Kabel des Mehrfachsteckers hergestellt.

Zum Ausbau einer defekten Zeituhr zuerst Kombi-Instrument, wie beschrieben, ausbauen. Danach die beiden Haltemuttern der Uhr auf der Rückseite des Instrumentengehäuses (Bild Seite 146) lösen und Uhr herausziehen. Beim Einbau darauf achten, daß die Stromkontakte der Zeituhr in die Kontaktfedern eingesetzt werden.

Geht die Uhr falsch, kann an den meisten Modellen (wie z. B. bei den Uhren von VDO) durch Verstellen einer kleinen Querschlitzschraube (beidseitig durch + und – gekennzeichnet) auf der Rückseite des Uhrgehäuses (sie muß also ausgebaut werden) der Gang der Uhr beschleunigt oder verlangsamt werden. Vernünftigerweise baut man die Uhr nach solchen Einstellversuchen erst nach einem oder zwei Tagen Probelauf ein. Dazu Uhr direkt an eine Autobatterie anschließen und auf einwandfreien Stromfluß achten.

Das Tachometer

Zwar wird das Tachometer nicht elektrisch betrieben, doch beruht die Wirkung des Geschwindigkeitsmessers auf einem ringförmigen Magneten, der durch die biegsame Antriebswelle Wirbelströme erzeugt, die ihrerseits wieder eine darübergestülpte Metallglocke mit Zeiger mit sich zu ziehen versuchen.

Die Tachometerwelle bedarf keiner besonderen Pflege. Ist sie gebrochen,

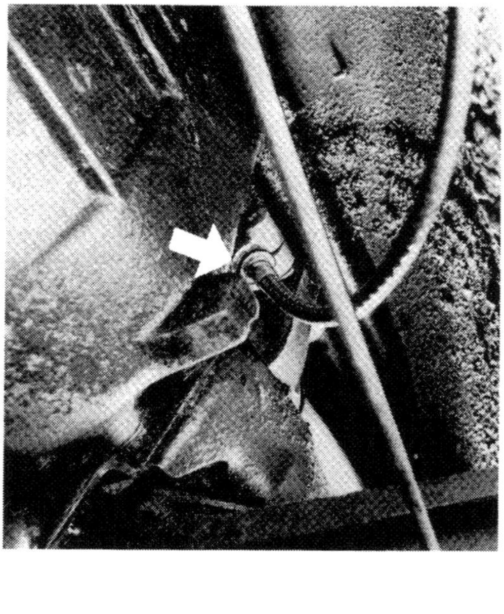

Mit ihrem anderen Ende sitzt die im Bild auf Seite 146 gezeigte Tachowelle (dort Nr. 2) unten am Getriebegehäuse. Das Tachometer »übersetzt« die Drehzahlen der Getriebeausgangswelle in Geschwindigkeitsangaben. Diese Angabe wird durch Reifen mit anderem Abrollumfang oder durch Austausch der Hinterachsübersetzung verfälscht. Die Tachowelle muß zwischen Schaltgetriebe und Tachometer in schwungvollem Bogen verlaufen. Bei zu scharfen Biegungen wird sie geknickt und bricht bald.

oder macht sie durch eine zitternde Tachonadel darauf aufmerksam, daß sie bereits einen Knick hat und bald brechen wird (Ursache für die zitternde Tachonadel kann aber auch eine verschlissene Antriebsschnecke am Getriebe sein), muß die Welle baldmöglichst ausgetauscht werden.

Am Tachometer ist bei Defekten nichts zu reparieren, es muß ausgetauscht werden. Dazu das Kombi-Instrument ausbauen. Danach die hinten auf dem Instrumentengehäuse links sitzende Tachometerbeleuchtung herausnehmen siehe Seite 146), die beiden oben und unten sitzenden Kreuzschlitzschrauben sowie die links außen sitzende Mutter herausschrauben. Tachometer etwas nach hinten herausziehen, an der freien Seite dabei verkanten und halbseitlich aus dem Instrumentengehäuse nehmen. Beim Einbau darauf achten, daß die Welle der Kilometerzähler-Rückstellung genau in die Hülse des entsprechenden Drehknopfes eingreift.

Das Tachometer kann nicht die genaue Entfernung und Geschwindigkeit messen, sondern es mißt nur die Umdrehungen des Tachowellenantriebs am Getriebegehäuse und setzt sie dann in eine Kilometerangabe um. Wieviele Umdrehungen des Tachowellenantriebs einen Kilometer auf der Straße ergeben, ist vom Abrollumfang der jeweils montierten Reifengröße abhängig. Darum empfiehlt sich das gelegentliche »Nacheichen«.

Die Öldruckanzeige

Die Öldruckanzeige unserer Mercedes funktioniert nicht, wie bei den meisten anderen Fahrzeugen, elektrisch, sondern durch eine direkte Druckleitung. Bei der elektrischen Anzeige läßt sich nur feststellen, ob der Öldruck über oder unter einer Grenzmarke liegt. Das Manometer des Mercedes gibt den Öldruck genau an, wobei kältesteifes Öl kurz nach dem Start einen höheren Druck erzeugt als leichter fließendes, heißes Öl bei flotter Autobahnfahrt.

Muß die Öldruckanzeige (oder Kraftstoff- oder Kühlwassertemperaturanzeige) ausgetauscht werden, so ist dazu das ganze Anzeigegerät auszubauen. Der einleitende Ausbau des Kombi-Instrumentes ist auf Seite 145 beschrieben. Danach müssen das Tachometer (siehe Vorseite) und der Regulierschalter für die Instrumentenbeleuchtung (zwei Kreuzschlitzschrauben) abgenommen werden. Nun die kleine Sechskantmutter auf der Außenkante des Instrumentengehäuses hinter dem Anzeigegerät und drei Kreuzschlitzschrauben (eine Mitte oben, eine Mitte unten, eine neben dem Sitz des Regulierschalters) lösen und die Kontaktplatte mit den Anzeigegeräten herausnehmen, drei kleinere Kreuzschlitzschrauben um die unten sitzenden Kontrollämpchen auf der Rückseite herausdrehen und Zifferblatt mit Zwischenblende abnehmen. Auf der Rückseite des Instrumentengehäuses zwei Querschlitzschrauben neben dem Kapillarrohranschluß der Kühleranzeige herausdrehen und Fernthermometer herausnehmen. Ebenso die Halteschrauben für Kraftstoffanzeige und für Öldruckanzeige auf der Gehäuserückseite entfernen und Geräte abnehmen. Der Zusammenbau erfolgt sinngemäß umgekehrt. Dabei darauf achten, daß die Isolierplatten unter den Anzeigegeräten nicht vergessen werden.

Scheibenwischer und -wascher

Pflegearbeit Nr. 9

Die Funktionsprüfung der Scheibenwischer- und -wascheranlage ist schnell ausgeführt: Ein Druck auf den Kombischalter in Richtung Lenksäule, dazu ein Umschalten des Wippschalters im Hebelknopf zur Kontrolle der beiden Wischergeschwindigkeiten. Wenn sich die Scheibenwischer (bei eingeschalteter Zündung) bewegen, ist dieser Schalter in Ordnung. Auch der Tritt auf den Scheibenwascherknopf bewirkt ein Einschalten des Wischermotors für einige Wischbewegungen.

Am Fußpumpenpedal der Scheibenwaschanlage ist ein elektrischer Kontakt angeschlossen, der den Scheibenwischermotor für die Dauer der Fußpumpenbetätigung in Gang setzt. Es bedeuten: 1 - Fußpumpenpedal, 2 - Pumpenbalg, 3 - Wasserdruckschlauch, 4 - Vierfachkabelstecker mit den Kabeln zu Sicherung Nr. 2 (schwarz - violett), zu Klemme 1 Wischermotor, (schwarz - blau - gelb) zu Klemme 2 Wischermotor (schwarz - violett - weiß) und Klemme 14 Scheibenwischerschalthebel am Lenkrad (schwarz-violett-rosa Kabel).

Der Ausschaltdruck am Kombischalterhebel oder das Loslassen des Wascherknopfes schaltet den Scheibenwischermotor aus, aber nicht sofort. Die Wischerblätter laufen nämlich weiter bis zur sogenannten Endstellung. Das bewirkt nicht etwa eine Rückholfeder oder dergleichen, sondern eine Schaltung, die an den vier Kabelanschlüssen des Wischermotors erkennbar ist. Sie hat den Nachteil, daß beim Anhalten des Wischerblattes von Hand oder bei starkem Schneetreiben durch Vereisung außerhalb der Endstellung der Wischermotor noch unter Strom steht, auch wenn er vom Schalter ausgeschaltet wurde. Durch diesen Strom werden Anker und Spulen des Wischermotors stark überlastet, da sie ihn nicht durch Ankerdrehung ausgleichen können, so daß sie nach kurzer Zeit durchschmoren können. Bei starkem Schneetreiben muß man also unter Umständen aussteigen und den Schnee von der Windschutzscheibe wischen, damit der Wischerarm nicht stecken bleibt.

Intervallschalter

Seit Frühjahr 1972 besitzt die Scheibenwischanlage zusätzlich einen Intervallschalter, der am Kombihebel links des Lenkrades mit Stufe III bezeichnet ist. Alle 5 Sekunden laufen die Scheibenwischer einmal hin und her. Dies geschieht durch einen Widerstand im Scheibenwischermotor, der den Stromzufluß jeweils 5 Sekunden lang unterbricht und dann kurz freigibt.
Die Wisch-Intervallstufe läuft, ohne daß der Kombihebel in Richtung Lenksäule gedrückt zu werden braucht. Dagegen wird beim Druck auf den Hebel automatisch von der Intervall- auf die Normal-Wischstufe umgeschaltet.

Wischerschaltung prüfen

Zum besseren Verständnis der nachfolgenden Erläuterung empfiehlt es sich, die Stromwege in der hinteren Buchklappe mit spitzem Stift zu verfolgen.
Bei eingeschalteter Zündung erhält die Sicherung Nr. 2 Strom, an der die Scheibenwischeranlage mit drei schwarz-violetten Kabeln (Wischerschalter Klemme 11, Fußpumpenschalter Klemme 4, Scheibenwischermotor Klemme 4) angeschlossen ist. Also alle drei Teile der Wischeranlage erhalten Strom, der sich an den Endkontakten der schwarz-violetten Kabel mit einer Prüflampe kontrollieren läßt. Wird der Kombihebel bei Schalterstellung I (1. Geschwindigkeitsstufe) gedrückt, erhält der Scheibenwischermotor an seiner Klemme 1

über ein schwarz-violett-blaues Kabel von Klemme 12 des Wischerschalters Strom für den »Langsamgang« der Scheibenwischer. Wird der Schalter im Kombihebelknopf auf Stufe II gedrückt, fließt der Strom über den Wischerschalter Klemme 13 durch ein schwarz-violett-grünes Kabel zu Klemme 3 des Wischermotors für den »Schnellgang«. Auf Stufe III (»Intervallschalter«) fließt der Strom von Klemme 14 des Wischerschalters über ein schwarz-violett-rosa Kabel zu Klemme 2 des Wischermotors (Stufe III erst ab Frühjahr 1972).
Bei getretenem Fußpumpenschalter wird in diesem der von Sicherung Nr. 2 kommende Strom über die Klemme 1 durch ein schwarz-blau-gelbes Kabel zu Klemme 1 des Wischermotors für den »Langsamgang« geleitet.
In allen eben genannten Schaltstellungen wurde der direkt durch das schwarz-violette Kabel an Klemme 4 des Wischermotors geleitete Strom noch nicht in Anspruch genommen. Er wird erst wirksam, wenn der Fuß vom Fußpumpenschalter gehoben oder der Wischerschalterhebel zum Ausschalten der Scheibenwischer gedrückt wird und die Scheibenwischer noch nicht in ihre Endstellung gelangt sind. Dann leitet ein Nockenschalter im Wischermotor den direkt ankommenden Strom von Klemme 2 des Wischermotors durch ein schwarz-violett-weißes Kabel zu Klemme 2 des Fußpumpenschalters, von der weiteren Klemme 2 des Fußpumpenschalters durch ein schwarz-violett-rosa Kabel zu Klemme 14 des Wischerschalterhebels und von dort über die bereits erwähnte Klemme 12 durch das schwarz-violett-blaue Kabel zur Klemme 1 des Wischermotors, so daß dieser im »Langsamgang« die Scheibenwischer zur Endstellung bewegt, in der der Nockenschalter im Wischermotor den Strom unterbricht und den Motor abbremst. Für diese Endabstellung muß also der Strom einen Umweg vom Wischermotor über den Fußpumpenschalter und den Wischerschalterhebel zurück zum Wischermotor machen, was bei einer Störung der Endabstellung zur Störungssuche beachtet werden muß. Das braune Kabel am Wischermotor (Klemme 31) stellt die übliche Verbindung zur Masse her, um den jeweils geschalteten Stromkreis zu schließen.

Wischermotor ausbauen

Der Wischermotor sitzt hinter der linken Seite des Armaturenbrettes und ist nach Abbau der unteren Armaturenbrett-Verkleidung zu erreichen. Das Schei-

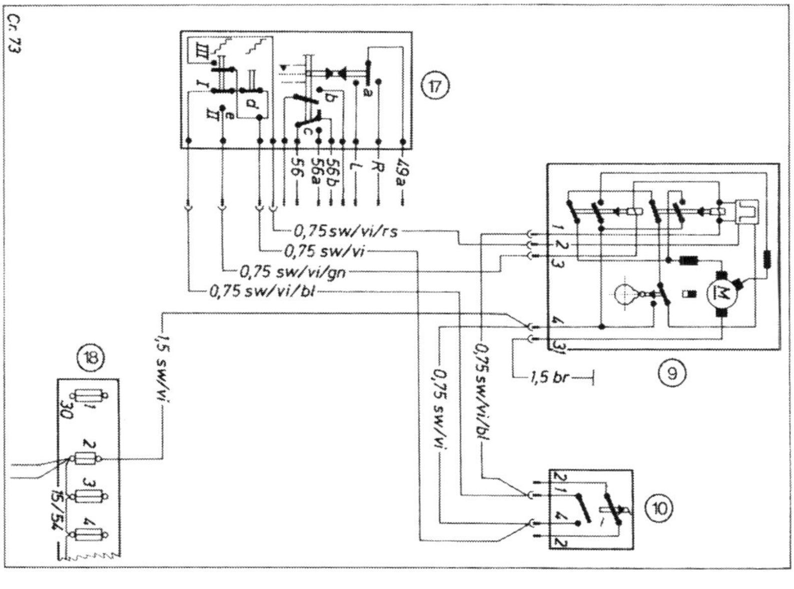

Seit der Mercedes 200/220/230 mit serienmäßigem Wischintervallschalter ausgerüstet ist, fand eine kleine Änderung der elektrischen Leitungen zwischen Sicherung, Wischermotor, Fußpumpe und Kombischalter statt.
Die Erläuterungen zu dieser Schaltplanänderung sowie zu den Klemmennummern und Kabelfarben finden Sie auf Seite 238.

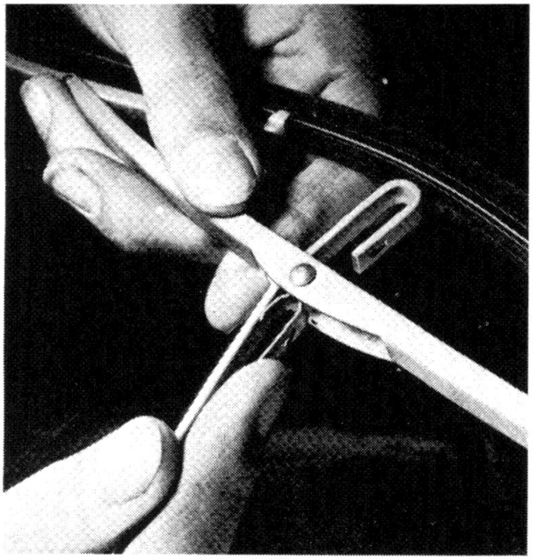

Zum Auswechseln der Wischerblätter diese zusammen mit dem Wischerarm von der Windschutzscheibe abklappen, die Arretierungsfeder (vom Zeigefinger der unteren Hand gehalten) des Wischerblattes aus dem Ausschnitt des Wischerarmes drücken und das Wischerblatt in Richtung auf die Scheibenwischerwelle aus dem Wischerarm aushängen. Der Einbau des neuen Wischerblattes erfolgt sinngemäß umgekehrt.

benwischergestänge ist mit einem Kugelgelenk am Wischermotorarm aufgesteckt, es darf also nicht die Sechskantschraube des Wischergestänges gelöst werden (sie dient zur Einstellung des Wischergestängeausschlages und soll nicht verstellt werden), sondern das Kugelgelenk ist mit einem Schraubenzieher vom Kugelkopf des Wischermotorarms abzudrücken. Danach die drei Haltemuttern an den Gewindebolzen der Motorplatte abschrauben, den Sechsfach-Kabelstecker vom Motorraum aus abziehen und Scheibenwischermotor herausnehmen.

Zustand der Wischerblätter prüfen

Alle 7500 km soll der Zustand der Wischerblätter geprüft werden. Das gilt für die Werkstatt, denn der Selbstpfleger prüft seine Wischerblätter ja praktisch bei jedem Regen. Bringen sie trotz Reinigungszusätzen im Waschwasser kein einwandfreies Wischfeld zustande, sind meistens die feinen Gummilippen der Wischerblätter abgenützt oder spröde. Deshalb sollte man sie mindestens einmal im Jahr ersetzen; am besten im Herbst vor ihrer Schwerarbeits-Saison. Schließlich sollten die Wischerblätter auch von Zeit zu Zeit gereinigt werden. Man reibt sie am besten mit einer festen Nylonbürste (Nagelbürste) und starker Waschmittellösung ab. Auch Brennspiritus ist dafür geeignet. Benzin jedoch auf keinen Fall nehmen, denn damit wird der Gummi nur verhärtet.
Wie Wischerblatt und Wischerarm ausgewechselt werden, zeigen die Bilder auf diesen Seiten.
Das Scheibenwischerlager ist für einen Tropfen Öl dankbar, der bei zurückgeklapptem Wischerarm an die Wischerwelle gegeben wird.

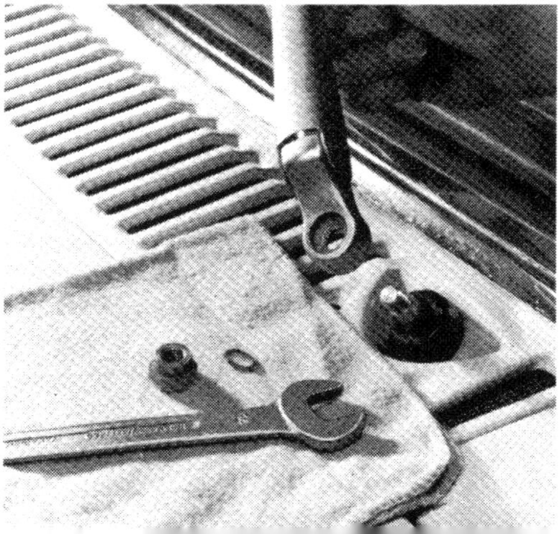

Zum Ausbau eines defekten oder schief stehenden Scheibenwischerarmes zuerst die links liegende Hutmutter mit Schraubenschlüssel SW 14 losdrehen, den darunter sitzenden Federring wegnehmen und den Wischerarm von der Kerbverzahnung der Wischerwelle ziehen. Schlägt der Wischerarm in der Endstellung auf das Karosserieblech oder steht zu hoch, kann er auf der Kerbverzahnung der Wischerwelle um einen oder zwei Zähne versetzt werden.

Scheibenwaschanlage auffüllen
Pflegearbeit Nr. 22

Natürlich schaut man nicht nur alle 7500 km nach Wartungsplan in den Behälter der Scheibenwaschanlage, sondern öfter. Er hängt im Motorraum vorne am linken Radkasten neben der Batterie.
Man sollte ihn aber nicht nur mit sauberem Leitungswasser füllen, denn auch im Sommer wird reines Wasser auf die Dauer nicht mit dem Öldunst fertig, der sich unweigerlich durch Abgase und verfettete Fensterleder auf der Windschutzscheibe niederläßt. Es gibt eine Unmenge von Scheibenwaschwasser-Zusätzen zur Auswahl. Besonders wirkungsvoll haben wir den »Icecleaner« von Pingo gefunden, den es ohne Frostschutz als »Sommerfüllung« und mit Frostschutz für den Winter gibt.
Es hat keinen Sinn, solch einen Scheibenwascherzusatz einfach zu dem eingefüllten Leitungswasser in den Waschbehälter zu füllen. Da beide Flüssigkeiten unterschiedliche spezifische Gewichte haben, vermischen sie sich nicht von selbst, so daß entweder reines Wasser oder fast unverdünnte Zusatzflüssigkeit (gefährlich für den Lack) aus den Düsen spritzt. Besonders wichtig ist sorgfältiges Vormischen von Wasser und Zusatz im Winter, sonst friert das Wasser unter dem leichteren Frostschutzmittel im Behälter doch ein. Also entweder beide Flüssigkeiten in einem Gefäß tüchtig vormischen oder Waschbehälter herausnehmen, befüllen, Behälteröffnung mit den Fingern zuhalten und den Behälter kräftig durchschütteln.
Gelegentlich spritzt die eine oder andere Scheibenwascherdüse die Windschutzscheibe zu flach an oder über das Wagendach. Um dem Wasserstrahl die richtige Richtung zu geben, braucht man nur eine feine Stecknadel, die in die Düsenöffnung gesteckt wird. Diese Düsenöffnung sitzt in einem kleinen Kugelgelenk, das sich mit der eingesteckten Stecknadel leicht bewegen und richten läßt. Eine verstopfte Düse läßt sich mit feinem Draht aufbohren.

Das Heizgebläse

Wie die Heizung funktioniert und was an ihr zu pflegen und instandzusetzen ist, finden Sie im Kapitel »Kühlung und Heizung«. Von der elektrischen Seite her gesehen, interessiert uns besonders das Heiz- und Kühlgebläse. Der Gebläsemotor wird durch den mittleren Drehknopfschalter der Heizungsarmatur dreistufig, also mit drei Gebläsegeschwindigkeiten, eingeschaltet. Den Strom erhält der Gebläsemotor über ein schwarz-grün-rosa Kabel von Sicherung Nr. 6 (Klemme 15/54). Er liegt also bei eingeschaltetem Lenkschloß ständig an Strom. Die Verbindung zur Masse erfolgt je nach Schaltstufe über Vorwiderstände (an der Stirnwandrückseite zum Motorraum) oder direkt.
Setzt der Gebläsemotor beim Drehen des Schaltknopfes zwischendurch aus, kann es an einem Schalterkontakt oder an den Vorwiderständen liegen.

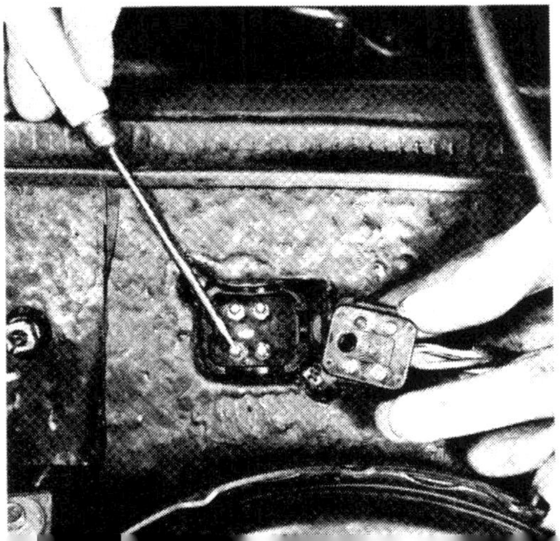

Das Bild zeigt den Vierfachkabelstecker für das Heizgebläse in der Spritzwand des Motorraumes direkt über dem Bremskraftverstärker.
Der abgezogene Kabelstecker bringt den Strom zum Gebläsemotor. Der Schraubenzieher zeigt auf die Anschlußklemme 15/54, die aus der entsprechenden Buchse des Steckers von Sicherung Nr. 6 bei eingeschaltetem Lenkschloß stets Strom erhält. Die drei anderen Buchsen verbinden den Gebläsemotor mit dem Heizgebläseschalter.

Reibeplätzchen

Fährt man mit seinem Mercedes, so sind Motor und Antriebsräder starr miteinander verbunden. Will man anhalten oder schalten, so müssen Motor und Antriebsräder voneinander getrennt werden. Häufiges Schalten – wie es im heutigen Stadtverkehr notwendig ist – strapaziert die Kupplung natürlich mehr als lange Überlandfahrten. Es kann also nicht schaden, sich näher mit diesem so wichtigen (und bei Reparaturen nicht ganz billigen) Bauteil zu befassen.

Wie die Kupplung funktioniert

Die Kupplung sitzt zwischen Motor und Getriebe auf der Kurbelwelle. Sie wird durch ein Aluminiumgehäuse – die sogenannte Kupplungsglocke – vor Verschmutzung geschützt. Ihre Einzelteile sind das Motorschwungrad, das am Umfang eine Verzahnung trägt, in die das Anlasserritzel zum Starten des Motors eingreift, der am Motorschwungrad angeschraubte Kupplungsträger mit Kupplungsdruckplatte und Anpreßfeder, die Kupplungsscheibe (Mitnehmerscheibe) und der Ausrücker (Kupplungslager). Die Kraft des Motors (genauer das Drehmoment) wird durch die Reibung zwischen der Mitnehmerscheibe und den Reibflächen von Druckplatte und Schwungrad von der Nabe der Mitnehmerscheibe auf die Getriebeeingangswelle übertragen.

Die Kupplung des Mercedes

Obwohl die Wirkungsweise der Kupplung sehr einfach ist, fällt es schwer, ihren Aufbau zu durchschauen, weil auf kleinstem Raum eine große Anzahl von Bauteilen untergebracht ist. Bei unseren Modellen erzeugt eine tortenförmig geschlitzte Scheibenfeder (Tellerfeder) den Anpreßdruck. Im eingekuppelten Zustand drückt die Federkraft die Druckplatte und die Mitnehmerscheibe gegen das Schwungrad.

Das zum Aus- und Einkuppeln notwendige Ausrücklager ist in Längsrichtung verschiebbar, es wird durch die innere Gabelung (Öffnung) des Ausrückhebels bewegt. Elegant ist das Ausrücklager des 200/220/230 konstruiert: Im Gegensatz zu den vorher üblichen Konstruktionen, bei denen sich der Außenring beim Betätigen der Kupplung an die umlaufenden Teile der Kupplung anlegt, läuft bei den neuen Drucklagern der Innenring um. Hierdurch wird die Drehzahl der Kugeln im Lager beträchtlich verringert, wodurch auch die Fettfüllung der neuen Lager weniger beansprucht ist. Dadurch erhöht sich die Lebensdauer dieses Lagers und – was wir später noch sehen werden – läßt sich damit das bisher übliche Spiel in der Kupplung vermeiden. Die Ausrücklager sind wartungsfrei, wegen der Fettfüllung dürfen sie unter keinen Umständen in Benzin ausgewaschen werden.

Die Sache geht dann so: Das Kupplungspedal betätigt in einem Hydraulikzylinder einen Kolben, der einen Öldruck erzeugt. Dieser Druck wirkt auf den Kolben im Druckzylinder an der Kupplung, wodurch sich dort eine mit dem Kolben verbundene Kolbenstange herausschiebt und den Ausrückhebel be-

tätigt. Der Ausrückhebel drückt das Ausrücklager gegen die nach innen gerichteten Speichen der Tellerfeder. Dadurch übernimmt das Ausrücklager die Federkraft, die Druckplatte wird entlastet und bei ganz durchgetretenem Kupplungspedal sogar zurückgezogen, so daß die Mitnehmerscheibe (Kupplungsscheibe) nicht nur ohne Anpreßdruck ist, sondern auch ein Hohlraum entsteht, in dem die Mitnehmerscheibe frei umlaufen kann. Es wird also keine Motorkraft mehr übertragen – es ist ausgekuppelt.
Obwohl die Kupplung zu diesem Zweck ständig getreten wird, ist sie eines der anspruchslosesten Teile im Auto. Allerdings kommt es beim Kuppeln auf das Wie an. Wer das Kupplungspedal nur zum Schalten tritt, wird die Kupplung sehr lange als äußerst zuverlässiges Teil schätzen. Wer sich aber vor dem Einbiegen in eine Straße oder vor dem Passieren einer Kreuzung oder in einer Kolonne als »Kupplungsfahrer« mit schleifender Kupplung um das Schalten herummogelt, handelt grausam: Die Kupplungsflächen reiben unter starker Hitzeentwicklung aufeinander und verschleißen sehr schnell.

Kupplungsunarten

Im Laufe der Jahre kann sich die Kupplung auch von ihrer schlechten Seite zeigen: Sie erfüllt ihre Aufgaben immer unwilliger, fängt an durchzurutschen oder trennt nicht mehr richtig.

Rutschende Kupplung

Durchrutschen bedeutet, daß die Kupplung nicht mehr die volle Kraft (Motordrehmoment) übertragen kann, also nicht mehr einwandfrei verbindet. In schlimmen Fällen liegt die Ursache darin, daß durch Motor- oder Getriebeöl die Reibflächen des Kupplungsbelages verschmutzt sind, oder daß durch übermäßige Hitzeentwicklung – z. B. bei schleifender Kupplung – der Belag verbrannt ist. Dann vermag auch die größte Anpreßkraft nicht genügend Reibung zum Übertragen des Drehmoments zu erzeugen. Aber auch eine sorgsam behandelte Kupplung kann durch allmählichen Verschleiß so abmagern, daß die Reibpartner einfach nichts mehr zu fassen bekommen – wo keine Anpreßkraft hinkommt, kann auch keine Reibungskraft erzeugt werden. In diesen Fällen wird man die Unarten der Kupplung meist erst bemerken, wenn beim Fahren im 4. Gang (in dem die dem Motor abverlangte Leistung am größten ist) der Motor bei Belastung »durchgeht«, d. h. schneller dreht, als es der Fahrgeschwindigkeit entspricht. Beim Anfahren dagegen wird das Nachlassen der Kupplung weniger auffallen, weil man sich daran gewöhnt. In diesen schlimmen Fällen muß die Werkstatt helfen, sie muß sogar schnell helfen, weil »durchgehende« Kupplungen so viel Wärme erzeugen, daß die Schwungscheibe und die Kupplungsdruckplatte an den Reibflächen Wärmerisse bekommen und dann auch erneuert werden müssen.

Die Kupplung trennt nicht

Wenn die Kupplung nicht richtig trennt, dann kratzt und kracht es beim Schalten. Um festzustellen, daß es nicht am Getriebe liegt, müssen Sie die Probe mit einem nicht-synchronisierten Gang machen. Das ist bei allen Mercedes-Wagen nur der Rückwärtsgang. Lassen Sie den Motor laufen, kuppeln Sie ganz aus, warten Sie etwa 3 bis 5 Sekunden, bis die Mitnehmerscheibe stehen bleiben sollte und legen Sie dann den Rückwärtsgang ein. Kratzt es, dann trennt die Kupplung nicht sauber. Ursache ist in schlimmen Fällen eine durch Hitze verzogene Mitnehmerscheibe, es kann aber auch ein an der Schwungscheibe oder Druckplatte klebender Belag oder Luft in der Kupplungshydraulik.
Sicherheitshalber sollten Sie aber prüfen, ob nicht etwa durch zu dicke Fußmatten, Teppiche oder Isolierpappe der Pedalweg verkürzt wird.

Der Behälter für die Kupplungshydraulik befindet sich links vorn an der Spritzwand. Auch hier ist – wie beim Bremshydraulikbehälter – regelmäßig der Stand der Flüssigkeit (ATE Blaue Bremsflüssigkeit) zu prüfen. Markierungen (MAX und MIN) für Höchst- und Niedrigststand erleichtern am durchsichtigen Behälter die Kontrolle.
Die Entlüftungslöcher im Deckel dürfen nicht verstopft sein.

Kupplungsgängigkeit prüfen

Pflegearbeit Nr. 2

Weil durch die Gewöhnung an eine allmählich schlechter werdende Kupplung größerer Schaden entstehen kann, empfiehlt es sich, von Zeit zu Zeit die Kupplung zu prüfen. Eine einwandfreie Kupplung übersteht auch eine sehr rauhe Prüfmethode: Feststellbremse treten, 3. Gang einlegen, langsam einkuppeln und Gas geben. Jetzt müßte der Motor abgewürgt werden. Wenn nicht, rutscht die Kupplung. Oft ruckt der Wagen aber an, weil ihn die Feststellbremse nicht hält. Dieser Test sollte nur gelegentlich und höchstens zweimal hintereinander gemacht werden, weil sonst die Kupplung heiß wird – und dann ohnehin durchrutscht. Besteht die Kupplung diesen Test nicht, dann ist sie fällig.

Kupplungshydraulik prüfen

Pflegearbeit Nr. 20, 52, 65

Läßt sich das Kupplungspedal einen Teil des Pedalwegs leicht durchtreten, befindet sich Luft in der hydraulischen Kupplungsbetätigung. Nach der Kontrolle von Geber- und Nehmerzylinder und der Verbindungsleitung auf Dichtheit muß die Kupplungsbetätigung entlüftet werden. Das geschieht – ähnlich wie bei der Bremsanlage — am Geber- und Nehmerzylinder (Bild Seite 158). Wegen der schlechten Zugänglichkeit ist das aber eher eine Arbeit für die Werkstatt, ebenso das Prüfen der Belagstärke.
Als Vorratsbehälter für die Druckflüssigkeit dient bei den älteren Typen der zylindrische Behälter an der Spritzwand im Motorraum und bei neueren der Bremsflüssigkeitsbehälter, die zu etwa $^{3}/_{4}$ gefüllt sein sollen. Bei niedrigerem Stand darf nur reine Bremsflüssigkeit nachgefüllt werden.

Kavalierstart

Eine recht wirksame Methode für schnellen Belagverschleiß ist das Anfahren mit zu hoher Drehzahl, landläufig als »Kavalierstart« bekannt. Tatsächlich bringt der Kavalierstart eine höhere Anfahrbeschleunigung, weil die Schwungkraft des Motors mit zur Beschleunigung ausgenützt wird. Der nicht gerade schwache Anzug der Mercedes-Motoren und der ruhige Durchzug aus niederen Drehzahlen sollten aber solche Unarten vermeiden lassen. Sinnvoll ist der Kavalierstart nur bei sportlichen Veranstaltungen, denn nur da gibt es etwas zu gewinnen.
Der übermäßig starke Verschleiß rührt von der Reibungshitze her. Wärme entsteht ja in einem gewissen Maße bei jedem Einkuppeln, denn der Belag

schleift ja, bevor die Kupplung fest eingerückt ist. Aber die Hitzeentwicklung ist abhängig von der Gaspedalstellung und der Einkuppelzeit. Bei Vollgas wird im Moment des Anfahrens zunächst fast die ganze Leistung des Motors in Wärme umgesetzt, bis schließlich bei fest eingerückter Kupplung keine Wärme mehr entwickelt wird.

Auskuppeln beim Halten?

Viele Fahrer haben die Angewohnheit, vor der roten Ampel mit durchgetretenem Kupplungspedal und eingelegtem 1. Gang zu warten. Der erträgliche Kupplungspedaldruck – besonders bei den neuen Typen ist er durch die Tellerfeder gering geworden — und das häufige Anfahren haben viele »guterzogene« Autofahrer zu dieser Unart verleitet. Dadurch entsteht zwar kein direkter Schaden, aber gut ist es ganz gewiß nicht. Durch das Auskuppeln wird das Ausrücklager belastet, was notwendigerweise Verschleiß mit sich bringt. Je öfter und länger das vor den vielen Ampeln geschieht, desto unnötiger wird dieses Lager belastet. Und noch mehr nutzt sich dabei ab: Das Axial-Drucklager der Kurbelwelle (nimmt den Druck in Längsrichtung auf) muß den Kupplungsdruck von mehreren Zentnern aufnehmen, wodurch sich allmählich das Axialspiel vergrößert. Das ist nun für die Führung der Kolben in den Zylindern nicht gerade günstig, weil sie in Motorlängsrichtung stärker gegen die Zylinderlaufbahnen gedrückt werden. Da die Kupplung im Stadtverkehr ohnehin stark beansprucht ist, würden wir wenigstens bei stehendem Wagen die Kupplung entlasten.

Schalten ohne Kuppeln

Wenn bei einer Störung der Kupplungsübertragung (ohne Öl, enthält Luft) die Kupplung nicht mehr betätigt werden kann, ist guter Rat teuer – oder Schalten ohne Kupplung nötig. Das Herausnehmen eines Ganges ist kein Problem, sofern kein Gas gegeben wird oder gerade mit dem Motor gebremst wird. Man spürt den richtigen Zeitpunkt sehr gut, weil der Schalthebel dem Druck plötzlich leicht nachgibt.
Schwieriger dagegen, aber keineswegs unmöglich ist es, ohne Kupplung einen Gang einzulegen. Nach Gaswegnehmen und stark verlangsamter Fahrt Gang herausnehmen und dann etwas Gas geben, damit die Motordrehzahl erhöht wird. Nun drückt man den Schalthebel in Richtung des neuen Ganges. Wenn die Motordrehzahl richtig dosiert ist, rutscht nun mit sanftem Druck der neue Gang hinein. Man darf dabei aber nicht zu schnell sein. Am besten: Bei etwa 15 km/h in den 2. Gang, bei etwa 20 km/h in den 3. Gang und bei 30 km/h in den 4. Gang schalten.
Will man ohne Kupplung anfahren, muß man den 1. Gang einlegen und darf erst dann den Anlasser betätigen. Der Wagen ruckt an und setzt sich in Bewegung (der Motor muß natürlich warmgelaufen sein). Will man während der Fahrt nicht schalten, fährt man auf diese Weise im 2. Gang an. Das ist eine ziemlich rohe Methode aber es liegt ja ein Notfall vor und es ist billiger, als sich abschleppen zu lassen.

Neue Kupplungsbeläge

Wie der Bremsbelag unterliegt auch der Kupplungsbelag dem »natürlichen« Verschleiß. Je nach Fahrweise (»Kupplungsfahrer«) kommt früher oder später der Zeitpunkt, an dem sich die Kupplung wegen Abnützung nicht mehr nachstellen kann. Dann helfen nur neue Beläge.
Als Faustregel gilt: Kraftstoffverbrauch und Kupplungsverschleiß hängen eng zusammen. Wer im Stadtverkehr durch Ausdrehen der Gänge viel verbraucht, wird auch früher die Kupplung erneuern müssen. Wenn ein neuer Belag fällig ist, lassen Sie sich von der Werkstatt den alten Belag zeigen (auf Reparatur-

Der Tritt auf das Kupplungspedal (1), das oben unter der Spritzwand gelagert ist (2), wird bei 3 auf die Druckstange und einen Kolben im Hydraulikzylinder (4) übertragen. Durch eine Leitung pflanzt sich dieser Druck in einen zweiten Zylinder an der Kupplung fort, betätigt dort den Ausrückhebel, es ist also ausgekuppelt. 5 - Entlüftungsventil. Tritt Hydraulikflüssigkeit an einem Zylinder aus, so kann eine Manschette undicht sein und die Werkstatt ist aufzusuchen.

auftrag vermerken). Ist er riefig, rissig, verbrannt oder bis nahe an die Nieten abgenutzt, dann war die Erneuerung wirklich notwendig.
Eine Kupplungsscheibe kann belegt werden, wozu nur der Belag erneuert wird. Im allgemeinen wird aber gleich die ganze Mitnehmerscheibe ausgetauscht. Das empfiehlt sich ohnehin, weil die sechs Dämpfungsfedern, die die Schwingungen des Motors von der Kraftübertragung fernhalten sollen, ermüdet sein können. Diese Federn müssen bei zu heftigem Einkuppeln starke Stöße aufnehmen, wobei sie nach zu langer Betriebszeit brechen können.
Der Ausbau der Kupplung ist Werkstattsache, weil dazu das Getriebe ausgebaut werden muß.

Fingerzeig: *Weil bei der automatisch nachstellenden Kupplungsbetätigung der Verschleiß nicht mehr am Kupplungspedal feststellbar ist, muß in den regelmäßigen Wartungsabständen (gilt für Selbstpfleger) der Kupplungsverschleiß gemessen werden. Das erfolgt auf einfache Weise durch eine Fühlerlehre, die aus dem Durchmesser des Druckbolzens auf zulässiges oder unzulässiges Maß schließen läßt. Diese Arbeit kann in einer Werkstatt in wenigen Sekunden erledigt werden, es ist daher unzweckmäßig, sich diese Fühlerlehre zu beschaffen.*

Störungs-beistand
Kupplung

Die Störung	— ihre Ursache	— ihre Abhilfe
A Kupplung rupft	1 Druckplatte oder Schwungscheibe zu stark abgenutzt (Riefenbildung) oder angerissen	Nachschleifen oder auswechseln
	2 Kupplungsscheibe hat Schlag	Korrigieren, besser auswechseln
	3 Verschmierte Kupplungsscheibe	Auswechseln, Dichtungen überprüfen
B Kupplung trennt nicht	1 Kupplungsscheibe hat Schlag	Richten oder auswechseln
	2 Hydraulik ohne Öl	Vorratsbehälter nachsehen Dichtungen und Leitungen prüfen
	3 Beläge gerissen	Scheibe auswechseln
C Kupplung rutscht	1 Kupplungsscheibe verschmiert	Scheibe auswechseln Dichtungen prüfen

Mit Zähnen und Klauen

Gewisse Dinge am Auto wird man mit gehörigem Respekt betrachten und sich aller Selbsthilfeversuche enthalten. Dazu gehört beispielsweise das Getriebe (und hier vor allem die Getriebe-Automatik), dessen Einzelteile mit größter Präzision hergestellt und zusammengebaut sind und deren Reparatur man der Werkstatt überläßt. Das gilt natürlich auch für die anderen Teile der Kraftübertragung, also Kardanwelle, Achsantrieb (Differential) und Antriebswellen. Die Pflege beschränkt sich dadurch lediglich auf die Kontrolle des Ölstandes und Sichtprüfungen.

Das Schaltgetriebe

Alle Daimler-Benz-Getriebe sind vollsynchronisierte Vierganggetriebe. In den unteren Gängen wird die Kraft des Motors über das Zahnrad der Eingangswelle auf die darunterliegende Vorgelegewelle übertragen, die dadurch immer proportional zur Motordrehzahl mitläuft. Je nach dem geschalteten Gang wird nun über eines der drei weiteren Zahnräder auf der Vorgelegewelle die Motorkraft auf das zugehörige Zahnrad auf der Hauptwelle übersetzt und zur Kardanwelle weitergeleitet. Im 4. Gang – dem direkten Gang – wird die Eingangswelle direkt mit der Hauptwelle gekuppelt, wodurch die Kardanwelle mit derselben Drehzahl läuft wie der Motor. Die Vorgelegewelle läuft zwar mit, überträgt aber keine Leistung mehr. Wegen der besseren Geräuschdämpfung wird das Getriebegehäuse aus Grauguß hergestellt, nur die seitlichen Deckel für das Schaltgestänge und die vorne und hinten anschließenden Deckel sind aus Gewichtsgründen aus Leichtmetall.

Getriebegehäuse auf Dichtheit prüfen

Pflegearbeit Nr. 32

Durch die unterschiedliche Ausdehnung bei Erwärmung von Getriebegehäuse und Deckeln kann die Abdichtung durchlässig werden. Ölspuren lassen sich am Getriebe durch die Dunkelfärbung der Schmutzkruste erkennen. In manchen Fällen reicht das Überstreichen mit einem Dichtungsmittel als Abhilfe aus, nachdem vorher von der Werkstatt (Werkstattarbeit wegen der vorgeschriebenen Drehmomente) die entsprechenden Gehäuseschrauben nachgezogen wurden. Umständlicher und teurer wird es, wenn an den Wellen der Schalthebel Öl austritt. Das erfordert Instandsetzung am Getriebeschaltdeckel.

Die Synchronisierung

Die Gangräder in Synchrongetrieben werden zum Schalten über kleine Kupplungen mit der Welle verbunden oder gelöst. Dies besorgt die Sperrsynchronisierung, mit der nur ein Gang geschaltet werden kann, wenn Gleichlauf – gleiche Drehzahlen – zwischen der Hauptwelle und dem zu schaltenden Zahnrad erreicht ist.

Die Synchronisation – das Angleichen der Drehzahl – erfolgt mit kleinen Reibungskupplungen (Konus und Gegenkonus). Je unterschiedlicher die Drehzahlen des Zahnrades auf der Hauptwelle (das proportional zur Motordrehzahl und zur Vorlegedrehzahl umläuft) und der Hauptwelle (die proportional

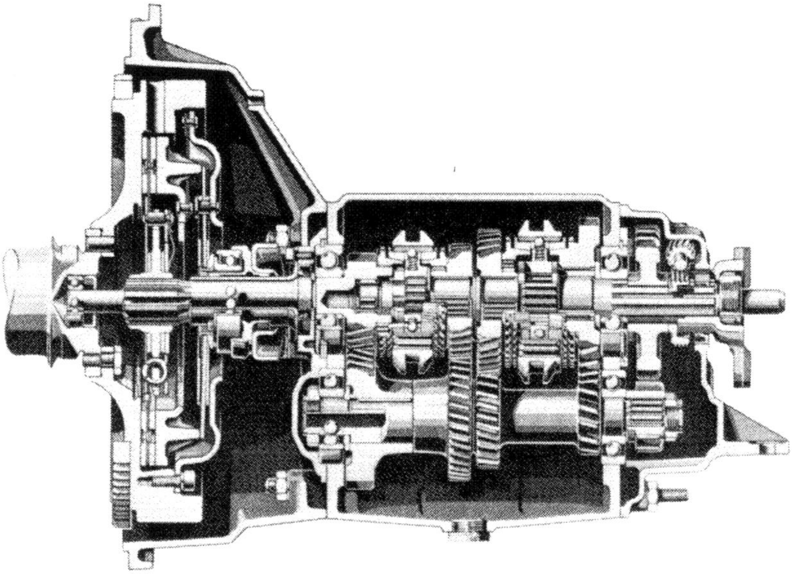

Längsschnitt durch das Kupplungsgehäuse und das Schaltgetriebe. Der Zapfen links gehört zur Kurbelwelle, die mit der Schwungscheibe verschraubt ist. Im Schnitt sieht man an letzterer die Kupplung, in deren Mitte die Getriebe-Eingangswelle dreht. Rechts das aufgeschnittene Getriebe. Der Deckel des Gehäuses ist seitlich angeordnet und enthält drei Schaltschwingen mit Drehführung für die wahlweise Anordnung von Lenkrad- oder Knüppelschaltung.

zur Drehzahl der Hinterräder umläuft) sind, desto mehr Reibungsarbeit müssen die Synchronisierkupplungen leisten. Und das braucht seine Zeit. Das gewaltsame Durchreißen des Schalthebels beansprucht die Synchronisierung über Gebühr und schadet dadurch dem Getriebe. Defekte Synchronringe können ihre Aufgabe nicht mehr erfüllen, die »vernachlässigten« Zahnräder melden das Versagen ihrer Synchronisierung durch Kratzgeräusche.

Schaltung einstellen

Wegen der vielen Richtmaße und Markierungen des Schaltgestänges ist das Einstellen der Schaltung Werkstattsache, zumal einige Abänderungen an der Knüppel- und Lenkradschaltung weitere Schwierigkeiten aufwerfen.

Fingerzeige: *Man schont die Synchronisation des Getriebes, wenn man bei kaltem Öl (nach dem Start und ganz besonders in der kalten Jahreszeit) den Schalthebel nicht durchreißt. Das Getriebeöl, das ja auch zwischen den Teilen der Synchronisation zirkuliert, ist noch zu dickflüssig.*

Schont man mit Zwischengas das Getriebe? Es ist nur sinnvoll, wenn bei hohen Drehzahlen heruntergeschaltet wird (Notfälle, sportliches Fahren) oder wenn bei kaltem und steifem Getriebeöl heruntergeschaltet werden muß.

Weil das Synchronisieren auf Reibung beruht, sind schmierungsfördernde Ölzusätze für das Getriebeöl nicht angebracht. Zudem können die Synchronringe durch Zusätze verkleben, wodurch ebenfalls das Schalten erschwert wird.

Falls das Schaltgestänge infolge ausgeleierter oder verlorener Buchsen ausgehängt wird, kann zur Not auch von außen am Getriebe ein Gang eingelegt werden. Bei den 200/220 kann durch Verdrehen des hinteren Schalthebels links außen am Getriebe der 1. oder 2. Gang, durch Verdrehen des vorderen Schalthebels links außen am Getriebe der 3. und 4. Gang geschaltet werden. Es darf aber nur ein Schalthebel bewegt werden, der andere muß sich in Mittellage befinden, weil sonst das Getriebe blockiert ist.

Die Gelenkwelle

Die Gelenkwelle muß viel leisten. Sie überträgt beim Beschleunigen oder beim Befahren von Steigungen das durch das Getriebe vervielfachte Moment (im 1. Gang etwa das vierfache Motordrehmoment), andererseits muß sie aber auch im direkten 4. Gang die volle Motordrehzahl aushalten. Nebenbei erträgt sie noch Schwingungen, die durch den unrunden Lauf des Motors, durch die

Motoraufhängung, durch ihre eigene Durchbiegung und nicht zuletzt durch unwuchtige Schmutzablagerungen verursacht werden.

Gelenkwelle prüfen

Pflegearbeit Nr. 68

Unrund laufende Gelenkwellen beschädigen die Lagerung des Getriebes und des Ausgleichgetriebes. Ein Brummen der Gelenkwelle kann von Schmutzkrusten herrühren, kann aber auch erstes Anzeichen einer Unwucht infolge zu großer Durchbiegung (bei Überlastung oder Spiel in den Lagern) sein. Beschädigte oder laut laufende Gelenkwellen werden wegen der zwangsläufig auftretenden Folgeschäden zweckmäßigerweise ausgetauscht.

Der Hinterachsantrieb

Der Hinterachsantrieb erfüllt drei Aufgaben. Er lenkt die Antriebskraft über Kegel- und Tellerrad »rechtwinklig um die Ecke« und über die Achswellen zu den Antriebsrädern. Durch die Übersetzung vom kleinen Kegelrad auf das größere Tellerrad paßt er die Getriebeausgangsdrehzahl der erforderlichen Raddrehzahl an und gleicht durch das Differential bei Kurvenfahrt die unterschiedlichen Radwege des inneren und äußeren Rades aus.
Bei den Typen der »Neuen Generation« ist das Gehäuse des Achsantriebes am Hinterachsträger montiert, über zwei Halbwellen mit Gleichlaufgelenken wird die Antriebskraft zu den Rädern übertragen, wobei Längenunterschiede beim Ein- und Ausfedern der Räder mit ausgeglichen werden. Pro Gelenk enthielten die Hinterachswellen früher 250 ccm Molykote-Abschmierfett, das ab Juli 1968 durch ein Spezialschmiermittel aus einem Teil Molykotepaste und drei Teilen Hypoidgetriebeöl (gut durchgemischt) ersetzt wurde. Seit Juli 1972 sind die Gelenke der Hinterachswellen mit einem Spezialöl (Sterngelenköl) statt Fett befüllt. Sterngelenköl und Fett dürfen nicht gemischt eingefüllt werden.
Bei Sichtkontrollen (zusammen mit der Ölstandskontrolle alle 7500 km; Wartungspunkte 12 und 34, Seiten 42 und 43) müssen die Stulpenbälge über den Gelenken auf Dichtheit oder Risse kontrolliert werden. Tritt Schmiermittel aus, besteht die Gefahr, daß die — sehr teuren — Hinterachswellen ausgewechselt werden müssen.

Automatisches Getriebe

Auf Wunsch wird das automatische Daimler-Benz-Vierganggetriebe eingebaut, bei dem sich das Kuppeln und Schalten erübrigt. Dieser Wunsch wird bereits von etwa 26% der Fahrer geäußert. In Abhängigkeit von der Gaspedalstellung und der Geschwindigkeit schaltet das Getriebe die Gänge auf- oder abwärts, wobei der Fahrer zudem die Möglichkeit hat, die Schaltautomatik zu beeinflussen.

Aus dieser Darstellung eines aufgeschnittenen automatischen Getriebes (bis August 1973) lassen sich dessen Einzelteile erkennen. Es bedeuten: 1 - Kurbelwelle, 2 - Mitnehmerblech, 3 - Pumpenrad der hydraulischen Kupplung (wird von der Schwungscheibe mitgenommen), 4 - Turbinenrad (vom Pumpenrad »hydraulisch« durch Öl mitgenommen), 5 - Primärölpumpe, 6 - Vorderer Gehäusedeckel, 7, 8 - Bremsband, 9, 10 - Kupplung, 11 - Hintere Planetenräder, 12 - Parksperrenrad, 13 - Abtriebswelle, 14 - Antriebsrad für Regler und Sekundärpumpe, 15 - Bremsbandtrommel, 16 - Schaltplatte.

Seit August 1973 besitzt die Mercedes-Benz-Automatik statt der hydraulischen Kupplung einen Drehmomentwandler, der für weichere Schaltvorgänge sorgt. Grundsätzliche Änderungen in der Wartung ergeben sich nicht.

Außer der Ölstandsprüfung, die als Wartungspunkt Nr. 19 auf Seite 42 beschrieben ist, kann der Eigenpfleger an der Automatik nichts arbeiten. Bei zu niedrigem Ölstand saugt die Ölpumpe Luft an, wodurch das Öl verschäumt wird. Bei zu hohem Ölstand laufen die Getrieberadsätze im Ölbad, wodurch die Öltemperatur zu hoch wird.

Obwohl die Automatik dem Fahrer viel Arbeit abnimmt, sollte man sie nicht völlig vernachlässigen und gelegentlich etwas mitdenken. Beim Herunterschalten müssen die Geschwindigkeitsbegrenzungen eingehalten werden, weil sonst der Motor überdreht wird und ein zu starker Stoß auf die Kraftübertragung erfolgt. Die Parksperre blockiert als mechanische Verbindung die Abtriebswelle. Sie besteht aus einer Sperrklinke und einem Gegenrad, sie sperrt beide Bewegungsrichtungen. Beim Einrasten der Sperrklinke wird die Drehung des Gegenrades sofort gestoppt, also nicht wie bei einer Bremse allmählich verzögert. Daher darf die Parksperre nur bei stehendem Fahrzeug eingelegt werden (obwohl auch die »eingebaute« Sicherung ein Einrasten bei rollendem Fahrzeug über 5–10 km/h durch Abweisen der Sperrklinke verhindert).

Automatik auf Gängigkeit prüfen

Pflegearbeit Nr. 5

Durch Verunreinigungen im Getriebeöl und Verschleiß von Steuerungsteilen können sich die Druckverhältnisse im Steuerteil des automatischen Getriebes so ändern, daß die für den Gangwechsel fest eingestellten Schaltpunkte abweichen. In einem Fahrprogramm, das die Gaspedalstellung und den Fahrwiderstand berücksichtigt, können von der Werkstatt die Schaltpunkte überprüft werden.

Sollte Ihre Automatik mit hydraulischer Kupplung (bis Juli 1973) in der kalten Jahreszeit nach dem Starten sehr hart schalten oder haben Sie Mühe, aus einer steilen Garagenausfahrt zu kommen, liegt das an zu dickflüssigem Getriebeöl. Mit einem einfachen Trick können Sie Ihre Automatik schneller anwärmen: Sie halten den Wagen mit der Fußbremse und geben Gas – aber kein Vollgas. Nun wird die vom Motor abgegebene Leistung in der hydraulischen Kupplung in Wärme umgesetzt, wodurch sich das Öl schnell erwärmt. 10 bis 20 Sekunden Gasgeben dürften meistens schon genügen. Natürlich muß dabei der Wählhebel in Stellung D stehen.

Zum automatischen Schalten wird Drucköl benötigt, das von zwei getrennt angetriebenen Pumpen (durch Motor und Antriebsräder) erzeugt wird. Bei laufendem Motor erzeugt die Primärpumpe den erforderlichen Arbeitsdruck. Wird der Motor nicht benützt, z. B. bei Startschwierigkeiten, so kann das Fahrzeug trotzdem abgeschleppt werden, wie im Kapitel »Schleppen und Abschleppen« beschrieben.

Solider Unterbau

Daimler-Benz hat sich in vergangenen Zeiten einen guten Namen durch die Beteiligung im Rennsport erworben. Die Rennwagen zeigten sich stets erfolgreich, nicht zuletzt weil sie über eine hervorragende Straßenlage verfügten. Von diesen wertvollen Erfahrungen profitierten auch die Serienwagen. Als sich das Werk allerdings 1955 vom Formel-Rennsport zurückzog, erhielten Gesichtspunkte einer kostengünstigen Serien-Fertigung immer mehr das Übergewicht, was auch dazu führte, daß die Pendel-Hinterachse noch beibehalten wurde, als man nach dem Stand der Technik schon bessere Lösungen kannte. Es waren die Modelle, denen dieses Buch gewidmet ist, die ab Anfang 1968 erstmals mit den fortschrittlicheren Schräglenker-Hinterachsen erschienen. Mehr darüber in dem betreffenden Abschnitt dieses Kapitels.

Die Vorderachse

In ihrem Aufbau ist die Vorderachse seit vielen Jahren gleich geblieben. Bewährtes braucht nicht geändert zu werden, solange es nichts besseres gibt. An Doppelquerlenkern sind die Vorderräder unabhängig voneinander am Vorderachsträger aufgehängt, ein Prinzip, das von Mercedes-Benz schon seit Beginn der dreißiger Jahre mit großem Erfolg angewandt wird. Der Achsschenkel ist über zwei wartungsfreie Kugelgelenke mit den Querlenkern verbunden. Zwischen unterem Querlenker und Vorderachsträger übernimmt eine Schraubenfeder die Abfederung, etwas nach außen versetzt und parallel zur Schraubenfeder befindet sich der Stoßdämpfer.
Gegen die Querneigung beim Kurvenfahren ist ein Stabilisator eingebaut, der sich quer vor der Vorderachse befindet und der über kurze Druckstangen mit dem unteren Querlenker verbunden ist.
Eine Verschränkung der oberen und unteren Querlenkerachsen gegeneinander ergibt eine sogenannte »Anti-dive«-Wirkung, verhindert also weitgehend das früher Mercedes-typische Tauchen des Wagenvorderteils beim scharfen Bremsen.
Das Rückgrat der Vorderachse ist der Vorderachsträger, ein quer eingebauter Hohlträger, der aus Blechprofilteilen zusammengeschweißt ist. An seinen beiden Enden trägt er die Querlenker und die Lager für die Schraubenfedern und Stoßdämpfer. An seiner Oberseite befinden sich die Lagerstellen für die Motorträger.
Eine große Anzahl von Federn steht für Normal- und Sonderausführungen zur Verfügung, das unterschiedliche Eigengewicht kann zudem durch Gummilager verschiedener Höhe ausgeglichen werden. Die guten Fahreigenschaften bedingen gleiche Verhältnisse für die Federung, unabhängig vom Gewicht des Fahrzeugs, das sich durch Zubehör wie Schiebedach, Servolenkung, automatisches Getriebe usw. erhöht. Darüber hinaus gibt es noch eine Auswahl verstärkter Federn für härtere Einsatzbedingungen.
Auch bei den Gasdruck-Stoßdämpfern steht eine größere Anzahl für jeden Typ

Den Aufbau der Vorderachse verdeutlicht diese Zeichnung. Der Vorderachsträger (1) ist mit vier wartungsfreien Gummilagern geräuschdämpfend an der Karosserie befestigt und trägt an Doppelquerlenkern (3 und 4) die Räder. Weiter bedeuten: 2 - Stoßdämpfer, 5 - Querstabilisator. Die Drehachsen der Querlenker sind gegeneinander verschränkt und wirken dem »Eintauchen« des Wagens beim Bremsen entgegen.

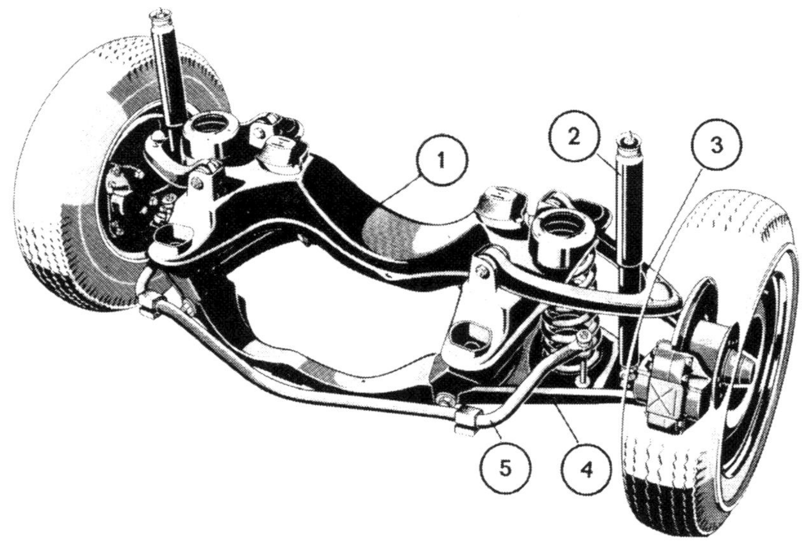

und jeden Einsatzzweck zur Verfügung, so daß es nicht ratsam ist, Einzelteile der Achse bei Verschleiß selbst auszutauschen. Die Qualität des Fahrwerks bedingt eben eine sorgfältige Anpassung aller Einzelteile an die geforderten Maßstäbe, so daß im Reparaturfall nicht nur das Fabrikat wichtig ist, sondern auch die Farbkennzeichnung (Striche oder Punkte) für die Dimensionierung des Bauteils. Aus diesen Gründen ist auch die sorgfältige Wartung des Fahrzeugs wichtiger als bei Konkurrenzmodellen einfacherer Konstruktion.

Der Stabilisator

Der Stabilisator ist mit Haltebügeln in Gummilagern an den beiden Rahmenlängsträgern vor der Achse befestigt. An seinen abgekröpften Enden sind in je zwei Gummilagern kurze Verbindungsstreben eingespannt, die wiederum mit je zwei Gummilagern am unteren Querlenker befestigt sind. Die Funktion des Stabilisators ist denkbar einfach:
Federn beide Räder ein, dann macht die Stabilisatorwelle die Bewegung mit, ohne sich dagegen zu sperren. Die Achsfederung spricht also weich auf Unebenheiten an. Federt dagegen bei scharfer Kurvenfahrt das innere Rad aus und das kurvenäußere Rad ein, dann verdrillen die abgekröpften Enden des Stabilisators die Welle zwischen den Rahmenträgern. Entsprechend seiner Stärke (25 mm bei den Typen ab 1968) setzt der Stabilisator dieser Torsion eine Kraft entgegen, die einen Teil der Federkraft des unbelasteten inneren Rades auf das hochbelastete äußere Rad überträgt, er verhärtet also die Radfederung und wirkt dadurch der Seitenneigung entgegen. Bei hohen Kurvengeschwindigkeiten kann das innere Rad ganz abheben.

Spiel in der Radlagerung prüfen

Der Radlagerzapfen des Achsschenkels trägt zwei verschieden große Kegelrollenlager, auf denen die Nabe des Vorderrades läuft. Diese Lager müssen immer paarweise gegeneinander gerichtet eingebaut werden, durch Verändern des Abstandes können sie spielfrei eingestellt werden. Die früher in Radlagerungen üblichen Kugellager sind durch Kegelrollenlager ersetzt worden, weil sie bei kleineren Abmessungen größere Belastungen ertragen. Bei hochgebocktem Wagen läßt sich das Radlagerspiel prüfen, wie im Bild rechts gezeigt.

Die Achsschenkellagerung erfolgt beim Mercedes 200/220/230 durch wartungsfreie Kugelgelenke. Diese Kugelgelenke haben kaum Spiel, solange die Dauerschmierung wirksam ist. Bei beschädigter Manschette (Sichtkontrolle) kommt Wasser und Staub in das Gelenk, wodurch die Fettfüllung herausgespült wird. Dann beginnt das Kugelgelenk bei jeder Bewegung zu knarren, es ist nach kurzer Zeit verschlissen und zerstört. Auch der Austausch der Kugelgelenke ist Werkstattsache, weil zum Ausbauen Abzieher nötig sind.

Einstellen des Radlagerspiels

Zum genauen Einstellen sind Meßgeräte (Meßuhr mit Stativ) und Spezialwerkzeuge erforderlich, der Wagen wird hochgebockt und das Rad abgenommen. Mit einem Flachmeißel oder einem Schraubenzieher wird die Fettkappe vorsichtig herausgehebelt, damit die Dichtflächen unbeschädigt bleiben (in der Werkstatt gibt es dafür einen speziellen Abzieher). Unter dem Radlagerfett auf dem Achsschenkelzapfen versteckt sich eine Klemmutter, die mit einer Innensechskantschraube SW 6 zusammengespannt ist (siehe Bild Seite 46).
Die Innensechskantschraube wird soweit gelöst, daß sich die Klemmutter gerade anziehen läßt, bis sich die Nabe stramm durchdreht. Dann wird die Klemmutter wieder etwas zurückgedreht und die Spannung durch einen Schlag mit dem Gummihammer auf den Achsschenkelzapfen gelöst. Ein Magnetstativ auf der Radnabe hält die Meßuhr auf dem Achsschenkelzapfen. Bei kräftigem Ziehen und Drücken am Flansch darf das Spiel zwischen beiden Endlagen nur 0,01 bis 0,02 mm betragen. Nach dem Festziehen der Innensechskantschraube wird das Spiel nochmals kontrolliert: Die Scheibe zwischen äußerem Kugelrollenlager und Klemmutter muß sich mit dem Finger gerade noch drehen lassen.
Vor dem Zusammenbau muß die Fettfüllung ergänzt werden, wobei die vorgeschriebene Fettmenge (Gesamtfüllung 65 bis 80 g, in der Fettkappe 20 bis 25 g) eingehalten werden soll, damit die Schmierung der Radlager richtig erfolgt (Wartungspunkt Nr. 68, Seite 46). Weiter muß noch der Sitz des Steckkerbstiftes im Achsschenkelzapfen und der Kontaktfeder in der Fettkappe geprüft werden, damit die Leitfähigkeit dieser Kurzschlußverbindung gesichert ist. Wegen der minimalen Einstelltoleranz des Radlagerspiels wird auch diese Arbeit zweckmäßigerweise der Werkstatt überlassen.

Prüfung des Radlagerspiels der Vorderräder. Das freihängende Rad oben und unten fassen und quer zum Wagen zu bewegen versuchen. Bei einwandfreien Lagern darf hier kein Spiel vorhanden sein, das Rad darf also nicht wackeln, nicht »locker« sitzen. Wenn Spiel vorhanden ist, prüfen, ob es wirklich am Radlager und nicht etwa an den Spurstangengelenken oder den Schwenklagern liegt. Dazu Fußbremse treten lassen, wodurch das Radlager in seiner Lage blockiert wird. Ist auch dann Spiel vorhanden, so ist nicht (nur) das Radlager schuld daran.

Prüfen von Sturz und Vorspur

Pflegearbeit Nr. 66

Der Fahrwiderstand und der Radsturz lassen die Vorderräder auseinanderlaufen. Damit das Fahrzeug nicht in eine Kurve hineingezogen wird, werden die Räder mit Vorspur – sie stehen vorne näher zusammen als hinten – eingestellt. Die Vorspur wird als Differenz der Abstände der Felgenhörner (wo der Reifen auf der Felge sitzt) in Achsmutterhöhe gemessen.
Verschleiß an Lagerstellen und Setzen der Federn verändern die Einstellmaße weniger als Gewaltbeanspruchung beim Überfahren von Randsteinen oder Verkehrsinseln. Trotzdem muß auch bei vorsichtiger Fahrweise die Vorspur der Vorderräder und Hinterräder gleichmäßig (alle 45 000 km) überprüft werden, weil eine falsche Einstellung der Räder die Fahreigenschaften verändert und den Reifenverschleiß erhöht.
Die Vorspur läßt sich auf einfache Weise korrigieren: Die Klemmschrauben (SW 13) an den beiden äußeren Spurstangen werden mit einem Ringschlüssel gelöst und die Spurstangen verdreht. Drehen in Fahrtrichtung verringert, Drehen entgegen der Fahrtrichtung (also rückwärts) vergrößert die Vorspur.
Der Sturz der Vorderräder wird durch Verdrehen des Exzenterbolzens am unteren Querlenker (innen) eingestellt. Der insgesamt mögliche Verstellbereich von etwa 14 mm entspricht einer Veränderung des Radsturzes um 3,25°. Der Sturz der Hinterräder wird durch Veränderungen der Einbauhöhen der Hinterfedern korrigiert.
Das Einstellen der Radgeometrie erfolgt bei betriebsfertigem Fahrzeug mit Öl, Wasser, vollem Kraftstofftank, Ersatzrad und Bordwerkzeug. Zusätzlich ist das Fahrzeug mit 2 x 65 kg auf den Vordersitzen und 1 x 60 kg auf den Rücksitzen zu beladen. Das Vermessen und Einstellen ist jedoch unbedingt Sache der Werkstatt, weil das Fahrzeug mit Spezialgeräten vermessen wird.

Die Hinterachse

In der Konstruktion der Hinterachse unterscheiden sich, wie gesagt, die Modelle ab 1968 von ihren Vorgängern. Verwendete man bis dahin die alte Eingelenk-Pendelachse mit ihren beträchtlichen Spur- und Sturzveränderungen, so führte man bei der »Neuen Generation« die von anderen Fabrikaten her bekannte Schräglenkerachse ein. Das Werk nennt sie nach einer eigenen Wortschöpfung »Diagonal-Pendelachse«, offensichtlich um den Übergang von der alten Pendelachse, die ja noch bei den großen Modellen beibehalten wurde (bis 1972), nicht zu krass erscheinen zu lassen.

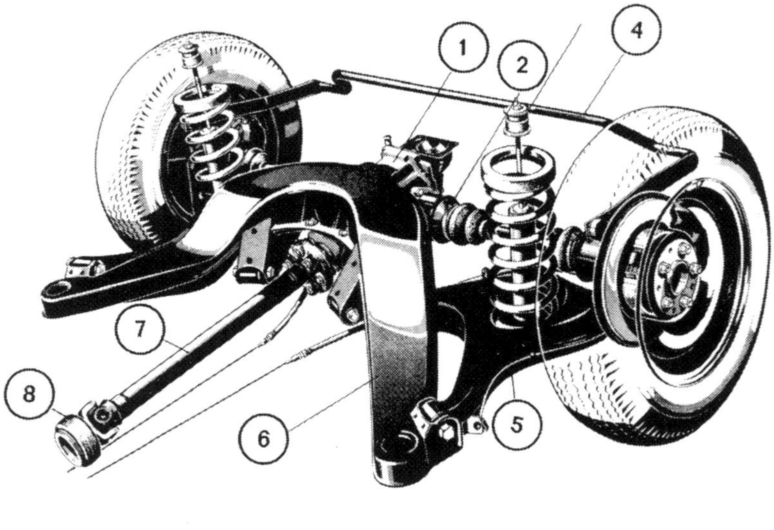

Hier der Aufbau der Schräglenker-Hinterachse. Ihr Hauptvorzug besteht in den nur sehr geringen Änderungen von Sturz und Spur beim Ein- und Ausfedern. Die Zahlen bedeuten: 1 - Differentialgehäuse, 2 - linkes inneres Gleichlaufgelenk, 3 - obere Stoßdämpferbefestigung, 4 - Querstabilisator, 5 - Schräglenker, 6 - Hinterachsträger, 7 - Kardanwelle, 8 - Zwischenlager der Kardanwelle.

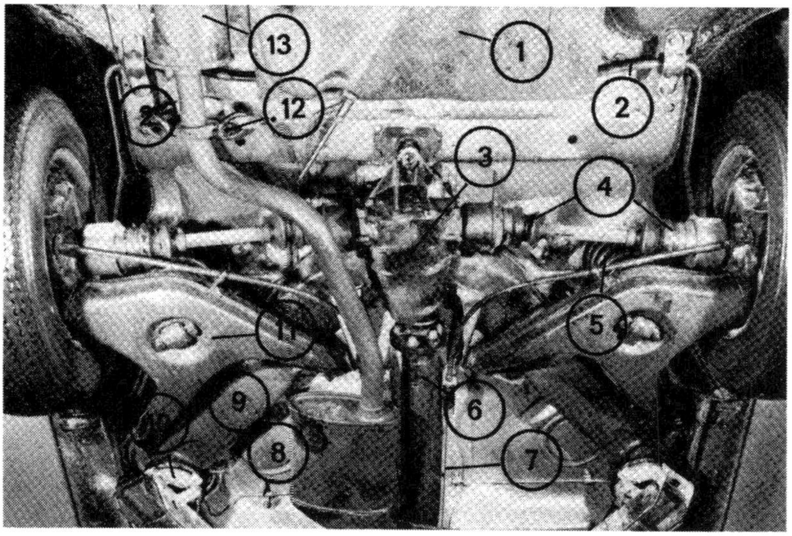

Ein Blick auf die Hinterachse des Mercedes aus der Froschperspektive.
1 - Kraftstofftank,
2 - Stabilisator, 3 - Differentialgehäuse,
4 - homokinetische Gelenke der Antriebs-Halbwellen, 5 - Schraubenfeder des rechten Hinterrades,
6 - Kardanwelle,
7 - Handbremsseilzug,
8 - Bremsleitung zu den Hinterrädern,
9 - Hilfsrahmen,
10 - Elastische Aufhängung des Hilfsrahmens, 11 - Schräglenker mit unterer Stoßdämpferlagerung,
12 - Elastische Aufhängung des Auspuffs, 13 - Nachschalldämpfer.

Radführung und Radantrieb sind völlig voneinander getrennt. An einem Hinterachsträger, der an drei Punkten in weichen Gummilagern am Fahrzeugboden aufgehängt ist, sind die beiden Schräglenker und das Gehäuse des Achsantriebes montiert. Die Schräglenker tragen außen die Nabe für die Radlagerung und vor der Achse in einer Mulde die Schraubenfeder mit innenliegendem Stoßdämpfer. Eine Doppelgelenkwelle übernimmt den Antrieb vom Hinterachsgehäuse auf das betreffende Rad.

Die Seitenneigung des Fahrzeugs wird durch einen Stabilisator (von 16 mm Durchmesser) verringert. Die Lager der Schräglenker-Drehachsen sind so bemessen, daß die Pendellänge der Hinterräder fast so groß ist wie die Spurweite. Beim Ein- und Ausfedern und beim Kurvenfahren ergeben sich dadurch nur noch geringe Änderungen von Sturz und Spur.

Die Seitenführung dieser Schräglenkerachse ist um so vieles besser geworden, daß ein Stabilisator – der die Gesamtseitenführung einer Achse verringern würde – angebracht werden konnte, während die frühere Pendelachse mit einer Ausgleichsfeder versehen werden mußte, um die Seitenführung der Hinterachse auf Kosten der Vorderachse zu erhöhen.

Auf Wunsch wird die Hinterachse mit einer Niveauregulierung durch sogenannte Federbeine geliefert; ein vor allem dann sehr nützliches und der Sicherheit dienendes Zubehör, wenn viel mit vollem Kofferraum, also hoher Belastung gefahren wird (die Scheinwerfer beleuchten trotz Hecklast die Straße und nicht den Himmel). Die Federbeine sind im Prinzip Stoßdämpfer, bei denen ein so hoher Öldruck auf die Kolbenstange wirkt, daß auf die Stahlfeder verzichtet werden kann. Eine vom Motor angetriebene Ölpumpe erzeugt (nur bei laufendem Motor natürlich) den notwendigen Druck, ein Höhenregler an der Hinterachse steuert je nach Belastung des Fahrzeugs den Zufluß des Drucköls zu den Federspeichern und den Federbeinen. Diese Anlage ist nicht besonders aufwendig, wegen der Einstellung des Niveauregulierventils müssen aber Wartungsarbeiten in der Werkstatt durchgeführt werden. Nachträglicher Einbau ist sehr teuer, kann also nur in Sonderfällen empfohlen werden.

Stoßdämpfer prüfen

Pflegearbeit Nr. 35

Wird eine Veränderung der Fahreigenschaften festgestellt und eine mangelhafte Wirkung der Stoßdämpfer vermutet, müssen die Stoßdämpfer geprüft werden. Es gehört allerdings einige Erfahrung dazu, die Wirksamkeit der Stoßdämpfer während der Fahrt festzustellen, weil das Nachlassen der Wirkung nicht plötzlich erfolgt. Eine schlechtere Straßenlage auf unebener Bahn

und das Nachschwingen nach Federbewegungen sind die deutlichsten Anzeichen schlechter Stoßdämpfer.
Besser als die im Bild unten beschriebene Prüfmethode ist eine Überprüfung auf einem Stoßdämpfer-Tester, der allerdings bisher nur selten in Werkstätten anzutreffen ist. Auf dem Tester werden die Räder des Wagens in schnelle Schwingungen versetzt oder man läßt den Wagen an der zu prüfenden Achse um 10 cm herunterfallen. Auf einem Meßblatt wird dabei notiert, wie lange es dauert, bis die Stoßdämpfer die Schwingungen abgebaut haben. Zum wirklich optimalen Stoßdämpfertest gehört eine spezielle Prüfmaschine, auf der am ausgebauten Stoßdämpfer die Dämpfungskräfte in der Zug- und Druckstufe genau gemessen werden. Das Prüfen eines ausgebauten Dämpfers von Hand gibt keinen Aufschluß über dessen Wirksamkeit. Allenfalls läßt sich feststellen, ob er ein Totalausfall ist oder nicht.
Weil Stoßdämpfer nicht schlagartig auszufallen pflegen, gewöhnt man sich als Fahrer meistens daran, daß der Wagen allmählich schlechter liegt und stärker nachschwingt. Deswegen ist ihre regelmäßige Kontrolle so wichtig.
Werden beim Fahren Klappergeräusche an Vorder- oder Hinterachse festgestellt, so sind zuerst die Aufhängeteile des Stabilisators und der Stoßdämpfer zu kontrollieren: Am vorderen Stabilisator Kontermuttern SW 13 der Verbindungsstrebe zum unteren Querlenker nachziehen und die Gummizwischenlagen prüfen. An den vorderen und hinteren Dämpfern die obere Kontermutter SW 17 nachziehen, die Gummizwischenlagen prüfen, unten vorne die beiden Muttern SW 13 (selbstsichernde Stoppmuttern) und hinten unten die beiden Muttern SW 17 nachziehen.
Ist beim Schaukeln des Wagens im Stand, beim Einsteigen oder bei langsamer Fahrt ein Grunzen hörbar, dann laufen die Kolbenstangen der Stoßdämpfer trocken. Nach der Reinigung werden sie eingeölt, nach einigen Bewegungen der Radaufhängung verschwindet das Geräusch.
Bei ausgebautem Stoßdämpfer kann in der Werkstatt die Ölreserve aus der Längendifferenz der Kolbenstange ermittelt werden. Auch wenn der Dämpfer ölfeucht ist, braucht er bei ausreichender Reserve nicht ausgetauscht werden. Ist beim Eindrücken der Kolbenstange ein zischendes oder ein klickendes Geräusch hörbar, ist der Stoßdämpfer defekt. Dasselbe Geräusch tritt auch bei mangelnder Ölreserve auf. Ist die Richtungshaltung bei schnellerer Autobahnfahrt unbefriedigend, hilft die Erhöhung des Luftdrucks an beiden Hinterrädern bis auf ca. 2,5 atü (warm 2,8 atü). Dieser höhere Druck soll aber nicht dauernd gefahren werden, weil sich sonst die Reifen nur in der Mitte abnützen.

Defekte Stoßdämpfer beeinträchtigen die Fahreigenschaften erheblich, eine provisorische Funktionskontrolle geschieht am einfachsten durch Auf- und Abwippen am stehenden Wagen. Die Federbewegung muß bei intakten Dämpfern sofort aufhören, wenn man den Wagen losläßt. Nachschwingen deutet auf einen Dämpferdefekt hin. Sicherer ist natürlich die Prüfung auf einem speziellen Prüfstand.

Die Stoßdämpfer können nur in der Werkstatt ausgewechselt werden, weil zum Aus- und Einbau Spezialwerkzeuge notwendig sind, da die Stoßdämpfer die Federwege der Vorder- und Hinterachse begrenzen.

Fingerzeige: *In den Stoßdämpfern entsteht bei der Vernichtung der Schwingungen Wärme, die normalerweise durch den Fahrtwind nach außen abgeführt wird. Dicke Schmutzkrusten an den Dämpfern behindern die Abführung der Wärme, es kann im Laufe der Zeit zu Schäden an den Kolbenstangendichtungen kommen, die die Lebensdauer der Dämpfer verkürzen. Daher empfiehlt es sich für den Eigenpfleger, sie von Zeit zu Zeit von der anhaftenden Schmutzkruste zu befreien.*

Schrauben und Muttern nachziehen

Pflegearbeit Nr. 38

Am Fahrwerk und am Aufbau sind alle 15 000 km die Schrauben und Muttern am Lenkgehäuse, an den Querlenkerbefestigungen, an den Stoßdämpfern, an der Hinterachse, an der Gelenkwelle, an der Motor-Getriebe-Aufhängung und an einigen anderen wichtigen Teilen nachzuziehen. Diese Arbeiten sollten der Werkstatt überlassen werden, weil für alle Schrauben und Muttern genau angegebene Drehmomentwerte eingehalten werden müssen.

Die Lenkung

Aus der Drehbewegung des Lenkrades wird im Lenkgetriebe eine hin- und hergehende Bewegung, deren Kräfte über den Lenkstockhebel, die drei Spurstangen und die Lenkhebel an den Achsschenkeln auf die Vorderräder übertragen werden. Am unteren Ende der Lenksäule sitzt das Lenkgetriebe hinter der Vorderachse und damit relativ geschützt. Sicherheits-Gesichtspunkte spielten dabei ebenso eine Rolle wie die Zusammenschiebbarkeit der teleskopartigen Lenksäule und der Pralltopf unter dem Lenkrad. Bei eventuellen Zusammenstößen wird auf diese Weise ein Eindringen der Lenksäule in den Fahrgastraum verhindert und damit eine Verletzungsgefahr für den Fahrer vermieden.
Der kompliziert erscheinende Aufbau der Lenkung mit ihren vielen Übertragungsorganen ist notwendig, weil beispielsweise während der Federungsbewegungen eines Vorderrades keine ungewünschten Lenkbewegungen auftreten dürfen. Die Geometrie der Lenkung ermöglicht außerdem, daß das kurveninnere Rad weiter einschlägt als das kurvenäußere. Das ist deshalb erforderlich, weil ja ersteres nur einen kleineren Kreisbogen zurückzulegen hat als das kurvenäußere Rad. Natürlich besteht an den vielen Gelenkstellen Verschleißgefahr, wenn nicht für ausreichende Schmierung gesorgt wird. Verschleiß bedeutet Spiel, Spiel beeinträchtigt die Lenkung in ihrer Exaktheit (und natürlich auch Sicherheit). Im Zuge der Wartungsvereinfachung gestaltete man – bis auf das Lenkgetriebe – die gesamte Lenkung wartungsfrei. Schmierstellen, die regelmäßig gewartet werden müßten, gibt es also nicht mehr.
Das Lenkgetriebe ist praktisch die einzige Stelle in diesem System, das einer gewissen Pflege bedarf. Es enthält eine Ölfüllung, die für die Schmierung der sich drehenden bzw. hin- und hergehenden Teile sorgt. Trotz vorgesehener Schmierung würde es im Laufe vieler Jahre sicher einen gewissen Verschleiß zwischen der sogenannten Lenkschnecke und der Lenkmutter kommen. Aus diesem Grunde hat man bei Daimler-Benz die Gewindegänge mit soviel Zwischenraum gefertigt, daß Platz für Kugeln zwischen den Gewindegängen blieb. Die Lenkung ist also ähnlich einem Kugellager aufgebaut, sie arbeitet mit sehr geringer Eigenreibung und beinahe völlig verschleißlos (sofern man sich der kleinen Mühe unterzieht und den Ölstand hin und wieder

kontrolliert). Eine Rückförderschnecke bringt einen geschlossenen Kugelkreislauf in der Mutter zustande.

Mercedes-Fahrzeuge sind schwer, Sicherheit kostet Gewicht. Gewicht erschwert das Lenken, sofern man zwischen Leichtgängigkeit und Direktheit nicht einen Kompromiß schließt. Die Gesamtübersetzung der mechanischen Lenkung wurde auf 22,7 festgelegt, damit ist sie relativ leichtgängig, aber auch etwas indirekt, d. h. man muß viel am Lenkrad drehen. Wesentlich direkter ist die weiter unten beschriebene Servolenkung ausgelegt (15,7), die gegen Aufpreis zu haben ist.

Die einzige Schmierstelle am Lenkgestänge befindet sich am karosserieseitigen Lager des Lenkzwischenhebels. Ansonsten gibt es nur wartungsfreie Lager, wie sie unser Bild zeigt. Da die Kugelgelenke nicht abgeschmiert werden können, müssen sie im Reparaturfall ausgewechselt werden. Flattern des Lenkgestänges unterbindet übrigens ein Lenkungsdämpfer, der in seiner Funktion einem Radstoßdämpfer gleicht.

Lenkungsspiel prüfen

Pflegearbeit Nr. 36

Man stellt sich so neben das Fahrzeug, daß man mit der rechten Hand durch das geöffnete Fenster der Fahrertür am Lenkrad leichte Drehbewegungen nach links und rechts machen und dabei das Verhalten des linken Vorderrades beobachten kann: Reagiert dieses auf schnelles Hin- und Herbewegen des Lenkrades ohne Verzögerung (also ohne »Spiel«), so arbeitet die Lenkung einwandfrei. Der »tote Gang« (Lenkungsspiel) darf, am Lenkrad gemessen, höchstens 20 mm (eine Daumenbreite) betragen.

Die Servolenkung

Je schwerer das Fahrzeug ist, desto höher ist der Druck, der auf den Rädern lastet; das wird vor allem bei den gelenkten Vorderrädern spürbar. Ein schwerer Wagen läßt sich nicht so leicht lenken, wie ein weniger gewichtiger. Hier bleiben dem Konstrukteur zwei Möglichkeiten: Er kann die Lenkübersetzung so wählen, daß sich das Fahrzeug leicht lenken läßt, dafür wird die Zahl der Umdrehungen des Lenkrades von Anschlag zu Anschlag relativ hoch sein — man muß also beim Fahren viel kurbeln. Oder man greift zur teureren Lösung und baut eine Servolenkung ein, bei der einem eine Hydraulikpumpe (vom Motor angetrieben) einen Teil des zum Lenken notwendigen Kraftauf-

Arbeiten an der Lenkung überläßt man am besten der Werkstatt. Aber natürlich prüft man gelegentlich, ob »Spiel« oder »Luft« in den Übertragungsorganen vorhanden ist. Man stellt also fest, ob sich die Bewegung des Lenkrades unmittelbar auf die Vorderräder überträgt.

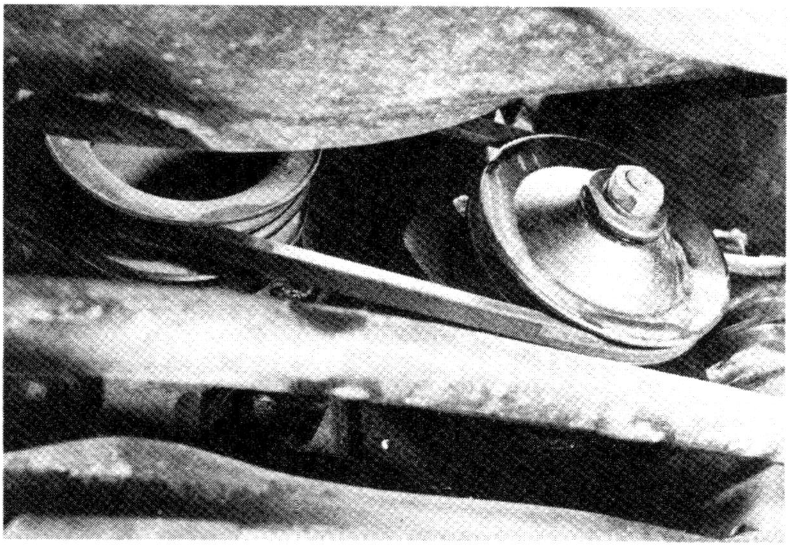

Das Bild zeigt (von unten gesehen) die Riemenscheibe der Servo-Pumpe für die mit einer Lenkhilfe ausgerüsteten Fahrzeuge. Auch hier ist die Spannung des Keilriemens gelegentlich zu prüfen. Das Nachspannen geschieht – wie beim Keilriemen für Wasserpumpe und Lichtmaschine – durch Schwenken der Pumpe bei gelockerten Spannschrauben. Diese Arbeit ist von unten auszuführen.

wandes abnimmt. Der Prozentsatz der mit Servolenkung gelieferten Mercedes 200/220/230 steigt jährlich.

Die Servolenkung unterscheidet sich von der normalen Lenkung durch ein anderes Lenkgetriebe mit Steuereinheit und Arbeitskolben, hinzu kommt eine vom Motor angetriebene Hydraulikpumpe. Lenkgetriebe, Steuereinheit und Arbeitskolben sind in einem Gehäuse vereinigt, das ohne weiteres gegen die mechanische Lenkung ausgetauscht werden kann. Von dieser wurden alle bewährten Teile übernommen.

Die Daimler-Benz-Servolenkung wurde so ausgelegt, daß Fahrzeuge beim Rangieren leicht und mühelos zu lenken sind. Bei schneller Fahrt auf kurvenreichen Straßen jedoch noch genügend Kontakt zur Straße bleibt, das »Lenkgefühl« also nicht verloren geht. Die Gesamtübersetzung beträgt 15,7, die Übersetzung ist also direkter als bei der Normallenkung, die Zahl der Umdrehungen des Lenkrades von Anschlag zu Anschlag geringer.

Die Spurstangengelenke an der Vorderachse sind wartungsfrei, sie besitzen statt der früheren Schmiernippel eine Fett-Dauerfüllung in Gummibälgen. Diese sollen regelmäßig daraufhin überprüft werden, ob sie rißfrei, elastisch und dicht sind. Dringt Staub und Feuchtigkeit durch poröse oder beschädigte Gummibälge in die Gelenke ein, so verschleißen sie schnell und müssen erneuert werden. Man erkennt ihre Schadhaftigkeit an schwergängiger Lenkung und knarrenden Geräuschen beim Einschlagen.

Teile der Servo-Lenkung prüfen

Pflegearbeit Nr. 43

Angetrieben wird die Servopumpe vom Motor. Es handelt sich um eine sogenannte Flügelzellenpumpe, die links unten neben dem Lüfterrad sitzt und von einem Keilriemen angetrieben wird. Es ist klar, daß die Pumpe nur bei laufendem Motor arbeiten kann, bzw. nur dann läuft, wenn der kraftübertragende Keilriemen in Ordnung ist. Ist der Keilriemen nicht genügend gespannt, ruscht er also durch, so wird zu wenig Drucköl gefördert, bei Einschlagen der Lenkung spürt man ein Rucken im Lenkrad.

Beim Reißen des Keilriemens (heute ein seltener Fall) ober bei abgestelltem Motor (beim Abgeschlepptwerden) fördert die Pumpe natürlich kein Drucköl, womit es auch keine Servounterstützung für die Lenkung gibt. Jetzt zeigt sich die Kehrseite der sehr direkten Lenkung, die nun plötzlich erheblichen Kraftaufwand erfordert. Aber wohlgemerkt: Die Lenkung funktioniert wie sonst auch, nur fehlt eben die unterstützende Servokraft.

Am besten ist es, wenn man auf einem leeren Parkplatz oder sonst verkehrsarmem Gelände einmal den Motor abstellt und das Fahrzeug rollen läßt: Hier spürt man, wie sich der Ausfall der Servokraft auswirkt. Nicht nur bei der Lenkung, sondern auch bei der Bremse. Denn der kleine Vorrat an Unterdruck ist nach 2 oder 3 Pedalbetätigungen aufgebraucht. Sowohl die Lenkung als auch die Fußbremse erfordern jetzt einen erheblichen Kräfteaufwand. Hat man das einmal ausprobiert, so wird man einerseits für die Unterstützung durch Servohilfen dankbar sein, sich andererseits auch nicht in Panik jagen lassen, wenn der Fall der Fälle wirklich einmal eintreten sollte, was bei einigem Pflegeaufwand sicher nicht vorkommt.

Zum Überprüfen der Teile der Servolenkung gehören neben der Kontrolle des Flüssigkeitsstandes vor allem die Schlauchanschlüsse der Flügelzellenpumpe, die einwandfrei sitzen und dicht sein müssen; hinzu kommt der Keilriemen des Pumpenantriebs, der nicht verschlissen sein darf und die notwendige Spannung haben muß. Muß der die Servopumpe antreibende Keilriemen ersetzt werden, so ist auf die richtige Nummer zu achten: 12,5 x 750. Andere Längen dürfen nicht verwendet werden.

Nachstellen der Lenkung

Pflegearbeit Nr. 3

Alle Arbeiten am Lenkgetriebe können nur bei ausgebauter Lenkung erfolgen, das Axialspiel der Lenkspindel läßt sich korrigieren. Derartige Arbeiten an der Lenkung sind der Werkstatt zu überlassen, denn zur Einhaltung der engen Toleranzen ist das Können des Fachmannes notwendig. Lenkung und Bremsen sind mit die wichtigsten Aggregate am Fahrzeug, hier muß das »Selbst-ist-der-Mann« seine Grenze haben. Sicherheit geht vor.

Fingerzeige: *Man soll die Räder nach Möglichkeit nicht im Stand einschlagen. Die großvolumigen Reifen erfordern so hohe Drehmomente beim Einschlagen, daß das Lenkungsspiel nur unnütz vorzeitig vergrößert wird.*
Vibrationen in der Lenkung können verschiedener Ursache sein: Die Räder sind nicht oder nur ungenügend ausgewuchtet, Stoßdämpfer defekt, Spurstangengelenke ausgeschlagen oder Radlagerspiel zu groß. In jedem Fall sollte auch der Lenkungsdämpfer geprüft werden.

Gestoppter Schwung

Wie wir schon im Kapitel »Lenkung« andeuteten, sollte sich die Selbsthilfe bei so wichtigen Dingen wie den Bremsen auf einige Sichtkontrollen und Prüfungen während der Fahrt beschränken, sofern man keine ausgeprägt technische Ader oder notwendiges fachliches Können besitzt. Alle Arbeiten aber direkt an der hydraulischen Anlage gehören aus Gründen der Sicherheit in die Werkstatt. Die nachstehend beschriebenen Prüfungen hingegen lassen sich mit Sorgfalt und etwas Geschick durchaus selbst durchführen.

Bremsen prüfen

Pflegearbeit Nr. 3

Die Bremsen Ihres Wagens sollen so gleichmäßig wirken, daß das Fahrzeug bei leichten und starken Abbremsungen ohne Lenkbewegungen in der Spur bleibt. Dazu müssen sie – ebenso wie ein neuer Motor – anfangs eingefahren werden. Bremsbelag und Bremstrommel oder Bremsscheibe müssen sich allmählich aneinander gewöhnen, sie müssen eine möglichst große Oberfläche gemeinsam haben. Wenn der Belag nicht »voll trägt«, ist die Bremswirkung des Fahrzeugs ungleichmäßig und im Gesamten schlechter. Deshalb empfiehlt es sich, gelegentlich eine scharfe Bremsung einzulegen und dabei den Wagen genau zu beobachten – vorher sollten Sie allerdings alle losen Gegenstände im Wagen sicher verstaut haben. Die Bremsprobe muß in der Straßenmitte einer vollkommen ebenen Straße stattfinden, daher sollten Sie dazu allein auf der Straße sein.

Zunächst bremsen Sie aus mäßiger Geschwindigkeit leicht ab. Wenn Sie sicher sind, daß Ihr Wagen in der Spur bleibt, können Sie diese Bremsung mit losgelassenem Lenkrad wiederholen, weil Sie so eher sehen, ob der Wagen doch schwach einseitig auslenkt. Dann versuchen Sie aus höherer Geschwindigkeit (etwa 60 bis 80 km/h) kurzzeitig voll zu bremsen. Mit dieser Notbremsung sollten Sie aber den Wagen nicht bis zum Stand bringen, weil sie die Reifen abnützt (Bremsplatten). Es genügt, wenn Sie bei ausgekuppeltem

Das Bild zeigt den Tandembehälter für die Bremsflüssigkeit (gleichzeitig auch für die Kupplungshydraulik zuständig). Für je einen Bremskreis ist ein Behälter zuständig, je ein Schwimmer im Innern schließt einen Kontakt, sobald der Flüssigkeitsstand unter die Minimum-Markierung zu sinken beginnt. Dann leuchtet am Armaturenbrett die rote Warnleuchte (Feststellbremsen-Kontrolle) auf und signalisiert Gefahr. Die winzige Bohrung im Verschlußdeckel dient der Belüftung, sie muß durchgängig sein.

Bei sauberem Behälter kann man den Stand der Bremsflüssigkeit von außen prüfen, der Deckel wurde hier nur zu Fotozwecken abgenommen. Unter die Minimum-Markierung darf der Flüssigkeitsstand nicht absinken. Nachgefüllt wird ATE – Blaue Bremsflüssigkeit an der Tankstelle, gleichzeitig ist eine Überprüfung der Bremsanlage auf Dichtheit bzw. der Bremsklötze auf Verschleiß ratsam. Einmal im Jahr wird die Bremsflüssigkeit in der Werkstatt gewechselt.

Motor kurz ruckartig auf die Bremse treten. Auch bei dieser Bremsprobe darf Ihr Wagen nicht aus der Spur laufen oder gar schleudern, auch wenn Sie das Lenkrad bei diesem Versuch losgelassen haben.

Bremsflüssigkeitsstand prüfen

Pflegearbeit Nr. 20

Sicher haben Sie schon den trübweißen, durchsichtigen Behälter an dem Servogerät der Bremse gesehen. Er ist quaderförmig und besteht aus zwei Kammern, eine für jeden Bremskreis. Elektrische Anschlüsse übertragen das Warnsignal bei eventuellen Leckstellen in der hydraulischen Anlage. Neben dem quaderförmigen Bremsflüssigkeitsbehälter sitzt ein kleiner zylindrischer Behälter, der ebenfalls mit Bremsflüssigkeit gefüllt ist: Das ist der Vorratsbehälter für die hydraulische Kupplungsbetätigung. Verwechseln Sie beide Behälter nicht (bestimmte Baujahre haben nur einen Behälter).

Beim Tritt auf das Bremspedal wird die Bremsflüssigkeit im Hauptbremszylinder gepreßt. Dieser Druck pflanzt sich durch die Bremsleitungen zu den einzelnen Radbremsen weiter, wodurch dort über die Bremskolben die Bremsbeläge gegen die Bremsscheiben gepreßt werden.

Das Bremssystem ist geteilt: Der Hauptbremszylinder besteht aus zwei Kammern, von denen jede einen Bremskreis (für Vorderachse und Hinterachse) steuert. Damit ist das Fahrzeug auch bei Ausfall eines Kreises – es genügt ja eine kleine Leckstelle bei den hohen Drücken – mit dem anderen Kreis bremsfähig. Jeder Kreis hat einen eigenen Vorrat, der als Reserve dient, wenn eine Undichtigkeit auftritt. Auch wenn der Bremsflüssigkeitsspiegel in Abständen ergänzt werden muß, ist Gefahr im Verzug. Um eine undichte Stelle muß sich die Werkstatt kümmern, die dazu das Bremssystem unter Druck setzt und den Abfall des Innendrucks über eine bestimmte Zeit kontrolliert.

Ihre Fürsorge kann sich auf das Überprüfen des Bremsflüssigkeitsstandes beschränken, der bei den durchscheinenden Behältern von außen zu erkennen ist. Die Behälter sollen etwa zu ³/₄ gefüllt sein. Wenn Sie diese Kontrolle schon routinemäßig erledigen, wird Ihnen beim Wagenwechsel aufgefallen sein, daß der Flüssigkeitsstand bei Wagen mit Scheibenbremsen schneller absinkt. Die Bremsflüssigkeit muß ja bei dünner werdenden Bremsbelägen in den Radbremszylindern ein größeres Volumen auffüllen – wodurch sich der Vorratsbehälter langsam leert. Die im Durchmesser relativ großen Kolben der Scheibenbremszylinder (57 mm) »saugen« schon wegen der schneller verschleißenden Bremsklötze ein deutlich größeres Volumen als die Trommelbremsen an. Ein allmähliches Absinken des Flüssigkeitsspiegels ist daher noch kein Alarmzeichen.

Zum Nachfüllen darf nur die Original-Bremsflüssigkeit (blau) verwendet werden. Auf keinen Fall – auch nicht als Notbehelf – darf Motoröl verwendet werden, weil es die Gummidichtungen und die Bremsschläuche zersetzt. Die Bremsflüssigkeit ist ein synthetischer Stoff, der bei Kälte und Hitze gleichmäßig dünn bleibt. Beim Nachfüllen ist Vorsicht geboten: Bremsflüssigkeit ist giftig, außerdem greift sie den Lack an. Da Bremsflüssigkeit auch stark wasseranziehend ist, sinkt im Lauf der Zeit ihr Siedepunkt. Bei starker Beanspruchung der Scheibenbremsen kann es zu Dampfblasenbildung in den Leitungen kommen – die Bremse fällt dann ganz aus. Die Bremsflüssigkeit soll deshalb jedes Jahr erneuert werden.

Bremsflüssigkeit wechseln

Pflegearbeit Nr. 69

Diese Arbeit soll in der Werkstatt mit einem Entlüftungsgerät durchgeführt werden. Ohne dieses Gerät geht man ähnlich wie beim Entlüften (siehe Seite 180) vor. Der Ausgleichsbehälter wird bis zur Maximalmarke mit Bremsflüssigkeit (Siedepunkt 290° C, z. B. ATE Typ S) befüllt. Entlüfterventil öffnen und Bremspedal zum Herauspumpen der alten Bremsflüssigkeit zehnmal treten. Ventil schließen und Ausgleichsbehälter wieder auffüllen.

Bremsleitungen prüfen

Pflegearbeit Nr. 14 und 41

Auf der Hebebühne einer Tankstelle können Sie den Verlauf und Zustand der Bremsleitungen gut überprüfen. Sie müssen trocken sein und dürfen keine Scheuerstellen haben. Auch an den Anschlußstellen muß der Schmutz hellfarbig sein – dunkle Flecken können von Undichtigkeiten herrühren.
Bremsschläuche vertragen kein Benzin, Petroleum, Dieselkraftstoff oder Abschmierfett. Sie dürfen auch nicht lackiert werden. Weil das Absprühöl den Bremsschläuchen »unsympathisch« ist, sollte es ferngehalten werden, der Wagenboden sollte nicht mit billigen Ölen behandelt werden.
Arbeiten an der hydraulischen Anlage muß die Werkstatt erledigen, weil blinder Eifer weitere Beschädigungen hervorrufen könnte, die sich schon bei der nächsten Bremsung verhängnisvoll auswirken können.

Die Scheibenbremse

Ihr Prinzip ist einfach: Parallel mit dem Rad dreht sich eine Stahlscheibe, gegen die von beiden Seiten Bremsklötze gepreßt werden, wenn man das Bremspedal niedertritt. Im Gegensatz zu anderen Fabrikaten verwendete man bei Mercedes-Benz Scheibenbremsen an allen vier Rädern (und nicht nur vorn) schon sehr früh.
Der große Vorzug von Scheibenbremsen besteht darin, daß die frei laufenden

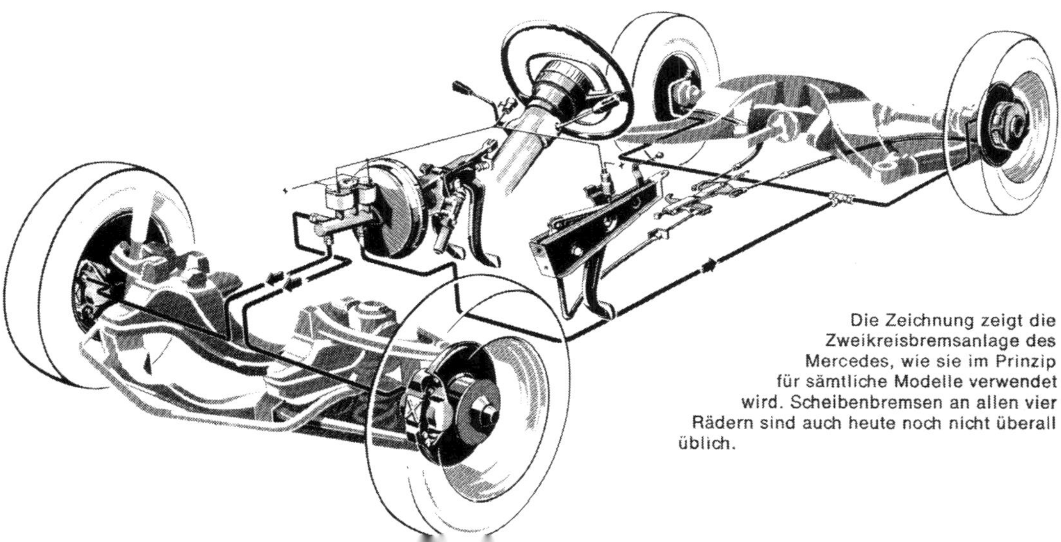

Die Zeichnung zeigt die Zweikreisbremsanlage des Mercedes, wie sie im Prinzip für sämtliche Modelle verwendet wird. Scheibenbremsen an allen vier Rädern sind auch heute noch nicht überall üblich.

Scheiben durch den Fahrtwind weitaus besser gekühlt werden als das bei den in der Radschüssel untergebrachten Trommeln möglich wäre. Auch bei Erwärmung ist die Bremswirkung also besser. Diese ist an den Rädern der gleichen Achse auch gleichmäßiger, d. h. linke und rechte Bremse haben praktisch die gleiche Wirksamkeit, was bei Trommelbremsen selten der Fall ist. Außerdem sind Scheibenbremsen selbstnachstellend und selbstreinigend, weil der Abrieb beim Fahren weggeblasen wird.
Andererseits hat die Scheibenbremse auch ihre Minuspunkte: Weil die sogenannte Selbstverstärkung – bei den Trommelbremsen erzeugt die Betätigungskraft eine Reibungskraft, die sich bei den »auflaufenden« Bremsbacken zusätzlich erhöht – wegfällt, ist die erforderliche Betätigungskraft größer. Fahrzeuge mit Scheibenbremsen brauchen daher bei Eigengewichten über 1000 kg einen Bremsverstärker. Er ist auf Seite 181 beschrieben.

Bremsscheiben kontrollieren
Pflegearbeit Nr. 39

Eingebaut werden Bremszangen des Fabrikats Teves (ATE), und zwar der Typ ATE S 2/57 vorn und M 38 hinten. Seit März 1973 werden auch Bremszangen der Firma Bendix eingebaut; sie sind an dem runden Bremskolbengehäuse erkennbar. Die Normalstärke der Bremsscheiben beträgt vorn 12,6 mm, hinten 10 mm. Haben sich durch Schmutzteilchen zwischen Bremsbelag und Scheibe in dieser Riefen gebildet, so darf die Bremsscheibe nachbearbeitet (abgeschliffen) werden, wobei auf jeder Bremsfläche (also von jeder Seite der Scheibe) bis zu 0,5 mm an den vorderen, und bis zu 0,3 mm an den hinteren Scheiben abgenommen werden dürfen. Die sogenannte Nachbearbeitungsgrenze für die vorderen Bremsscheiben ist also bei einer Dicke von 11,6 mm, für die hinteren Bremsscheiben bei einer solchen von 9,4 mm erreicht. Würden die angegebenen Maße unterschritten, so sind neue Bremsscheiben einzubauen.
Wird die Wagenunterseite mit einem Korrosionsschutzmittel behandelt, müssen die Scheibenbremsen unbedingt abgedeckt werden. Während die Bremsscheiben zur Not noch mit Spiritus gereinigt werden können, sind verschmierte Beläge nicht mehr zu gebrauchen, weil sonst die Bremswirkung gefährdet ist.

Fingerzeig: *Die Scheibenbremsen neigen zum Pfeifen oder Quietschen, was zwar kein Defekt ist, aber doch ziemlich stören kann. Manchmal sind verschmutzte Bremsbeläge schuld, die man dann ausbauen und säubern sollte. In den meisten Fällen entstehen diese Geräusche aber durch Schwingungen, die beim Bremsen durch die Reibung zwischen der rotierenden Bremsscheibe und den feststehenden Belägen ausgelöst werden. Die Quietschgeräusche wurden zwar durch den Einbau von Dämpfungsplättchen verringert, aber vielleicht zählt Ihr Mercedes dennoch zu den »Musikanten«.*
Abhilfe schafft hier die hitzebeständige Spezialpaste »Plastilube PL Brems«, die im Mercedes-Ersatzteillager erhältlich ist. Die Bremsbeläge werden ausgebaut, wie auf der nächsten Seite beschrieben. Alle Teile von Schmutz und Belagabrieb säubern. Kanten der Belagträger mit Schmirgelleinen abziehen. Dann die Bremskolbenstirnseiten, die Bohrungen für die Haltestifte, die kompletten Haltestifte, die Spreizfedern an den Berührungsstellen mit den Haltestiften und den Belagträgern, die Belagträger an der Rückenfläche, an der Seite und an den Bohrungen für die Haltestifte mit »Plastilube« bestreichen.
Falls etwas von der Paste beim Auftragen auf die Belagreibfläche gelangt sein sollte, ist die Bremswirkung noch nicht gefährdet, Abreiben mit einem Lappen genügt.

Wegen der kleineren Belagfläche nützen sich die Bremsklötze der Scheibenbremsen schneller ab, als man es von den Belägen der Trommelbremse gewohnt ist. Bei scharfer Fahrweise können sie schon nach 8000 bis 15 000 km bis auf eine Belagstärke von ca. 2 mm abgeschliffen und damit erneuerungsbedürftig sein, bei normaler Fahrweise halten sie gut 20 000 bis 30 000 km aus. Bei Wagen mit Getriebeautomatik können sich die Beläge etwas früher abnützen, weil der Motor weniger mitbremst.
Von außen läßt sich die Belagstärke (im Neuzustand ca. 10 mm auf 5 mm starkem Belagträger) am besten nach Abnehmen eines Rades — beim Vorderrad ist die Beanspruchung größer – erkennen. Da die Nuttiefe im Belag auch die Abnutzungsgrenze markiert, kann man also schon durch einen Blick erfahren, ob ein Belagwechsel nötig ist oder nicht. Dazu muß man die Radnabe etwas drehen, damit der Belag besser von der Bremsscheibe zu unterscheiden ist. Im Neuzustand beträgt die Dicke des Bremsklotzes einschließlich Belag 15 mm, davon gehen 5 mm für den Belagträger ab, so daß für den Belag selbst eine Stärke von 10 mm übrig bleibt. Die Maximalabnutzung beträgt 8 mm. Hat der Belag also eine Restdicke von 2 mm (+ 5 mm Belagträger = 7 mm Dicke des Bremsklotzes) erreicht, so müssen die Bremsklötze gewechselt werden. Und zwar jeweils als Klötze einer Achse, nicht nur die am stärksten verschlissenen!

Bremsbelagwechsel

Woran merkt man auch ohne Eigenprüfung, daß die Beläge reif sind für einen Wechsel? Um es gleich zu sagen, man merkt es meistens sehr spät, weil durch die Bremshilfe das Gefühl für die gesteigerte Bremskraft verloren geht. Wenn aber erst Metall (der Trägerplatte) auf der Bremsscheibe schleift, wird die Schadensregulierung teuer, weil die Bremsscheiben zumindest abgeschliffen, eventuell sogar ersetzt werden müssen. Zudem kann bei einer schärferen Bremsung (bei hoher Anpreßkraft) ein Verschweißen eintreten und das Rad blockieren. Am ehesten spürt man den »fehlenden« Bremsbelag am allmählich länger werdenden Bremspedalweg. Wenn nur ein Belag stark abgenützt ist (einseitige Verschmutzung), müssen trotzdem alle Beläge einer Achse gewechselt werden.
Diese Arbeit kann man an den Scheibenbremsen eigentlich selbst machen. Eine gewisse praktische Veranlagung reicht für diese Selbsthilfe aus. Folgende Punkte sind zu erledigen:
1. Wagen auf der betreffenden Seite hochbocken, Rad abnehmen. Die Lenkung sollte so eingeschlagen sein, daß der Bremssattel aus dem Radkasten herausschaut. Die Bremsen müssen natürlich abgekühlt ein.

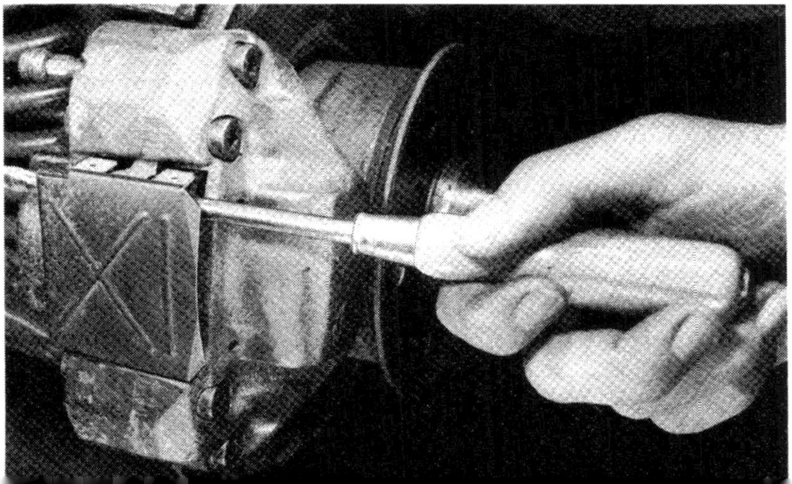

Zur Abdeckung gegen Schmutz und Nässe sind die Bremsscheiben und -beläge der Vorderräder durch ein Blech geschützt. Zur Kontrolle des Belagverschleißes muß dieses mit einem Schraubenzieher abgehebelt werden. Läßt sich danach noch keine gute Sichtkontrolle durchführen, muß, wie hier im Bild, das Rad abgenommen werden. Sind die Ösen der Bremsklötze (in den nachstehenden Bildern gut erkennbar) schon sehr dicht an die in der Mitte sitzende kreuzförmige Spreizfeder herangerückt, besteht der Verdacht, daß der Bremsbelag verschlissen ist. Dann müssen, wie in den nachstgehenden Bildern gezeigt, die Bremsklötze ausgebaut und erforderlichenfalls ausgetauscht werden.

Je nach Typ und Marke des Bremssattels sind die Haltestifte der Bremsklötze durch eine Sicherungsklammer (mit Kombizange abnehmen) oder, wie hier, durch eine selbstsichernde Manschette (im Bild unten am Haltestift [2] links erkennbar) gesichert. Nach Abnahme der eventuell vorhandenen Sicherungsklammern wird zuerst der oben sitzende Haltestift von der Wagenaußenseite her mit einem Durchschlag oder abgestumpften passenden Nagel herausgetrieben. Danach die kreuzförmige Spreizfeder (unten im Bild Nr. 3) herausnehmen und zuletzt auch den unteren Haltestift heraustreiben.

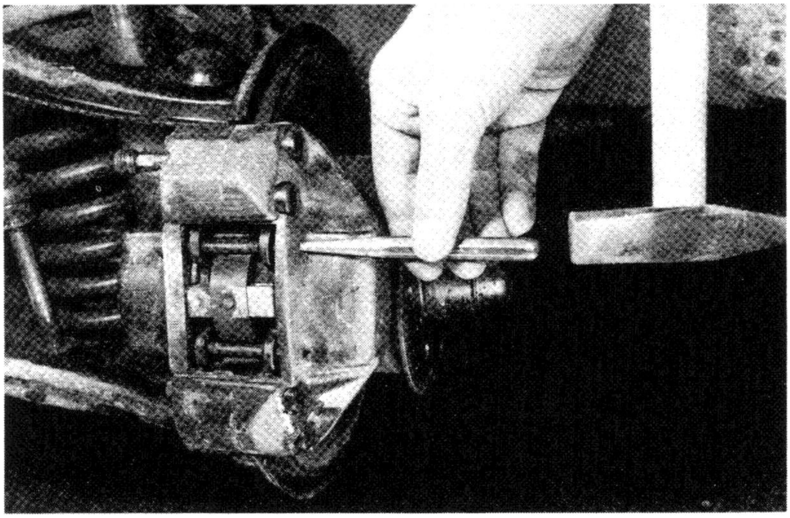

2. Mit einem Durchschlag (oder einem abgekniffenen Nagel) von 4 bis 5 mm Stärke wird der obere Haltestift von außen nach innen herausgeschlagen, nachdem das Schmutzabdeckblech entfernt wurde.

3. Jetzt kann die kreuzförmige Spreizfeder herausgenommen werden, nachdem ihre Lage zuvor mit einem Kratzer markiert wurde. Diese Feder soll das Klappern der Beläge verhindern.

4. Der zweite Haltestift wird auf dieselbe Weise herausgetrieben.

5. An einer (oder besser an beiden) Öse der Trägerplatte Bremsklotz herausziehen. Wenn der Belag festgeklemmt ist, kann durch beide Ösen ein Draht gezogen werden, mit dem er sich eher herausziehen läßt.

6. Vor dem Einsetzen neuer Beläge müssen erst die Kolben in die Zylinder zurückgedrückt werden, weil ja die neuen Beläge dicker sind. In der Werkstatt gibt es dafür eine spezielle Zange. Mit einem großen »Engländer« oder einer Wasserrohrzange kann diese Arbeit auch erledigt werden. Vorsicht, daß dabei Wärmeabschirmblech und Staubdichtung nicht beschädigt werden! Auch das Zurückdrücken muß vorsichtig erfolgen, damit sich der Kolben nicht verkantet. Wenn der Spalt zwischen Scheibe und dem neuen Belag zu groß wurde, schadet das nichts, da die Beläge – jeweils nach Beendigung der Arbeit an einer Achse – durch mehrmaliges Treten der Fußbremse wieder angepreßt werden. Die Fußbremse darf aber erst betätigt werden, nachdem alle Bremsklötze eingebaut sind, weil sonst die leeren Kolben ganz aus den Zylindern herausgepreßt würden. Das Wiedereinsetzen der Kolben wäre ohne Ausbau der Bremszangen nicht möglich.

Nach der auf den vorstehenden Bildern gezeigten Vorarbeit lassen sich nun die Bremsklötze (1) an den Ösen entweder mit einem kleineren Schraubenzieher oder einem Drahthaken herausziehen. Achten Sie beim Zusammenbau sorgfältig darauf, daß die kreuzförmige Spreizfeder (3) und die Haltestifte (2, der untere ist bereits abgelegt) wieder in der richtigen Lage einmontiert werden. In der Mitte zwischen den beiden Bremsklötzen (1) ist die dicke Bremsscheibe (4) zu sehen. (5) Entlüftungsventil.

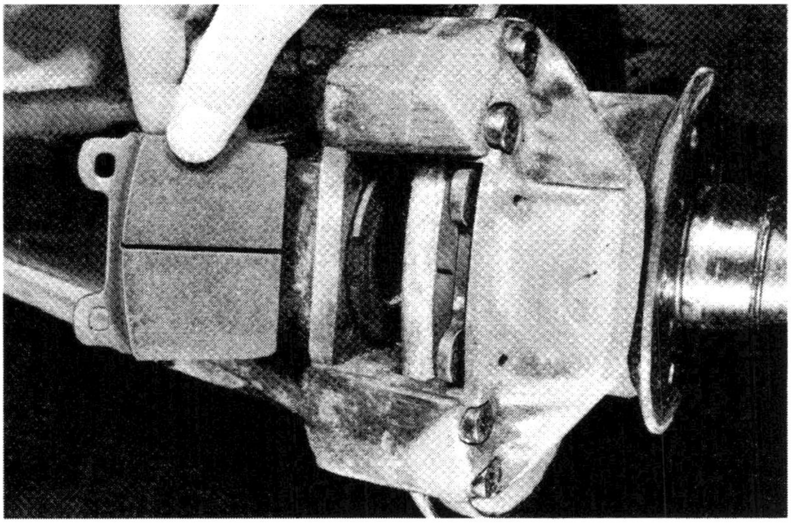

Am herausgezogenen inneren Bremsklotz erkennt man in der Mitte die Nut, die Belagabrieb und Schmutz aufnehmen soll. Der im Innern des Bremssattels sichtbare Ring gehört zum Druckzylinder, der beim Bremsen den Belag gegen die Scheibe preßt. In neuem Zustand beträgt die Dicke des Belages 10 mm ohne und 15 mm mit Trägerplatte. Die Nuttiefe im Bremsbelag kennzeichnet die Abnutzungsgrenze. Wenn sie nicht mehr über die ganze Belagbreite vorhanden ist, wird es höchste Zeit für neue Bremsklötze. Die Bremsbeläge sind vom Herstellerwerk auf die Bremsbelagträger aufgeklebt.

7. Beim Zurückdrücken der Kolben wird Bremsflüssigkeit in den Vorratsbehälter zurückgepumpt. Wenn Sie während der Betriebszeit Bremsflüssigkeit nachgefüllt hatten oder nach Beendigung des Bremsklotzaustausches an einer Achse nicht die Bremsbeläge durch Betätigen des Bremspedals angepreßt haben, kann der Bremsflüssigkeitsbehälter überlaufen.
Das sollte auf jeden Fall vermieden werden, notfalls muß etwas Bremsflüssigkeit mit einer sauberen Pipette vorsichtig aus dem Behälter entnommen werden. Man benutzt dazu ein sauberes Glasrohr, das man in den Vorratsbehälter eintaucht, dann mit dem Daumen oben verschließt und herauszieht. Auf diese Weise korrigiert man den Bremsflüssigkeitsstand soweit, daß das Niveau dicht unter der Einfüllöffnung steht. Bremsflüssigkeit wird synthetisch hergestellt und kann nicht etwa durch Öl oder andere Stoffe ersetzt werden (auch wenn fälschlicherweise manchmal von »Bremsöl« gesprochen wird)!

8. Die Beläge müssen sich in den Führungen leicht bewegen lassen, eventuell muß vor dem Einsetzen der Führungsschacht mit Spiritus gesäubert werden. Falls sich Rost angesetzt hat, entfernt man diesen vorsichtig mit einer Schlüsselfeile.

9. Nach den Belägen werden Haltestift, Spreizfeder und anderer Haltestift nebst Sicherungen und Abdeckplättchen wieder eingesetzt. Die Haltestifte werden mit dem Hammer vorsichtig in die Bohrung getrieben.

10. Bei noch stehendem Wagen wird jetzt mehrmals das Bremspedal niedergedrückt, bis das ganze hydraulische System wieder vollgepumpt ist. Erst dann darf der Wagen abgebockt werden!

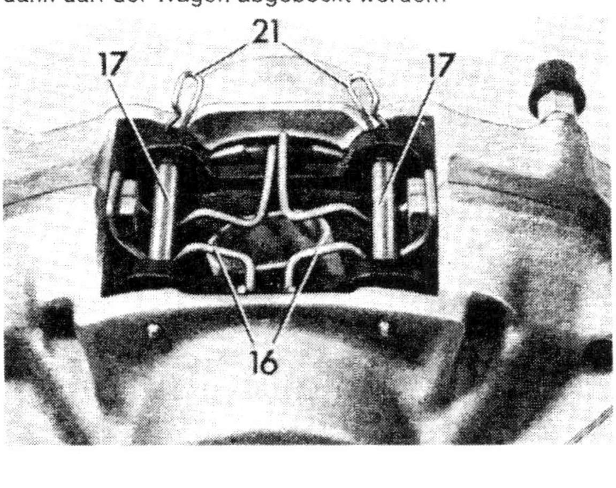

Die Bendix-Vorderrad-Bremszange bis Ende 1974 besitzt für die Belaghaltestifte (17) Sicherungsösen (21) für die rechte und linke Seite. Die runden Einbuchtungen der Sicherungsösen müssen beim Einbau zangenauswärts zeigen. Bei der Bremszange für die Hinterräder sind die Sicherungsösen gleich. Die Bendix-Bremse unterscheidet sich auch durch die Belaghaltefeder (16) aus Draht.

Das Nachstellen der Feststellbremse: Zuerst wird eine der fünf Radschrauben herausgedreht und diese Öffnung so gestellt, daß sie sich in der Winkelhalbierenden zwischen horizontaler und vertikaler Achse befindet. Dann ertastet man mit einem Schraubenzieher den Einstell-»Stern« und hebelt ihn soweit nach oben (beim linken Rad) bzw. nach unten (beim rechten Rad), bis sich das Rad nicht mehr drehen läßt. Danach wird das Stellrad soweit zurückgedreht (um etwa 2 bis 3 Zähne), daß sich das Rad gerade frei drehen kann, ohne zu schleifen.

11. Die neuen Beläge müssen eingefahren werden. Auf den ersten 500 km sollen keine Gewaltbremsungen durchgeführt werden, weil die Beläge sonst an der Oberfläche verbrennen, wodurch die Reibung und die Lebensdauer stark vermindert wird.

Neue Bremsbeläge bekommt man in der nächsten Mercedes-Werkstatt, es ist darauf zu achten, daß nur vom Werk freigegebene Beläge verwendet werden!

Feststellbremse prüfen
Pflegearbeit Nr. 4

Als Feststellbremse wird beim Mercedes 200/220/230 4 (mit 4 Scheibenbremsen) eine nur 25 mm breite, in der Bremsscheibe liegende Trommelbremse verwendet.

Weil die Feststellbremse nur auf die Hinterräder wirkt, ist das Abbremsen nicht ungefährlich: Bei blockierten Hinterrädern stellt sich der Wagen meistens quer, was bei höheren Geschwindigkeiten bedenklich ist. Gewöhnlich ist aber die Gefahr des Blockierens deshalb nicht vorhanden, weil die Feststellbremse ohnehin zu schwach ist. Wenn die Fußfeststellbremse mehr als vier Rasten durchgetreten werden kann, dann ist es Zeit, sie nachzustellen.

Feststellbremse nachstellen
Pflegearbeit Nr. 40

Das soll nun gerade nicht an der griffgünstig im Motorraum liegenden Flügelmutter auf dem Umlenkhebel geschehen, weil damit nur die Längung des Seiles nachgestellt wird. Zum Nachstellen muß an der Hinterachse rechts und links nach Abnehmen der Radkappen eine der fünf Radschrauben herausgeschraubt werden.

Durch das Schraubenloch wird nun mit einem Schraubenzieher (mit 4 bis 5 mm Breite) in das Stellrad der Nachstellvorrichtung eingegriffen und, wie im Bild oben gezeigt, nachgestellt.

Bremsseile auf Verschleiß prüfen
Pflegearbeit Nr. 37

Mangelnder Fettschutz, Scheuerkanten und Umlenkradien beanspruchen Seilzüge mehr als die Bremskraft. Verschleißende Seile zeigen als erstes Anzeichen Rostansätze. In diesem Fall empfiehlt sich ein baldiger Austausch, weil die Sicherheit des Bremssystems vorrangig ist. Aus diesem guten Grunde schaut der TÜV-Prüfer auch ganz besonders kritisch auf den Zustand der Bremsleitungen und Bremsseilzüge.

Bremsanlage entlüften

Läßt sich das Bremspedal federnd tief durchtreten, dann befindet sich Luft in den Leitungen oder Bremszylindern. Ebenso wie nach allen Arbeiten an der Bremsanlage muß daraufhin das System entlüftet werden. Wegen dem Umgang mit der Bremsflüssigkeit ist dies eher eine Arbeit für die Werkstatt.

Zum Entlüften der Bremse wird die Schutzkappe vom Entlüftungsventil gezogen, nachdem deren Umgebung sorgfältig gereinigt wurde. Dann Entlüftungsschlauch über das Ventil streifen, Schlauchende in ein Gefäß mit Bremsflüssigkeit hängen, mit einem Gabelschlüssel das Ventil etwas öffnen. Dabei tritt ein Helfer das Bremspedal so lange, bis keine Luftblasen mehr aus dem Schlauch aufsteigen. Nun wird das Ventil wieder geschlossen, während der Helfer das Bremspedal in seiner tiefsten Stellung hält. Die Schutzkappe wird wieder aufgesteckt.

Vor größeren Arbeiten wird zunächst der Flüssigkeitsspiegel im Vorratsbehälter überprüft, beim Entlüften muß er immer ganz gefüllt sein. Durch Pumpen mit dem Bremspedal kann die Luft aus den Leitungen entfernt werden, wenn der Bremskreis nach außen geöffnet wird. Das geschieht an den Entlüftungsnippeln der Bremszangen. Weil ein Mann für das Betätigen des Bremspedals benötigt wird, muß ein zweiter Mann die Entlüftungsnippel öffnen. Wichtig für das Entlüften der Bremsanlage ist die Reihenfolge. Die längste Leitung, vom Bremsflüssigkeitsbehälter aus gesehen, kommt als erste dran, also die zum rechten Hinterrad. Es folgen die zum linken Hinterrad, zum rechten Vorderrad und zum linken Vorderrad.

Das Entlüften selbst erfolgt so: Von den Entlüftungsventilen an den Zangen der Scheibenbremsen werden die Schutzkappen abgenommen. Ein Plastikschlauch wird an der ersten Bremse über das Ventil gestülpt und in ein etwa halbvoll mit Bremsflüssigkeit gefülltes Glas gehalten (in durchsichtigen Schläuchen und Behältern ist unter dem dunklen Wagen der Stand der Bremsflüssigkeit besser zu erkennen), wobei darauf zu achten ist, daß der Schlauch immer in der Flüssigkeit liegt, damit keine Luft in die Leitung zurückgesaugt wird. Mit einem Gabelschlüssel SW 7 wird das Entlüfter-Ventil etwa eine halbe Umdrehung gelöst. Jetzt tritt der im Wagen befindliche Mann das Bremspedal zügig ganz durch und hält es unten, bis der andere Mann das Entlüftungsventil wieder zugedreht hat. Wenn jetzt das Bremspedal losgelassen wird, saugt der Kolben im Hauptzylinder aus dem Vorratsbehälter nur Bremsflüssigkeit nach, während mit der in das Glas gedrückten Bremsflüssigkeit auch Luftblasen herausgedrückt worden sind.

Dieser Pumpvorgang mit nachfolgendem Schließen der Entlüftungsventile wird so lange wiederholt, bis aus dem Schlauch keine Luftperlen mehr herausgedrückt werden. Weil der Vorratsbehälter nur eine begrenzte Flüssigkeitsmenge enthält (die Anlagen mit Scheibenbremsen enthalten etwa 0,57 Liter Bremsflüssigkeit) muß nach jeder entlüfteten Bremse frische (keine herausgepumpte aus dem Entlüftungsglas!) Bremsflüssigkeit in den Vorratsbehälter nachgefüllt werden. Dazu wird etwas Original-Bremsflüssigkeit (z. B. ATE Typ S) benötigt. Nachdem alle Bremsen entlüftet sind, wird zuerst im Stand eine Bremsprobe gemacht, wenn das Pedal immer noch federt, muß die Arbeit wiederholt werden.

Der Bremskraftverstärker

Bei der Trommelbremse zieht die umlaufende Trommel den angepreßten Belag mit, wodurch die Anpreßkraft erhöht wird. Diese »Selbstverstärkung«

entsteht bei der Scheibenbremse nicht, die erforderliche Bremskraft muß also allein vom Fahrer aufgebracht werden. Bei schweren Wagen, zu denen der Mercedes ja zählt, wird dann die notwendige Fußkraft so groß, daß ein zusätzlicher Bremskraftverstärker notwendig wird. Dieser nutzt die Druckdifferenz zwischen dem Unterdruck im Ansaugrohr des Motors und dem atmospärischen Druck aus. Zwischen Saugrohr und Bremskraftverstärker befindet sich ein durchsichtiger Plastik-Schlauch, der den Unterdruck auf eine Membrane im Bremsgerät überträgt. Sollte diese Membrane – was selten geschieht, beschädigt sein, so fällt natürlich das Servogerät aus, es kann keine Bremskraftunterstützung mehr liefern, die Bremse erfordert wesentlich mehr Pedalkraft.

Empfehlenswert ist es zudem, den erwähnten Plastik-Schlauch zwischen Ansaugrohr und Servogerät ab und an auf Verschmutzung zu kontrollieren. Ist er nach einiger Zeit ein wenig verschmutzt, so ist das normal. Sollte jedoch eine stärkere Verschmutzung durch aus dem Kurbelgehäuse angesaugtes Öl vorhanden sein, so sollte man der Werkstatt einen Auftrag zur Untersuchung der Ursache erteilen.

Der Bremskraftverstärker arbeitet natürlich nur bei laufendem Motor. Hieran muß man beim Abgeschlepptwerden denken, die aufzubringende Fußkraft ist wesentlich höher. Dies muß der Fahrer des schleppenden Fahrzeugs bedenken und seine Fahrweise danach einrichten.

Bei einem plötzlichen Ausfall des Motors (und damit der Servounterstützung) hat man noch einen begrenzten Unterdruckvorrat für einige kleine Bremsungen, bevor der volle Druck von 60 bis 90 atü allein über das Bremspedal aufgebracht werden muß. Die Bremsanlage bleibt, das sei nochmals betont, voll funktionsfähig, auch wenn das Servogerät ausfallen sollte, nur die Fußkraft erhöht sich wesentlich.

Weil es gut ist, solche Änderungen des Verhaltens lebenswichtiger Anlagen im Fahrzeug zu kennen, sollten Sie einmal bewußt an einem übersichtlichen und nicht zu starken Gefälle den Motor ausschalten und durch mehrmaliges Antippen (4 bis 8 Pedalbewegungen genügen) der Fußbremse den Unterdruck-Speicher leeren. Sie erleben dann, wie die Bremse mit der gewohnten Fußkraft nahezu wirkungslos ist. Für mittlere Verzögerungen müssen Sie ziemlich kräftig auf das Pedal treten, eine Vollbremsung ist kaum mehr möglich, weil die Bremsanlage eben auf die Funktion des Bremskraftverstärkers abgestimmt ist, der Ihre Fußkraft gut verdoppelt. Mit vollbeladenem Fahrzeug ist der Bremskraftverstärker geradezu notwendig. Falls Sie auf einer Urlaubsfahrt abgeschleppt werden müssen, sollte Ihr Fahrzeug vorher entleert oder an einer Schleppstange geschleppt werden. Und Mitfahrer sollten aus Gründen der Fahrzeuggewichterleichterung möglichst in den Schleppwagen umsteigen.

Das Bremsgerät ist wartungsfrei, da die Filterpackung unter normalen Verhältnissen erst nach einer Laufstrecke von 100 000 km erneuert werden muß, wozu das Bremsgerät ausgebaut wird.

Das Bremsgerät läßt sich auf Wirksamkeit prüfen, wenn bei abgestellltem Motor durch mehrmaliges Antippen der Unterdruck abgebaut wird. Dann wird das Pedal in der tiefsten Stellung gehalten und der Motor angelassen. Wenn sich jetzt das Pedal durch die erzeugte Hilfskraft noch weiter senkt, ist die Anlage in Ordnung. Ist dies nicht der Fall, kann zunächst auf ein Leck im Schlauch oder dem Rückschlagventil geschlossen werden.

Reparaturen am Bremsgerät sind Werkstattsache. Der Bremsverstärker muß ausgebaut werden und anschließend muß die ganze Bremsanlage entlüftet werden.

Fingerzeige: *Wenn die Bremswirkung bei längeren Abfahrten im Gebirge nachläßt, hat es keinen Sinn, durch verstärkte Bremskraft das »Fading« zu kompensieren. Damit werden nur die Bremsbeläge verdorben. Besser ist die häufigere Benutzung des 2. oder gar 1. Ganges zur Verstärkung der Motorbremskraft.*
Wird der Wagen im Freien abgestellt, empfiehlt es sich, gleich nach dem Starten durch sanftes Bremsen die Rostspuren durch Kondenswasser »wegzubremsen«, weil die Bremsen sonst bei einer plötzlichen Betätigung sehr »giftig« ansprechen.
Unter Umständen bekommt man Lufteinschlüsse über die Entlüftung im Vorratsbehälter heraus, wenn bei leicht »federndem« Pedal mehrmals im Stand die Bremse kräftig durchgedrückt wird.

Störungsbeistand

Bremsanlage

Die Störung	– ihre Ursache	– ihre Abhilfe
A Wagen zieht beim Bremsen einseitig nach links oder rechts	1 Reifendruck ungleichmäßig	Bei kalten Reifen Luftdruck korrigieren
	2 Bereifung ungleichmäßig abgenützt	Reifen so wechseln, daß auf jede Achse gleichmäßig abgenutzte Reifen kommen
	3 Bremsbeläge verölt oder verfettet	Bremsbeläge erneuern
	4 Bremsbeläge ungleichmäßig abgenutzt	Beläge erneuern auf beiden Bremsen einer Achse
	5 Reibwertunterschied der Bremsbeläge	Beläge auf beiden Bremsen einer Achse erneuern
	6 Zu geringes Lüftspiel in einer Bremszange	Kolben in den Bremszangen auf Leichtgängigkeit prüfen
	7 Verschmutzte Schächte im Bremssattel	Reinigen
	8 Korrosion in Bremssattelzylindern	Sättel erneuern
	9 Gummilager in der Vorderachslagerung einseitig defekt	Erneuern
B Bremsen quietschen	1 Bremsklotz sitzt im Spalt der Bremszange zu fest	Bremsklötze an den kurzen Seitenkanten mit einem hitzebeständigen Dauerschmiermittel einreiben
	2 Falscher Belagtyp	Auswechseln
	3 Kolben hat sich im Bremssattelzyinder verdreht	Kolbenstellung berichtigen
	4 Bremsscheibe hat Schlag	Scheibe austauschen
C Bremspedal läßt sich weich und federnd durchtreten	1 Luft im Bremssystem	Entlüften, evtl. Bremsflüssigkeit auffüllen
	2 Bremsflüssigkeit überhitzt nach langen Paßabfahrten oder starker Beanspruchung der Bremse	Bremsen abkühlen lassen, wenn notwendig entlüften
	3 Primärmanschette im Hauptzylinder beschädigt	Erneuern
	4 Dichtung im Bremssattel defekt	Erneuern
	5 Undichtigkeit	Gesamtes Bremssystem kontrollieren
	6 Bremsklötze abgenützt Rückenplatte liegt an der Kreuzfeder an	Bremsklötze erneuern

Die Störung	– ihre Ursache	– ihre Abhilfe
D Bremsen erhitzen sich während der Fahrt, Bremsen lösen sich nicht	1 Spiel zwischen Bremspedal und Hauptzylinderkolben zu gering	Einstellen
	2 Gummidichtungen gequollen durch ungeeignete Flüssigkeiten	Bremsanlage entleeren und demontieren, alle Gummiteile und Schläuche erneuern
	3 Kolben eines Druck- oder Radzylinders sitzen fest	Druck- bzw. Radzylinder instandsetzen
	4 Bremsseilzug sitzt fest	Seilzug erneuern
E Schlechte Bremswirkung trotz sehr hohem Fußdruck bei normalem Pedalweg	1 Bremsbeläge verölt	Bremsen reinigen, Beläge erneuern
	2 Bremsbeläge verbrannt	Erneuern
	3 Bremsbeläge abgenutzt	Erneuern
	4 Bremsen stark verunreinigt	Reinigen
	5 Bremsverstärker defekt	Erneuern
	6 Unterdruckschlauch oder Anschlüsse undicht	Überwurfmuttern SW 19 nachziehen, gegebenenfalls von Werkstatt überprüfen lassen
	7 Dichtung zwischen Hauptzylinder und Bremsgerät beschädigt	Erneuern
F Schlechte Bremswirkung trotz sehr hohem Fußdruck bei langem Pedalweg	1 Beläge abgenutzt	Erneuern
	2 Bremsscheibe hat Schlag	Erneuern
	3 Radlagerspiel zu groß	Einstellen
	4 Durch Leck ein Bremskreis ausgefallen	Leckstelle beseitigen
G Bremsen rattern und schütteln	1 Beläge abgenutzt	Erneuern
	2 Scheiben- und Sattelbefestigung fluchten nicht	Richten
	3 Radlagerspiel zu groß	Korrigieren
	4 Schlechtes Tragbild der Bremsklötze oder falscher Belagtyp	Bremsklötze erneuern
	5 Bremsscheibe hat Dickenfehler oder Schlag	Erneuern
	6 Verschmutzte Schächte im Bremssattel oder Belagauftragung auf der Bremsscheibe	Gründlich reinigen, Scheibe mit Schmirgelpapier glätten
	7 Sattel am Achsschenkel lose	Sicherungsbleche erneuern und Schrauben festziehen
	8 Stoßdämpfer in der Wirkung ungleich	Stoßdämpfer prüfen
H Bremsflüssigkeit muß häufig nachgefüllt werden	1 Leitungssystem undicht	Sämtliche Anschlüsse und Leitungen auf Dichtheit prüfen
	2 Bremszange undicht	Schrauben an Bremszange nachziehen, Kolbendichtung überprüfen

Rundliche Figur

Wer die passende »Schuhgröße« für seinen Mercedes erfahren will, braucht nur in der Kraftfahrzeug-Zulassung nachzusehen. Dort steht verbindlich, daß der Mercedes 200/220/230 mit Reifen folgender Bezeichnung ausgerüstet sein muß: 6.95/175 S 14 oder 175 SR 14. Wenn Sie nun nicht wissen, was diese Zahlen und Buchstaben bedeuten, brauchen Sie sich keinen Mangel an Auto-Wissen vorzuwerfen, denn die »Reifen-Wissenschaft« ist besonders in den letzten Jahren eine recht verworrene Angelegenheit geworden. Beim Mercedes ist es aber noch verhältnismäßig einfach, da für ihn nur eine Reifengröße und zwei Reifenbauarten zugelassen sind.

Die Bedeutung der Reifenbezeichnung

Die Reifengröße

Nach international gültigen Regeln wird die Reifengröße in englischen Zoll, in Millimetern oder gemischt in Zoll und Millimetern angegeben. Die erste Zahl der Größenangabe bezeichnet die Breite – oder besser gesagt, die Dicke des Reifens und läßt den Reifenexperten außerdem noch erkennen, um welchen Reifentyp es sich dabei handelt. Der Reifen 6.95/175 S 14 ist also 6.95 Zoll breit, was (1 Zoll = 25,4 mm) genau genommen 176,8 mm wären. Die letzte Zahl der Größenangabe bezeichnet den Innendurchmesser des Reifens und zugleich den Durchmesser der dazu passenden Felge. Außer in der französischen Reifenindustrie erfolgt diese Angabe in Zoll. Der Reifen 6.95/175 S 14 hat demnach einen Innendurchmesser von 14 Zoll (Kurzzeichen für Zoll: ″), was 355,6 mm entspricht, und die dazu passende 14″-Felge hat an der Auflage für den Reifenwulst ebenfalls 355 mm Durchmesser.
Zur Größenangabe genügen bereits die beiden erläuterten Zahlen, denn alle anderen Abmessungen jeder Reifengröße sind genormt, so daß alle Reifen mit gleicher Bezeichnung ohne Rücksicht auf die Marke darin, von erlaubten Toleranzen (und einigen ausländischen Reifenherstellern) abgesehen, gleich sind.

Unterschiedliche Reifentypen

Der Reifenfachmann kann an den Endziffern bei Diagonalreifen erkennen, ob es sich um einen Niederquerschnitt-Reifen (.00, .25, .50) oder um einen Super-Ballon-Reifen (.40, .60, .90) handelt. Die letzte Entwicklungsstufe sind die nach »satter« auf der Fahrbahn aufliegenden Super-Niederquerschnitt-reifen, bei dem die Reifenbreite doppelt, in Zoll und Millimetern, angegeben ist. Sie enthält den Hinweis, welche Gürtelreifengröße statt diesem Reifen verwendet werden kann.
Die eben beschriebenen Reifentypen sind in ihrer Karkasse – das ist der Unterbau des Reifens — gleichartige »Diagonalreifen«. Die Fäden der verschiedenen Gewebeeinlagen liegen – sich kreuzend – diagonal zur Reifenachse übereinander. Da sie der althergebrachten Reifenbauweise entsprechen, bezeichnet man sie auch als »konventionelle Reifen«.
Bei Gürtel- oder Radialreifen sind die Gewebelagen quer zur Laufrichtung von

Diese Schnittbilder zeigen den Unterschied zwischen einem Normalreifen (Diagonalreifen) links und einem Gürtelreifen (Radialreifen) rechts. Die Gummi-Gewebe-Lagen, das Reifengerüst, verlaufen beim Normalreifen diagonal, beim Gürtelreifen – die unterste Lage – quer, sozusagen in Richtung des Reifenradius. Über dieser radialen Lage verlaufen verschiedene Lagen schräg, diese letzteren stellen den steifen Gürtel dar.

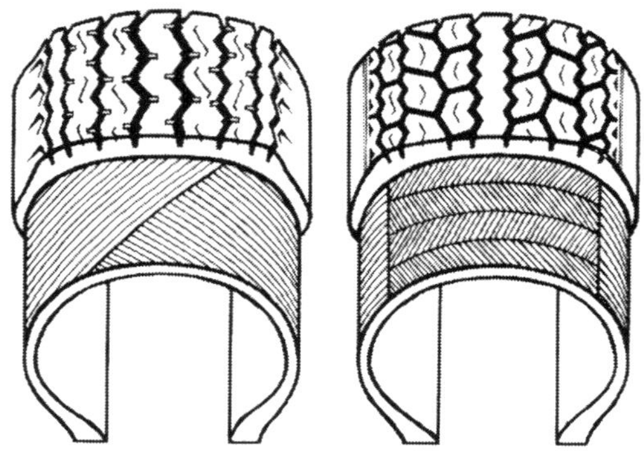

Wulst zu Wulst, also radial angeordnet. Unter der Lauffläche haben die Gürtelreifen also einen stabilen Gürtel aus feinen Textil- oder Stahlfäden, der sich in seinem Umfang kaum verändert, so daß die Lauffläche nicht wie bei den Diagonalreifen mit zunehmender Geschwindigkeit »aufgeht«, also größer im Umfang wird. Dadurch gibt es in der Lauffläche bei der Berührung der Fahrbahn keine Querbewegungen. Daraus resultiert eine besonders gute Bodenhaftung bei geringem Reifenverschleiß.

Reifen dieser Bauart haben weiche und gut federnde Flanken (Seitenwände) und einen ausgiebig versteiften, folglich im Bereich der Aufstandsfläche wenig verformbaren Laufstreifen. Daraus erwachsen für das Reifenverhalten so viele Vorteile, daß sich sagen läßt: Der Gürtelreifen kann alles besser als der Diagonalreifen. Gürtelreifen sind ja auch teurer. Nur: Auf Pflaster, über Schlaglöcher, Querrinnen und dergleichen kann der Gürtelreifen nicht so weich wie ein Normalreifen abrollen. Bei Gürtelreifen mit einem Gürtel aus Stahldrahtgeflecht ist diese Abrollhärte besonders ausgeprägt, bei Reifen mit Textilgürtel um eine Idee gemildert. Und die Steifheit des Gürtels äußert sich umso deutlicher, je langsamer ein Wagen rollt. Bei mittleren und hohen Geschwindigkeiten erbringt der Gürtelreifen die denkbar beste Reifenfederung.

Die Größenbezeichnung von Gürtelreifen wird in Millimetern (und Zoll für die Felgengröße) angegeben. Da es aber auch einige Gürtelreifen in Zoll-Größen gibt, tragen sie zur eindeutigen Kennzeichnung anstelle eines Bindestriches ein »R« (= Radial).

Zulässige Geschwindigkeiten

Diagonalreifen der 14-Zoll-Größe dürfen bis 150 km/h schnell gefahren werden. Da die Mercedes 200/220/230 mehr erreichen, sind sie mit sogenannten Sportreifen ausgestattet, die als Kennzeichnung in der Größenangabe ein »S« tragen — in unserem Fall also 6.95/175 S 14 — und für Spitzengeschwindigkeiten bis 175 km/h zugelassen sind. Gürtelreifen werden grundsätzlich in der Stufe »S« hergestellt und dürfen bis 180 km/h gefahren werden.

Für noch höhere Geschwindigkeiten werden Reifen der Stufe »H« oder »V« erforderlich. Ein »H«-Reifen ist als Diagonal- bzw. Gürtelreifen bis 200 bzw. 210 km/h zugelassen, während »V«-Reifen für die darüber liegenden Geschwindigkeitsbereiche vorgesehen sind.

Derartige Reifen verfügen über härtere Gummimischungen als »S«-Reifen. Dadurch ist ihre Rutschfestigkeit bei kühlen Temperaturen schlechter, außerdem sind sie erheblich teurer; im Alltagsbetrieb bieten sie also keine Vorteile am Mercedes 200/220/230 4.

Felgen-Abmessungen

Der Mercedes 200 wie der 220 und 230.4 sind mit der gleichen Felge der Größe $5^1/_2$ J × 14 H serienmäßig ausgestattet. Diese Größenbezeichnungen sind ebenfalls Normbezeichnungen, allerdings betrifft diese Normung nur die für die Reifengröße wichtigen Felgenabmessungen, jedoch nicht die Art der Felgenbefestigung, die Zahl der Radmuttern, die sogenannte »Schüsseltiefe« der Felge usw. Deshalb lassen sich auch Felgen mit gleicher Normbezeichnung, aber von anderer Automarke (z. B. vom BMW 520, der auch eine Felge $5^1/_2$ J × 14 wie der 200/220 hat) nicht an den Mercedes-Modellen montieren.
Die Größenbezeichnung der Felge bedeutet:

$5^1/_2$ = $5^1/_2$ Zoll Felgenmaulweite
J = Formung des Felgenhornes nach Norm-Vorschrift
× = Zeichen für Tiefbettfelge
14 = Felgendurchmesser von Wulst zu Wulst in Zoll
H = Ausführung als »Hump«-Felge, die für schlauchlose Radialreifen freigegeben ist.

Reifendruck-Vorschriften

Pflegedienst Nr. 1

Die Tragfähigkeit eines Reifens ist durch seine Größe, seine Festigkeit, vor allem durch den Luftdruck bestimmt. Bei geringer werdendem Luftdruck sinkt die Tragfähigkeit. Auch wenn man dadurch nicht gleich auf den Felgenkanten fährt, liegt doch der Wagen bei zu niedrigem Luftdruck »schwammig« und unsicher auf der Straße, und außerdem geht zu geringer Luftdruck erheblich zu Lasten der Lebensdauer eines Reifens. Etwas erhöhter Luftdruck schadet dagegen weniger, es geht allerdings durch die größere Abrollhärte ein Teil des Fahrkomforts verloren. Unter bestimmten Fahrbedingungen (Autobahn und Schnee) ist sogar ein gering erhöhter Luftdruck um 0,2 bis 0,3 atü vorteilhaft.

<table>
<tr><th>Reifenart</th><th colspan="4">Diagonalreifen</th><th colspan="2">M+S</th><th colspan="2">Gürtelreifen</th><th colspan="2">M+S</th></tr>
<tr><td>(Druck in atü)</td><td colspan="2">bis 130 km/h</td><td colspan="2">über 130 km/h</td><td></td><td></td><td></td><td></td><td></td><td></td></tr>
<tr><td></td><td>vorn</td><td>hinten</td><td>vorn</td><td>hinten</td><td>vorn</td><td>hinten</td><td>vorn</td><td>hinten</td><td>vorn</td><td>hinten</td></tr>
<tr><td>Teilbelastung</td><td>1,8</td><td>2,0</td><td>2,0</td><td>2,2</td><td>1,8</td><td>2,2</td><td rowspan="2">2,0</td><td rowspan="2">2,3</td><td rowspan="2">2,0</td><td rowspan="2">2,5</td></tr>
<tr><td>Vollbelastung</td><td>2,0</td><td>2,2</td><td>2,2</td><td>2,4</td><td>2,0</td><td>2,4</td></tr>
</table>

Unter Teilbelastung ist nach Mercedes-Benz-Erläuterung eine Besetzung des Wagens mit 1 bis 4 Personen und Kofferraumbelastung unter 40 kg zu verstehen. Vollbelastung ist zusätzliche Belastung des Kofferraumes oder 1 bis 2 weitere Personen im Wagen oder beides zusammen.

Diese unterschiedlichen Luftdruckempfehlungen bedeuten nun nicht, daß man stets bei anderer Belastung oder anderer Fahrweise zur nächsten Tankstelle fährt und sich den Luftdruck herauf- oder heruntersetzen läßt, sondern der

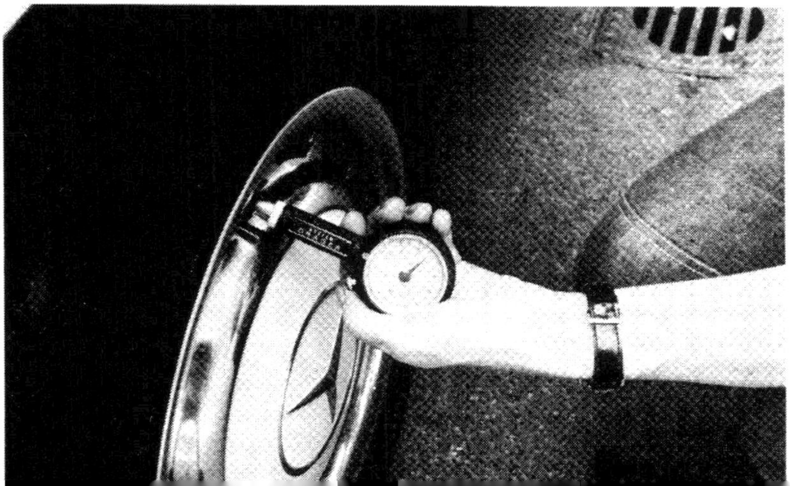

Nicht zuletzt vom richtigen Luftdruck der Reifen hängt deren Lebensdauer ab. Auch wenn man nicht bei jedem Tankstellen-Aufenthalt den Druck prüfen läßt, sollte man doch alle 2–3 Wochen mit einem eigenen Gerät eine Kontrolle durchführen. Luftdruckprüfer wie der hier gezeigte besitzen ausreichende Genauigkeit und eine verstellbare Skala zum Eichen.

Luftdruck wird nach der hauptsächlichsten Inanspruchnahme gewählt, wobei es kein Fehler ist, wenn stets der höhere Luftdruck gefahren wird. Das hilft, die Lebensdauer der Reifen zu verlängern, auch wenn man damit etwas unkomfortabler als mit »weichen« Reifen fährt. Und außerdem verbessert der etwas höhere Luftdruck die Straßenlage des Wagens, er macht ihn richtungsstabiler.

Kalte Luft ist maßgebend

Der Reifendruck wird stets am kalten Reifen gemessen. Da der Druck schon nach wenigen Kilometern zügiger Fahrt um 0,2 oder sogar 0,4 atü ansteigen kann (was Mercedes-Benz in umfangreichen Tabellen erfaßt hat, die wir hier aber gar nicht wiedergeben können), wäre es falsch, beim nächsten Halt an einer Tankstelle den Luftdruck entsprechend zu erniedrigen. Denn diese Druckerhöhung durch Erwärmung ist von den Reifenkonstrukteuren bei der Entwicklung und Herstellung einkalkuliert. Um den Reifendruck am kalten Reifen messen zu können, ist deshalb der Erwerb eines eigenen Luftdruckmessers überaus empfehlenswert. Wenn kein besonderer Verdacht auf mangelnden Luftdruck besteht, ist es keinesfalls notwendig, täglich den Luftdruck zu prüfen. Alle 1 oder 2 Wochen genügt es, denn ein moderner Reifen darf in 6 bis 8 Wochen nur etwa 0,1 atü verlieren. Schnellerer Druckverlust bedeutet einen Defekt. Das zu häufige Luftdruckprüfen an den Tankstellen hat sogar auf die Dauer einen Nachteil. Bei dieser Tankstellenprüfung wird jedesmal zuerst ein kleiner Luftstoß in den Reifen gegeben. Dadurch wird zwangsläufig Kondenswasserdunst, Schmutznebel und Öldunst aus dem Gerät in das Reifenventil gepreßt, wodurch auf die Dauer die Ventilnadel eine Schmutzkruste erhält und ihre Dichtfähigkeit nachläßt. Ein zu oft kontrollierter Reifen wird schließlich dauernd etwas Luft verlieren, ohne schadhaft zu sein.

Reifenzustand prüfen

Pflegearbeit Nr. 29

Es kann nicht schaden, öfters als im Pflegeplan vorgeschrieben nach dem Zustand der Reifen zu sehen. Die beste Möglichkeit ergibt sich, wenn der Wagen in der Tankstelle zum Ölwechsel oder zu einer Unterwagen-Wäsche hochgebockt wird. Bei dieser Gelegenheit bohrt man mit einem kleinen Schraubenzieher Fremdkörper aus der Reifendecke und prüft nach, ob sie ernsthaften Schaden gestiftet haben. Im Vordergrund der Reifenprüfung steht natürlich die Beobachtung der Reifenabnutzung. Sie können sehr zufrieden sein, wenn alle Reifen über den gesamten Reifenumfang und über die gesamte Profilbreite gleichmäßig abgenutzt sind. Zeigt sich jedoch eine einseitige Abnutzung oder hat das Profil wellige Vertiefungen in regelmäßigen Abständen, dann ist am Fahrgestell oder am Rad selbst etwas faul.

Hier wird der Wert des richtigen Luftdrucks durch den »Abdruck« demonstriert. Links fehlt es beachtlich an Luft: Die Reifenmitte wölbt sich nach innen, walkt zu stark und die Reifenschultern werden vorzeitig verschlissen. In der Mitte sitmmt der Luftdruck: Gleichmäßige Abnutzung über die ganze Reifenbreite. Rechts zu hoher Luftdruck: Der stark gewölbte Reifen berührt nur in der Mitte die Fahrbahn, das bewirkt vorzeitigen Verschleiß der Profilmitte.

Zum Abhebeln der Radkappe eignet sich der Radmutterschlüssel sehr gut. Man darf allerdings nicht zu brutal vorgehen, um nicht den Zierkranz zu verbiegen.

Nur der wirkliche Fachmann kann an der ungleichen Reifenabnutzung sehen, ob es sich um zuviel oder zuwenig Luftdruck, um unausgewuchtete Räder, um unwirksame Stoßdämpfer, um ausgeschlagene Gelenke, um Fehler in Vorspur oder Radsturz handelt. Alle diese zahlreichen Fehlerquellen hinterlassen nämlich ihre individuellen Spuren auf dem Reifenprofil. Der Weg sollte dann bald zur Vertragswerkstatt führen. Unter Umständen muß die betreffende Achse vermessen werden, und das ist mit eigenen Hilfsmitteln ja nicht möglich.

Räder nicht austauschen

Vom regelmäßigen Austauschen der Räder, wie es Daimler-Benz alle 7500 km empfiehlt, halten wir nichts und wir haben diesen werksoffiziellen Wartungspunkt nicht in unsere Wartungsliste aufgenommen. Dabei muß man dem Austausschema von Mercedes noch zugestehen, daß das jeweilige Austauschen der Räder auf der gleichen Fahrzeugseite unter Auslassung des Reserverades noch einigermaßen vernünftig ist, im Gegensatz zu Rundum-Austauschempfehlungen anderer Werke, wodurch völlig unterschiedlich abgefahrene Reifen auf die gleiche Achse kommen und die Straßenlage des Wagens nur ungünstig beeinflussen.
Wir haben vor allem deshalb etwas gegen das 7500-km-Austauschintervall, weil diese Laufzeit zu kurz ist, um eventuelle Fehler der Lenkung, Stoßdämpfer, Gelenke usw. augenscheinlich werden zu lassen. Bestimmte Fehlerquellen haben dann nicht genügend Zeit, ihre typischen Kennmarken auf dem Reifenprofil zu hinterlassen. Lassen sich solche Kennmarken feststellen, muß natürlich baldmöglichst für Abhilfe gesorgt werden. Nach der Instandsetzung wird der einseitig abgelaufene Reifen auf die andere Achse montiert, um am »Nachfolgereifen« prüfen können, ob der Fehler auch tatsächlich behoben ist.

Der Radwechsel

Bei einem »Plattfuß« sollten Sie auf keinen Fall weiterfahren, da sonst der vielleicht noch gute Reifen nach wenigen hundert Metern ruiniert ist. Sein Gewebe ist dann so verwalkt, daß er sich nicht mehr reparieren läßt. Man muß also in den sauren Apfel beißen und das Rad sofort wechseln.

- Wagen möglichst auf ebenem und festem Boden anhalten
- Feststellbremse treten
- Räder der anderen Wagenseite mit Steinen oder Holz blockieren
- Radkappe abnehmen (Bild oben)
- Radschrauben (SW 17) um eine Umdrehung lockern
- Einstecknase des Wagenhebers in das Einsteckrohr unter dem Wagenboden einsetzen (Bild auf Seite 28) und Ersatzrad bereitlegen

Da Reifenpannen gewöhnlich sehr selten sind, sitzen die Radschrauben oft (vielleicht festgerostet) bombenfest. Wollen sich die Radschrauben mit dem Bordwerkzeug gar nicht lösen lassen und ist auch kein wirksamer Radschraubenschlüssel, wie im Werkzeugbild auf Seite 20 gezeigt, zur Hand, kann man sich mit dem Wagenheber unter der Radschraubenkurbel vielleicht helfen. Das betreffende Rad muß aber mit einem dicken Stein gegen Wegrollen gesichert sein.

- Fahrzeug hochkurbeln, bis defektes Rad vom Boden abhebt
- Die fünf Radschrauben abschrauben, in der Radkappe ablegen
- Rad abnehmen und Ersatzrad aufstecken
- Radschrauben eindrehen und über Kreuz gleichmäßig leicht anziehen
- Wagen ablassen, Wagenheber herausziehen
- Radschrauben über Kreuz fest anziehen und Radkappe mit Handballenschlag andrücken, defektes Rad und Wagenheber verstauen.

Hoffentlich hatte Ihr Reserverad genug Luft. Sie brauchen sich darum keine Sorgen zu machen, wenn Sie beim Prüfen des Luftdruckes auch den Ersatzreifen kontrollieren. Und zu aller Sicherheit geben Sie ihm immer 2,4 atü!

Reifen reparieren

Ein defekter Reifen sollte möglichst bald repariert werden, sonst hat man womöglich bei einem zweiten Plattfuß kein Ersatzrad mehr. Allerdings kann man in schlauchlose Stahlgürtelreifen nicht einfach einen Reparaturstopfen (z. B. »Tip Top super sealastic«) einsetzen, wie dies bei Diagonal- oder Textilgürtelreifen ohne weiteres möglich ist. Die Cordfäden des Stahlgürtels würden den Stopfen anschließend beim Fahren zerscheuern.

Ist das Loch in der Reifenlauffläche (Seitenwandreparaturen sind nicht empfehlenswert) nicht größer als 5 bis 6 mm, kann man sich mit einem einfachen Flickzeug zur Reparatur von Autoschläuchen behelfen (vor allem bei Auslandsreisen). Den beschädigten Reifen von der Felge abnehmen, eingedrungenen Gegenstand entfernen und innen in den Reifen an der Schadensstelle einen Schlauchflicken einsetzen. Diese Reparatur hält tausende von Kilometern, bis man zu Hause den Reifen vom Fachmann vulkanisieren lassen kann.

Schläuche in schlauchlose Reifen?

Manche Autofahrer trauen dem schlauchlosen Reifen auch heute noch nicht und befürchten, daß er ihnen einmal plötzlich von der Felge springen würde. Es gibt aber keine Beweise, daß der schlauchlose Reifen unsicherer sei als jener mit Schlauch.

Bei schlauchlosen Reifen kann aber der Einbau eines nicht notwendigen Schlauches gefährlich werden. Der schlauchlose Reifen ist nämlich so dicht, daß sich beim Aufpumpen zwischen diesem und der Decke Luftblasen bilden, die beim Fahren zum Scheuern des Schlauches in der Decke führen, den Reifen übermäßig überhitzen und ihn zum Platzen bringen können.

Muß aber aus echtem Grund ein Schlauch eingelegt werden, weil eine sonst noch gute Reifendecke nicht dicht geflickt wurde oder weil ein rostnarbiges

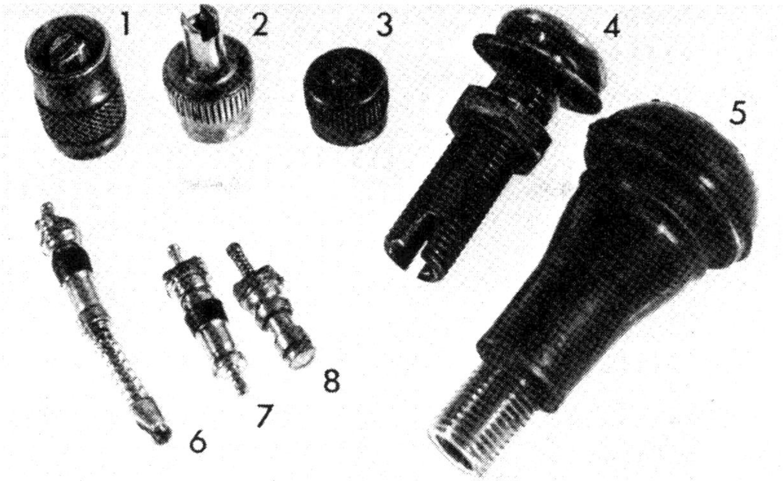

Es gibt unterschiedliches Reifenzubehör: 1 bis 3 - Ventilkappen, von denen man mit den ersten beiden auch das Ventil herausdrehen kann. Beim Wagenwaschen bleibt allerdings der Schwamm an Nr. 2 hängen, solche Kappen führt man besser im Handschuhfach mit. 4 - Ventil für Luftschlauch und 5 - Ventil für schlauchlose Reifen. 6 bis 8 - Ventileinsätze, wobei Nr. 6 die konventionelle Art darstellt. Die kleineren französischen Einsätze, z. B. von Michelin, sind besser, da sie keine Feder haben, die sich verbiegen kann.

Felgenhorn nicht mehr ganz luftdicht abschließt (größere Felgenschäden kann auch ein Schlauch nicht aufheben), ist zuerst das »schlauchlose Ventil« aus der Felge auszubauen und dann beim Aufpumpen das Schlauchventil öfter in die Felge zu drücken, damit die Luft zwischen Reifendecke und Schlauch entweicht.

Fingerzeig: *Die bekannte Streitfrage, ob die besseren Reifen auf die Vorder- oder auf die Hinterachse montiert werden sollen, beantwortet Mercedes-Benz für seine Wagen mit der Empfehlung, die besseren Reifen vorne zu montieren. Beitrag zu diesem immergrünen Diskussionsthema: Es gibt keine für alle Autos gültige Antwort, es kommt auf die Antriebsart und die speziellen Fahreigenschaften der einzelnen Modelle an.*

Reifen- und Felgenpflege

Pflegearbeit Nr. 28

Zur pfleglichen Behandlung der Reifen gehört es, daß deren Ventile stets durch Kappen verschlossen sind. Sonst setzt sich dort Schmutz an, der beim nächsten Luftgeben zwischen Ventilnadel und Ventilwand geklemmt wird und zur Undichtigkeit führt.
Zur regelmäßigen Mercedes-Wartung gehört das Nachziehen der Radschrauben. Aber nicht nur prüfen, ob man sie fester »anknallen« kann, sondern erst etwas lockern und dann wieder festziehen. Sonst rosten sie fest und sind bei einer Reifenpanne unterwegs nicht mehr loszuschrauben.
Auch die Felgen erwarten gelegentlich einen prüfenden Blick. Anfahren an große Steine oder Bordsteinkanten kann zu Beschädigungen am Felgenhorn führen. Der schlauchlose Reifen kann undicht werden. Nach Unfällen müssen Felgen genau überprüft werden, ob alle Schweißnähte in Ordnung sind und die Felge in sich nicht verbogen ist. Wenn die Felge nach Höhe oder Seite um mehr als 1 mm »eiert«: Austauschen.

Räder auswuchten

Gelegentlich überholt man andere Fahrzeuge, an denen ein Rad oder mehrere ständig wackeln oder springen. Das kann seine Ursache an einem defekten Stoßdämpfer haben. Sehr oft liegt es jedoch an ungleicher Gewichtsverteilung am betreffenden Rad. Diese ungleiche Gewichtsverteilung nennt man Unwucht, die unsere Skizze erläutert.
Solche Unwucht spürt man aber auch bei mehr oder weniger feinem Fingerspitzengefühl an Vibrationen im Lenkrad (das weist auf Unwucht in den Vorderrädern hin), die zumeist bei typischen Geschwindigkeiten besonders stark auftreten oder man hört die Unwucht durch Reifentrommeln auf der Fahrbahn.

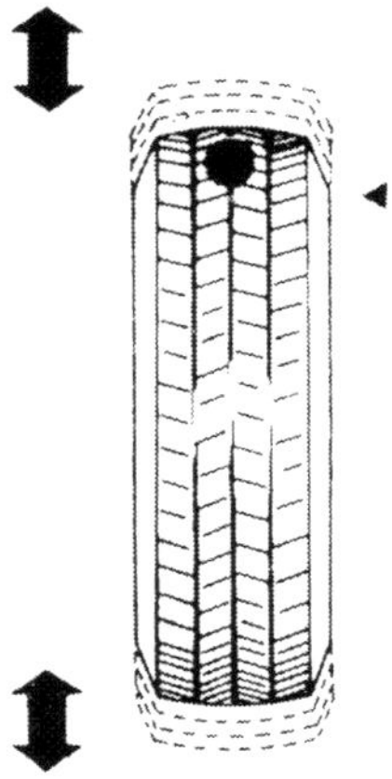

Unsere Skizze erläutert die Auswirkungen der Unwucht:
Die **statische** Unwucht erkennt man, wenn ein freihängendes, drehendes Rad immer mit der gleichen Stelle zu Boden sinkt und sich allmählich auspendelt. Folge: Das Rad hüpft während der Fahrt.

Die **dynamische** Unwucht ist durch Auspendeln des Rades nicht zu erkennen, denn sie liegt irgendwie schräg zur Radachse, so daß das schnellaufende Rad flattert und wackelt. Unausgewuchtete Räder führen zu schnellem Reifenverschleiß, unruhiger Lenkung und vorzeitiger Abnutzung der Radlager.

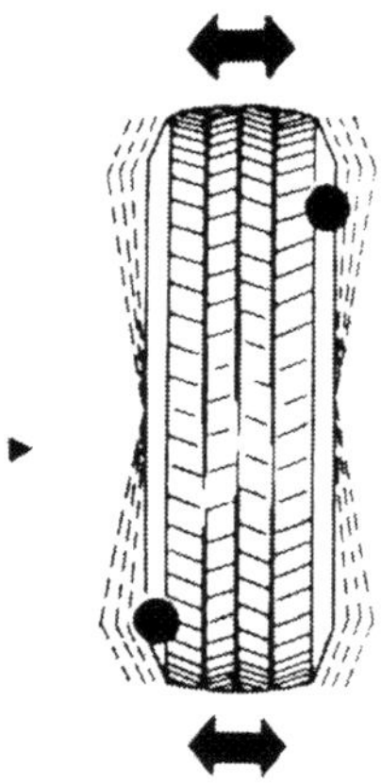

Die Mercedes-Werkstatt wird es vielleicht auch nicht selbst schaffen, denn manchmal machen Gürtelreifen beim Auswuchten erhebliche Schwierigkeiten. Ihre Herstellung ist schwieriger als bei den Diagonalreifen, so daß sich gelegentlich im Reifen »Höhenschlag« oder ungleichmäßige Elastizität der Lauffläche oder Reifenseitenwände ergibt. Das läßt sich nicht ohne weiteres durch Auswuchten beheben. Entweder muß der mangelhafte Reifen ausgetauscht werden oder man geht zu einem wirklich guten Reifendienst (Autowerkstatt und Tankstelle haben dazu meist nicht die notwendigen Erfahrungen), wo Felge und Reifen jeweils genau auf Höhen- und Seitenschlag (also Abweichungen von der genauen »Rundheit«, die praktisch nie ganz erreicht wird) vermessen werden. Dann wird der Reifen so lange auf der Felge gedreht, bis sich Höhen- und Seitenschlag von Felge und Reifen möglichst ausgleichen. Erst dann wird das ganze Rad sorgfältig auf der stationären Maschine oder direkt am Fahrzeug ausgewuchtet.

Ein weiteres Mittel zur Laufruhe ist das »Harmonisieren« des Rades: Nach der ausgleichgünstigsten Montage auf der Felge wird die Lauffläche des Reifens mit einer Spezialmaschine völlig gleichmäßig rund geschliffen, wobei natürlich nur die herausstehenden Profilteile um wenige Zehntel Millimeter abgetragen werden. Ein solcher »harmonisierter« Reifen hat nicht wegen des teilweise abgetragenen Profils eine kürzere, sondern wegen seiner Gleichmäßigkeit zumindest eine gleichlange Laufzeit. Natürlich muß auch ein harmonisiertes Rad nachher ausgewuchtet werden.

Radialreifen sollte man baldmöglichst nachwuchten lassen, wenn die erwähnten Vibrationen im Lenkrad zu spüren sind oder ungleicher Abrieb zu sehen ist. Aber nicht alle 4 Räder sind dann unbedingt unwuchtig. Doch reißen manche Mechaniker bei diesem Nachwuchten zuerst die angebrachten Ausgleichsgewichte ab. Sie müssen verlangen, daß das Rad erst einmal zur Probe läuft. Vielleicht ist die Auswuchtung noch einwandfrei und Sie können sich einen Teil des Geldes für das Auswuchten sparen.

Auch nach jeder Reifenreparatur muß das betreffende Rad neu ausgewuchtet werden. Ein Flickstopfen im schlauchlosen Reifen verändert bereits die Unwucht. Eine Unsitte mancher Werkstatt ist es übrigens, die Ausgleichsgewichte auf der Felge zu lassen, wenn der Reifen von der Felge ab- und wieder aufmontiert werden mußte. Dann können die Gewichte nicht mehr stimmen und es ist besser, sie ganz abzumachen, bis das Rad ausgewuchtet werden kann, denn bei veränderter Reifenmontage können die falsch gesetzten Gewichte zu verdoppelten Unwuchten führen.

Neue Reifen kaufen

Das Angebot auf dem Reifenmarkt ist groß, und wer die Wahl hat, hat auch hier die Qual. Aber es kommt nicht von heute auf morgen, daß Ihr Mercedes neues Schuhwerk braucht. Es sei denn, ein Reifen ist geplatzt oder durch ein ähnliches außergewöhnliches Ereignis unbrauchbar geworden. Normalerweise bemerkt man von Monat zu Monat, wie sich die Profiltiefe des Reifens der amtlich zugelassenen Mindestmarke von 1 Millimeter nähert.
Bei dieser Gelegenheit wollen Sie sicher gerne wissen, ob die Reifen der Erstausstattung eigentlich lange genug gehalten haben. Diese Frage ist jedoch nicht so ohne weiteres mit einer Kilometerstrecke zu beantworten, denn zu viele Einzelheiten wirken dabei mit. Bei Reifen gleichen Typs spielen dabei die Unterschiede von Marke zu Marke übrigens keine so große Rolle wie die Einwirkungen des Fahrwerks und vor allem die Sorgfalt des Fahrers. Auch die Außentemperatur macht sich beim Reifenabrieb bemerkbar: Im Hochsommer können sich durch scharfe Fahrt heißgefahrene Reifen dreimal so schnell verschleißen als in gemächlicher Fahrt bei Frostwetter. Schließlich müssen Lenkung, Stoßdämpfer, Sturz, Spur und Nachlauf der Räder in Ordnung sein.
Unterschiedliche Kilometerleistungen erbringen natürlich auch die verschiedenen Reifentypen. So halten die serienmäßig montierten Diagonalreifen bei scharfer Fahrweise nur knapp 10 000 km, während ein gemäßigter Fahrer auf 25 000 oder gar 30 000 km kommen kann. Die Qualität eines Reifens hängt aber nicht nur von seiner Lebensdauer ab, denn ein abriebfester Gummi ist oftmals »hart« und dadurch in seiner Straßenhaftfähigkeit geringer. Diese ist jedoch beim Kurvenfahren und beim Bremsen vor allem auf nasser Fahrbahn von ganz besonderer Bedeutung.
Die längste Haltbarkeit zeigen die Radialreifen, mit denen man teilweise die doppelte Kilometerstrecke von Diagonalreifen erreicht. So bringt es mancher zurückhaltende Fahrer mit den besonders langlebigen Michelin zX auf 50 000 und mehr Kilometer mit einem Reifensatz. Ob die Reifen an der Vorder- oder Hinterachse beim Mercedes schneller verschleißen, kommt auf die Fahrweise und die übliche Belastung des Fahrzeugs an.

Diagonalreifen

Als Standardreifen wird von den namhaften Herstellern immer noch der Diagonalreifen konventioneller Bauweise angeboten. Er gehörte auch bis Juni 1974 zur Serienausstattung des Mercedes. Ein Reifen der Größe 6.95/175 S 14 kostet in schlauchloser Ausführung rund 135 DM. Allerdings bieten manche Reifenhersteller Diagonalreifen über »zweite Handelsmarken« günstiger an.

In der Erstaustattung werden die Mercedes-Modelle serienmäßig mit Diagonalreifen ausgestattet, von denen unser nebenstehendes Bild ein Beispiel zeigt. Wie ein solcher Reifen innen aufgebaut ist sehen Sie auf der Skizze auf Seite 186.

Gürtel- oder Radialreifen werden entweder mit Textil- oder Stahlgewebe-Karkasse gebaut. Als sogenannter Ganzjahresreifen hat sich der abgebildete Michelin zX recht gut bewährt, dem inzwischen der verbesserte XzX zur Seite gestellt wurde.

Radialreifen

Obwohl Gürtelreifen bei Neuwagenbestellung früher noch mit einem Aufpreis bezahlt werden mußten, bestehen zwischen den Richtpreisen der Hersteller für Diagonalreifen 6.95/175 S 14 und Radialreifen 175 SR 14 kaum noch Preisunterschiede. So kostet ein Gürtelreifen für Schlauch etwa 120 DM, der Schlauch rund 15 DM und für einen schlauchlosen Radialreifen müssen Sie mit etwa 135 DM rechnen. Da fällt die Wahl zu den empfehlenswerteren Gürtelreifen leicht.

Für die Erstausrüstung (ab Werk) hat Daimler-Benz nur solche Gürtelreifen zugelassen, die über eine seitliche Scheuerleiste an der nach außen zeigenden Reifenflanke verfügen. Diese schützt die empfindlicheren Flanken der Radialreifen vor Beschädigungen beim Anfahren von Bordsteinkanten. Auf diese Scheuerleiste sollten Sie auch beim Ersatzreifenkauf achten.

Bei dieser reifenkritischen Einstellung ist es nicht weiter verwunderlich, daß man sich bei Daimler-Benz bis vor kurzem kaum mit schlauchlosen Radial-Reifen anfreunden konnte. Schlauchlose Radial-Reifen könnten nämlich unter extremen Bedingungen (erheblich zu geringer Luftdruck) bei scharfer Kuvenfahrt (oder beim Schleudern durch einen plötzlich Luft verlierenden Reifen!) von einer normalen Felge heruntergewalkt werden. Nach neueren Erkenntnissen wird jedoch diese Gefahr durch die »Hump«-Felgen (erkenntlich am »H« hinter der Größenangabe; siehe Seite 187) vermieden, und Mercedes-Wagen haben solche Hump-Felgen mit dem Sicherheitswulst bereits, solange es überhaupt schlauchlose Reifen gibt.

Kleine Reifenberatung

Von den bekannten Reifenmarken findet man am Mercedes häufig den Conti TS 771, den Dunlop SP 4, den Michelin zX bzw. seinen verbesserten Nachfolger XzX und den Pirelli P 3. Der Conti TS weist neben ausgezeichneter Naßrutschfestigkeit und geringer Neigung zum Aquaplaning (Aufschwimmen auf Wasserlachen) auch gutmütiges Verhalten bei extremer Kurvenfahrt im Grenzbereich auf. Außerdem ist er besonders langlebig. Der Dunlop gefällt durch präzises Ansprechen auf schnelle Lenkbewegungen, auch zeigt er ausgezeichnete Abriebfestigkeit, dafür muß man aber gewisse Abstriche in der Rutschfestigkeit machen. Der Michelin XzX und der Pirelli verfügen über ausgeglichene Eigenschaften und gute Naßrutschfestigkeit, im Grenzbereich ist der Michelin etwas gutmütiger. Der Dunlop und der Pirelli rollen übrigens etwas härter ab als die anderen Fabrikate.

M + S- und Haftreifen

Welche Reifen sich je nach Fahrweise und Beanspruchung im Winter besonders für den Mercedes eignen, haben wir im Winterkapitel auf Seite 223 erläutert.

In Gegenden, wo mit Schnee und Eis zu rechnen ist, läßt sich die Anschaffung besonderer Winterreifen selten umgehen. Auf diesem Gebiet ist das Angebot sehr groß, wobei zwischen Reifen in Diagonal- und Gürtelbauweise und außerdem solchen mit normaler und »Haft«-Gummimischung zu unterscheiden ist. Die M + S-Reifen (= Matsch und Schnee) werden sowohl in Diagonal- wie in Gürtelbauweise angeboten. Doch trotz des etwas höheren Preises kommen nur Gürtel-Winterreifen in Frage, wenn man sich schon zu M + S-Reifen entschließt. Selbst auf Schnee und Eis sind nämlich Winterreifen in Diagonalbauweise den wintertauglichen Sommer-Gürtelreifen unterlegen. Zu den empfehlenswerten Winterreifen zählen der Dunlop SP M + S, der Goodrich GT 700, der Michelin X M + S 8, der Phoenix 110 PMS und der Pirelli MS 35.

Die sogenannten Haftreifen unterscheiden sich von herkömmlichen Winter-

Gürtelreifen nicht nur durch eine spezielle Laufflächenmischung, sondern vielfach auch durch eine neuartige Profilgestaltung. Sie sind als Nachfolger der in Verruf geratenen Spikes-Reifen anzusehen, aber unter bestimmten Bedingungen können sie die Nagelreifen nicht ersetzen: Bei Temperaturen um den Gefrierpunkt bildet sich auf dem Eis beim Darüberrollen ein Wasserfilm, der die Haftfähigkeit der Reifen stark herabsetzt. Dagegen sind nur Spikes-Reifen eine wirksame Waffe. Mit sinkenden Temperaturen erhöht sich die Haftfähigkeit der Haftreifen und übertrifft unter etwa –5 °C sogar die Eisreifen. Das Angebot an Haftreifen wird laufend erweitert, hierzu zählen z. B. der Conti M+S Contact, der Fulda Kristall Winter, der Goodyear G 800 S Ultra Grip und der Uniroyal Rallye MS Plus.
Zusammenfassend kann man sagen, daß die Haftreifen zur Zeit die sicherste Lösung darstellen, wenn sich der Fahrer bei Temperaturen um 0 Grad und Regen oder hoher Luftfeuchtigkeit auf die stark verringerte Bodenhaftung einstellt.

Geschwindigkeitsbegrenzung für Winterreifen

Über die zulässige Geschwindigkeit mit den verschiedenen Reifen haben wir bereits auf Seite 186 gesprochen. Es bleibt noch zu erwähnen, daß M+S-Reifen auf Diagonalkarkasse bis höchstens 130 km/h gefahren werden dürfen, während Gürtel-Winterreifen bis 160 km/h zugelassen sind. Mit Gürtelreifen mit Spikes darf – unabhängig von dem 100-km/h-Limit in der BRD – bis zu einer Geschwindigkeit von 150 km/h gefahren werden.

Luftdruck und Profiltiefe

Wenn Winterreifen mit einem um 0,2 bis 0,3 atü erhöhten Luftdruck gefahren werden, können die Profilstollen und Kanten besser greifen.
Die Profiltiefe sollte 4 mm möglichst nicht unterschreiten, um bei winterlichen Verhältnissen gutes Vorankommen zu gewährleisten. Dasselbe gilt für Sommer-Gürtelreifen, die im Winter gefahren werden.

Zusätzliche Felgen für Winterreifen

Wenn Sie sich zusätzliche Felgen für die Winterbereifung anschaffen, sparen Sie die Kosten für das Ummontieren der Reifen vor und nach dem Winter. Und ohne große Schwierigkeiten können Sie die Sommerreifen montieren, wenn im Winter wochenlang trockenes Wetter herrscht.

Runderneuerte Reifen

Bei vielen Autofahrern stehen die runderneuerten Reifen in schlechtem Ansehen, und dies zu Unrecht. Es gibt namhafte Betriebe, die sich fabrikmäßig mit der Runderneuerung abgefahrener Reifen befassen und auf diese Arbeit vertrauenswürdige Garantie geben. Die Fachleute guter Runderneuerungsbetriebe nehmen einen Reifen zur Runderneuerung erst nach gründlicher Inspektion an. Wenn Gewebebrüche, bis auf das Gewebe abgefahrene Profile, Durchschläge, größere Verletzungen und mürbe Seitenwände festgestellt werden, lehnen sie die Runderneuerung der Karkasse ab. Auch wenn mit einem runderneuerten Reifen nicht mehr ganz die Kilometer-nach gründlicher Inspektion an. Wenn Gewebebrüche, bis auf das Gewebe abgefahrene Profile, Durchschläge, größere Verletzungen und mürbe Seitenwände festgestellt werden, lehnen sie die Runderneuerung der Karkasse ab. Auch wenn mit einem runderneuerten Reifen nicht mehr ganz die Kilometerleistung wie zuvor erreicht wird, so rentiert sich das Runderneuern durch den verhältnismäßig niedrigen Preis doch noch. Diese runderneuerten Reifen lassen sich ohne weiteres auf die Vorder- oder Hinterachse montieren und man braucht damit nicht ängstlich zu fahren, wenn die Arbeit in einer vertrauenswürdigen Firma gemacht wurde und Garantie gewährt wird.

Runderneuerte Reifen lassen sich allerdings nicht so exakt fertigen wie neue Reifen, sie müssen entsprechend sorgfältig ausgewuchtet werden. Die Räder mit den kleinsten Auswuchtgewichten sollten immer an der Vorderachse montiert werden.

Beste Montagezeit im Herbst

Vielleicht überrascht es Sie, daß neue und auch runderneuerte Reifen eingefahren werden müssen. Sie werden nämlich erst nach 500 bis 1000 km wirklich rutschfest, wenn die vorher vom Vulkanisieren sehr glatte Reifenoberfläche angerauht ist. Auch können bei neuen Reifen die noch hohen Profilstollen (bei Diagonal- und Gürtelreifen etwa 8 mm, bei Winterreifen etwa 12 mm) unter gewissen Fahrbedingungen »umkippen«, so daß auch hierdurch die Rutschfestigkeit geringer ist.

Die beste Montagezeit ist für alle Reifen der Herbst. Im heißen Hochsommer werden die noch dicken Profilstollen vor allem bei scharfer Fahrt sehr heiß, was sich in erhöhtem Abrieb bemerkbar macht. Im Herbst laufen sich dagegen die Reifen unter günstigen Temperaturbedingungen ein und der erste Abrieb wird durch die Kälte vermindert. Solche Reifen haben eine bis zu 30% längere Lebensdauer.

Vorsicht bei Mischbereifung

Da sich Diagonal- und Gürtelreifen in ihren Fahreigenschaften erheblich unterscheiden, sollen sie nicht kombiniert am Fahrzeug montiert werden. Wer bei Ersatzbeschaffung Gürtelreifen wählen möchte, sollte möglichst nicht damit beginnen, zwei Reifen dieser Art auf die Hinterachse zu montieren — das ist sowieso die einzige ungefährliche Kombination mit Normalreifen —, sondern er sollte die seither gefahrenen Reifen in diesem Falle solange untereinander austauschen, bis alle gleichzeitig abgenutzt sind und zugleich durch vier Gürtelreifen ersetzt werden können.

Auch Stahl- und Textilgürtelreifen möglichst nicht gemischt montieren. Wenn sich eine Kombination nicht umgehen läßt, gehören die Gürtelreifen auf Stahlkarkasse auf die Hinterachse. Auf der Vorderachse würden sie – bei Textilgürtelreifen hinten – die Neigung zum Übersteuern des Wagens (das Fahrzeugheck drängt in Kurven nach außen) fördern.

Im Winter ist eine gleichartige Bereifung an allen Rädern noch viel wichtiger, weshalb wir die Kombination Gürtelreifen vorn – Diagonal-M+S-Reifen hinten ebenso ausschließen möchten, wie M+S-Reifen unterschiedlicher Bauart an Vorder- und Hinterachse.

Platzregen

Die erste Handlung am neuen Wagen steht für den frischgebackenen Mercedes-Besitzer gewissermaßen im Zeichen des Wassermanns. Wer möchte nicht sein teures Stück nach den ersten Fahrten selbst von Staub und Straßenschmutz befreien? Wagenwäsche traut sich jeder zu, auch der, der sich vielleicht nicht so ohne weiteres an den Vergaser heranwagt oder an das Prüfen und Neueinstellen des Zündzeitpunkts.
Trotzdem kann sich auch hier das alte Sprichwort bewahrheiten, daß allzuviel ungesund sei. Übertreibungen bei der Wagenpflege können nämlich das Gegenteil dessen bewirken, was man erreichen wollte: Man kann auch den besten Lack zu Tode pflegen. Zurückhaltung und Überlegung zahlen sich hier, wie in vielen anderen Dingen des Lebens, aus.

Mit Wasser sparen?

Der aufgeklärte Mensch unserer Tage weiß, daß heute mancherorts nicht nur die Luft zum Atmen, sondern auch das Wasser knapp geworden ist. Umweltschutz ist ein Thema, das nicht nur die zuständigen Behörden bewegt, sondern vor allem auch uns normale Sterbliche, die wir unter den Versäumnissen der Vergangenheit zu leiden haben. Wasser ist knapp geworden, eine Vergeudung dieser wertvoll gewordenen Flüssigkeit sollte dringend vermieden werden. Wie soll man sich nun bei der Wagenwäsche verhalten?
Ein Sparen am Wasser ist genauso verkehrt, wie ein Vergeuden; der vielgepriesene Mittelweg erweist sich auch hier wieder als beste Lösung. Zunächst wird der Schmutz mit einem weichen Wasserstrahl aufgeweicht. Er darf nämlich keinesfalls abgerieben werden, das würde nach kurzer Zeit dem neuen Lack seinen schönen Hochglanz nehmen, ihn stumpf und unansehnlich machen. Fließendes Wasser ist deshalb auch der oft beobachteten Eimerwäsche vorzuziehen. Wer also die Möglichkeit besitzt, seinen Gartenschlauch irgendwo an eine Wasserleitung anzuschließen, der sollte hiervon Gebrauch machen. Eine Eimerwäsche bleibt dem Notfall vorbehalten.

Waschen mit dem Schlauch

Bei der Schlauchwäsche muß trotz der Forderung nach ausreichend Wasser nicht die nächste Umgebung zum Teich werden. Wenn nicht gerade die Radkästen ausgespritzt oder Teile des Fahrgestells gereinigt werden, braucht der Wasserhahn gar nicht weit aufgedreht zu sein. Ein mäßig und ohne Druck aus dem Schlauch fließender Wasserstrom ist gerade richtig. Damit wird zuerst die ganze Außenhaut des Wagens »eingeweicht«.
Ist dies geschehen, kommt als zweiter Arbeitsgang die eigentliche Wäsche mit der Schlauchbürste, dem Waschhandschuh oder dem Schwamm. Am einfachsten ist eine langborstige, weiche Schlauchbürste, die auf das Schlauchende aufgesteckt und ständig von frischem Wasser durchflossen wird. Ihre Anschaffung lohnt sich, wenn man seinen Wagen in der Regel selber wäscht. Aber wenn der Borstenbesatz nicht dicht genug ist, gibt es Streifen.

Sehr praktisch ist auch ein Waschhandschuh, den man sich selbst aus einem langhaarigen Stück Pelz schneidern kann, oder den es auch als langhaarigen Perlon-Waschhandschuh zu kaufen gibt.
Natürlich geht diese Arbeit auch mit einem Schwamm, am besten mit einem großporigen Naturschwamm, der aber meistens über 14 DM kostet. Auch grobporige Viskoseschwämme sind nicht schlecht – sie kosten nur 2 bis 3 DM. Nicht geeignet sind dagegen feinporige Gummischwämme – sie schmirgeln bereits, weil sie den Schmutz stärker festhalten.

Wagen abledern

Ist der Schmutz restlos beseitigt, kommt als dritter Arbeitsgang das Trocknen des Wagens mit dem Waschleder. Nichts anderes ist zum Trocknen des Wagens besser geeignet als ein großflächiges Ziegen- oder Rehleder. Und in diesem Fall müssen Sie einmal tüchtig in den Geldbeutel greifen, denn ein echtes Ziegenleder kostet mindestens 16 DM! Sie können sich statt eines teuren Waschhandschuhes einen billigen Viskoseschwamm kaufen, aber am Waschleder ist nichts zu sparen; alle Kunst- und Ersatz-Fensterleder taugen nicht viel. Sie sind zumeist auch zu klein, denn Ihr Waschleder soll mindestens 50 x 40 cm groß sein. Nehmen Sie's auf die Haushaltskasse, denn die Hausfrau wird schnell dahinterkommen, daß sich mit solch einem echten Fensterleder auch die Wohnungsfenster viel leichter und besser putzen lassen.
Das Trocknen des Wagens läßt sich nur bei Regenwetter sparen, denn das von der Luft angetrocknete Waschwasser würde mit der Zeit unvermeidbar einen grauen Film oder Tropfenflecken auf den Lack bringen. Das ist besonders ärgerlich bei dunklem Lack. Es liegt daran, daß im Leitungswasser immer mehr oder weniger Kalk enthalten ist.

Fingerzeige: *Genau so wenig wie die erfahrene Hausfrau schafwollene Socken auf der Heizung trocknet – sie würden hoffnungslos einschnurren und verfilzen –, darf das Natur-Ziegenleger auf der Heizung getrocknet werden. Es würde hart und bald unbrauchbar. Deshalb nach Gebrauch das Fensterleder sorgsam auswaschen, auswringen und so aufhängen, daß es langsam trocknet. Dauernässe schadet ebenfalls: Das Naturleder würde faulen. Soll das Fensterleder gereinigt werden, darf es auf keinen Fall in Benzin ausgewaschen werden, auch Auskochen ist unmöglich. Genau wie wollene Sachen wird es in milder Seifenflockenlauge handwarm tüchtig ausgewaschen und einwandfrei ausgespült. Nur dann behält es seine Geschmeidigkeit.*

Die Eimerwäsche

Nicht jeder Autobesitzer kann in Hof, Garten oder auf dem Platz vor der Garage einfach seinen Schlauch an die Wasserleitung anschließen. Viele müssen, wenn sie ihren Wagen waschen wollen, zum Eimer greifen. Wenn, dann sollten Sie aber nach mindestens zwei Eimern greifen, den mit einem Wascheimer ist das nichts. Für die Eimerwäsche gilt das gleiche wie für die Wäsche mit dem Wasserschlauch: Viel Wasser! Da aber in einem Eimer die Waschbrühe schnell trübe ist, schmirgelt man bei falscher Wasser-Sparsamkeit immer wieder den darin schwebenden Sand und Staub über den Lack. Wie wenig gut dies dem Lack bekommt, haben wir schon beschrieben. So schwer es auch fällt, das Wasserschleppen ist in diesem Falle der wichtigste Teil der Arbeit. Zuerst wird der ganze Wagen mit Wasser aus dem Eimer übergossen, damit der Schmutz aufweicht. Also auf keinen Fall sofort mit dem nassen Schwamm auf dem trockenen Schmutz herumfummeln! Darum stehen zwei Eimer zur Verfügung – am besten Kunststoffeimer und keine Zinkeimer, damit es nicht sofort Kratzer gibt, wenn man einmal an den Wagen stößt.

Zur Karosseriepflege gehört auch die sorgfältige Windschutzscheibenreinigung. Bei ihr genügt Wasser allein auf die Dauer nicht, denn auf ihr setzt sich öliger Dunst von Motorabgasen und eventuell auch etwas Silikon aus Lackpflegemitteln ab. Geben Sie deshalb bei Bedarf zur Beseitigung dieser Rückstände der Windschutzscheibe eine intensive »Abreibung«, am besten mit dem schon von Großmutter gelobten Messingputzmittel Sidol. Es ist billiger und mindestens ebenso wirkungsvoll wie viele andere für diesen speziellen Zweck angebotene moderne Pflegemittel.

Zum Abwaschen des gröberen Schmutzes an den Stoßstangen, den Felgen und in den Radkästen benutzt man eine Waschbürste oder eine ganz simple Wurzelbürste. Aber den Schwamm, mit dem Dach und Seitenwände der Karosserie gepflegt werden, sollte man dazu nicht nehmen. Das ruiniert ihn vorschnell und außerdem bleibt leicht grober Schmutz darin hängen, der dann später auf der Lackoberfläche herumgerieben wird.

Sorgfalt bei der Windschutzscheibe

Natürlich müssen auch die Scheiben des Wagens getrocknet werden. Diesbezüglich wissen Tankwarte, daß man dazu nicht das Waschleder, das zum Trocknen der Karosserie dient, nehmen soll, weil sonst unweigerlich Spuren von Lackpflegemitteln auf die Windschutzscheibe übertragen werden. Das ist wichtig, denn bei Regen gibt es dadurch üble Schlierenbildung, die unter den Scheibenwischern alle Sicht nimmt. Aber Tankwarte haben mehrere Fensterleder und können dementsprechend ein neues nur für die Windschutzscheibe nehmen. Doch Sie besitzen nur eines, und außerdem sollen Sie sowieso ganz zum Schluß der Windschutzscheibe eine Abreibung geben, die alle eventuellen Pflegemittel- und Dieselqualm-Niederschläge wieder beseitigt. Dazu dient das schon von Großmutter gelobte Messingputzmittel Sidol – nicht zu verwechseln mit dem in diesem Falle nicht wirksamen Sidolin, das nur für Fensterscheiben bestimmt ist. Dieses Sidol, mit einem Lappen auf der Windschutzscheibe verrieben und dann blank poliert, ist das einfachste und wirksamste Mittel, selbst gegen die sogenannte »Silikonpest«.

Nicht am Fluß waschen!

Manche Leute gehen, damit sie das Wasser in dem Eimer nicht zu weit zu tragen brauchen, an einen Fluß oder Bach, um dort ihrem Wagen wieder Glanz zu verleihen. Aus Gründen des Gewässerschutzes ist das grundsätzlich verboten und kann bis zu 500 DM Bußgeld kosten, wenn man von der Polizei erwischt wird. Vielfach befinden sich in Flüssen und Bächen Chemikalien und Abwässer, die den Lack angreifen können.

Nicht in der Sonne waschen!

Versuchen Sie nie, den Wagen in starker Sonne zu waschen und abzuledern. Wasserflecken auf dem Lack sind unvermeidbar. Ist's schon passiert, muß noch einmal – aber jetzt im Schatten! – Wasser darüber geschwemmt werden, und zwar soviel, daß sich das Blech dabei auch auskühlt. Das gilt vor allem für die Motorhaube, die zusätzlich vielleicht vom Motor beheizt wurde. Dann zügig abledern, damit der Lack wieder einwandfreien Glanz erhält. Wenn weit und breit nur Sonne ist, muß auf die Wagenwäsche verzichtet werden.

Vorsicht bei der Motorwäsche!

Die Seitenwände des Motorraumes und die Teile des Motors verlocken einen auf Sauberkeit erpichten Mercedes-Besitzer, auch hier Wasser und Schwamm walten zu lassen. Am besten ist die Reinigung des Motors und des Motorraums mit einem Motor-Reiniger, wie er heute in den handlichen Spray-Dosen (z. B. von Aral, Shell, Teroson und Caramba) an vielen Tankstellen angeboten wird. Damit die verschmutzten Teile einsprühen und nach kurzer Wartezeit mit vorsichtigem Wasserstrahl abspritzen. Die gereinigten Teile haben hinterher einen sauberen Glanz. Versucht man statt dessen diese Reinigung mit Benzin oder Dieselöl, sieht nach dem Austrocknen alles grau und unansehnlich aus. Abgesehen davon vertragen Gummiteile diese Behandlung nicht und schließlich ist Fahrbenzin wegen der Bleitetraäthyl-Beimischung noch giftig.

Auto-Waschstraßen

Manchem Autobesitzer ist die Wagenwäsche mit Schlauch oder Eimer zu zeitraubend und er fährt deshalb lieber in eine Schnellwaschstraße, wo der Wagen in fünf Minuten wieder sauber ist. Dagegen ist grundsätzlich nichts einzuwenden. Wer seinen Mercedes aber ausschließlich auf diese Weise säubern läßt, sollte zwischendurch gezielt nach Lackschäden durch Steinschlag oder Korrosion suchen. Kleinere Schäden sind leichter auszubessern, wenn man nicht zu lange wartet. Nach fünf Schnellwäschen sollte der Lack wieder mit Hartwachs konserviert werden; es wirkt als Puffer gegen die schleudernden Borsten. Das in der Waschanlage versprühte Wachs genügt nicht, da es nur dem schnelleren Trocknen der Karosserie dient.
Wichtig ist beim Schnellwaschen weniger der geforderte Preis, als vielmehr der gebotene Service. Zwar werden pro Wagen rund 600 Liter Wasser verwendet, aber an unzugänglichen Stellen muß von Hand nachgewaschen werden. Ein stark verschmutztes Auto sollte zuerst mit weichem Wasserstrahl abgespritzt werden, damit die Schmutzschicht aufweichen kann; sonst wird der Lack durch die Schmutzpartikel zerkratzt. Ein nachlackierter Wagen sollte erst nach acht bis zehn Wochen Aushärtungszeit in einer Schnellwaschanlage gesäubert werden.

Das beste Waschmittel: klares Wasser

Vielleicht wundern Sie sich, daß bis jetzt noch gar nicht von einem der zahllosen Waschmittel und Auto-Shampoos die Rede war, die in allen Tankstellen eifrig angeboten werden. Das hat seinen Grund: Der allzu häufige Gebrauch der zahlreichen Wagenkosmetika hat das gleiche Ergebnis wie bei jungen Damen: Ihre jugendfrische Haut braucht's eingentlich noch nicht, aber wenn sie damit beginnen, geht's nicht mehr ohne. Das nächste Kapitel unterrichtet darüber, wie und wann diese Mittel angewendet werden.

Das ist eine einfache Kontrolle, ob der Lack ein Pflegemittel braucht: Perlt das Wasser, wie hier, in kleinen Tropfen über den Lack, ist weiterhin reine Wasserwäsche völlig ausreichend. Wenn jedoch das Wasser »teigig« und ohne Ränder verläuft, wird auf jeden Fall Lackpflege fällig. Irrtum ist bei dieser Probe möglich, denn auch bei Petroleum und Öl auf dem Lack »perlt« das Wasser. Trotzdem ist dann natürlich Lackpflege fällig.

Blechkosmetik

Wenn wir im vergangenen Kapitel erwähnten, daß man den Lack zu Tode pflegen könne, so gilt das vornehmlich für die Behandlung mit irgendwelchen Wässerchen und Tinkturen. Wir kennen alle den »Weißen Riesen«, den »General«, »Das strahlendste Weiß ihres Lebens« und viele andere, von cleveren Werbeagenturen erdachte Figuren, die das Einmalige eines bestimmten Produkts ins Bewußtsein des Verbrauchers hämmern sollen. Wir sollten uns hier weniger auf die Werbung, als auf unsere Erfahrung und unseren nüchternen Sachverstand verlassen. Denn nicht nur bei Waschmitteln für den Haushalt, sondern auch bei Pflegemitteln für den Lack Ihres Mercedes wird die Werbetrommel heftig gerührt. Grundsätzlich: Erst wenn die normale Wasserwäsche nicht mehr ausreicht, wird mit Hilfsmitteln gearbeitet!

Keine Haushalts-Spülmittel nehmen

Ganz besonders müssen Sie sich davor hüten, anstatt eines speziellen Auto-Shampoos etwa eines der im Haushalt durchaus bewährten Spül- und Reinigungsmittel im Wagenwaschwasser zu verwenden, auch wenn auf dem Etikett nebenbei irgend etwas von Autopflege steht. Was nämlich zur Reinigung von Glas, Porzellan und Eßbestecken sehr wirkungsvoll ist, taugt für den stets porösen und geschmeidigen Autolack gar nicht. Glas und Porzellan sind selbst für scharfe Reinigungsmittel unangreifbar. Nicht so der Lack.

Frage nach der Qualität ist wichtig

Unter den speziellen Autopflegemitteln ist die Auswahl nicht leicht, zumal es für jeden einigermaßen schlauen Chemiker ein Kinderspiel ist, in seiner Waschküche recht fragwürdige »Auto-Pflegemittel« nach eigenem Rezept zusammenzurühren. Das reicht von flüssig gemachtem Bohnerwachs bis zu ätzenden Säuren, die oft mit vielversprechendem Etikett versehen von fliegenden Händlern auf Parkplätzen angeboten werden.
Andererseits gibt es auch kleine, weniger bekannte, aber strebsame Betriebe, die ausgezeichnete Autopflegemittel herstellen, weil sie mit deren Qualität ins Geschäft kommen wollen, und nicht selten übertreffen sie die Qualität sehr bekannter Autopflegemittel-Marken. Bei unseren eigenen Pflegeversuchen haben wir sehr gute Erfahrungen gemacht mit den Erzeugnissen der Marken

- Pingo
- Polifac
- 1 z (lies »eins-zett«)
- Rex

Auch die Aral-, Esso- und BP-Tankstellen bieten unter ihren Benzinmarken ein reichhaltiges Programm von Pflegemitteln für Selbstpfleger an, wobei das Verkaufsprogramm von Aral praktisch alles umfaßt, was man für sein Auto gebrauchen kann und die Gebrauchsanweisungen auf jeder Packung der Aral-Autopflegemittel wegen ihrer sachlichen und klaren Verständlichkeit hervorzuheben sind. Ebenfalls achten die führenden Kaufhäuser und Versandfirmen darauf, daß die von ihnen vertriebenen Autopflegemittel von guter Qualität sind.

Lackpflege von Stufe zu Stufe

Ungepflegter Lack verliert mit der Zeit seine Elastizität, er »altert«, indem sich die Poren erweitern, Feuchtigkeit eindringt und die Farbschichten von innen zermürbt. Der im Kunstharzlack enthaltene »Weichmacher«, der ihm seine Elastizität verleiht, verflüchtigt sich allmählich, und die einzelnen Farbkörnchen liegen nicht mehr eingebettet im Lack, sondern stehen spröde ab, wodurch er ein stumpfes Aussehen erhält. Im fortgeschrittenen Zustand »kreidet« der gealterte Lack aus, wie die Autolackierer sagen.

Es ist nun nicht damit getan, daß man zu einer Tankstelle oder in den Autozubehör-Laden geht und sagt, man möchte ein gutes Lackpflegemittel haben. Der Verkäufer, wenn er fachkundig ist, wird sich zuerst nach dem Zustand des Lackes erkundigen, der behandelt werden soll. Denn darauf kommt es an. Deshalb wollen wir in diesem Abschnitt die ziemlich verwirrenden Begriffe, die auch von den Pflegemittelherstellern manchmal kreuz und quer verwendet werden, zu erklären versuchen.

Auto-Shampoo

Schon zusammen mit der Wagenwäsche gibt es Mittel, die der Lackpflege dienen: Die Auto-Shampoos. Sie sollen Schmutz, der sich mit reinem Wasser nicht ohne weiteres entfernen läßt, lösen, dürfen aber nicht scharf fettlösend sein, sonst »magern« sie den Lack aus, der dadurch auf die Dauer spröde wird. Dagegen soll ein gutes Auto-Shampoo, das stets alkalifrei sein muß, dem Lack gewisse »Nährstoffe« zuführen, die ihn frisch und elastisch erhalten; es soll, wie die Experten sagen, »rückfettend« sein. Allerdings ist diese »rückfettende Wirkung« ein etwas umstrittener Begriff. Sie wird so erläutert: Ein gutes Auto-Shampoo muß in die feinen Poren und Ritzen des Lackes eindringen, den darin sitzenden Schmutz herauslösen, der dann durch die rückfettenden Substanzen des Shampoos ersetzt wird. So werden die feinen Poren mit schmutzabweisenden Teilchen ausgefüllt und die einzelnen Farbpartikelchen stehen wieder elastisch zueinander.

Um die Wirkstoffe eines guten Auto-Shampoos nicht zu verschwenden und sinnlos in den Ausguß zu schütten, soll es nicht, wie oft von den Herstellern empfohlen, im Eimer angerührt und dann auf den Wagen verteilt werden, sondern es ist rationeller, wenn es nur wenig verdünnt mit dem feuchten Schwamm direkt auf den nassen Wagen aufgetragen wird, nachdem das Fahrzeug durch die Vorwäsche vom groben Schmutz gereinigt ist. Das Auftragen geht am besten mit einem kleinporigen Schwamm, wobei sich die preiswerten Viskoseschwämme besonders bewähren. Hier ist also der großporige Naturschwamm, der sonst für die Wagenwäsche so gut geeignet ist, nicht am Platze.

Sehr viel Wasser ist anschließend zum Abschwemmen des Shampoos notwendig, um so mehr, je älter der Lack ist, damit auch wirklich die fettlösenden Anteile aus den Ritzen und Poren herausgeschwemmt werden.

Abgase, Industriestaub und andere Luftverunreinigungen, Regen, Straßenschmutz und – im Winter – Eis und Tausalz setzen dem Lack heftig zu. Regelmäßiges Waschen mit klarem Wasser, viel klarem Wasser, und regelmäßige Konservierung mit einem Lackpflegemittel erhalten den Neuglanz über lange Zeit. Hier die drei Phasen nach dem Abledern des gewaschenen Wagens: Abschnitt für Abschnitt wird mit Hartwachs behandelt: es bildet sich nach einiger Zeit ein grau-weißer Belag, der dann mit sauberer Watte unter kreisenden Bewegungen blankgerieben wird.

Wasch-Konservierer Wasch-Politur

Wasch-Konservierer ist bei manchen Fabrikaten mit Auto-Shampoo kombiniert, dient also sowohl zur Wäsche wie auch zur Beschichtung des Lackes mit einem schützenden Wachsfilm, in der Regel wird jedoch der Wasch-Konservierer erst angewendet, nachdem der Wagen ganz normal mit klarem Wasser gewaschen wurde und sauber ist. Auf einen kleinen Eimer Wasser gibt man zumeist einen Meßbecher Wasch-Konservierer und überwäscht den Wagen noch einmal mit dem Schwamm – er wird »abgeschwammt«, sagt der Wagenpfleger. Danach wird der Wagen, je nach der Gebrauchsanweisung des einzelnen Präparates, im nassen Zustand abgeledert (z. B. bei »Rex« und »alwi«) oder man läßt ihn von der Luft trocknen (z. B. bei Polifac). Zuletzt mit Poliertuch oder Polierwatte nachreiben. Es bleibt eine feine Wachs-Schutzschicht auf dem Lack zurück.

Diese Wasch-Konservierung ist bei gesundem Lack angebracht. Wird sie zu oft, etwa bei jeder Wagenwäsche, ohne andere Lackpflege wiederholt, zeigt sich der Lack nach unseren Erfahrungen nach einiger Zeit milchig-trübe. Dann ist die Wachsschicht mit der Zeit zusammen mit feinstem Staub »zu dick« geworden. Das schadet dem Lack darunter an sich nichts, aber diese Schicht sollte zwischendurch mit einem milden Lackreiniger wieder heruntergeputzt werden.

Spezial-Waschmittel

Wer die Insektensammlung eines ganzen Sommerhalbjahres auf der Vorderfront seines Mercedes sitzen hat oder Flugrost auf dem Lack entdeckt, wird mit Auto-Shampoo noch keinen vollen Erfolg haben. Dem speziellen Zweck, besonders hartnäckigen Schmutz aufzulösen, Rostpartikelchen zu beseitigen und der Korrosion auf und unter dem Lack Einhalt zu gebieten, dienen Spezial-Waschmittel, die im Gegensatz zum Auto-Shampoo, säurehaltig sind. Wir kennen da »Bostik wie neu« (Bostik, Oberursel) und Spezial-Autolackreiniger »abomar« (Loba-Chemie, Wien bzw. Firma Artweger, 8415 Nittenau). Beide Mittel würden wir nur anwenden, wenn ein Wasserschlauch unbegrenzt Wasser spendet, denn so viel Wasser, wie zum nachträglichen Abschwemmen des etwa 10 Minuten einwirkenden Waschmittels notwendig ist, kann man in Eimern gar nicht herbeischleppen. Was für die normale Wasserwäsche schon gilt, wird hier zum Gesetz: Die Sonne darf nicht zuschauen, das Karosserieblech muß kühl sein, sonst kann es verheerende Lackverfleckungen geben. Praktisch sind das also Lackreinigungsmittel, die nur an regentrüben Tagen und nur bei wirklich hartnäckiger Lackverschmutzung angewendet werden sollten. Dann sind sie allerdings überraschend wirkungsvoll. Man nimmt zum Auftragen dieser Mittel am besten eine breite, wasserfeste Kleiderbürste. Zum Schluß darf nicht versäumt werden, den sorgfältig abgelederten Lack mit einem Lack-Konservierungsmittel (siehe folgenden Abschnitt) zu pflegen.

Lack-Konservierungsmittel

Lack-Konservierungsmittel gibt es zumeist unter den Bezeichnungen »Hartglanz«, »Autowax«, »Sprühwachs«. Auch manche »Auto-Polish«, die dem Namen nach eigentlich zu den polierenden Lackpflegemitteln gehören, sind in Wirklichkeit Lack-Konservierer. Das ist die richtige Pflege für einwandfrei gesunden Lack, der nur ein wenig frischen Glanz und eine schützende Wachsschicht benötigt. Er ist in der Wirkung ähnlich wie Wachskonservierer, bleibt jedoch auch nach längerer Anwendung ohne milchige Trübung. Es gibt die Lack-Konservierer als Paste (z. B. das sehr brauchbare Polifac Auto-Wax) oder helle Flüssigkeit und (teuer, aber leicht zu handhaben) in Spraydosen. Nach dem Auftragen je nach Gebrauchsanweisung wird die Wachsschicht blankgerieben — wir sagen bewußt nicht »poliert«, denn das ist etwas anderes und eine Stufe weiter. Beim Blankreiben darf die Watte nichts von der Lackfarbe annehmen, sonst ist es kein echtes Konservierungsmittel, sondern es enthält schleifende oder lacklösende Bestandteile, die in einen Konservierer nicht hineingehören und bei gesundem Lack völlig fehl am Platze sind. Durchweg ist auch Silikon drin. An sich ist Silikon auf der Windschutzscheibe, wo es von dem Autoblech her unvermeidbar hingerät und bei Regen zur sichtstörenden Schlierenbildung führt, gar nicht erwünscht. Da es aber unbestritten ein sehr wirkungsvolles Konservierungsmittel ist und auch zur leichteren Verarbeitung der Lackpflegemittel beiträgt, wollen die Pflegemittelhersteller nicht darauf verzichten. Ist tatsächlich kein Silikon in einem Lackpflegemittel, wird dies auf der Verpackung ausdrücklich vermerkt.

Autopolitur

Das ist schon eine scharfe Waffe zur Lackpflege und sie sollte erst dann angewendet werden, wenn der Lack gealtert ist und stumpf zu werden beginnt. Der Schmutz wird von der Flüssigkeit, die es auch unter den Bezeichnungen »Auto-Polish«, »Spezial-Polish«, »Wax-Politur« usw. gibt, aufgelöst und die Lackoberfläche ganz leicht angeschliffen, wobei die »toten« Farbkörperchen in der Polierwatte hängen bleiben. Deshalb darf sich die Watte, mit der man die Autopolitur auf dem Lack verarbeitet, auch leicht in der Wagenfarbe färben. Wenn die Watte aber sehr kräftig Farbe annimmt, ist das Mittel bei nur verschmutztem Lack schon zu scharf, es handelt sich dann um eine intensiv schleifende Lackpolitur.

Lackpolitur und Schleifpolierpaste

Das sind die schwersten Geschütze, die nur bei stark verwitterten Lacken und nur sehr selten angewendet werden dürfen. Vor allem Schleifpolierpaste, die fast schon so grob wie Handwaschpaste aussieht und von den meisten Lackpflegemittelherstellern gar nicht für Selbstpfleger angeboten wird, sollte nur zum Auspolieren von Schrammen und nach einer Streifberührung mit einem fremden Fahrzeug zum Wegpolieren des fremden Lackes benutzt werden. An der starken Farbe, die in der Watte hängen bleibt, können Sie die schnelle und scharfe Wirkung erkennen, die manchen Autopfleger – auch die Wagenpfleger an manchen Tankstellen – verlockt, schon bei geringerem Anlaß zu dieser Brisanzgranate zu greifen. Das ist aber falsch, denn der Kunstharzlack hält dies nicht ewig aus. Vor allem nimmt er die härteste oberste Schicht des Lackes weg; darunter ist der Lack »weicher« und weniger widerstandsfähig, so daß er nach einigen Schleifpoliturbehandlungen immer wieder nach Politur »schreit«. Bis die Grundierung herausschaut.

Lackreiniger

Eine Sonderstellung nehmen die Lackreiniger ein. Sie dienen vor allem zur Vorbehandlung und Aufarbeitung sehr stumpfer und stark angegriffener Lacke, also ähnlich wie die scharfen Lackpolituren. Im Gegensatz dazu haben jedoch die Lackreiniger auch stark lösende Zusätze, die die oberste »tote« Lackschicht ablösen, so daß diese mit der Polierwatte und durch die schleifenden Pflegemittelanteile leicht beseitigt werden kann. Wir haben recht gute Erfahrungen z. B. mit »1 z Extra« (gelbe Flasche) und »Pingo Rapid Extra« gemacht. Man sollte sich aber hüten, solche wirksamen Lackreiniger öfter nur zum Beseitigen der auf der Wagenfront angeklebten Mückenleichen zu benutzen. Dafür gibt es harmlosere Mittel.
In der Regel muß der Lack nach Aufarbeitung mit einem Lackreiniger durch eine Nachbehandlung mit Lack-Konservierer (»Hartglanz«, »Auto-Wax« usw.) sorgfältig gegen Schmutz und Witterungseinflüsse geschützt werden.

Pflege von neuem Lack

Wie eingangs dieses Kapitels erwähnt, soll man an seinem neuen Mercedes nicht gleich mit Lackpflegemitteln herumfummeln. Ist aber auf neuen Lack, etwa durch ein naheliegendes Industriewerk, hartnäckiger Schmutz geraten, verträgt auch der Lack des neuen Wagens die Behandlung mit einem geeigneten Pflegemittel. Denn bei den heutigen Kunstharzlacken ist es nicht mehr so, daß der neue Wagen vor allem deshalb nur mit klarem Wasser gewaschen werden muß, weil der Lack noch zu empfindlich wäre. Er ist ja durch Transportkonservierung und Entkonservierung auf dem Weg von der Fabrik bis zum Besitzer schon an allerhand Plagen gewohnt. Selbstverständlich benutzt man bei der Verschmutzung eines neuen Lackes keine schleifenden Poliermittel – die oberste harte Lackschicht soll ja möglichst lange halten –, sondern versucht es entweder mit Shampoo oder – beispielsweise bei Rostanflug – mit dem bereits besprochenen Spezialwaschmittel »Bostik wie neu«, aber letzteres nur ziemlich verdünnt und nicht durch Direktauftrag mit einer Waschbürste. Echte Vorsicht ist aber bei Nach- und Neulackierungen geboten, denn in den Kraftfahrzeugwerkstätten und Autolackierereien wird entweder lufttrocknender Lack oder solcher mit geringerer »Einbrenntemperatur« verwendet, der nicht so robust sein kann, wie der mit höherer Temperatur »eingebrannte« Lack der Autofabrik. Hier darf man in den ersten Wochen tatsächlich nur mit klarem Wasser waschen, wenn man den Lack nicht schädigen oder zerstören will.

Chrom will gepflegt sein

Genau wie der Lack braucht auch die Verchromung Pflege und Schutz gegen Witterungseinflüsse. Chromschutzmittel gibt es ebenfalls in Massen. Man trägt sie auf und reibt mit einem weichen Lappen oder Polierwatte blank. Besondere Schwierigkeiten gibt es dabei nicht, doch sollte man sich darüber klar sein, daß die üblichen Chrompasten (zumeist auf Vaseline-Basis, die – billiger – genau so gut ist) der Verchromung im Winter nicht genügend Schutz bieten. Darüber mehr im Kapitel »Winterschutz« dieses Buches. Erste Rostspuren auf der Verchromung müssen unbedingt »bekämpft« werden, sonst frißt der Rost unter der Verchromung weiter. Sehr gute Erfahrungen haben wir dabei mit Lackreiniger gemacht, wie der an den meisten Tankstellen erhältliche von »1 z« (gelbe Flasche). Für diese Rostspuren ist übrigens Rostumwandler nicht zu empfehlen, denn er kann die Unterrostungen unterwandern, dabei die Chromschicht anheben, so daß der Schaden unter Umständen noch auffälliger wird.

Teerspritzer und Insekten

Bei der Fahrt über frisch asphaltierte Straßen hinterläßt der hochgespritzte Splitt kleine schwarze Teerflecken auf dem Lack. Völlig falsch ist es, sie mit dem Messer oder auch mit einem Holz abschaben zu wollen. Das gibt Kratzer im Lack, die nicht weniger schäbig als der Teerflecken aussehen. Sie müssen chemisch aufgelöst werden. Das geht schon mit Petroleum, besser ist aber ein besonderer Teerfleckenentferner. Die modernen und sehr einfach zu handhabenden Mittel dieser Art gibt es in Spraydosen (z. B. von Rex und Pingo). Sie sind abwaschbar, was alle Reibereien erspart und den Lack schont.

Insektenleichen, die die Wagenvorderseite im Sommer zu Tausenden auffängt, können den Lack verätzen, wenn sie nicht rechtzeitig beseitigt werden. Auch hier ist Herumkratzen nur schädlich. Ebenso falsch ist es, jedesmal mit scharfem Lackreiniger an diesen Stellen zu arbeiten. Die Insektenleichen gehen zwar davon weg, aber der Lack auch. Das mildeste Mittel ist der kleine Insekten-Spezialschwamm, wie ihn beispielsweise Polifac anbietet. Das ist ein rauher und grobporiger Kunststoffschwamm, der sehr wirkungsvoll ist,

den Lack aber nicht zerkratzt. Lange angetrocknete Fliegenleichen lassen sich allerdings besser mit einer Spezialflüssigkeit lösen, wie sie z. B. Rex anbietet.
Ein »altes Hausmittel«, das noch den Vorteil hat, sehr billig zu sein, ist jedoch ein Packen patschnasser Zeitungsblätter, die man über Nacht auf die Wagenvorderfront legt. Die Feuchtigkeit weicht die Fliegenrückstände auf, die sich danach ohne heftiges Reiben abwischen lassen.

Ausbessern von Lackschäden

In Zeitungsanzeigen oder auf Plakaten in den Schaufenstern von Farbgeschäften sieht man gelegentlich adrette Damen oder Herren, die im Cocktailkleid oder Smoking mit einer Spraydose auf ihr Auto zielen. Sie bessern schnell noch einen Lackschaden aus, heißt es im Werbetext. Ganz so leicht geht es doch nicht. Obgleich die dort propagierten Farbsprühdosen auch nach unseren Erfahrungen sehr gut und brauchbar sind. Aber die Lackierung muß kunstgerecht »aufgebaut« werden, damit sie wirklich haltbar ist. Dazu

- beschädigte Karosserieteile zuerst mit Gummihammer, »Handfaust« und Schlichthammer sorgfältig ausbeulen, leicht überfeilen, mit trockenem Schleifpapier alle Lack-, Grundierungs- und Spachtelreste von der schadhaften Stelle entfernen, mit Plastik-Füllmasse spachteln, nach Trocknungszeit alle Unebenheiten abschleifen (mit Schleifpapier, das über ein handgroßes, völlig planes Brettstück gespannt ist), Grundierung aufpinseln oder aufsprühen, mit feinem Sandpapier naß nachschleifen, angrenzende Karosserieteile sorgfältig abdecken und Lackfarbe aus der Sprühdose aufsprühen. Übrigens: Die Grundierung darf auf keinen Fall gespart und etwa die Lackfarbe direkt auf das blank geschliffene Metall gesprüht werden. Das »deckt« nicht und das Metall schimmert durch die wolkige Farbe.
- Neue unlackierte Karosserieteile (etwa die Motorhaube) gründlich entfetten mit reinem Drogerie-Benzin (selbst Fingerspuren vom Transport würden sonst später durch die Lackierung schlagen), eventuelle Transportschäden (auch kleinste!) mit Spachtel und Grundierung beseitigen und erst dann Lackfarbe sprühen. Allerdings ist das Lackieren neuer Teile nur bedingt sinnvoll. Oft kostet ein großes Teil – vom Fachmann lackiert – im Endeffekt weniger.
- Roststellen (auch unter dem Lack) bis aufs blanke Blech abschleifen, mit Rostumwandler überziehen, eventuelle Unebenheiten spachteln, grundieren, naß schleifen und nach sorgfältiger Trocknung lackieren.

Sprühdosen im Original-Farbton

Alle Materialien, die man braucht, bekommt man im Farbgeschäft, von denen sich bereits viele auf »Selbst-ist-der-Mann«-Arbeiten eingestellt haben. Allen Versuchen mit Farbsprühpistolen (wenn nicht entsprechende Ausstattung mit Kompressor usw. zur Verfügung steht) sind die Farbsprühdosen vorzuziehen. Verlassen Sie sich bei der Farbwahl einer solchen Lacksprühdose auf keinen Fall auf Ihr Augenmaß. Grundsätzlich ist am Mercedes der Originalfarbton auf einem kleinen Prägeschildchen vermerkt, das sich auf dem Frontstegblech (unter der Vorderkante der Motorhaube) bei Draufsicht rechts oben vor dem Kühlerverschlußdeckel findet (symmetrisch dazu sitzt links das Typschild). In dem Prägeschildchen ist in Ziffern die Karosserienummer (untere Zeile) und die Farbtonnummer des Lacks (oben) in einer dreistelligen Zahl zu finden, z. B. 040 für »schwarz« oder 430 für »herbstbeige«. Diese Farbtonkennziffer benutzen die Lacksprühdosen-Hersteller auch auf ihrem Etikett.
Wurde der Wagen umlackiert oder Sie sind aus anderen Gründen wegen der oder Klarlack für Metallicfarben, verkaufen, denn die verschiedenen Fabrikate

vertragen sich nicht miteinander (Ausnahme: Belton und Auto-K-Lack, denn sie stammen aus dem gleichen Hause). Am besten arbeitet man nach unseren Erfahrungen mit Belton (auch des Preises wegen!) und Auto-K-Lack. Gut ist auch Ducolux, doch hat es so lange Trockenzeiten, daß der frische Lack bei kühlem Wetter viel Staub fängt. Dafür ist der Hochglanz besonders gut.

Die Farbtongenauigkeiten der Sprühdosen sind nach unseren Beobachtungen sehr gewissenhaft eingehalten, wobei der Farbton natürlich der neuen Lackierung entspricht. Wenn also an einem drei Jahre alten Wagen an einer Ecke nachlackiert wird, trifft den Sprühdosenhersteller keine Schuld an der abweichenden Farbtönung, sondern sie liegt bei Sonne, Wind und Regen, die den ursprünglichen Wagenlack verändert haben. Bevor Sie mit einer dieser Sprühdosen auf die Außenseite Ihres Mercedes zielen, sollten Sie auf einem Blech (altes Autoteil) ein wenig üben, wie man Fließtropfen, sogenannte »Rotznasen«, vermeidet. Und auf der Wagenaußenseite lackiert man bis zu einer Sichtkante durch, wobei die angrenzenden Karosserieteile (und Reifen) sorgfältig mit Zeitungspapier (mit Krepp-Klebeband kantensauber angeklebt!) bedeckt werden. Pustet man nur gerade den Lackschaden mit frischem Lack zu, gibt es rundum einen glanzlosen »Hof«, weil die dort aufgesprühten Farbe nicht ganz sicher, hat es keinen großen Zweck, den Lack mit einem Farbmuster-Karton des Lackhändlers zu vergleichen. Einwandfreie Aufklärung gibt nur ein Farbsprühversuch auf einem Stück Autoblech.

Die Farbsprühdosen tragen neben einer entsprechend lackierten Schutzkappe die Aufschrift der werksoffiziellen Farbnamensgebung. Vier Firmen haben sich mit fünf Marken auf diese Autolack-Sprühdosen spezialisiert. Zwischen diesen Erzeugnissen bestehen einige Unterschiede:

	Auto-K-Lack	Belton	Dupli Color	Ducolux	Prestoflux
Preis etwa DM	6,50	4,65	7,00	6,90	6,50
Lackart	Nitrokombinationslack	Nitrokombinationslack	Acrylharzlack	Kunstharzlack	Acrylharzlack

Inhalt einheitlich 150 Gramm: zu höherem Preis auch größere Dosen

Wenn Sie sich zu einer dieser Marken entscheiden, lassen Sie sich keinesfalls vom Händler weitere Sprühdosen einer anderen Marke, auch nicht Haftgrund

Das Arbeitsgerät zum Ausbessern von Lackschäden: Schleifpapier verschiedener Körnung zum Naß-Schleifen, Wassertopf zum Anfeuchten des Schleifpapiers, glatt gehobeltes Holzstück als Schleifunterlage, Metallsägeblatt zum Aufrauhen, Sprühdosen mit Haftgrund und Lackfarbe. Zwei-Komponenten-Plastik-Spachtel, Spachtelwerkzeuge.

wenigen Lacktropfen nicht miteinander zu einer glänzenden Schicht verlaufen konnten.

Ausbessern kleiner Lackschäden

Kleinste Lackschäden, beispielsweise von Steinschlag, sollten nicht mit Lack ausgebessert werden. Auch nicht feine Kratzer, die nur bei der Lackpflege zu erkennen sind. Was nämlich in diesem Fall wie ein Spinnwebfaden oder ein Fliegenschmutz aussieht und daher unauffällig ist, wird besonders durch den Ausbesserungs-Lackstift auffallend. Wir möchten daher von der Verwendung von Tupflack oder Lackstiften grundsätzlich abraten, auch wenn von Daimler-Benz selbst im Zubehör angeboten. Der darin enthaltene Lack ist notwendigerweise dick, stimmt daher oft im Farbton nicht genau und bildet einen warzenartigen, dicken Farbklecks, der unübersehbar ist. Kleine Steinschlagschäden schmiert man am besten mit Lackpflegemittel auf Wachsbasis aus, so daß das Blech darunter nicht rosten kann.

Selbsthilfe-Ganzlackierung bringt Enttäuschungen

Von einer Ganzlackierung sollte man als Heimwerker ganz die Finger lassen. Das gibt meistens nur eine Enttäuschung, wenn es an der fachmännischen Erfahrung fehlt. Auch fehlt es in der Regel am staubfreien Arbeitsplatz und am Luftkompressor mit Farbspritzpistole, die in diesem Fall unbedingt erforderlich sind. Die vielfach angebotenen elektrischen und sonstigen Farbspritzpistolen haben sich für anspruchsvolle Autolackierung nicht bewährt.
In einigen »Do-it-yourself«-Werkstätten (z. B. der Autohobby-Werkstatt in Frankfurt, Nieder Kirchweg 113) kann man einen selbst zum Lackieren vorbereiteten Wagen (Ausbeulen, Schleifen) von einem Fachmann spachteln und spritzen lassen.

Haut aus Blech

Daimler-Benz gehört zu den Pionieren des auf Sicherheit gerichteten Automobilbaus. Knautschzonen vorn und hinten sollen bei einem Zusammenstoß oder bei einem Auffahrunfall für energieverzehrende, »weiche« Verzögerung durch bestimmtes Zusammenfalten der vorderen (oder hinteren) Karosserieteile sorgen und damit harte Stöße von den Insassen fernhalten. Diese Bauweise ist seit 1959 nach dem schon 1951 erteilten Mercedes-Patent (Erfinder: Bela Barenyi) Serienstandard und damit Vorbild für praktisch sämtliche anderen Automobilfabriken geworden. Bei aller Verformbarkeit von Front- und Heckpartie hat man die Insassenzelle so gebaut, daß sie weitestgehend ihre Form behält, daß sie steif bleibt und damit den Insassen einen möglichst optimalen Schutz gewährleistet.
Hierbei sei eingeflochten, daß alle vorhandenen Maßnahmen zum Insassenschutz natürlich nur dann wirkungsvoll sein können, wenn auch die Fahrgäste dazu einen entsprechenden Beitrag leisten und sich anschnallen, also die Sicherheitsgute anlegen. Die heute verwendeten Automatikgurte beeinträchtigen die Bewegungsfreiheit der Insassen praktisch kaum noch, sie geben aber im entscheidenden Moment den notwendigen Halt, den man – entgegen weitläufiger Meinung – niemals durch Abstemmen mit Händen und/oder Füßen zustandebringen kann! Werksversuche haben die entsprechenden Beweise dafür erbracht, daß nach dem heutigen Stand der Technik Dreipunkt-Automatikgurte den besten Kompromiß zwischen Sicherheit und Bequemlichkeit darstellen.

Was ist demontierbar?

Wenn man einen Unfall mit dem eigenen Mercedes erlitten (und gut überstanden) hat, kann natürlich nur die Fachwerkstatt helfen. Auch bei leichteren Schäden wird man sie in der Regel aufsuchen müssen, denn zumeist wird nicht nur ein demontierbares Teil – etwa die Kofferraumhaube – beschädigt, sondern fast immer haben auch die benachbarten Blechteile etwas abbekommen, was oft nicht ohne weiteres erkennbar, sondern erst nach genauem Vermessen festzustellen ist. Deshalb lohnen sich Hausmacher-Klempnerarbeiten an der Karosserie nur nach leichten Schadensfällen. Zumeist wird sich der Mann aus der Werkstatt mit seinen Spezial-Werkzeugen und Spezial-Meßgeräten der Sache annehmen müssen.

Klappergeräusche

Klappergeräusche, die eine schreckliche Blechmusik sind, genügen bereits, um die Aufmerksamkeit auf das Autogehäuse zu lenken. Die Haubendeckel oder Türen können daran schuld sein. Aber auch ein Schlüsselbund im Handschuhkasten! Sehr oft ist es übrigens ein locker hängendes Kabel, das während der Fahrt irgendwo gegen das Autoblech klappert. Wenn also ein solches Störgeräusch auftritt, zuerst einmal alle Kabel abtasten, die in der Geräuschgegend in Frage kommen können, und alle lockeren Kabel wieder in die

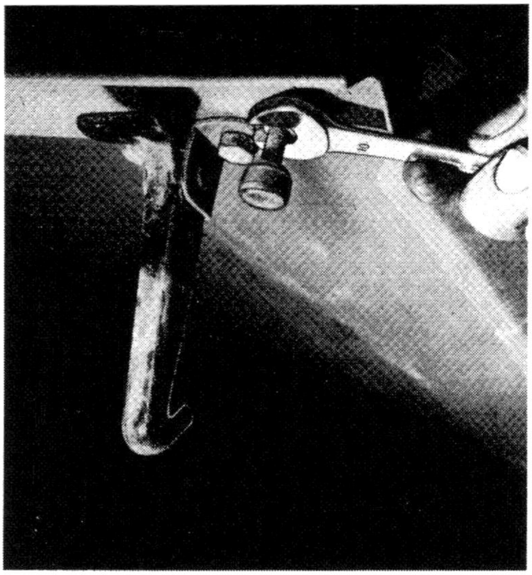

Beidseitig außen unter der Motorhauben-Vorderkante sitzt je ein Anschlagpuffer zum festen Sitz der Motorhaube. Wenn die Motorhaube klappert oder sich nicht einwandfrei ins Schloß drücken läßt, müssen diese Anschlagpuffer nachjustiert werden. Dies geschieht durch Lockern der Kontermutter des Gewindebolzens mit einem Gabelschlüssel SW 10. Bei zu lockerer Motorhaube sind die Anschlagpuffer ein wenig herauszudrehen. Läßt sich das Haubenschloß erst mit festem Druck schließen, müssen die Puffer etwas hineingedreht werden. Zum Schluß Kontermutter wieder festziehen.

Kabelschellen drücken oder mit Tesafilm an anderen, festen Kabeln anhängen. Denken Sie daran, daß es auch ein einzelnes, nachträglich eingezogenes Kabel sein kann. Sind die Kabelstränge kritisch überprüft und für gut befunden, müssen die Haubendeckel und Türen untersucht werden.

Motorhaube justieren

Bei geschlossener Motorhaube muß der Abstand zu den beiden Kotflügeln und zu dem hinteren Windlauf vor der Windschutzscheibe rundum annähernd gleich sein. Sitzt die Haube schief, müssen die Sechskantschrauben an den beiden Haubenscharnieren beidseitig am hinteren Ende der Motorhaube etwas gelockert werden, so daß sich der Haubendeckel entsprechend verschieben läßt. Anschließend Schrauben an den Haubenscharnieren wieder gut anziehen. Unter der Haubenvorderkante sitzt beidseitig je ein Gummipuffer (siehe Bild oben), der bei geschlossenem Haubendeckel fest gegen den Karosseriesteg drücken muß, sonst klappert die Haube natürlich.

Kofferraumhaube justieren

Rundum muß bei geschlossener Kofferraumhaube der Spalt zwischen Haubenrand und Kofferraumdeckel-Ausschnitt möglichst gleichmäßig breit sein.
Klappert die Kofferraumhaube, ist entweder der im Deckelausschnitt rundum eingeklebte Abdichtgummi ausgerissen (Kofferraumhaube festgefroren, gewaltsam geöffnet, dabei Gummi beschädigt) oder das Haubenschloß sitzt schief.
Der Abdichtgummi und der Sitz des Schlosses müssen auch überprüft werden, wenn das Gepäck im Kofferraum verstaubt oder Feuchtigkeit eindringt.

Wenn das Motorraum-Haubenschloß beim Schließen nicht sauber einrastet, läßt sich der sogenannte Schloßfang an der Unterkante der Motorraumhaube in der Mitte hinter dem Ziergitter verstellen, denn die beiden Halteschrauben des Schloßfangs sitzen in Langlöchern. Zum Justieren die beiden Sechskantschrauben (SW 10) ein wenig lockern und den Schloßfang entsprechend in seinen Langlöchern verschieben und wieder festschrauben.

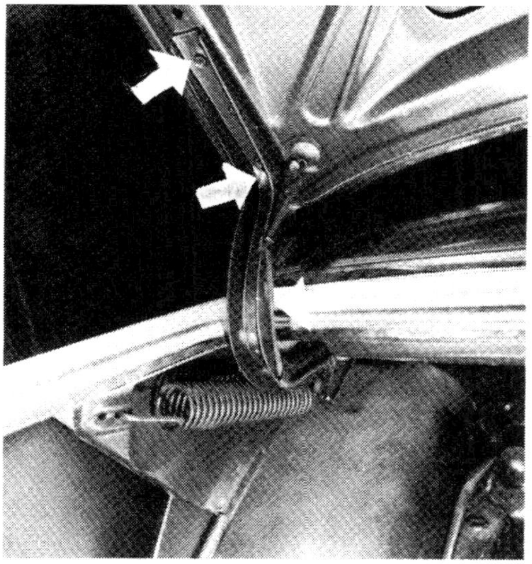

Zum Justieren einer nicht allseitig gleichmäßig anliegenden Kofferraumhaube brauchen nur die jeweils zwei Sechskantschrauben der Scharnierbügel (die zwei oberen weißen Pfeile zeigen darauf) ein wenig gelockert und die Haube in ihren Langlöchern entsprechend verschoben zu werden. Anschließend Sechskantschrauben wieder festziehen. Der untere weiße Pfeil zeigt auf das Kabel zur Kofferraumbeleuchtung, dessen im Kofferraumdeckel verlaufende Fortsetzung vor der Demontage des Haubendeckels herausgezogen werden muß.

Demontierbare Teile ausbauen

Motor- und Kofferraumhaube

Bei der Motorhaube sind zum Ausbau lediglich an beiden Scharnieren die Schrauben zu lösen. Zum Abheben der losgeschraubten Haube – das gilt auch für die Kofferraumhaube – braucht man jedoch unbedingt einen Helfer und unter die hinteren Ecken der Hauben müssen beidseitig dicke Lappen gelegt werden, damit von diesen nicht der Lack der anschließenden Karosserieteile zerkratzt wird.
Nicht ganz so einfach ist der Ausbau der Kofferraumhaube, die von Spiralzugfedern offengehalten wird. Diese brauchen zur Demontage der Haube nicht herausgenommen zu werden, wenn die Scharniere des Deckels nicht beschädigt sind. Zur Deckeldemontage werden die am äußeren Rand befindlichen Schrauben gelöst und die Haube wird (mit einem Helfer) abgehoben. Vorher ist das Kabel für die Kofferraumbeleuchtung am Stecker abzuziehen.

Tankklappe aus- und einbauen

Die Klappe über dem Tankstutzen wird von einer Spannfeder geschlossen gehalten. Zum Ausbau des Klappendeckels diesen nur halb öffnen und dabei die Feder in Richtung auf die obere Klappenkante aushängen. Danach lassen sich ohne weiteres die beiden am unteren Klappenrand sitzenden Halteschrauben herausdrehen.

Kofferraumhaubenschloß aus- und einbauen

Der Aus- und Einbau des Kofferraumhaubenschlosses ist im Bild unten gezeigt. Das Gegenstück, die Schließplatte, ist in der Hinterkante des Haubendeckels mit zwei Schrauben befestigt. Beim Ausbau des Schloßdrückers aus dem Heckblech (das Lösen der beiden Muttern wird gerade im Bild unten

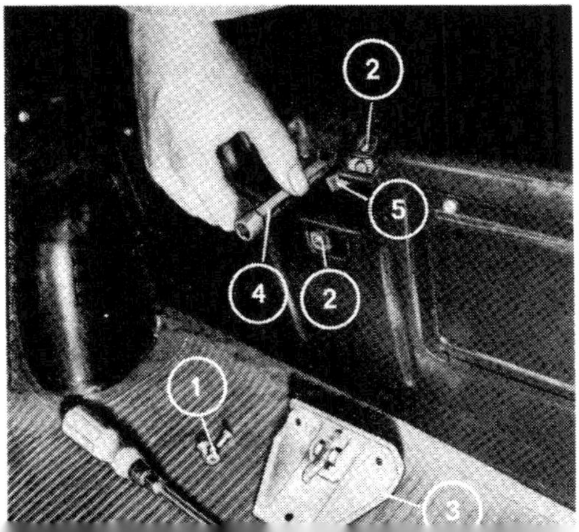

Das Schloß der Kofferraumhaube (3) wird von 3 Kreuzschlitzschrauben (1) in den entsprechenden Blechmuttern (2) gehalten. Nach Ausbau des Schloßkörpers (3) mit einem Rohrsteckschlüssel (4) die beiden Haltemuttern des Schloßdrückers abschrauben. Beim Einbau des Schloßdrückers darauf achten, daß dessen Drückerzapfen (5), wie auf dem Bild, nach rechts unten zeigt.

gezeigt) muß man darauf achten, daß außen eine Kunststoff-Unterlage und eine verchromte Blende gegen den Schloßdrücker verschraubt sind, die nach außen abzunehmen sind, während der Schloßdrücker selbst in Richtung Kofferraum herausgeschoben wird.

Stoßstangen ersetzen

Die in der Mitte geteilten Stoßstangen werden erst nach dem kompletten Ausbau in ihre Einzelteile zerlegt und komplett mit den Stoßstangenhaltern (Ausnahme: Unterteil der vorderen Stoßstange, sie wird ohne Halter ausgebaut) abgeschraubt. Nach dem Ausbau den Gummischutzstreifen seitlich von seiner Laufschiene abziehen, die mittlere Stoßstangenabdeckung nach Lösen der Halteschraube abnehmen, die Schrauben der Versteifung herausdrehen und Stoßstangenhälften trennen.
Die Gummischutzstreifen lassen sich nach dem Zusammenbau der Stoßstangenhälften nicht einfach seitlich auf ihre Führungsschienen aufschieben, das rutscht nur ein Stück weit. Die Führungsschienen mit nasser Seife oder gar Fett gleitfähig zu machen, wäre wegen Rost oder Anlösen des Gummis sehr unzweckmäßig. Man hilft sich einfach durch scharfes Zurückknicken der Gummischutzleisten, so daß sich die zur Führungsschiene zeigende Falte weit spreizt und mit der anderen Hand Stück um Stück über die Führungsschiene gedrückt werden kann.
Beim Anbau einer Stoßstange müssen die um die Karosseriekanten herumgreifenden Enden mit Lappen umwickelt werden, damit sie den Lack nicht zerkratzen. Man braucht für diese Arbeit außerdem einen Helfer, um die ersten Halteschrauben einwandfrei einsetzen zu können.
Soll vorne nur das Stoßstangen-Unterteil demontiert werden, ist es vom Stoßstangenhalter loszuschrauben, danach Verbindungsschraube zum Oberteil lösen und Unterteil abnehmen. Bei diesem Unterteil ist die Gummischutzschiene an der Innenseite mit zwei Muttern angeschraubt.

Zierleisten aus- und einbauen

Die Zierleisten unserer Mercedes sind durch Spreizstifte gehalten, mit denen die Leisten einfach von außen in die entsprechenden Bohrlöcher gedrückt werden. Zum Abbau schiebt man einen an der Klinge mit einem Lappen umwickelten (Schutz gegen Kratzer im Lack!) Schraubenzieher vorsichtig unter die Zierleiste (möglichst dicht an einem Spreizstift) und hebelt die Zierleiste behutsam Stück um Stück ab. Beim Anbau dieser Zierleiste genügt ein Handballenschlag von außen.
Einige Türfenster-Zierrahmen sind mit Kreuzschlitz-Schrauben befestigt, die in der Führungsschiene des betreffenden Fensters oder unter der Gummidichtleiste sitzen. Man muß da ein wenig suchen, wo die Schrauben sitzen.
Die Zierleisten an Windschutz- und Heckscheibe sind wieder anders befestigt. Soweit sie in der Mitte der Gummidichtungsrahmen sitzen, haben sie in der Mitte oben oder unten eine Endstück-Abdeckklammer, die außen drauf sitzt. Diese Abdeckklammer muß zuerst mit einem flachen Holzkeil und vorsichtigen Handballenschlägen auf dessen Ende soweit beiseite geschoben werden, bis die beiden Zierleistenenden frei liegen. Darauf mit einem lappenumwickelten Schraubenzieher die Zierleiste aus dem Dichtungsrahmen heraushebeln.
Die untere, breitere Zierleiste an Windschutz- und Heckscheibe ist in der Mitte geteilt und ebenfalls dort mit einer Abdeckklammer überdeckt, die mit einem flachen Holzkeil beiseite gedrückt werden kann. Gehalten werden die beiden Zierleisten bei den neueren Modellen jedoch in Steckklammern, von denen die beiden Hälften nach außen mit Hilfe des flachen Holzkeiles heruntergeschoben werden müssen.

Fenster austauschen

Abgesehen vom Austausch der Türfenster (siehe Seite 215) möchten wir vor dem Einsetzen neuer Scheiben, also Windschutzscheibe und Heckscheibe, warnen. Erstens brechen bei ungeschickter Handhabung die Scheiben leicht. Dann hat man nur noch höhere Kosten, denn die Scheiben sind teurer als die Einbauarbeit. Wenn dagegen dem Mann in der Werkstatt beim Einsetzen eine Windsuchtzscheibe bricht, war es seine Schuld. Zweitens muß beim Einbau jeder Scheibe mit einer besonderen Druckpresse Dichtungsmasse zwischen die Gummifassung der Scheibe und den Karosserierand gedrückt werden. Da diese Dichtungsmasse nicht eintrocknet, kann man sich empfindlich das Wageninnere verschmieren.
Diese Dichtungsmasse ist übrigens werksseitig vergessen oder nicht in genügender Menge eingepreßt worden, wenn bei starkem Regen Wasser in den Wagen eindringt.

Arbeiten an den Türen

Beim Ausbau der Türen macht das Lösen der Scharniere an den Türholmen keine besonderen Schwierigkeiten. Nicht ganz so einfach ist das dabei notwendige Demontieren des stählernen Türhaltebandes, das ein vollständiges Aufschlagen der Türen verhindert. Zuerst versucht man, den Scharnierbolzen und die beiden darunter sitzenden Kunststoffscheiben des Haltebandes (siehe Bild Seite 45) auszubauen.
Wenn das nicht gelingt, muß die Innenverkleidung der Türe (siehe nächster Abschnitt) ganz und die darunter aufgeklebte Türfolie am vorderen Ende zum Teil abgenommen werden. Danach die Mutter des Türhalter-Einschubkastens neben dem Ausschnitt des Fensterhebelmechanismus und die beiden Schrauben ober- und unterhalb des Haltebandes an der Türvorderkante abschrauben. Dann läßt sich beim Abnehmen der Tür mit einem Helfer die Haltevorrichtung aus dem Türkasten ziehen.

Türen justieren

Wenn eine Tür nicht einwandfrei in den Rahmenbolzen sitzt, weil sie z. B. beim Öffnen des schräg stehenden Wagens hart auf den Bürgersteig aufgeschlagen ist, muß je nach Korrektur-Notwendigkeit unterschiedlich justiert werden. Sitzt die Tür an der schloßseitigen Kante nicht flächenglatt zum anschließenden Karosserieteil, kann dies durch seitliches Verschieben der Türraste auch ein wenig nach oben oder unten verstellt werden, falls es nicht an einer der Zierleisten selbst liegt. Liegt die Tür auf der Scharnierseite nicht flächenglatt an, sind diese Scharniere wie zum Ausbau der Tür an den Türholmen leicht zu lockern, die Tür ist in den Langlöchern der Türholmen entsprechend nach außen oder innen zu versetzen.

Wenn die Tür klappert oder ihre Außenseite nicht völlig flächenglatt mit den anschließenden Karosserieteilen liegt, läßt sich dies für die hintere Türkante durch Versetzen der Schließplatte auf dem Türholm beheben.
Dazu ist ein kräftiger Kreuzschlitzschraubenzieher zum Lockern der 4 Halteschrauben der Schließplatte notwendig. Die Schließplatte soll nur seitlich versetzt werden, was am besten bei gelockerten Halteschrauben durch leichte Hammerschläge mit einem zwischengelegten Holzstück geschieht.

So sieht die Beifahrertür (und entsprechend alle anderen am Mercedes) aus, wenn man die Innenverkleidung (im Türrahmen stehend) abgenommen hat. Dabei ist es empfehlenswert, die Ablaufbohrungen an der Türunterkante zu kontrollieren. Durch sie soll eingedrungenes Regenwasser nach unten ablaufen können, sie müssen also frei sein!

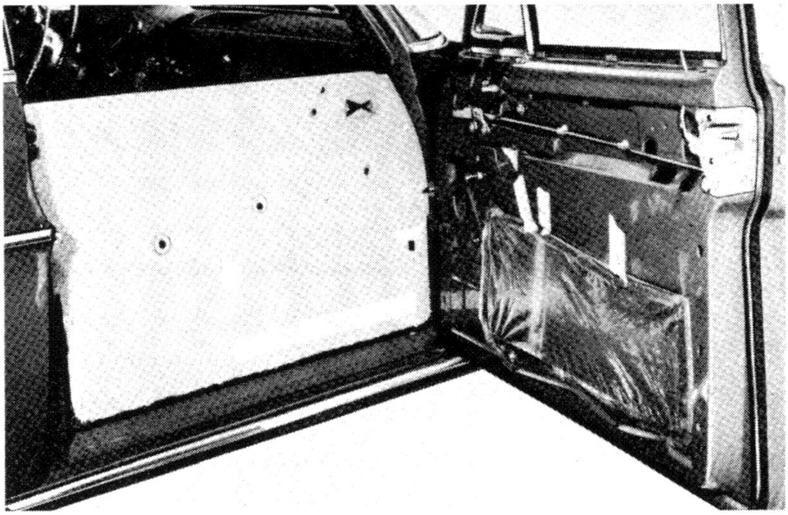

Türverkleidung ausbauen

Der Ausbau einer Türverkleidung (»Abrüsten« der Tür) kann zum Justieren oder Instandsetzen des Fensterhebermechanismus, zum Einsetzen eines neuen Fensters oder zum Beseitigen von Rost im Türkasten notwendig werden. Als Werkzeug sind Kreuzschlitz- und Querschlitzschraubenzieher, ein schmaler Winkelschraubenzieher (zur Demontage des Ausstellfenster-Drehgriffs; siehe Bild Seite 216) sowie bei weitergehenden Arbeiten Gabel- und Steckschlüssel notwendig.

Zuerst Fensterkurbel ausbauen. Dazu das im Kurbelhebel liegende Schutzpolster mit feinem lappenumwickeltem Schraubenzieher in Längsrichtung zum Drehknopf heraushebeln und die darunter verdeckte Kreuzschlitzschraube herausdrehen, worauf sich die Fensterkurbel von ihrem kerbverzahnten Zapfen abziehen läßt. Die genaue Stellung des Drehgriffs auf seinem Zapfen muß man sich merken sonst steht er nach Wiedereinbau in falscher Richtung (Behinderung am Knie). Danach Drehgriff des Ausstellfensters demontieren, wie im Bild Seite 216 gezeigt. Nun aus der Unterseite der Armlehne die beiden tief sitzenden Kreuzschlitzschrauben herausdrehen und Armstütze mit den beiden Konturenblechen abnehmen. Außer an der Fahrertür ist die Armstütze mit einem Haltegriff verlängert. Bei dessen Ausbau ist die oben sitzende Chromblende mit einem lappenumwickelten breiten Schraubenzieher von der Türverkleidung auf dem Haltegriff abzudrücken und die darunter verdeckte Schraube herauszudrehen.

Als nächste Arbeit wird die kleine Zierblende um das Türschloß abgeschraubt. Danach aus der Mulde des Türinnengriffes das Kunststoffteil mit feinem Schraubenzieher von der Seite des Griffendes her heraushebeln, die Schraube des Muldenrahmens herausdrehen und den Muldenrahmen herausnehmen. An den hinteren Türen sind anschließend noch die Aschenbecher auszubauen.

Nach der Demontage dieser Teile kann nun die Türverkleidung selbst abgenommen werden. Sie ist mit Spreizklammern in Langlöchern des Türkastens und mit einem Einhängehaken unterhalb des Türhaltebandes befestigt. Das Lösen der Spreizklammern wird mit einem lappenumwickelten breiten Schraubenzieher begonnen, der seitlich unter die Verkleidung geschoben wird. Ist ein Stück der Verkleidung abgehoben, faßt man mit der anderen Hand und zieht die Verkleidung mit kurzen Rucken ab. Am oberen Rand sitzt die Verkleidung unter der Fensterleiste, außerdem ist sie noch aus dem Haken neben dem Türhalteband auszuhängen.

Unter der Türverkleidung ist eine Klarsichtfolie auf den Türrahmen geklebt.

Zu Arbeiten am Fensterhebermechanismus muß die Folie abgezogen werden, man darf sie aber beim Zusammenbau auf keinen Fall vergessen, sonst kommt das durch den Fensterschlitz eindringende Regenwasser auf die Rückseite der Türverkleidung und weicht deren Pappe mit der Zeit auf, so daß sie sich wellt und verschimmelt. Man kann die Folie manchmal wieder mit dem noch haftenden plastischen Klebstoff befestigen, andernfalls kann man auch z. B. den Klebstoff »Pattex« nehmen, aber keinen Zweikomponentenkleber, weil sich von diesem später die Folie nicht mehr abziehen läßt.

Störungen an den Türfenstern

Am Kurbelfenster treten gelegentlich Störungen durch Schwergängigkeit auf. Das liegt entweder am Kurbelmechanismus oder am Kippen der Fensterscheibe, wenn die Fensterführungen ausgeweitet sind. Ob die Scheibe kippt und dadurch schwergängig ist, läßt sich beim Hochkurbeln durch ständiges Geraderichten der Scheibe mit der Hand feststellen. Geht die Scheibe dann leichter, hat sie seitlich zu viel Spiel. In diesem Falle muß ein Ausgleichsstreifen zwischen Scheibe und Führungsrille geschoben werden. Man kann sich selbst einen passenden Streifen aus etwa 5 mm breitem Kabelschlauch, sogenanntem Bougierrohr, machen.

Fensterkurbelapparat und Fensterscheibe ausbauen

Nach der Demontage der Türinnenverkleidung das Fenster nach unten kurbeln, die beiden Halteschrauben aus der Fensterheberschiene (siehe Bild unten) herausdrehen, Fenster wieder hochkurbeln, mit einem Keil festklemmen und Fensterheber nochmals nach unten drehen, zuletzt die vier Halteschrauben des Fensterhebemechanismus lösen und letzteren seitlich aus dem Türausschnitt herausziehen.

Soll auch noch die Fensterscheibe herausgenommen werden, sind die beiden Halteschrauben der Fensterführungsschiene unten und oben zu lösen, darauf die Fensterscheibe nach Wegnahme des Klemmkeiles vorsichtig nach unten gleiten lassen, aus der beiseite geschobenen Führungsschiene aushängen und ebenfalls durch den Türausschnitt herausnehmen.

Aus den hinteren Türen muß die Fensterscheibe nach oben herausgezogen werden. Dies ist jedoch erst möglich, nachdem die Abdichtschiene am Fensterschacht oben demontiert wurde. Dazu zuerst die außen sitzende Zierleiste mit lappenumwickeltem Schraubenzieher oder schmal zulaufendem Holzkeil nach oben abhebeln und aus seinen Steckklammern ziehen. Danach sind die Steckklammern mit einem Schraubenzieher nach oben abzudrücken, wobei dieser zum Schutz gegen Lackkratzer auf einem dünnen Holzbrettchen oder Holzkeil aufgelegt wird. Zuletzt ist die Abdichtschiene selbst abzunehmen.

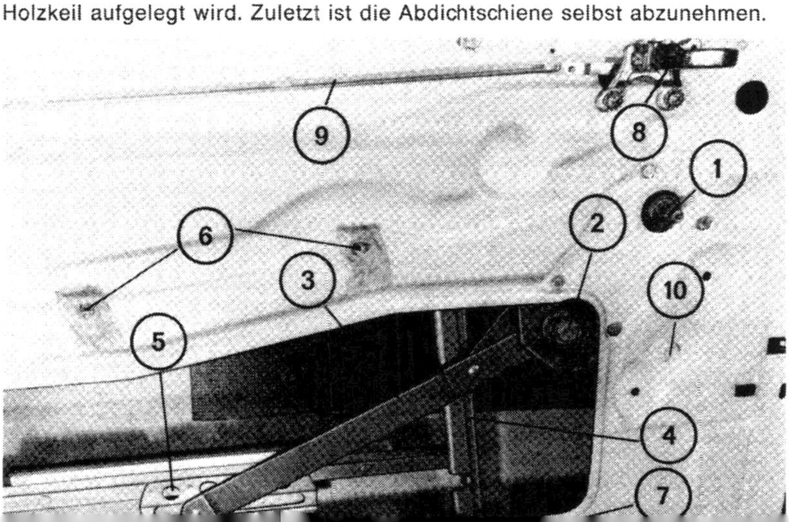

Die Einzelteile des Fensterhebermechanismus und der Türschloßbetätigung bei »abgerüstetem« Türkasten:
1 - Fensterkurbelzapfen, 2 - Gelenk des Fensterhebermechanismus, 3 - Fensterheberarm, 4 - Fensterführungsschiene, 5 - Fensterheberschiene, 6 - Schraublöcher für Armstütze, 7 - Halteschraube der Fensterführungsschiene, 8 - Innenbetätigung des Türschlosses, 9 - Zugstange zwischen Türschloß und Innenbetätigung, 10 - Befestigungsschraube der Türhalterung.

Der Drehgriff der vorderen Ausstellfenster, wie sie bis August 1973 eingebaut wurden, wird von einer Kreuzschlitzschraube gehalten, die zugänglich wird, wenn man mit einem Winkelschraubenzieher (oder einem entsprechend gebogenen Draht) den kleinen Kunststoffdeckel durch eine Bohrung von hinten herausdrückt.

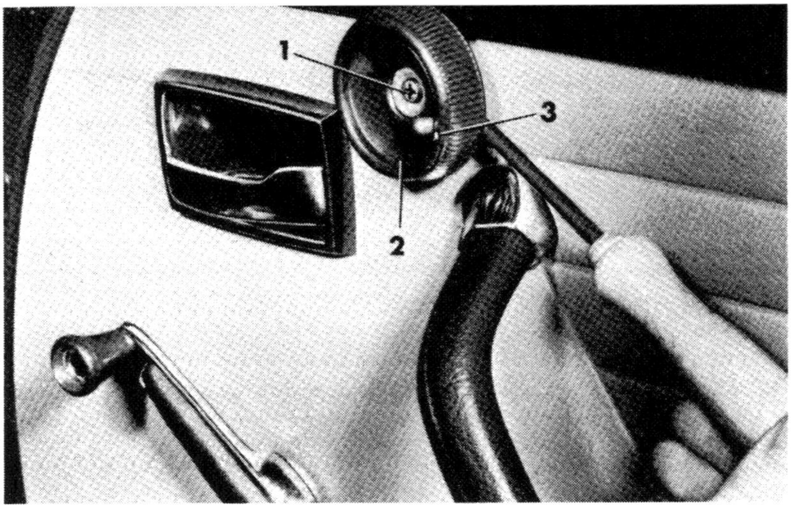

Drehfenster und Drehverschluß ausbauen

Zum Ausbau des Dreh- oder Ausstellfensters ist, wie bereits beschrieben, zuerst die Türinnenverkleidung abzunehmen. Danach den Feststellknopf für das Türschloß abdrehen, das Seitenfenster herunterkurbeln und die Abdichtleiste oben am Fensterschacht nach oben abnehmen. Hinter dieser Abdichtleiste wird oben an der Drehwelle des Ausstellfensters eine Schraube sichtbar, die zu lösen ist. Danach die beidseitig des Drehzapfens im Türkasten sitzenden Schrauben herausdrehen und den Fensterdrehverschluß herausnehmen.

Soll auch das Ausstellfenster selbst mit Rahmen ausgebaut werden, ist auch die auf der Außenseite sitzende Abdichtschiene mit der Zierleiste, wie bereits beschrieben, auszubauen. Bei heruntergekurbeltem Türfenster ist danach die biegsame Fensterführungsschiene oben zu lösen und beiseite zu biegen. Etwa in Verlängerung der hinteren Kante des Drehfensters sitzt oben unter dem Türrahmengummi eine Halteschraube, die zu lösen ist. Eine weitere Halteschraube sitzt neben dieser hinteren Kante unten auf dem Türrahmen. Auch diese herausdrehen, das Drehfenster mit Rahmen etwas zurückziehen und seitlich herausnehmen.

Beim Einbau ist darauf zu achten, daß die an der spitzen Vorderkante des Drehfensters sitzende kleine Kunststoffecke wieder eingesetzt wird.

Türabdichtungen einreiben

Pflegearbeit Nr. 30

Wenn man den Dichtgummileisten rings um die Türen, die Türfenster und auch um die Kofferraumhaube keine Aufmerksamkeit schenkt, werden sie nach längerer Zeit entweder klebrig oder sie stoßen Feuchtigkeit nicht mehr richtig ab. Entweder können diese Dichtgummis dann ankleben oder im Winter anfrieren, so daß sie beim Öffnen der Türen, Fenster oder der Kofferraumhaube aufreißen und ihre Dichtwirkung verlieren. Ihre Pflege, die alle 7500 km oder etwa einmal im Jahr empfohlen wird, ist einfach: Man reibt sie entweder mit einem glyzeringetränkten Läppchen (Glyzerin aus der Drogerie) oder Talkum (wie man es gegen Zusammenkleben von Gummi auch beim Montieren eines Reifenschlauches benutzt) sorgfältig ab. Natürlich kann man dazu auch ein besonderes Gummipflegemittel (keinen Plastikreiniger!) nehmen, aber das ist teuer. Vor allem das Abreiben mit Glyzerin vor den ersten Frostnächten verhütet den ganzen Winter über das Anfrieren der Türen.

Störungen am Türschloß

Zum Aus- und Einbau von Türschloßteilen muß die Türverkleidung, wie beschrieben, abgenommen werden. Um den Innenbetätigungshebel zu demontieren, zuerst die Sicherungsfeder zwischen dem Hebel und der Zugstange

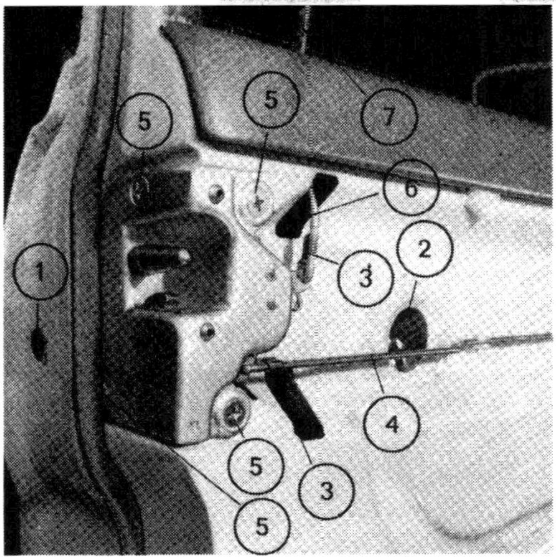

Das Türschloß nach abgenommener Türverkleidung:
1 - Halteschraube des Tür-Außengriffes,
2 - Montageöffnung im Türkasten,
3 - Sicherungsklammern an Türschloß-Zugstange und Verriegelungsstange,
4 - Zugstange zwischen Innenbetätigung und Türschloß,
5 - drei Schrauben zur Türschloßbefestigung,
6 - Zugstange vom Verriegelungsknopf (7) zum Türschloß.

lösen und danach die beiden Kreuzschlitzschrauben unterhalb des Betätigungshebels herausdrehen, worauf sich der Betätigungshebel abnehmen läßt. Beim Einbau des Betätigungshebels die beiden Halteschrauben so festdrehen, daß der Betätigungshebel spielfrei in Ruhestellung liegt.
Zur Demontage des außen liegenden Türgriffs die in der Türaußenkante tief sitzende Schraube (Nr. 1 im Bild oben) herausdrehen, Türgriff außen nach vorne drücken und abnehmen. Sitzt der Türgriff zu fest, muß seine hintere Montageschraube durch das Montageloch (Nr. 2 im Bild) im Türkasten etwas gelockert werden. Beim Einbau des Türgriffes muß seine Kunststoffunterlage angefeuchtet werden, damit sie zusammen mit dem Türgriff besser auf dem Lack in ihre Endstellung gleitet.
Zum Ausbau des Türschlosses zuerst die Sicherungsfedern (Nr. 3 im Bild) der Innenbetätigungszugstange (4) und der Feststellknopfstange (6) abnehmen, danach die vier Halteschrauben (5) des Schloßgehäuses herausdrehen und dieses abnehmen.

Arbeiten im Innenraum

Bekannt ist das alte Sprichwort »Oben hui, unten pfui«, das nichts anderes besagen will, als daß sich unter einer sauberen Oberfläche oftmals Schmutz verbirgt. Ein äußerlich gepflegtes Auto kann manchmal dort, wohin nicht gleich die Blicke fallen, ziemlich verwahrlost sein. Vor allem im Innenraum, unter Gummimatten oder dem Teppichboden, in Winkeln und Ecken, hinter dem Gaspedal usw. nisten sich Schmutz, Feuchtigkeit und auch bald Rost ein, wenn man nicht entsprechende Säuberungsmaßnahmen ergreift.

Reinlichkeit an erster Stelle

Vor allem gehört es zu jeder Wagenwäsche, daß der Bodenteppich abgebürstet oder – noch besser – mit dem Staubsauger gereinigt wird. Der Bodenteppich ist zusammen mit einer darunter befindlichen Dämmplatte aufaufgeklebt, manchmal auch eingeknöpft. Bis zum eigentlichen Blechboden kann man also nicht immer vordringen. So läßt es sich im Winter nach vielem Einsteigen mit schneenassen Schuhen nicht vermeiden, daß sich der Bodenteppich allmählich intensiv einfeuchtet. Bleibt bei anschließend trockenem Wetter der Wagen dann immer geschlossen – wegen Laternengarage beispielsweise –, riecht es über diesem Boden bald wie in einem ungelüfteten Kartoffelkeller. Deshalb in der Garage vor allem im Winter über Nacht alle Fenster – und wenn vorhanden, auch das Schiebedach – stets offen halten und an einem sonnigen Tag den Wagen sperrangelweit geöffnet ins Freie stellen, damit die Bodenmatten gründlich austrocknen können. Vermeiden Sie

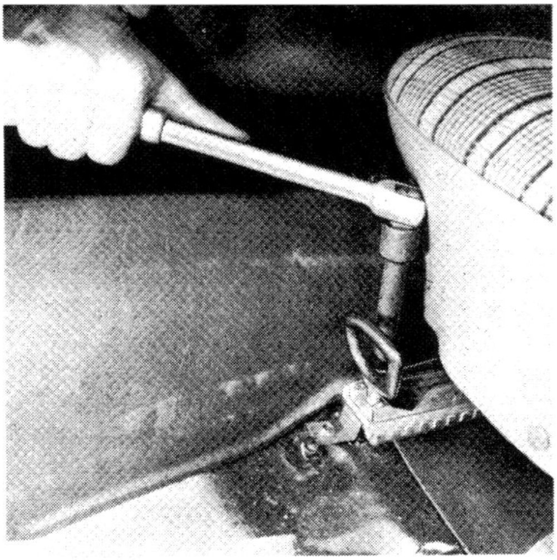

In den Führungsschienen der Vordersitze sitzen jeweils vorne und hinten Halteschrauben, die zum Ausbau der Vordersitze herausgedreht werden müssen. An die tief sitzenden Schrauben kommt man nur mit einem Rohrsteckschlüssel oder einer »Stecknuß«, wie hier, gut heran.

vor allem, im Winter Streusalz mit den Schuhen ins Auto zu schleppen – der Teppich wird nie mehr trocken, denn das Salz zieht immer wieder Feuchtigkeit an.
Den Kunststoffhimmel, mit dem die Dachinnenseite bespannt ist, reinigt man wie die Sitzbezüge auf keinen Fall mit Benzin oder Fleckenwasser, denn damit lassen sich viele Kunststoffarten auflösen, so daß es nicht mehr reparierbare Flecken und Schäden gibt. Statt dessen versucht man es erst einmal mit einem feuchten Schwamm und etwas Seifenschaum. Noch schneller und intensiver geht es mit einem Plastikreiniger, den es von verschiedenen guten Pflegemittelfirmen gibt, beispielsweise Pyrmofix Plastoclean (kleine Blechflasche mit 250 Gramm Inhalt kostet mit kleinem Spezialschwamm ca. 5 DM) oder Pingo-Plastikreiniger in gleicher Menge zu gleichem Preis.
Die Sitzpolster, soweit sie aus Textilien sind, müssen regelmäßig ausgebürstet oder mit einem Staubsauger gereinigt werden. Trotzdem wird es dort, ebenso wie auf dem Teppichboden, gelegentlich Schmutzflecken geben. Wir haben besonders gute Erfahrungen mit dem dicken weißen Reinigungsschaum des Aral-Polsterschaumreinigers (Spraydose mit Spezial-Aufsteckbürste etwa 6 DM, auch im Haushalt sehr brauchbar) gemacht. Öl-, Fett- oder Teerflecken in den Polstern haben sich recht gut mit Teerentferner in Spraydosen von Pingo, »alwi« und Rex (Preise je nach Inhalt zwischen 4 und 6 DM) beseitigen lassen. Diese Mittel verdunsten rückstandslos (deshalb sind auch nicht alle Teerentferner an Polstern brauchbar) und sind »wasserlöslich«, so daß man auch noch mit Wasser nachwaschen kann.

Sitze ausbauen

Zur gründlichen Innenreinigung baut man am besten die Sitze aus. So lassen sich unter den Sitzen manchmal verlorengegangene Dinge wieder finden und die Polster lassen sich auch außerhalb des Wagens leichter säubern und pflegen.

Vordersitze

Vordersitz auf seinen Führungsschienen bis zum Anschlag nach hinten schieben, vordere Halteschraube an den Sitzschienen mit Rohrsteckschlüssel oder Stecknuß herausschrauben (Bild oben). Danach Sitz bis zum vorderen Anschlag nach vorne schieben und hintere Halteschraube an den Sitzschienen herausdrehen. Zuletzt Sitz herausheben. Falls vorne eine Sitzbank und keine Einzelsitze eingebaut sind, muß sinngemäß an den insgesamt drei Sitzschienen verfahren werden. Diese Sitzbank muß zur Beifahrerseite hin (wegen des Lenkrades links) herausgehoben werden.

Die hintere Sitzbank ist mit je einem Bügel in ihren Halterahmen eingesetzt. Es gibt da also nichts, was losgeschraubt werden muß, wenn die Sitzbank herausgenommen werden soll. Zum Ausbau wird die Sitzbank zuerst an der Vorderkante hochgezogen, beim Einbau muß dieser Bügel zuerst angesetzt und dann die Sitzbank hinten unter die Rückenlehne gedrückt werden.

Hintere Sitzbank

Die hintere Sitzbank ist an ihrer Vorderkante nur mit einem Bügel (siehe Bild oben) eingesetzt. An dieser Vorderkante muß die Sitzbank angehoben werden, wobei zur Rückenlehne hin gedrückt werden soll. Mit einem Helfer (damit es keine Kratzer gibt) Sitzbank seitlich zu einer Tür hinausziehen. Beim Einsetzen der hinteren Sitzbank muß diese, wie auf dem Bild gezeigt, angesetzt und danach unter die Rückenlehne gedrückt werden.
Die Rückenlehne ist beidseitig unten (Bild unten) und an der Oberkante festgeschraubt. Wie die unteren Schrauben gelöst werden, zeigt das Bild unten. Die Muttern der an der Oberkante sitzenden Gewindebolzen sind vom Kofferraum aus zugänglich. Sie sitzen beide etwas oberhalb der Riffelung der Fahrgastraum-Rückwand. Diese beiden Gewindebolzen sind beim Einbau der Rückenlehne zuerst durch ihre entsprechenden Bohrungen in der Rückwand zum Kofferraum zu schieben.

Hutablage aus- und einbauen

Muß die Hutablage vor der Heckscheibe ausgebaut werden, sind zuerst die hintere Sitzbank und die Rückenlehne, wie in den vorhergehenden Abschnitten beschrieben, auszubauen, sonst läßt sich die Hutablage nicht anheben. Sie ist beidseitig an ihrer Rückseite mit einem Gewindebolzen befestigt, dessen Mutter vom Kofferraum aus zugänglich ist und jeweils neben dem Kofferraumhaubenscharnier sitzt. Zuletzt Hutablage vom Innenraum aus anheben.

Handschuhkasten ausbauen

Je nach Modell des Fahrzeugs ist der Handschuhkasten innen mit Blechschrauben oder mit Spreizklammern befestigt. Die Blechschrauben lassen sich

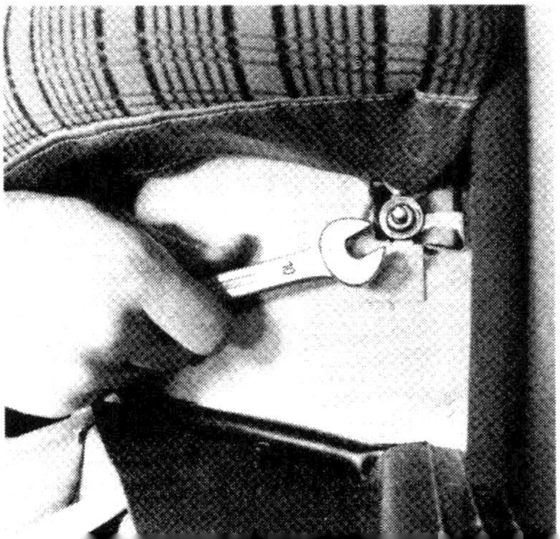

Die Rückenlehne ist beidseitig unten und oben festgeschraubt. An der Unterkante können die Schrauben erst nach Herausnahme der Sitzbank gelöst werden. Die oberen Halteschrauben werden vom Kofferraum aus gelöst. Die oberen Haltebolzen werden beim Einbau zuerst durch die entsprechenden Bohrungen in der Kofferraumrückwand geschoben, damit die Rückenlehne richtig justiert ist.

mit einem kurzen kräftigen Schraubenzieher (sogenannter Vergaser-Schraubenzieher) an der Handschuhkasten-Vorderkante (Verkleidung an der unteren Vorderkante anheben) herausdrehen. Bei den Spreizstiften müssen die in der Mitte sitzenden Spreizbolzen mit einem entsprechend dünnen Werkzeug (kurz abgewinkelter Schweißdraht) durchgedrückt werden (dürfen zum Wiedereinbau nicht verlorengehen!), danach lassen sich die eigentlichen Spreizstifte heraushebeln.
Zuerst muß jedoch die untere Armaturenbrettverkleidung vor dem Beifahrersitz ausgebaut werden, damit die Kabelzuführung der Handschuhkastenleuchte abgenommen werden kann.

Mittelkonsole ausbauen

Beidseitig direkt unter der unteren Armaturenbrettverkleidung sitzt am oberen Ende der Mittelkonsole eine Kreuzschlitzschraube, die herausgedreht werden muß. Darauf läßt sich die Mittelkonsole oben schon etwas zurückziehen und die dahinter sitzenden Kabelstecker lassen sich lösen. Danach läßt sich das Oberteil der Mittelkonsole wegnehmen (Bild Seite 144).
Um auch das Unterteil der Mittelkonsole auszubauen, Fußmatten am Fahrerboden links und rechts herausnehmen, Halteschrauben unten an der Fußraumstirnwand und beidseitig an der hinteren Seite der Tunnelabdeckung herausschrauben. Zuletzt Konsole unten anheben und herausnehmen.

Dachverkleidung instandsetzen

Die innere Dachverkleidung wird als »Himmel« bezeichnet. Daß dieser himmlische Plastikstoff nicht mit Benzin, sondern nur mit speziellem Plastikreiniger gereinigt werden darf, sei warnend erwähnt. Aber auch sonst sollte dieser irdische Himmel einem Heimwerker heilig sein. Es gelingt nämlich nach unseren Erfahrungen nur dem versierten Fachmann, einen neuen Himmel so einzubauen, daß er weder Falten schlägt, noch eines Tages den Insassen auf die Köpfe fällt. Also: Werkstattsache oder Autopolsterei aufsuchen.

Einbau von Sicherheitsgurten

Keinem Menschen würde es einfallen, ein halbes Dutzend Eier lose in den Wagen zu legen und so nach Hause transportieren zu wollen. Man legt sie in einen eigens dazu gemachten Eierkarton, befestigt sie also gewissermaßen. Aber die viel kostbarere Familie (vor allem Kinder) läßt man oft ungesichert, was sich bei Notbremsungen oder Unfällen oft fürchterlich rächt!
Erwarb man seinen neuen Mercedes bis Frühjahr 1973 ohne Gurte, so ist ein nachträglicher Einbau leicht möglich. Die dazu notwendigen Befestigungspunkte sind serienmäßig vorhanden, die Anbringung stellt auch handwerklich nicht Vorbelastete vor keinerlei Probleme.

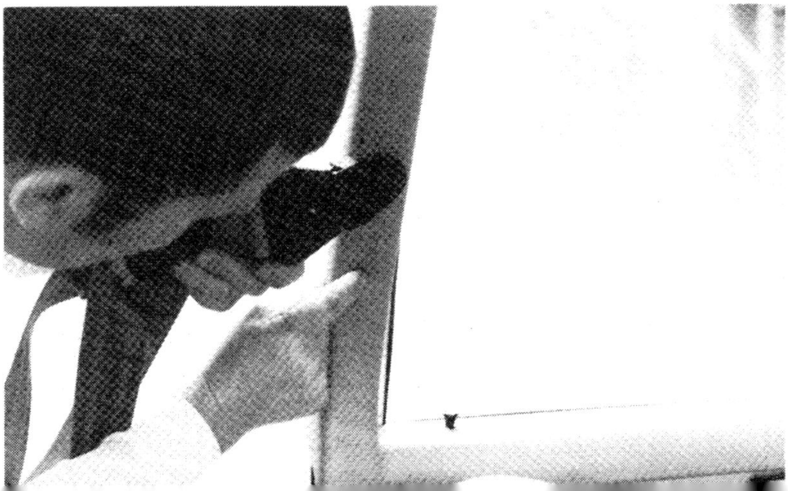

An der Türsäule gibt es für den Anbau von Gurten zwei Punkte in unterschiedlicher Höhe. Man macht vor dem Durchstechen der Tapezierung eine Sitzprobe und prüft, welchen der beiden Befestigungspunkte man wählt. Der obere Teil des Gurtes darf weder am Hals anliegen, noch unterhalb des Schultergelenks verlaufen.

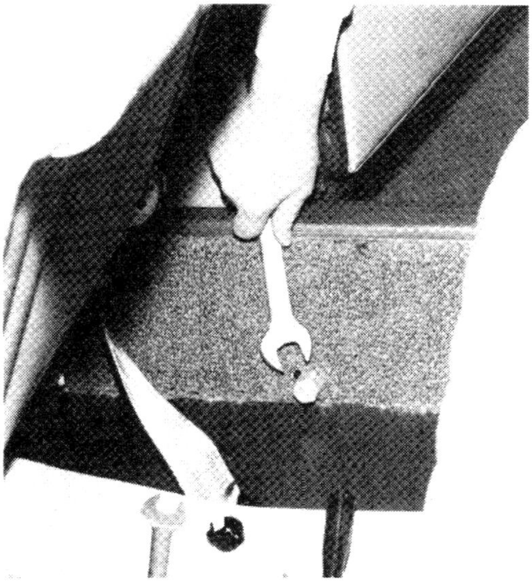

Seit März 1973 werden alle Mercedes-Modelle serienmäßig mit Automatik-Sicherheitsgurten vorn ausgestattet. Aber auch in ältere Fahrzeuge lassen sich Gurte leicht selbst einbauen. Hier ist der untere Verankerungspunkt für den Beifahrersitz am rechten Längsschweller gezeigt, man braucht lediglich den Teppichboden an dieser Stelle zu durchstechen, um an das Schraubgewinde zu gelangen.

Rost an der Karosserie

Bei den zwischen 1968 und 1970 gebauten Modellen muß der Besitzer mit erheblichem Rost an der Karosserie kämpfen. Die Rostplage endet bei Fahrzeugen ab 1970, bei denen Daimler-Benz eine komplette Hohlraumversiegelung einführte.

Kritische Stellen sind das Kniestück am hinteren Seitenteil, die Türschweller sowie die Längsträger über der Hinterachse und vorn am Übergang zum Schweller. Sehr rostgefährdet sind auch die Seitenbleche im Motorraum. Je nach Erhaltungszustand kann der Wagenboden durchgerostet sein. Die angeklebten Veloursteppiche verdecken zumeist dieses Leiden; ebenfalls schwierig ist der Zustand der Türschweller festzustellen, denn man muß die innere Schwellerverkleidung abnehmen, um an eventuellen Rost heranzukommen. Weitere Stellen, wo der Rost zu nagen pflegt, sind die Kotflügelränder, die unteren Türpartien und die Radkästen.

Interessenten für einen gebrauchten Mercedes aus den Baujahren 1968 bis 1970 sollten sich vor dem Kauf sehr eingehend die kritischen Stellen betrachten, vor allem, wenn der nächste TÜV-Termin nahe gerückt ist. Schweißarbeiten an der Unterseite eines oberflächlich scheinbar guten Exemplares gehen schnell in die Tausende DM.

Ski und Rodel gut

In früheren Zeiten wurden Autos zu Beginn der kalten Jahreszeit abgemeldet. In der Garage stand das gute Vehikel frisch gewaschen, abgeschmiert und konserviert auf Holzböcken, damit die Räder entlastet und die Reifen geschont wurden und döste dem Frühjahr entgegen. Auch heute soll es noch Autobesitzer geben, die ihrem treuen Gefährten Eis, Schnee und vor allem Tausalz nicht zumuten möchten, sich außerdem vor Karambolagen auf winterglatten Straßen fürchten und deshalb auf die Fortbewegung auf den eigenen vier Rädern verzichten. Aber diese Fälle sind relativ selten, man hat sich heute so an die Annehmlichkeiten der selbständigen Fortbewegung gewöhnt, daß man auch und gerade in der ungemütlichen Jahreszeit ungern darauf verzichten möchte.

Trotz allen Fortschritts in der Technik, den die heutigen Autos bieten, kann man nicht auf einige Vorbereitungen für den Winter verzichten.

Welches Öl im Winter?

Mercedes empfiehlt für die Wintermonate ein Mehrbereichsöl, dessen Bezeichnung mit SAE 10 W beginnen muß. Mit einem solchen Motoröl werden die bei uns in Deutschland überlicherweise herrschenden Wintertemperaturen vollkommen abgedeckt, d. h. man kann sie in Temperaturbereichen bis – 25 °C ohne Schwierigkeiten verwenden. Und kälter wird es normalerweise bei uns kaum, es sei denn, man wohnte in den Bergen oder es sei ein besonders strenger Winter.

Will man aber auf das praktische, aber auch teurere Mehrbereichsöl verzichten und entscheidet sich für ein Einbereichsöl (SAE 30 im Sommer), so kommt man natürlich nicht um einen Wechsel vom dickflüssigen Sommer- auf dünnflüssigeres Winteröl herum. Diesen Wechsel wird man praktischerweise nicht erst dann vornehmen, wenn die Frostgrade hereingebrochen sind und es womöglich morgens die ersten Startschwierigkeiten gegeben hat, sondern schon rechtzeitig vor Einbruch der Minustemperaturen.

Bei Dauertemperaturen unterhalb von minus 10 Grad empfiehlt Daimler-Benz die Viskosität SAE 5 W-20 oder SAE 5 W-30.

Frostfestes Kühlwasser

Bevor das Thermometer im Herbst die ersten Minusgrade anzeigt muß die Frostfestigkeit des Kühlwassers überprüft werden bzw. neue Frostschutzmischung eingefüllt werden, wenn man den Sommer über diese abgelassen hatte. Die Frostfestigkeit ist abhängig vom Verhältnis Wasser zu Frostschutzmittel. Eine Mischung 1:1 bietet Frostfestigkeit bis –40° C. So kalt wird es aber in unseren Breitengraden praktisch nie. Meist genügt eine Frostfestigkeit bis –27° C. Da Frostschutzmittel meist nur in 1,5-Liter-Dosen verkauft werden, nimmt man drei Stück und mischt zu diesen 4,5 Litern Frostschutz den Rest Wasser hinzu.

Das Frostschutzmittel selbst verdampft und verdunstet nicht, man kann also unbesorgt klares Wasser bei Kühlflüssigkeitsmangel nachfüllen. Anders ist das natürlich, wenn das Kühlsystem irgendwo ein Leck hat. Dann muß, wenn dieses Leck wegen Geringfügigkeit nicht gesucht und behoben zu werden braucht, die Frostfestigkeit der Kühlflüssigkeit »gespindelt« werden. Wie dies geschieht, ist im Bild auf Seite 63 gezeigt, außerdem ist dort auch beschrieben, wie das Kühlwasser abgelassen werden muß, um eine frostfeste Mischung einfüllen zu können. Nur bei mangelnder Frostfestigkeit kann man reines Frostschutzmittel nachfüllen. Bei einer vollständig neuen Kühlsystembefüllung läßt man entweder gleichzeitig Leitungswasser aus einem Schlauch und Frostschutzmittel aus der Dose in den Kühlerstutzen fließen, damit es eine gute Durchmischung gibt oder die Frostschutzmischung wird vorher in in einem sauberen Gefäß einwandfrei angerührt. Kippt man dagegen nacheinander Frostschutzmittel und Wasser in den Kühlerstutzen, durchmischt sich das ganze wegen des unterschiedlichen spezifischen Gewichts nicht, es bleiben »Wassernester« übrig, die schon bei geringem Frost einfrieren (und den Motor sprengen) können.

Frostschutz für den Scheibenwascher

Der Scheibenwaschbehälter im Motorraum wird von der Ausstrahlung des Motors während der Fahrt zwar warm gehalten, aber davon darf man sich nicht irritieren lassen, denn maßgebend ist der kalte Fahrtwind, der die Außentemperatur um das Auto noch herabsetzt, so daß nicht genügend frostfestes Wasser beim Versprühen auf der Windschutzscheibe sofort vereist.
Für diesen Zweck gibt es an den Tankstellen eine Fülle von Spezialmitteln, die dem Scheibenwaschwasser beigemischt werden können. Sie zu kaufen hat aber nur Sinn, wenn sie gleichzeitig in der Lage sind, Öldunst und Silikonschleier von der Windschutzscheibe zu vertreiben.
Andernfalls geht es mit Brennspiritus, der Silikon und Öldunst auch nicht lösen kann, weitaus billiger. Er wird im Verhältnis 1:1 mit dem Waschwasser gemischt. Den Brennspiritus kann man auch zusetzen, wenn man den Sommer über mit einem Scheibenwascherzusatz gute Reinigungserfahrungen gemacht hat, dieses Mittel aber von sich aus keinen Frostschutz bietet.
Den Wascherzusatz oder den Brennspiritus kippt man nicht einfach zum Leitungswasser in den Behälter, sondern mischt die Flüssigkeiten gründlich durch kräftiges Schütteln des herausgenommenen Waschbehälters. Andernfalls trennen sich die unterschiedlich schweren Flüssigkeiten im Wascherbehälter und das Wasser friert unter dem Spiritus oder Wascherzusatz doch ein, wenn der Wagen über Nacht im Freien steht.

Fingerzeige: *Die auf die Hinterräder wirkende Feststellbremse benutzt man beim Abstellen des Wagens im Winter möglichst nicht. Durch die Abkühlung der Bremstrommel sich bildendes Kondenswasser könnte die Bremsbacken festfrieren lassen. Ist es doch passiert und sind die Hinterräder blokkiert, hilft man sich durch Auf- und Abwippen des Wagenhecks am stehenden Wagen. Das »bricht« die Bremsbacken ohne Schaden für die Kupplung los. Den stehenden Wagen sichert man statt dessen durch einen eingelegten Gang, wobei der Rückwärtsgang wegen der größten Übersetzung die stärkste Hemmwirkung hat.*

Reifen im Winter

Durch die stürmische Reifenentwicklung der letzten Jahre, die gerade in der Winterbereifung beträchtliche Fortschritte zu größerer Sicherheit und Fahrerleichterung gemacht hat, ist es gar nicht einfach, sich durch das derzeitige Angebot hindurch zu finden. Deshalb hierzu einige Stichworte.

Diagonal-Reifen reichen selten aus

So bullig im Sommer ein Mercedes auch den Berg hinaufzieht, im Winter kann man sich über die Volkswagen und kleinen Fiat ärgern, die unbekümmert und grinsend auf der vereisten oder verschneiten Fahrbahn bergauf an einem vorbeiziehen. Mit den früher serienmäßigen Diagonalreifen der Grundaustattung wird also nur auskommen, wer im Winter bei entsprechend guten Straßenverhältnissen zu fahren braucht. Aber schon geringe Steigungen sind bei frisch gefallenem Schnee damit nicht zu schaffen. Als Ausweg bieten sich jedoch immer noch Schneeketten an, die sowieso auf Sommerreifen am besten montiert und schließlich in ihrer Wirkung doch noch allen Spezial-Winterreifen überlegen sind.

Gürtelreifen sind im Winter besser

Da die Gürtel- oder Radialreifen durch ihren stabilen Laufgürtel nicht in ihrer Aufstandsfläche auf der Fahrbahn walken, haben diese Reifen auf Schnee und Glatteis eine wesentlich bessere Haftfähigkeit als normale Diagonal-Sommerreifen. Als sogenannte »Ganzjahres-Reifen« haben sich der Michelin zX, der Phoenix Stahlflex, der Metzeler Perfect und der Continental TS als besonders geeignet erwiesen. In nicht allzu tiefem Schnee sind diese Gürtelreifen den M+S-Diagonalreifen gleichzusetzen, auf vereister Fahrbahn sind sie diesen sogar überlegen. Aber auch bei Radialreifen sollten Sie immer Schneeketten dabei haben.

M+S-Diagonalreifen nicht empfehlenswert

Noch vor wenigen Jahren galt ein Fahrer, der an seinem Fahrzeug auf der Antriebsachse zwei M+S-Reifen (M+S = Matsch und Schnee) montiert hatte, bestens für den Winter gerüstet. Inzwischen haben sich aber die winterlichen Straßenverhältnisse durch intensives Salzstreuen und die Reifen durch Neukonstruktionen gewandelt. Die M+S-Diagonalreifen sind praktisch bereits überholt. Zwar sind sie im frischen, noch nicht hartgefahrenen Schnee und im Schneematsch sehr wirksam, aber sowohl auf nasser wie auf vereister Fahrbahn sind sie den Sommerreifen unterlegen. Auf keinen Fall sollte man M+S-Reifen nur auf die Hinterachse aufziehen. Hat man an den Vorderrädern Diagonal-Sommerreifen, so ist die Lenk- und Bremswirkung vorn bei Schnee stark vermindert, sind auf der Vorderachse aber Gürtelreifen montiert, ist die Kombination lebensgefährlich, da die Eigenschaften dieser beiden Reifensorten extrem unterschiedlich sind.

M+S-Gürtelreifen — gute Lösung

Will man seinen Mercedes mit M+S-Reifen ausrüsten, dann sollte man unbedingt solche in Gürtelbauweise wählen, und zwar auf allen vier Rädern. Bei diesen Reifen wurden die Vorteile normaler Radialreifen mit einem entsprechenden Winterprofil kombiniert. Auf keinen Fall darf man hinten Gürtel-M+S-Reifen montieren, wenn auf den Vorderrädern Diagonal-Sommer- oder -Winterreifen aufgezogen sind.

M+S-Haftreifen — gut, aber teuer

Da Sommer- oder M+S-Reifen ein Fahrzeug beim Bremsen auf Glatteis nicht sicher in der Spur halten können, wurden für diese gefährlichste winterliche Fahrsituation spezielle Eisreifen mit Stahlstiften in der Lauffläche entwickelt. Da sich die Stahlstifte aber nicht nur ins Eis krallten, sondern auch an den Fahrbahndecken kratzten, sind die Nagelreifen seit April 1975 verboten worden. Als Ersatz für diese Spikes-Reifen entwickelte die Reifenindustrie neue Eisreifen ohne Stahlstifte auf der an sich schon griffigen Radial-Karkasse und mit erstaunlich griffigen »Haftgummi-Mischungen« auf der Lauffläche, die für den Schnee mehr oder weniger kräftiges M+S-Profil haben, auf nassen und trockenen Fahrbahnen den Spikes-Reifen überlegen sind. Aber bei sogenanntem »warmem« Glatteis (zwischen 0 ° und −3 °C) sind sie kaum rutschfester als normale Sommer-Gürtelreifen. Wenn also das Thermometer knapp unter die Frostgrenze sinkt und feuchte Witterung herrscht, ist auch mit Haftreifen Vorsicht angebracht.

Gleitschutz-Ketten

Das schwerste Geschütz gegen Eis und Schnee sind »Schneeketten«, die bei Hochgebirgsfahrten und Alpenpässen auch dann noch weiterhelfen, wenn der griffigste M+S-Reifen schon versagt. Den Ausdruck »Schneeketten« mögen die Fachleute nicht, denn diese Ketten sind nicht nur für Schnee das letzte Mittel, sondern auch auf Glatteis und vereistem Schnee wirkungsvoller als die besten Eis-Reifen. Deshalb heißen sie offiziell Gleitschutzketten. Viele Leute schwören deshalb darauf, aber die meisten Autofahrer sind – geben wir es zu – einfach zu faul, die Gleitschutzketten mit frostklammen Fingern wieder auf- und abzumontieren. Denn das ist unvermeidbar. Schon nach wenigen Kilometern flotter Fahrt auf trockener Autobahn können auch an den besten Gleitschutzketten die ersten Fetzen davonfliegen. Und dazu sind sie zu teuer. Auch ist die Fahrgeschwindigkeit mit Gleitschutzketten sehr begrenzt. Mehr als 80 km/h »sind nicht drin«, sonst wird es gefährlich.

Das Montieren kann man sich jedoch, da der Mercedes nur ein Paar Gleitschutzketten für die Hinterräder braucht, durch eine 6. Felge einfacher machen. Im Kofferraum stecken dann zwei mit Sommer-Reifen und fertig montierten Ketten bestückte Räder, die bei Bedarf gegen die Hinterräder ausgetauscht werden. Allerdings muß bei dieser Arbeit der Wagen ganz besonders gut gegen das Wegrutschen auf dem glatten Eis oder Schnee – auch das Wegrutschen des Wagenhebers! – gesichert sein.

Bei dem Hinweis auf das Ummontieren der Hinterreifen ist es bereits angedeutet: Gleitschutzketten montiert man möglichst nicht auf M+S-Reifen. Die Ketten müssen nämlich so locker auf den Reifen montiert werden, daß sie während der Fahrt darauf »wandern« können. Sonst gibt es derartig einseitige Spannungen in den Kettenteilen, daß diese reißen oder den Reifen beschädigen. Wegen der hohen Profilstollen der M+S-Reifen können die Ketten aber auf dieser Reifensorte nicht so gut wandern, sondern sie verklemmen sich leicht und reißen unter Umständen ganze Profilstollen weg.

Wenn Sie an den Kauf von Gleitschutzketten denken, sollten Sie sich keine veralteten »Leiterketten« oder »Zickzack-Ketten« aufschwatzen lassen, son-

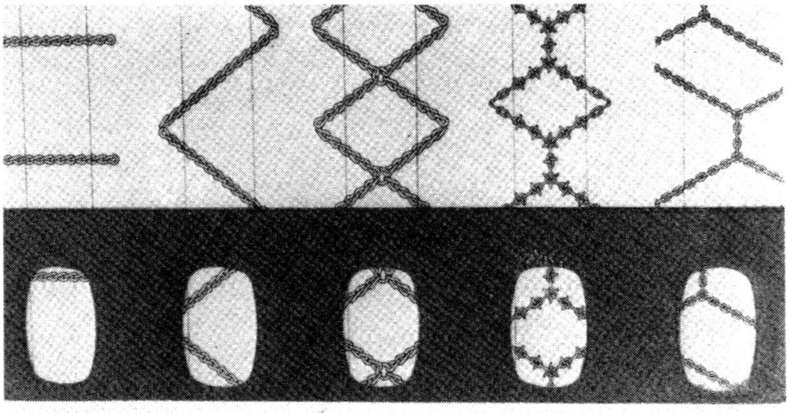

Die ovalen Ausschnitte geben die Aufstandsfläche eines Reifens an und vermitteln eine Vorstellung davon, bei welchen Gleitschutzketten der größte Kontakt mit der Fahrbahn besteht. Von diesen Ketten sind die Leiter- und Zickzack-Ketten (1 und 2) nicht zu empfehlen, dagegen sind die Kreuz-Kette (3) und die Spurkreuz-Ketten (4 und 5) wirkungsvoll genug, um im Schnee besonders gut zu greifen. Diese bieten auch bei Glatteis echte Sicherheit, während die beiden erstgenannten Ketten wegen ihrer ungleichmäßigen und unvollkommenen Auflage den Wagen bei einer Notbremsung unkontrolliert lassen.

Zu Gleitschutzketten gehört – von den Herstellern zumeist verschwiegen – als unvermeidbares Hilfsmittel eine Kombizange und eine Rolle besonders zäher Draht. Denn unterwegs passiert es leicht, daß etwa losgerissene Kettenglieder wieder eingehängt oder ersetzt werden müssen. Allerdings gibt es beispielsweise von Erlau, wo die praktischen, aber teuren und in einem Arbeitsgang anzulegenden Euromont-Ketten hergestellt werden, Kettenglieder, -haken und -ringe als Ersatzstücke.

dern nur die sogenannten »Spurkreuzketten« in Betracht ziehen, denn sie allein geben wirklichen Gleitschutz, da nur bei ihnen ständig ein nicht nur seitlich führendes Kettenteil auf der Fahrbahn aufliegt.
Für einmaligen oder kurzzeitigen Schneekettenbedarf lohnt es sich, bei den ADAC-Verleihstationen Ketten auszuleihen. Über 60 derartige Stationen stehen den Autofahrern zur Verfügung.

Praktische Hilfen unterwegs

Für Fahrten im Winter nimmt man als kluger Autofahrer noch einige Hilfsmittel mit, die unterwegs sehr nützlich sein können.

■ Eis-Schaber, um vereiste Scheiben zu reinigen. Er muß aus Kunststoff sein, damit die Scheiben nicht verkratzt verden. Manche Mineralölfirmen verschenken an die Stammkunden ihrer Tankstellen solche Eis-Schaber als Werbegeschenk, man kann ihn aber auch als »Teig-Schaber« – für die Kuchenteigschüssel gebraucht ihn die Hausfrau – im Haushaltwarengeschäft kaufen.

■ Sandsäckchen, um an vereister Steigung eine Fahrbahn zum Anfahren streuen zu können. Am besten sind dichte Leinen- oder Kunststoffsäckchen.

■ Schneeschaufel, um sich bei Schneefall einen Weg bahnen zu können. Damit es auch ein wirklich brauchbares Gerät ist, kein kleines Handschäufelchen mitnehmen, sondern möglichst eine breite Kohlenschaufel mit kurzem Stiel.

■ Anti-Beschlagtuch, mit dem die von innen beschlagene Windschutzscheibe und Heckscheibe abgerieben werden kann. Die Imprägnierung, die das Beschlagen etwa für eine Woche verhindert, reicht in dem Tuch für eine Saison. Dann wird es ausgewaschen und als normales Staubtuch weiterverwendet.

■ Zwei alte Teppichstreifen, jeweils etwa einen halben Meter breit und mindestens 1,5 m lang aus einem alten Teppich oder Kokosläufer. Diese Stücke kann man zum Anfahren unter die Hinterräder legen, wenn es auf Glatteis nicht mehr weitergeht. Wichtig ist, daß an beiden Stücken jeweils eine lange Schnur befestigt wird. Damit wird der Teppichstreifen auf der für ihn zuständigen Wagenseite an der hinteren Stoßstange angebunden, bevor man ihn vor den antreibenden Hinterrädern ausbreitet. Wenn der Wagen mit Hilfe der Teppichstreifen nämlich an der Steigung endlich ins Rollen gekommen ist, zieht er die Streifen an der Stoßstange einfach hinterher, bis die Steigung genommen ist. Erst dann anhalten und die Streifen abhängen. Dadurch spart man sich den weiten Rückweg zu Fuß, um die Streifen zu holen, oder, bei sofortigem Anhalten, die laufende Wiederholung der Anfahrversuche.

■ Defroster-Spray gegen vereiste Windschutzscheiben. Es wird aufgesprüht, das Eis löst sich schnell auf. Verwenden Sie die Scheibenwischer nicht als Eiskratzer, das beschädigt die feinen Gummilippen.

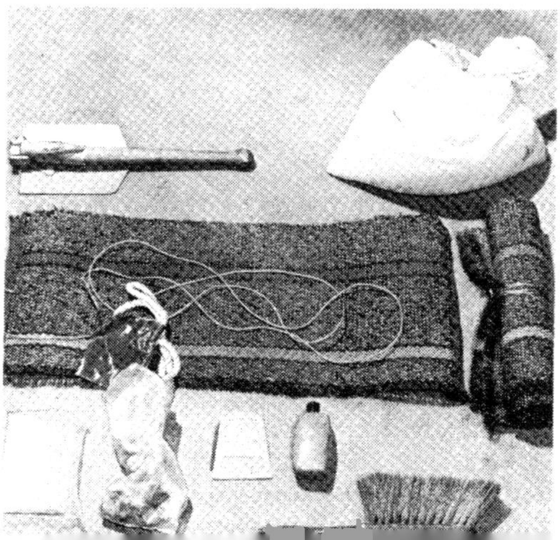

Für alle Winterfälle gerüstet und nicht kostspielig: zusammenklappbarer Spaten, Sandsack, Unterlegmatten aus alten Kokosläufern, Anti-Beschlagtuch, Abschleppseil, Eis-Schaber, Kunststoff-Flasche mit Brennspiritus und Handfeger. Am besten verstaut man alles in einem festen Karton, damit es nicht im Kofferraum des Wagens umherpoltert. Das zusätzliche Gewicht im Kofferraum kommt überdies der Straßenlage Ihres Mercedes im Winter zugute.

Lackpflege im Winter

Auch der Lack erfordert im Winter, wenn er im kommenden Frühjahr noch glänzen soll, erhöhte Aufmerksamkeit. Vor der Lackpflege steht allerdings die Wagenwäsche, die aber bei hartem Frost nicht möglich ist, sonst frieren Türen, Schlösser und Hauben zu. Deshalb muß im Winter frostfreies Wetter abgewartet, aber dann möglichst bald der mit Auftausalzen vermischte Schmutz gründlich und mit viel Wasser abgewaschen werden. Der Wagen wird im Winter besonders viel an seiner Schönheit verlieren, wenn man sich mit dem Gedanken tröstet, die Wagenwäsche sei nicht so wichtig, weil der Wagen nach einem Tag schon wieder schmutzig sei. Öfter als im Sommer soll im Winter auch der Lack mit Konservierungsmitteln gepflegt werden. Lackreiniger und polierende, d. h. schleifende Lackpflegemittel verwendet man dagegen im Winter nicht und wartet mit der Aufarbeitung des Lackes bis zum kommenden Frühjahr.

Chromglanz auch im Winter

Natürlich läßt sich der Chromschmuck im Winter gegen das aggressive Salzwasser wirksam schützen. Das einfachste Mittel ist eine reine säurefreie Vaseline, aber sie wird durch hart anprallendes Spritzwasser mit der Zeit verdrängt und wirkungslos. Besser ist dann ein wachsartiges Unterbodenschutzmittel, wie etwa Tectyl. Aber diese Mittel verstecken den Chromschmuck unter einer unansehnlichen Fett- oder Wachsschicht.
Verständlich ist es, daß mancher Autofahrer seinen Chromschmuck im Winter glänzen lassen möchte. Dazu gibt es Sprühdosen mit glasklarem Chromschutzspray, wie ihn beispielsweise Polifac anbietet. Das ist ein hauchdünner, aber zäher Wachsfilm, der auch unter noch vorhandene Feuchtigkeit dringt und sich auf Glanz polieren läßt.
Weniger bewährt hat sich nach unseren Erfahrungen der vielfach angepriesene Chromschutzlack, da vor dessen Aufsprühen oder Aufpinseln das Metall auch in den Poren restlos trocken sein muß. Das ist es aber in der feuchten Herbst- und Winterluft praktisch nie, so daß die unter der Lackschicht eingeschlossene Feuchtigkeit weiterwirkt und unter Umständen böse Rostschäden verursachen kann.

Wagenunterseite schützen

Weniger auffällig, aber dafür sehr oft um so erschreckender, rostet im Winter das Fahrgestell vor sich hin, wenn es ungeschützt dem Schneeschmelzwasser und den Auftausalzen ausgesetzt ist. Der mit Sand und Splitt durchsetzte Schneematsch arbeitet ja am Fahrgestell wie ein Sandstrahlgebläse und schleift mit der Zeit den schützenden Lack ab, so daß das blanke Metall schutzlos allen Rostangriffen ausgesetzt ist. Besonders heimtückisch ist dabei, daß sich die Auftausalze in den unzugänglichen Winkeln und Hohlräumen der Karosserie ansetzen, dort antrocknen und auch im folgenden Sommer hindurch immer wieder Feuchtigkeit aufsaugen und bösartige Rostnester an diesen Stellen bilden.

Serienmäßigen Unterbodenschutz nachsprühen

Ihr Mercedes hat schon vom Werk einen serienmäßigen Unterbodenschutz mitbekommen. Aber das darf Sie keineswegs beruhigen, denn solcher werkseitiger Unterbodenschutz wird auf die Bauteile aus fertigungstechnischen Gründen schon vor dem Zusammenbau aufgetragen. Die beim Zusammenbau entstehenden Schweißnähte, Punktverschweißungen und Stoßkanten sind dadurch nicht im geringsten rostgeschützt! Und das sind ja die empfindlichsten Stellen gegen Rostfraß.
Diese nichtgeschützten Fahrzeugteile und -stellen müssen also nachgearbeitet werden. Vielleicht hat das die Mercedes-Werkstatt, bei der Sie Ihren

Wagen gekauft haben, schon getan (erkundigen Sie sich danach!). Wahrscheinlich ist aber in dieser Beziehung nichts geschehen und Sie müssen sich selbst darum kümmern – am besten sofort nach der Auslieferung des Wagens oder spätestens vor den ersten Auftausalzen auf winterlichen Straßen.
Ist eine sichere Möglichkeit zum Aufbocken des Mercedes vorhanden, kann man es selbst machen. Nützliche Hilfsmittel sind dazu eine gute Hand- oder Taschenlampe und ein Handspiegel, mit denen man auch versteckte Rostansatzstellen entdecken kann. Ist hier und da schon Rostanflug festzustellen, muß dieser natürlich zuerst beseitigt und neutralisiert werden. Dies geschieht bei stärkerem Rost mit einer Drahtbürste oder Schleifpapier. Anschließend wird die Stelle mit »Terotex Rostprimer« von Teroson behandelt, der zugleich die Haftfestigkeit des nachfolgenden Unterbodenschutzmaterials verbessert. Rostumwandler nutzen an der Wagenunterseite nichts. Natürlich muß auch das Fahrgestell von Straßenschmutz sauber sein und Öl- oder Fettrückstände an den zu behandelnden Stellen müssen ebenfalls beseitigt werden.
Mit einer Sprühflasche Unterbodenschutz (z. B. Terotex-Spray von Teroson), wie sie an Tankstellen oder Autozubehör-Geschäften erhältlich ist, sprüht man die vorbehandelten Stellen ein. Bremsleitungen, Bremsscheiben, sowie Motor, Getriebe und Achswellen sollen allerdings nichts von dem Sprühstrahl abbekommen; man deckt sie deshalb am besten vorher mit alten Lappen ab. Auf jeden Fall sollte man nach dem Einsprühen sofort die Wirkung der Bremsen überprüfen und feststellen, ob Sprühdunst an die Bremsscheiben geraten ist. Keinesfalls sofort, wie üblich, losfahren, sondern bei betätigten Bremsen und wenig Gas so lange »schleichen«, bis sich die normale Bremswirkung einstellt.

Hohlraumkonservierung

Eine selbsttragende Karosserie, wie der Mercedes sie hat, besteht aus mehrfach gebogenen und gefalzten Blechen. In diesen Hohlräumen bildet sich durch Temperaturunterschiede innerhalb und außerhalb des Wagens Schwitzwasser. Dagegen bietet die Grundierung nur einen ungenügenden Rostschutz, besonders, wenn das Blech vor dem Eintauchen in das Farbbad nicht einwandfrei entfettet wurde. So kann das Blech von innen heraus zerfressen werden, bis sich im Lack Blasen bilden, die schließlich aufbrechen und die traurige Tatsache der Durchrostung erkennbar machen.
Das hat man auch bei Mercedes-Benz erkannt. Durch spezielle Bohrungen in bestimmten Karosseriepartien wurde bereits seit 1967 Sprühwachs in die durch Schwitzwasser gefährdeten Hohlräume eingebracht, bis dann wegen der zunehmenden Verwendung von Tausalzen in den Wintermonaten 1970 der heutige Konservierungsumfang eingeführt wurde. Er umfaßt Längs- und Querträger der Rahmenbodenanlage, die Fahrzeugunterseite, Türschächte und andere Karosseriepartien.
Um einen Dauerschutz zu gewährleisten, empfiehlt das Werk nach zwei Jahren eine Wiederholung der Hohlraumkonservierung. Wichtigste Voraussetzung ist, daß die zu behandelnden Partien trocken sind, weshalb sich die Behandlung während der Sommermonate empfiehlt. Auch bei älteren Fahrzeugen kann man – soweit es nicht schon geschah – eine Wiederholungskonservierung durchführen lassen, lediglich bei bereits stark angerosteten Karosserieteilen erscheint diese Maßnahme kaum noch sinnvoll. Da die notwendigen Vorrichtungen in Mercedes-Werkstätten oder Karosserie-Werkstätten vorhanden sind, wird man zweckmäßigerweise dort die geschilderten Konservierungsarbeiten in Auftrag geben.

Schleppzug ahoi

Man soll sich nicht auf sein Glück verlassen. Eines Tages kann es doch einmal passieren, daß Sie hilflos am Straßenrand stehen, weil irgend etwas am Wagen streikt. Ihr Wagen müßte abgeschleppt werden. Natürlich können Sie sich einen Abschleppdienst herbeirufen lassen. Aber das wird eine recht saftige Rechnung geben – selbst bei verhältnismäßig kurzen Strecken kann der Mann vom Abschleppdienst die Hand für 80 DM aufhalten. Billiger ist es, wenn sie ein hilfsbereiter Automobilist mit seinem Wagen ins Schlepptau nimmt.

Das eigene Seil

Unter der Kofferraumhaube Ihres Mercedes sollte ein eigenes Abschleppseil liegen. Man hat nur selten Glück, wenn man sich bei dieser Gelegenheit auf die Abschleppseile anderer Leute verlassen muß. Wenn Sie jedoch Ihr eigenes Abschleppseil am Wagen befestigen und mit dem anderen Ende hilfeheischend winken, weiß jeder Autofahrer auf hundert Meter, was sie wollen. Schneller, als Sie es zu hoffen wagen, wird jemand anhalten und Ihr Seil anhängen, weil Sie ja schon alles vorbereitet haben.

Mit seinem möglichen Gewicht von 1,3 bis 1,9 Tonnen ist der Mercedes schon ein ansehnlicher Brocken. Das leichteste Seilchen wird also nur selten ausreichen. Es muß schon etwas Stabiles, wenn auch nicht gleich ein Schiffstau sein. Es bieten sich drei Seiltypen an: Perlon oder Nylon, Hanfseil und Stahltrosse. Jeder Typ hat seine Vor- und seine Nachteile. Perlon- und Nylonseile dehnen sich beim Abschleppen, vermeiden also am leichtesten, daß beim Anrucken an den beiden Fahrzeugen etwas verbogen wird. Dafür sind Perlonseile scheuer- und hitzeempfindlich: Wenn sie an einer Karosseriekante oder Stoßstange schaben oder an den heißen Auspuff kommen, sind sie schnell hin. Deshalb muß ein Perlonseil unbedingt Ledermanschetten haben.

Hanfseile als andere Lösung sind besonders preiswert, aber dick, so daß sie sich nicht überall einfädeln lassen. Außerdem läßt sich ein naß geregneter Hanfseilknoten kaum noch lösen, wenn es nicht ein kunstgerechter Seemannsknoten ist. Und schließlich sind Hanfseile wenig elastisch, so daß man sie niemals an einer Stoßstange zum Schleppen befestigen darf.

Stahlseile sind ziemlich spröde zu handhaben und überhaupt nicht nachgiebig, aber sie reißen nicht so schnell. Wenn man diese Sorte ins Auge faßt, dann unbedingt mit »Ruckdämpfer«.

Im Schlepptau

Wenn sich beide Fahrer, der Schlepper wie der Geschleppte, auf das Abschleppen mit Feingefühl verstehen, kann man zur Not das Seil an die Stoßstange hängen. Aber allgemein zu empfehlen und notwendig ist das nicht, denn einerseits haben die Mercedes-Modelle spezielle Abschleppösen und außerdem müssen zu viele »Wenn« erfüllt werden – vor allem vom Schlepper bezüglich seiner Abschlepp-Kunstfertigkeit –, sonst ist die Stoßstange des

Wagens (oder beider Wagen) krumm und schief, bis Werkstatt oder Heimat erreicht sind. Die vordere Abschleppöse sitzt vorne am Rahmenlängsträger. Nicht zu gebrauchen sind an den Mercedes die sonst recht handlichen Abschleppseile mit Anhängekrallen zum Befestigen an den Stoßstangen. Diese Krallen werden in unmittelbarer Nähe eines Stoßstangenhalters einfach oben und unten über die Stoßstangenfalze geschoben. Dazu sind aber die Mercedes-Stoßstangen im Querschnitt zu weit geschwungen, so daß sie sich selbst bei sanftem Zug aufbiegen. Auch solch ein Seil, das eigentlich für leichtere Wagen gedacht ist, muß irgendwie an der Abschleppöse befestigt werden.

Einen anderen abschleppen

Als hilfsbereiter Autofahrerkollege wird man sich nicht lange bitten lassen, wenn man unterwegs einen liegengebliebenen Wagen bemerkt, dessen Fahrer auf Hilfe wartet. Vielleicht ereilt einen das Schicksal selbst mal und dann freut man sich auch darüber, daß es noch hilfsbereite Menschen gibt.
Für die kräftigen Mercedes-Motoren ist es kein Problem, einen anderen Wagen ins Schlepptau zu nehmen, sofern es sich nicht um einen LKW oder Bus handelt. Und mit einem wenig »Gewußt wie« wird man mit jedem anderen Fahrzeug fertig. Zumal ein Mercedes vorn und hinten mit Abschleppösen serienmäßig ausgerüstet ist. Auch eine etwa vorhandene Anhängerkupplung ist ein guter Befestigungspunkt für ein Schleppseil.
Probleme mit der Anbringung des Seils wird es also kaum geben. Zu beachten ist beim Geschlepptwerden vor allem, daß sich das Seil möglichst immer in gespanntem Zustand befindet. Nur sollte man den Fuß nicht dauernd auf der Bremse haben, das kann durch Erhitzung zu einem Nachlassen der Bremswirkung führen, zumal bei langsamer Schleppfahrt der kühlende Fahrtwind für die Scheibenbremsen nur sehr schwach ist.
Muß gebremst werden, so muß das sanft geschehen, damit durch die plötzliche Belastung weder das Schleppseil reißt, noch irgendwelche Teile am Fahrzeug verbogen werden.
Beifahrer des geschleppten Fahrzeuges sollten im Schleppfahrzeug Platz nehmen; so verringert man die zu schleppende Last.

Abschleppen nach Gesetz

Das Abschleppen ist nach den Gesetzen eine Notmaßnahme. Es darf nur dazu dienen, einen aus eigener Kraft nicht fahrfähigen Wagen in die nächste zumutbare Werkstatt oder an seinen nahegelegenen Heimatort zu bringen. Der Fahrer des abgeschleppten Fahrzeuges braucht nicht einmal einen Führerschein zu haben und für den Fahrer des schleppenden Wagens ist keineswegs Führerschein Klasse 2 erforderlich, ihm genügt Klasse 3. Lassen Sie sich durch anderslautende irrige Meinung nicht verwirren.
Das Seil zwischen den beiden Fahrzeugen darf eine lichte Weite von 5 m nicht überschreiten und in jedem Fall (im Gegensatz zu früheren Bestimmungen) muß die Schleppvorrichtung in ihrer Mitte gekennzeichnet sein — z. B. mit einem roten Lappen. Nur der Halter des abschleppenden Wagens haftet für alle auftretenden Schäden.

Schlepp-Probleme mit Getriebeautomatik

Bei Fahrzeugen, die mit einer Getriebeautomatik ausgerüstet sind, ergeben sich einige Punkte, denen man unbedingt Beachtung schenken muß.
Zum Abschleppen bleibt der Wählhebel der Getriebeautomatik in Stellung »N« (= Neutral). Die Schleppgeschwindigkeit muß mehr als 25 und höchstens 50 km/h betragen. Mehr als 25 km/h sind notwendig, um durch die sogenannte Sekundärpumpe (die es nur bei der Getriebeautomatik von Mercedes gibt!) in der Getriebeflüssigkeit den Druck aufbauen zu können, der ein

»Trockenlaufen« (das das Getriebe gefährden würde) verhindert. Und mehr als 50 km/h darf die Schleppfahrt deshalb nicht betragen, weil bei höherer Geschwindigkeit ja eigentlich geschaltet werden müßte, was aber eben wegen der »N«-Stellung nicht geschieht.
Geht die Fahrt über eine weitere Entfernung, so muß die Kardanwelle abgeflanscht werden. Dasselbe ist notwendig, wenn man sich etwa von einem langsamen Traktor schleppen lassen muß der eine Geschwindigkeit von mindestens 25 km/h nicht erreichen kann, oder wenn durch einen Bruchschaden Getriebeflüssigkeit ausgelaufen ist und das Getriebe trocken laufen würde!

Abschleppen bei Getriebeautomatik

Im Gegensatz zu den von anderen Auto-Herstellern verwendeten Getriebe-Automatiken ist es bei der Mercedes-Viergang-Automatik möglich, sich bei ausgefallener Batterie o. ä. Defekten anschleppen zu lassen. Grund hierfür ist die schon erwähnte Sekundärpumpe, über die eben nur die MB-Automatik verfügt. Sie wird von den Hinterrädern aus angetrieben und sorgt bei mehr als 25 km/h Geschwindigkeit für den Aufbau des notwendigen Drucks der Automatik-Flüssigkeit, ohne den das Getriebe trocken laufen würde. Wegen der relativ hohen Geschwindigkeit, die zum Abschleppen notwendig ist, sollte das Schleppseil möglichst lang sein, damit ein entsprechender Abstand zwischen schleppendem und geschlepptem Fahrzeug da ist (Bremsweg muß vorhanden sein).
Das Anschleppen selbst geht dann so vor sich: Seil befestigen, Wählhebelstellung »N« einlegen, Zündung einschalten, bei Kaltstart Gaspedal einmal langsam durchtreten, um Startautomatik zu betätigen. Nun gibt man dem Schleppenden das vorher vereinbarte Handzeichen zum Anfahren. Hat man eine Geschwindigkeit von mindestens 30 km/h erreicht und etwa 2 Minuten eingehalten (damit sich der vorhin schon erwähnte, notwendige Druck aufbauen kann), so legt man nun die Fahrstufe »L« ein. Sofort nach dem Anspringen des Motors gibt man vorsichtig dosiert Gas, damit man nicht auf den Vordermann auffährt und legt die Wählhebelstellung »N« ein. Ein Hupzeichen fordert den Schleppenden zum Anhalten auf.
Springt der Motor durch das Anschleppen trotz erreichter Geschwindigkeit von mindestens 30 km/h nicht gleich an, so legt man den Wählhebel wieder in Stellung »N« und wiederholt den Startversuch noch einmal. Auf keinen Fall darf sich der Schleppvorgang zu lange hinziehen, sonst besteht für die Automatik Gefahr! Mehrere kurze Versuche sind einem zu langen auf alle Fälle vorzuziehen.

Vorn in Fahrtrichtung rechts befindet sich, relativ bequem zugänglich, die eine der beiden serienmäßigen Abschleppösen. Auch dicke Seile lassen sich gut einfädeln, ein Scheuern an der Stoßstange ist nicht möglich.

Die hintere Öse sitzt an der Mulde des Reserverades und ihre gute Erreichbarkeit macht es dem freundlichen Mercedes-Fahrer leicht, im Notfall hilfreiche Dienste anzubieten.

Abzählreime

Als technische Daten bezeichnet man beim Auto nicht nur das, was sich wiegen, messen oder sonst in Zahlen ausdrücken läßt, auch die Kurzbeschreibung einzelner Teile des Motors, der Karosserie und des Fahrwerks gehört dazu. Wir haben die Angaben, die Sie vielleicht eines Tages einmal interessieren können, nachfolgend aufgeführt:

Motor

	200	220	230
Bezeichnung	M 115		
Bauart	Vierzylinder-Viertakt-Otto-Reihenmotor mit obenliegender Nockenwelle		
Baumuster (interne Bezeichnung)	115 923	115 920	115 951
Hubraum ccm	1 988	2 197	2 277
Bohrung mm	87	87	93,75
Hub mm	83,6	92,4	83,6
Leistung DIN-PS	95	105	110
bei U/min	4 800	4 800	4 800
Leistung PS/Liter	47,5	48	47,8
Leistungsgewicht kg/PS	14	12,7	12,3
Höchstdrehmoment mkp	15,9	18.2	19
bei U/min	2 800	2 800	2 500
Höchstdrehzahl	6 000	6 000	6 000
Verdichtung	9:1	9:1	9:1
Mittl. Kolbengeschwindigkeit m/s	13,4	14,78	13,4
Ventilanordnung	senkrecht hängend		
Ventilspiel kalt			
Einlaß mm		0,08	
Auslaß mm		0,20	

	200	220	230
Ventilsteuerzeiten			
Einlaß öffnet vor OT	14°	11°	14°
schließt nach UT	20°	47°	27°
Auslaß öffnet vor UT	22°	48°	36,5°
schließt nach OT	12°	16°	18,5°
Kurbelwellenlager	5 Mehrstoffgleitlager		
Pleuellager	Mehrstoffgleitlager		
Kolben	Leichtmetall geschmiedet		
Zylinderzahl	4		
Nockenwelle	eine obenliegend		
Nockenwellenantrieb	Duplexkette mit automatischer Nachstellung		
Schmierung	Öldruckumlaufschmierung		
Ölfilter	Hauptstromfilter		
Kühlung	Wasserumlaufkühlung mit Pumpe, Thermostat mit Kurzschlußleitung, Ventilator, Rippenrohrkühler		
Motorgewicht kg	176,5	179	182,4
Motorlagerung	Dreipunkt-Gummilagerung		
Betriebs-Öldruck bei 80° C Kühlwassertemperatur kg/cm²	2–6		

Kraftstoffanlage

Kraftstoff-Förderung	APG-Membranpumpe
Luftfilter	Filterpatrone (Typen siehe Seite 90)

Elektrische Anlage

Netzspannung	12 V
Batteriekapazität	55 Ah
Lichtmaschine	Drehstrom 14 V/35 A/ 490 W max.
Ladebeginn bei 500 U/min Kurbelwelle	ca. 900 U/min
Anlasser Bosch Typ	GF 12 Volt 1,4 PS
Glühlampen	siehe Seite 127

Kraftübertragung

Art	Antrieb auf die Hinterräder, dreigeteilte Kardanwelle
Kupplung	Einscheiben-Trockenkupplung
Betätigung	hydraulisch
Getriebeschaltung	Lenkrad- oder Mittelschaltung
Getriebe vollsynchronisiert	4-Gang
Übersetzungen	3,98/2,39/1,46/1,0
Hinterachse	2,92 (230: 3,69)
Motordrehzahl im IV. Gang bei 100 km/h	3 520 (230: 3 180)
Getriebeautomatik	wahlweise

Fahrwerk

Bauart	Rahmenboden-Anlage mit Aufbau verschweißt, mittragende Karosserie
Lenkung	Kugelumlauflenkung mit autom. Nachstellung und Lenkungsdämpfer
Lenkübersetzung	22,7
Servolenkübersetzung	15,66
Wendekreis m	10,98
bei Servolenkung	11,08
Radeinschlag innen bis	43°
außen bis	35°
Vorderradaufhängung	Einzelradaufhängung mit Trapez-Dreieckslenkern, Schraubenfedern mit Gummi-Zusatzfedern, hydraul. Gasdruckstoßdämpfer, Drehstabstabilisator
Spur vorn mm	1 444
Vorspur vorn	Normallenkung 3±1 mm Servolenkung 0° 25′±10′
Nachlauf	Normallenkung 2° 15′±20′ Servolenkung 3° 15′±20′
Radsturz vorn	+20′
Hinterachse	Diagonal-Pendelachse
Federung	Schraubenfedern, hydraul. Gasdruckstoßdämpfer
Spurweite hinten mm	1 440
Vorspur hinten mm	0–3
Radsturz hinten belastet	–45′
Radstand mm	2 750
Bremsanlage	Zweikreis-Öldruck mit Unterdruckverstärker
Bremsen vorn	Scheiben
Durchmesser mm	273
Bremsen hinten	Scheiben
Durchmesser mm	279
Felgen	5½ J×14 H
Reifen	6.95/175-14
Radialreifen (a. W.)	175 SR 14

Maße und Gewichte

	200	220	230
Länge mm		4 685	
Breite mm		1 770	
Höhe unbel. mm		1 440	
Leergewicht kg	1 330	1 335	1 350
Zul. Achslast vorn kg	865	870	885
hinten kg		985	
Zuladung bis kg		520	

	200	220	230
Zul. Gesamtgew. kg	1 850	1 855	1 870
Anhängelast zulässig gebremst kg		1 200	
ungebremst kg	700	705	710
Dachbelastung kg		60	
Bodenfreiheit mm		174	
Überhang vorn cm		78	
hinten cm		115,5	

Füllmengen

	200	220	230
Kraftstoff l		65	
Reserve l		9	
Kühlsystem l	10,7	10,1	10,1
Ölwechselmenge m. Filter/o. Filter l			
bis März 1970	4,5/4,0	5,0/4,5	
bis August 1973	5,0/4,5	5,5/5,0	
ab August 1973	5,5/5,0		6,0/5,5

Schaltgetriebe l	1,6
Automaticgetriebe l	4,5
Hinterachse l	
bis März 1973	1,15
ab März 1973	1,0
Lenkung l (mech.)	0,3
(Servo)	1,4
Bremsanlage l	0,5

Fahrwerte

	200	220	230
Höchstgeschwindigkeit km/h	160	168	170
autom. Getriebe km/h	155	163	165
Beschleunigung in s 0–100 km/h	15,2	13,7	13,7
autom Getriebe	15,0	13,9	13,9
Kraftstoff-Normverbrauch l/100 km	10,9	11,1	11,4
Motorölverbrauch l/100 km		0,2	
Steigfähigkeit in %			
1. Gang	45,8	45,0	48,0
2. Gang	28,0	33,0	30,0
3. Gang	15,0	18,0	16,0
4. Gang	9,5	11,0	10,0

Entwicklungsjahre

Jedes Auto-Modell erfährt im Laufe seiner Herstellungszeit Änderungen, teils, um der allgemeinen Weiterentwicklung Rechnung zu tragen, teils weil die Erfahrungen der Praxis in Bezug auf mögliche Schwachstellen dazu zwingen. Die nachfolgende, auch für Gebrauchtwagenkäufer interessante Aufstellung ist den in diesem Buch behandelten Typen Mercedes 200, 220 und 230 4 gewidmet. Der eigentliche Ursprung dieser Modellklasse reicht jedoch viel weiter zurück, er geht auf den Typ 180 des Jahres 1953 zurück und, was den Motor betrifft, auf den Typ 180 des Jahres 1957, als der Motor mit obenliegender Nockenwelle eingeführt wurde.

1968

Januar
Vorstellung der neuen Modellreihe unter dem Begriff »Neue Generation«. Üblich wurde auch die Bezeichnung »200/8« oder »220/8«, wobei die Zahl 8 dem Einführungsjahr 1968 entnommen ist.
Zwei verschiedene Motoren in neuer Karosserie, ein 2-Liter- und ein 2,2-Liter-Vierzylinder. Beide Motoren mit gleicher Zylinder-Bohrung (87 mm), aber unterschiedlichem Hub (200: 83,6 mm, 220: 92,4 mm). Der Typ 220 kann also zu den Langhubern gezählt werden. Die Leistung der beiden Motoren beträgt 95 PS/4800 U/min bzw. 105 PS/4800 U/min.
Die Karosserie war völlig neu entwickelt: Kompaktere Außenmaße bei praktisch gleichen Innenabmessungen. Scheinwerfer-, Nebel- und Parkleuchten waren zusammen mit den Blinkern unter einem gemeinsamen Deckglas untergebracht, die Stoßstangen und die Seitenflächen der Karosserie hatten Gummischutzleisten, die Kühlermaske wurde etwas niedriger, behielt aber ihre typische Mercedes-Form. Besonderes Merkmal: Fortfall der Eingelenk-Pendelachse und Einführung der »Diagonal-Pendelachse« (üblicherweise Schräglenkerachse genannt).
Als verlängerte Version wurden die Typen 220/220 D/230 mit längerem Radstand (3400 mm) und langer, siebensitziger Karosserie (Gesamtlänge 5335 mm) eingeführt.

1969

September
Innenraum mit Teppichboden ausgelegt statt der einfachen Gummimatten. Einteilige Konsole. Aschenbecherbeleuchtung, Zigarettenanzünder im Aschergehäuse, serienmäßige Warnblinkanlage.

1970

März
Ölwannen bei 200/8 und 220/8 vergrößert, Ölfüllmengen um 0,5 l erhöht.
August
Hohlraumkonservierung serienmäßig. (Nachträgliche Behandlung älterer Fahrzeuge möglich.)
Oktober
Halogen-Leuchteinheiten auf Wunsch lieferbar (Fern-/Abblendlicht mit H 1-Lampe bestückt, das Nebellicht mit H 3-Lampe). Deckglas flacher.
Strombergvergaser werden mit automatischer Startvorrichtung ausgestattet (Stromberg 175 CDT); bewegliche Düsennadel, geänderte Leerlauf-Einstellschraube (ab Fg.-Endnummer 068867 beim 200, ab 062723 beim 220). Erfüllung der Europa-Abgasnormen. Kettenspanner für Nockenwelle geändert, Drucköl-Kettenspanner. Zusätzlicher Ölkanal im 1. Nockenwellenlager und im Zylinderkopf (ab Fg.-Endnummer 069923 bzw. 064599).
November
Bremsleitungen zu den Hinterrädern verlegt (ab Fg.-Endnummer 070416 bzw. ab 064095): Bremsleitung verläuft bis hinter die Hinterachse am Rahmenboden entlang.
Dezember
Zündspule und Vorwiderstand (statt 0,9 jetzt 1,8 Ohm) geändert, größere Zündspannungsreserve (ab Fg.-Endnummer 064860 bzw. 059647).

1971

März
Fahrzeuge mit Mittelschaltung nun mit kunststoff-umschäumtem Schalthebel; Automatik-Fahrzeuge ebenfalls, zusätzlich Gummimanschette zur Dämpfung von Arbeitsgeräuschen des Getriebes (ab Fg.-Endnummer 070090 bzw. 063819).
Lichtdrehschalter mit 2. Zugstufe (für Nebelschlußleuchte), Fortfall der besonderen Parklichtbirnen (es werden als Parklichter die linken bzw. rechten Standlicht- bzw. Schlußlichtbirnen geschaltet).
Mai
Hinterachsmittelstück mit 45 mm langen Stiftschrauben (statt 42 mm) befestigt, selbstsichernde Muttern für Mittelstück am Hinterachsträger. Querlenker der Typen 350 SL/SLC.
Juli
Einbau der Vorderradnaben der Baureihe 350 SL/SLC, Änderung der Bremsscheiben. Zylinderkopfhaube mit breiterem Fuß, Dichtung entsprechend geändert.
August
Freigabe von Mehrbereichsölen für alle Motoren (SAE 10 W 40, SAE 10 W 50 ganzjährig, SAE 10 W 30 nur Winter, SAE 20 W 40, SAE 20 W 50 nur Sommer).
September
Spannschienenlagerung des Kettenspanners für den Nockenwellen-Antrieb geändert, Sicherungsdraht entfällt, dafür Lagerbolzen mit Bund versehen.
Einführung des neuen DB-Wartungssystems (I. Teil = Pflegedienst, II. Teil = Elektronische Motorprüfung, III. Teil = Sicherheitsprüfung), nur noch alle 15000 km empfohlene Inspektion.
Oktober
Ölablaßschraube mit Innensechskant SW 14 statt Außensechskant SW 17. Kurbelwelle beim 200 geändert (Schmierölbohrungen vom 2. Hauptlager zum 2. Pleuellager, vom 4. Hauptlager zum 3. Pleuellager).
Dezember
Stromberg-Vergaser mit geänderter Düsennadel (Bezeichnung »YA«, Teile Nr. 0000700287) gegen Nachlaufen der Motoren.

1972

April

Schaltkulisse der Automatik-Fahrzeuge bei Mittelschaltung geändert, Kasten aus Kunststoff, Bezeichnung der Schaltstufen endlich links und damit ablesbar.

Mai

Frontscheibe serienmäßig aus Verbundglas, Intervallschaltung für Scheibenwischer. Bremspedal der Automatik-Fahrzeuge verbreitert. Neue Farbskala der Serien- und Sonderlackierungen.

Juli

Scheinwerfer-Waschanlage gegen Mehrpreis lieferbar. Gelenke der Hinterachswelle mit »Sterngelenköl« statt mit Fett gefüllt (ab Fg.-Endnummer 133 576 bzw. 105 064).

September

Isolierflansch am Stromberg-Vergaser verbessert (»Abil-Elring«).

Oktober

H 4-Halogenlampe für Halogenleuchten eingeführt. Handrad der Vorderlehnenverstellung nach innen verlegt. Schriftzug »Automatic« am Heckdeckel fällt weg.

Dezember

Auspuffkrümmer ohne Heizklappen. Schwimmernadelventil mit zwangsgesteuerter Schwimmernadel (Fg.-Endnummer 135 775 bzw. 106 460).

1973

Februar

Vierspeichen-Sicherheitslenkrad mit Kunststoff-Umschäumung (wie S-Klasse). Leerlaufabschaltventil serienmäßig (gegen Nachlaufen des Motors) ab Fg.-Endnummer 154 642 bzw. 118 034. Nachträglicher Einbau möglich.

März

Bremsschläuche direkt in die Bremszangen eingebaut (die Rohrleitungen zwischen Bremszangen und Schlauch entfallen).

Serienausstattung verbessert: Automatik-Sicherheitsgurte und Kopfstützen vorn. Quarz-Zeituhr. Kühlerfrostschutz. Zündverteiler mit geänderter Kennlinie (ab Fg.-Endnummer 157 000 bzw. 119 540).

Hinterachse mit geändertem Abschlußdeckel, Ölfüllmenge dadurch auf 1,0 l reduziert.

August

Neuer 230-Vierzylindermotor löst den seit 1968 gebauten 2,2-Liter ab. Neben dem Sechszylinder-230 nun auch ein Vierzylinder des gleichen Typs im Programm. Höhere Leistung, höheres Drehmoment bei praktisch gleicher Fahrleistung (110 PS/4800 U/min und 19 mkg/2500 U/min, Höchstgeschwindigkeit ca. 170 km/h). Verdichtung 9:1, Bohrung 93,75 mm, Hub wie beim 200-Motor 83,6 mm. Damit gleiche Kurbelwelle wie 200. Kein Kühlwasserdurchfluß zwischen den Zylindern (Schlitze an der Oberseite des Kopfes zwischen den Zylindern). Größere Einlaßventile, neue Einlaßkanäle, Ölfüllmenge auf 5 Liter (max.) bzw. 3,5 Liter (min.) erhöht. Bessere Ölversorgung bei scharfer Kurvenfahrt (gilt auch für 200).

Spannvorrichtung für Keilriemen geändert, Halter verstärkt statt 2 Schrauben jetzt 4. Fortfall des Viergang-Automatik-Getriebes mit hydraulischer Kupplung. Automatik mit hydraulischem Drehmomentwandler (W 4 W 025). Hinterachsübersetzung 3,69, also direkter als beim 220. Bei fast gleicher Höchstgeschwindigkeit geringere Drehzahl, gesenktes Geräuschniveau. Niedrigerer Dom für Dämpferflüssigkeit im Vergasergehäuse.

Karosserie mit kleinen Retuschen: Kühlerverkleidung um 100 mm breiter, 9 mm niedriger. Lufteinlaß unter Vorderstoßstange (Fischmaul), Kennzeichenblende vorn nicht mehr unter, sondern an der Stoßstange, dadurch größerer Böschungswinkel (26 ° statt 20 °).

Fortfall der vorderen Ausstellfenster. Von innen zu verstellender Außenspiegel (wie S-Klasse). Schmutzabweisende Zierschienen an den Säulen der Windschutzscheibe, sie halten die Seitenscheiben verschmutzungsfrei (wie S-Klasse).

Zierrahmen über Heckscheibe hält diese schmutzfrei, bessere Sicht nach hinten (wie S-Klasse).

Griff am Kofferdeckel verbreitert. Heckleuchtengruppe mit starker Profilierung und dadurch geringerer Verschmutzung.

September

Leerlauf-Abschaltventile mit verbesserter Funktion, erkennbar an Datum des Fertigungstages (neu ab 3142 = 73, 14.2, also ab 14. 2. 73). Schalthebelmanschette ohne Falten.

Oktober

Zündverteiler mit geänderter Kennlinie (»200« ab Fg.-Nr. 173 787; »220« ab Fg.-Nr. 128 171): Zündzeitpunkt ohne Unterdruck 4500 U/min 43 °, Leerlauf (Zündeinstellung ohne Unterdruck) 800 U/min 13 °—20 °; 1500 U/min 16 °—22 °; 3000 U/min 33 °—39 °. Unterdruckverstellung nach »früh« 4500 U/min 15 °—19 ° (insgesamt 58 °—62 °). Einbauwert des Zündverteilers b. Anlaßdrehzahl mit Unterdruck 17 ° vor OT.

Dezember

Rückenlehne vorn um 20 mm höher.

1974

Februar

Untere äußere Gurtbefestigung Vordersitze um 17 mm nach vorn verschoben, keine Behinderung Fondfußraum beim Ein-/Aussteigen mehr. Metallic-Lackierungen auch für Baureihe 200—280 E erhältlich.

Juni

Gürtelreifen gehören zur Serienausstattung.

Juli

Alle Modelle erhalten serienmäßig einen verschließbaren Tankdeckel.

1975

Juli

Neue Stoffmuster für Sitzbezüge und neue Farbskala der Außenlackierungen. Mittelarmlehne vorn (auf Wunsch) am Fahrersitz statt am Beifahrersitz befestigt.

August

Auf Wunsch Rücksitzbank mit drei Beckengurten lieferbar.

September

Geänderter Kombihebel am Lenkrad, Kontrolleuchte für Nebelschlußleuchte gelb statt grün.

1976

Januar

Vorstellung der neuen Modellreihe (interne Bezeichnung W 123), die zunächst parallel zur bisherigen Serie gebaut wird. Für die neuen Modelle erscheint demnächst ein weiteres Handbuch.

Dezember

Produktionseinstellung der seit Anfang 1968 gebauten Modellreihe.

Gesucht und gefunden

Erläuterungen zum elektrischen Schaltplan in der hinteren Buchklappe

1 Leuchteinheit links
- a = Fernlicht
- b = Abblendlicht
- c = Standlicht/Parklicht
- d = Blinklicht
- e = Nebellicht

2 Leuchteinheit rechts
3 Kontrollschalter für Bremsflüssigkeit
4 Bremslichtschalter
5 Schalter Park- Bremskontrolle
6 Kombiinstrument
- a = Blinkerkontrolle links
- b = Blinkerkontrolle rechts
- c = Kraftstoffreserve-Warnung
- d = Kraftstoffanzeige-Instrument
- e = elektrische Uhr
- f = Regelwiderstand für Instrumentenbeleuchtung
- g = Instrumentenbeleuchtung
- h = Ladekontrolle
- i = Fernlichtkontrolle
- k = Kontrolle für Betriebs- und Parkbremse

7 Zweiklang-Signalanlage
8 Warnblinkschalter, elektronisch
9 Wischermotor
10 Fußpumpe-Scheibenwascher
11 Zigarrenanzünder mit Aschenbecherbeleuchtung
12 Handschuhkasten-Leuchte
13 Schalter Handschuhkasten-Leuchte
14 Magnetventil für automatisches Getriebe
15 Anlaßsperrschalter (Klemme 50) und Rückfahrlichtschalter (Klemme 81 und 81 a)
16 Signalring
17 Kombi-Schalter
- a = Blinkerschalter
- b = Lichthupschalter
- c = Handabblendschalter
- d = Scheibenwischerschalter
- e = Schalter für Wischergeschwindigkeit

18 Sicherungen
19 Vergaserheizdose Startautomatik
20 Kick-down-Schalter (Automatik)
21 Türkontakt, links vorn
22 Leseleuchte
23 Türkontakt, rechts vorn
24 Lichtdrehschalter
25 Zündanlaßschalter
26 Gebläseschalter
27 Vorwiderstand-Gebläsemotor (0,75 und 2,5 Ohm)
28 Vorwiderstand der Zündspule (1,8 Ohm)
29 Zündspule
30 Zündverteiler
31 Zündkerzen
32 Steckverbindung für Schlußlampenleitungssatz
33 Kofferraumleuchte
34 Gebläsemotor
35 Geber für Kraftstoffanzeige
36 Freie Leitungen für Sonderwunsch (z. B. Radio)
37 Lichtmaschine
38 Spannungsregler
39 Anlasser
40 Batterie
41 Schlußleuchte, rechts
42 Kennzeichenbeleuchtung
43 Schlußleuchte, links
- a = Blinklicht
- b = Schlußlicht/Parklicht
- c = Rückfahrlicht
- d = Bremslicht

Die Zahl vor der jeweiligen Kabelfarbe bedeutet den Querschnitt in mm^2 des betreffenden Kabels (gemessen ohne Isoliermaterial).
Die Kabelfarbe ist in Kurzbezeichnung angegeben, wobei bei mehreren Farben in einer Leitung die erste jeweils die Grundfarbe und die folgenden die Kennfarben sind.

Genormte Klemmenbezeichnungen im Schaltplan:

Die nachstehenden Klemmenbezeichnungen sind sowohl im Schaltplan in der hinteren Buchklappe an den betreffenden Stellen eingedruckt als auch auf den meisten Bauteilen im Auto eingeprägt. Diese Klemmenbezeichnungen sind allgemein verbindlich für alle Kraftfahrzeuge genormt.

Klemme	Kabel von	zu
1	Primärstrom der Zündspule	Verteiler (Unterbrecher)
4	Sekundärstrom der Zündspule (Hauptzündkabel)	Verteiler
15	Stromführend bei eingeschalteter Zündung:	
	Zündschloß	Sicherung Nr. 2 (nicht abgesicherte Seite) – Zündspule
	Zündschloß	Sicherung Nr. 2 (nicht abgesicherte Seite) – Ladekontrolle
	Zündschloß	Sicherung Nr. 2 bis 6 mit dort angeschlossenen Stromverbrauchern (siehe Sicherungstabelle auf Seite 110)
16	Anlasser	Vorwiderstand der Zündspule
30	Stets stromführende Leitungen:	
	Batterie +	Anlasser
	Batterie +	(über Anlasser) Drehstromlichtmaschine Klemme B +
	Batterie +	(über Anlasser Klemme 30) Sicherung Nr. 1 (nicht abgesicherte Seite) mit daran angeschlossenen Stromverbrauchern (siehe Sicherungstabelle auf Seite 110) – Lichtschalter – Zündanlaßschloß – Sicherung Nr. 9 bis 12 mit daran angeschlossenen Stromverbrauchern, die über Abblendschalter von Sicherung Nr. 1 kommt (siehe Sicherungstabelle auf Seite 110)
31	Massenanschlußleitungen:	
	Fernlicht und Abblendlicht	Masse
	Standlicht/Parklicht, Blinklicht, Nebellicht	Masse
	Kombi-Instrument	Masse
	Warnblinkschalter	Masse
	Hupering	Masse
	Geber für Kraftstoffanzeige	Masse
	Anlasser	Masse
	Lichtmaschine	Masse
	Lichtschalter	Masse
	Wischermotor	
	Gebläsemotor (über Gebläseschalter)	Masse
		Masse
	Zigarrenanzünder, Aschenbecherbeleuchtung und z. B. Radio	Masse
	Heckleuchten	Masse
	Kontrollschalter für Bremsflüssigkeit	Masse
	Startautomatik	Masse
49 a	Blinkerrelais	Blinkerschalter
50	Anlasser	Anlaßsperrschalter – Zündanlaßschalter
56	Lichtdrehschalter	Handabblendschalter
56 a	Handabblendlichtschalter	Sicherung Nr. 9 und 10 – Fernlichtkontrolle – Fernlicht
56 b	Handabblendlichtschalter	Sicherung Nr. 11 und 12 – Abblendlicht
57	am Lichtschalter	Freie Klemme für Sonderwunsch
58 L	Lichtschalter	Sicherung Nr. 8 und der damit verbundenen Verbrauchern (siehe Sicherungstabelle auf Seite 110)
58 R	Lichtschalter	Sicherung Nr. 8 und der damit verbundenen Verbrauchern (siehe Sicherungstabelle auf Seite 110)
B+	Batterie	Drehstromlichtmaschine
D+/61	Drehstromlichtmaschine	Spannungsregler (Klemme D+)
DF	Spannungsregler	Drehstromlichtmaschine
D–	Drehstromlichtmaschine	Spannungsregler (Masse)
K 30	Sicherung Nr. 7	Lichtschalter (Stromeingang im Licht, schalter für Kennzeichenleuchten)
K	Lichtschalter	Kennzeichenleuchten
P 30	Zündanlaßschalter	Lichtschalter (stromführend bei ausgeschaltetem Zündanlaßschalter für Parkleuchten)
P	am Zündanlaßschalter	Stromführend bei ausgeschaltetem Zündanlaßschalter
NS	Lichtschalter	Nebelschlußleuchte
N	Lichtschalter	Nebellampen
NSE	Sicherung Nr. 8	Lichtschalter (Stromeingang für Nebellampen und Nebelschlußleuchte
R	Blinkerrelais	Blinkerschalter – Blinkleuchten rechts und deren Kontrollampe
L	Blinkerrelais	Blinkerschalter – Blinkleuchten links und deren Kontrollampe

Erläuterungen zum Schaltplan siehe Seite 237

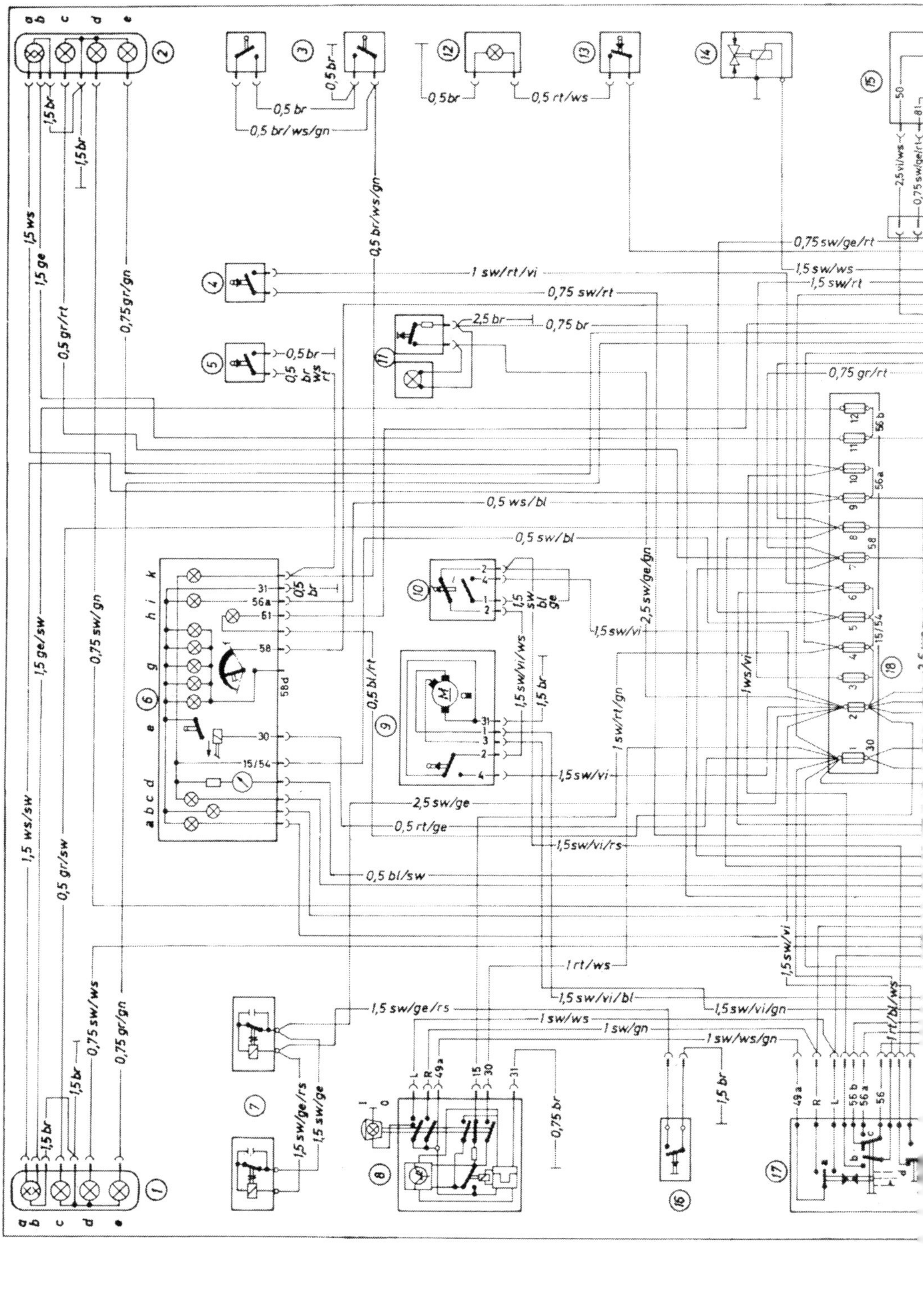

bl = blau
br = braun
ge = gelb
sw = schwarz
gr = grau
rt = rot
vi = violett
rs = rosa
gn = grün
ws = weiß

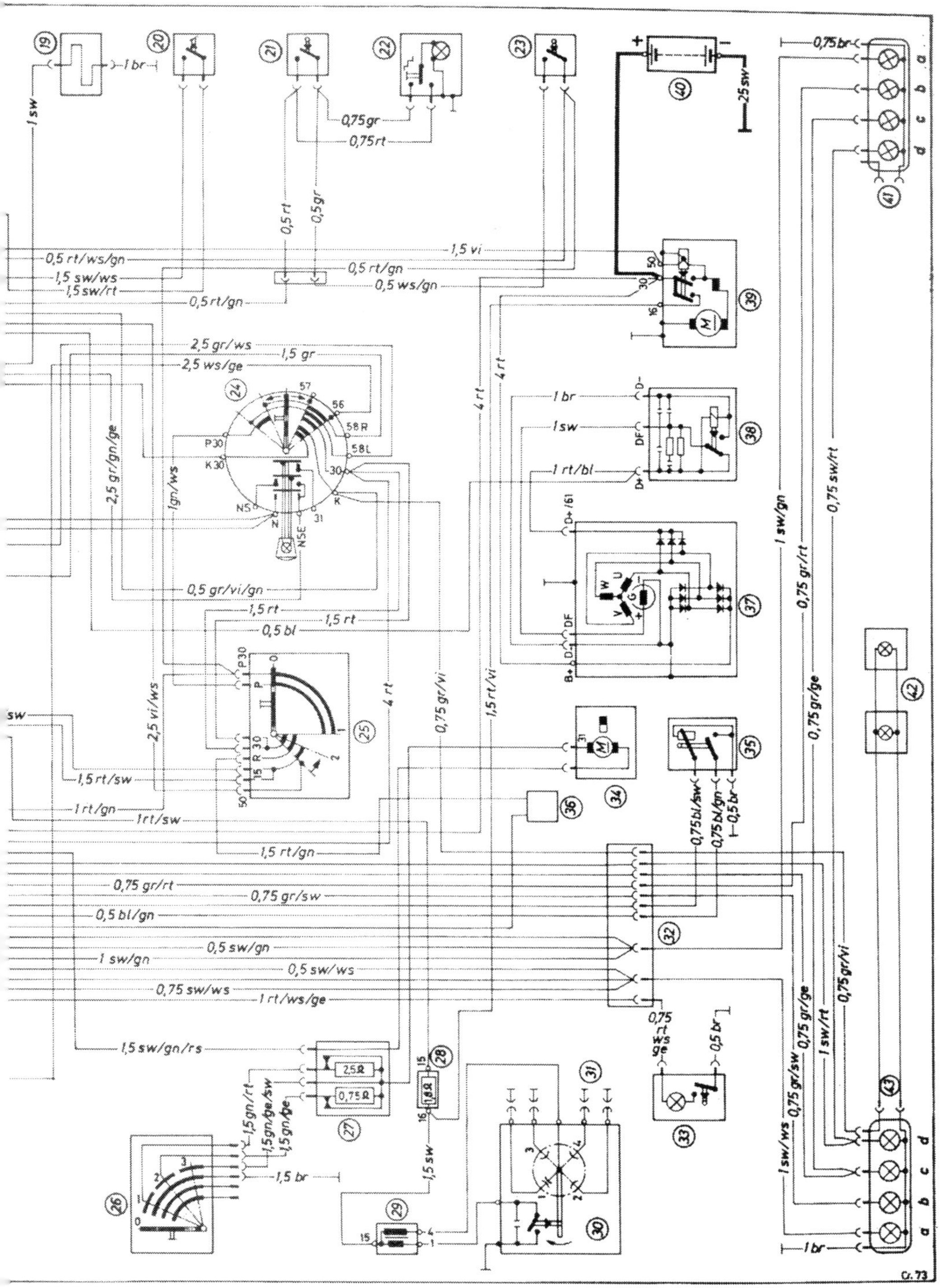

Zeitfracht Medien GmbH
Ferdinand-Jühlke-Straße 7,
99095 - DE, Erfurt
produktsicherheit@zeitfracht.de

FSC
www.fsc.org
MIX
Papier | Fördert
gute Waldnutzung
FSC® C083411